水利科普·水情水文化教育读物

第二辑

水与历史发展

于纪玉　周长勇　著

黄河水利出版社

·郑州·

内 容 提 要

本套水利科普·水情水文化教育读物紧紧围绕水安全、水资源、水生态、水环境、水文化等水利核心内容,科普中国水情、中华优秀水文化等知识,突出科普的实用性、群众性、社会性、通俗性和趣味性,提升全民科学素质、厚植科学文化,引导公众爱水、护水、节水、支持水利事业,不断提升水利社会地位,营造全社会关心水利、理解水利、参与水利的良好氛围。本书为水利科普·水情水文化教育读物之一,主要阐述中国古代水利发展、中国古代治水名人、中国近现代水利发展、中国近现代治水名人、山东水利发展、山东著名古近代水利工程、山东历史治水名人等内容。

本书可作为高等院校水利类专业水情水文化教育通用读物,同时可作为水利及相关行业干部职工培训读物,也是面向社会推广普及水利知识的重要参考。

图书在版编目(CIP)数据

水与历史发展/于纪玉,周长勇著.—郑州:黄河水利出版社,2022.9

(水利科普·水情水文化教育读物;第二辑)

ISBN 978-7-5509-3380-4

Ⅰ.①水… Ⅱ.①于… ②周… Ⅲ.①水利史-中国-普及读物 Ⅳ.①TV-092

中国版本图书馆 CIP 数据核字(2022)第 166000 号

组稿编辑:王路平 电话:0371-66022212 E-mail:hhslwlp@126.com
田丽萍 66025553 912810592@qq.com

出 版 社:黄河水利出版社 网址:www.yrcp.com
地址:河南省郑州市顺河路黄委会综合楼 14 层 邮政编码:450003
发行单位:黄河水利出版社
发行部电话:0371-66026940、66020550、66028024、66022620(传真)
E-mail:hhslcbs@126.com
承印单位:河南瑞之光印刷股份有限公司
开本:787 mm×1 092 mm 1/16
印张:17.75
字数:410 千字
版次:2022 年 9 月第 1 版 印次:2022 年 9 月第 1 次印刷
定价:75.00 元

前　言

　　2022 年 9 月中共中央办公厅、国务院办公厅印发的《关于新时代进一步加强科学技术普及工作的意见》提出：科学技术普及是国家和社会普及科学技术知识、弘扬科学精神、传播科学思想、倡导科学方法的活动，是实现创新发展的重要基础性工作。坚持把科学普及放在与科技创新同等重要的位置，强化全社会科普责任，提升科普能力和全民科学素质，推动科普全面融入经济、政治、文化、社会、生态文明建设，构建社会化协同、数字化传播、规范化建设、国际化合作的新时代科普生态，服务人的全面发展、服务创新发展、服务国家治理体系和治理能力现代化、服务推动构建人类命运共同体，为实现高水平科技自立自强、建设世界科技强国奠定坚实基础。《中华人民共和国国民经济和社会发展第十四个五年规划和 2035 年远景目标纲要》提出：要弘扬科学精神和工匠精神，广泛开展科学普及活动，加强青少年科学兴趣引导和培养，形成热爱科学、崇尚创新的社会氛围，提高全民科学素质。

　　对于开展水利科普工作，2021 年 4 月 25 日，水利部、共青团中央、中国科协等三部门联合印发的《关于加强水利科普工作的指导意见》提出，水利科普工作对于落实国家创新驱动发展战略，提升全民水科学素养，引导公众爱水、护水、支持水利事业，具有重要作用。水利科普工作以习近平新时代中国特色社会主义思想为指导，全面贯彻落实"节水优先、空间均衡、系统治理、两手发力"的治水思路，大力弘扬科学精神，积极传播人水和谐科学理念，拓宽科普领域，夯实科普载体，创新科普形式，创作科普精品，普及水科学知识，推动水利科普"进学校""进社区""进农村""进机关""进企业"。到 2025 年，基本建成与水利改革发展水平相适应的水利科普体系，公众节水护水意识和水科学素养显著提升。2021 年 12 月 24 日，水利部、中宣部、教育部、文化和旅游部、共青团中央、中国科协等六部门联合印发了《"十四五"全国水情教育规划》，旨在深入贯彻习近平总书记关于加强国情水情教育重要指示精神，落实中央部署要求，进一步加强新阶段水情教育工作，助力推动新阶段水利高质量发展。2022 年 2 月，水利部办公厅印发的《"十四五"水文化建设规划》提出，水利行业作为发展水文化的主力军，要紧紧围绕治水实践，以保护、传承、弘扬、利用为

主线,以黄河文化、长江文化、大运河文化为重点,积极推进水文化建设,为推动新阶段水利高质量发展凝聚精神力量。

本书为水利科普·水情水文化教育读物之一,共包括七章内容。主要阐述中国古代水利发展、中国古代治水名人、中国近现代水利发展、中国近现代治水名人、山东水利发展、山东著名古近代水利工程、山东历史治水名人等。本书还配套大量文本、PPT、音频、视频、案例等富媒体数字资源,出版后可通过扫描书内二维码查看与纸质内容相关的数字资源,根据需要也可以选取相关内容,组合活页式、立体化读物使用。本书内容精练,通俗易懂,方便实用。

本书由山东水利职业学院于纪玉教授和周长勇副教授共同写作完成。

在本书写作过程中,参阅和吸收了国内外相关文献资料和有关人员的研究成果,在此表示衷心的感谢!

限于作者水平和时间关系,书中难免存在不足之处,敬请读者批评指正。

作 者

2022 年 9 月

本书互联网全部
资源二维码

目　录

第一章　中国古代水利发展

第一节　水利发展概要

中国古代农业社会,人类顺水之性的自然观,产生了自然水利思想。近代工业社会征服自然的观点,产生了工程水利思想。现代生态文明时代人与自然和谐相处的科学发展观,产生了环境水利、资源水利、生态水利思想。在生态文明社会建设的新时代背景下,要全面实现人与自然和谐共生的现代化建设新格局,应该从生态系统全视角、"水资源-生态环境-社会经济"多维度、水利工程"规划设计-建设管理-调度运行"全过程,科学把控水利在生态环境保护和经济社会经济高质量发展过程中的定位。这正是中华民族积淀历久的治水思想和文化。

一、"水利"概念的演变

中国是一个历史悠久的水利大国,从远古的大禹治水到今天的现代水利,已经有几千年的发展历史。我国"水利"一词的涵义和内容,是极其深刻和丰富的,它是随着社会经济、科学技术的发展而逐渐充实完善的。

水利概念的演变

"水利"是中国特有的一个专业名词,在欧、美等英语国家中,没有与"水利"一词恰切相当的词汇。他们一般使用 hydranlic engineering,或用 water conservancy,这些词汇,与中国的"水利"的含义只是相当或近似。

我国"水利"一词的最初涵义是指水产捕鱼之利。先秦古籍《管子·禁藏》载:"渔人之入海,海深万仞,就彼逆流,乘危百里,宿夜不出者,利在水也。"吕不韦在《吕氏春秋·孝行贤·长攻》(公元前 240 年)中也谈到:"舜之耕渔,其贤不肖与为天子同,其未遇时也,以其徒属掘地财,取水利,编蒲苇,结罝网,手足胼胝不居,然后免于冻馁之患。"所谓的"利在水""取水利"等,皆泛指水产捕鱼之利。

首次明确赋予"水利"一词以专业内容,并为后世所继承、发展者,为公元前 91 年成书的《史记·河渠书》。西汉史学家司马迁,远溯"禹抑洪水",历数先秦前后水利建设的成就,尤其亲睹汉武帝指挥黄河瓠子堵口之艰难后,在书中写到:"甚哉,水之为利害也。"指出了水有利也有害,并简练地用"水利"二字来概括兴水利、除水害的有关事业。因而,他在叙述完黄河瓠子堵塞事件之后,又写到:"自是之后,用事者

司马迁与"水利"
词源

争言水利。"《史记·河渠书》所记载的"水利",主要包括治河(防洪)、开渠(通航)、引河(溉田)等专业性质。它是我国历史上最早的一部水利史,也是一部首次给予水利以比较确切概念的水利专著。从此,中国便沿用"水利"这一术语,并且其内容在以后漫长的封建社会里,也大多限定在《史记·河渠书》所列的防洪、溉田和航运这三个方面。

19世纪末20世纪初,西方的近代水利学理论、科学仪器、施工机械和施工方式等,逐步引入中国,引起了我国传统水利的变革。1933年,以近代水利先驱李议祉为会长的中国水利工程学会第三届年会对于"水利"的定义曾通过一项决议,其内容是:"本会为学术上之研究,水利范围应包括防洪、排水、灌溉、水力、水道、给水、污渠、港工八种工程在内(其中的"水力"指水能利用,"污渠"指城镇排水)。但为建议政府确定水利行政主管机关之职责起见,应采用如下定义:水利为兴利除害事业,凡利用以生利者为兴利事业,如灌溉、航运及发展水力等工程;凡防止水为害者为除患事业,如排水、防洪、护岸等工程"(《水利》第5卷第5期,1933年11月)。显然,他们所列的"水利"的内容,比司马迁所言的要丰富得多。

新中国成立后,随着我国经济的恢复和发展,人们对于水利又有了新的、更加深入的认识。认识之一——"水利是农业的命脉"。我国自古以农立国,农业"收多收少在于肥,有收无收在于水",在目前占全国耕地面积还不足一半的水浇地里,已生产出占全国2/3以上的粮食。认识之二——"水利是工业的命脉"。没有水,工业生产也无法进行,几乎所有的工业都需要用水来循环冷却,我国工业的迅猛发展是以提供优质、足够的水量为基础的。认识之三——"水利是城市的命脉"。水,城市兴衰的前提,城市发展的依托。我国国内生产总值超过100亿元的城市中,有2/3以上是坐落在水资源丰沛的地区。

改革开放的大潮和市场经济的波涛,进一步提高了水利的社会地位,党中央、国务院已从战略高度来认识水利的极端重要性。在《中华人民共和国国民经济和社会发展"九五"计划和2010年远景目标纲要》中明确指出:"加强水利、能源、交通、通信等基础设施和基础工业建设,使之与国民经济的发展相适应……"可见,水利已成为国民经济和社会发展的命脉。1997年国务院以国发〔1997〕35号文印发了《水利产业政策》,其第二条指出:"水利是国民经济的基础设施和基础产业。各级人民政府要把加强水利建设提到重要的地位,制定明确的目标,采取有力的措施,落实领导负责制。"水利的基础设施和基础产业的重要地位,决定了我国水利建设的长期性、连续性和发展的超前性。水利事业的发展应与国民经济的发展保持一定的比例。同时,它也决定了水利部门和水利责任的重大。

新中国成立以来,通过对水利认识的不断深化,"水利"一词已发展成为一个包涵内容非常广泛的综合性专业名词。水利是国民经济的基础设施和基础产业,它以自然界的水为对象,采取各种工程措施和非工程措施对地表水和地下水进行控制、调节、治导、开发、管理和保护,以减轻和免除水旱灾害,并利用水资源,满足人们生产和生活需要。举凡从事于解决水的问题即兴水利、除水害的事业概称之为"水利事业",包括防洪、灌溉、排水、供水、水力发电、水土保持、水运、水产、水资源保护、水利旅游、水环境、水利综合经营等。用于控制和调配自然界的地表水和地下水,以达到除害兴利目的而修建的工程称为"水利工程"。我国水利事业发展的趋势,是运用现代科学技术,加强水利工程建设与管理,充分发挥水利工程的社会效益、经济效益和环境效益。

步入 21 世纪,我国须由传统水利转变为现代水利,才能统筹解决出现的"水资源短缺、水灾害威胁、水生态退化"等三大水问题。"现代水利"是以科学、先进的治水理念为指导,以防洪、供水、生态等多功能于一体的现代化水网为基础,以体制机制创新为动力,以先进的科学技术为支撑,以完善的法律法规制度为保障,通过构建工程和非工程措施体系,满足经济社会可持续发展的与时俱进的高级水利发展状态。2011 年中共中央、国务院颁布的一号文件《中共中央　国务院关于加快水利改革发展的决定》指出:水利是现代农业建设不可或缺的首要条件,是经济社会发展不可替代的基础支撑,是生态环境改善不可分割的保障系统,具有很强的公益性、基础性、战略性。加快水利改革发展,不仅事关农业农村发展,而且事关经济社会发展全局;不仅关系到防洪安全、供水安全、粮食安全,而且关系到经济安全、生态安全、国家安全。要把水利工作摆上党和国家事业发展更加突出的位置,着力加快农田水利建设,推动水利实现跨越式发展。

传统水利

现代水利

中共中央　国务院
关于加快水利改革
发展的决定

中共中央　国务院关于加快水利改革发展的决定

水利是一项适应自然、利用自然、改造自然的事业,它属于自然科学,必须按自然规律办事。同时,它又是一项社会性很强的事业,"水利为社会,社会办水利",还必须按照社会经济规律办事。因此,水利不具单纯地属于自然科学,而是一门跨自然科学与社会科学的综合性学科。研究这类活动及其对象的技术理论和方法的知识体系称为"水利科学"。

二、我国水利发展阶段的划分

关于我国水利发展阶段的划分,可谓仁者见仁、智者见智。我国著名水利史学家姚汉源从历史学角度将我国古代水利发展分为地域特点鲜明的六大时期:①水利初步发展期——夏、商、周三代(约公元前21世纪至前256年);②以黄河流域为主的水利大发展期——自秦灭周至东汉献帝初平元年(公元前255年至公元190年),共445年;③向江淮流域发展期——东汉献帝初平元年至隋朝建立(公元190年至580年),共390年;④北方水利盛衰起伏,南方持续发展期——隋至北宋(公元581年至1127年),共547年;⑤向东南沿海及珠江流域发展期——南宋至明代嘉靖末(公元1127年至1566年),共440年;⑥全国水利从普遍开展到衰落期——明代隆庆元年至民国末年(公元1567年至1948年),共382年。

我国水利部原部长、著名水利专家汪恕诚将我国水利发展划分为原始水利阶段、古代水利阶段、现代水利阶段和当代水利阶段。有一些当代水利专家,按照中国水利发展的过程和特点,把我国水利发展划分为自然水利阶段(从原始社会到春秋战国之前的奴隶社会)、农耕水利阶段(春秋战国之后到清代末)、工程水利阶段(民国时期—新中国成立后—改革开放前)和资源水利阶段(改革开放至20世纪末)。另外,还有一些当代水利专家把我国水利发展划分为以下四个阶段:

(1)有机论自然观指导下的治水阶段——传统水利。传统水利是一种人水自然和谐的水利,传统水利阶段是从原始社会至清代末期,它又分为3个时期:①传统水利的初始期(大禹治水至秦汉);②传统水利的成熟期(三国至唐宋);③传统水利的总结期(元、明、清)。

(2)机械论自然观指导下的治水阶段——工程水利。工程水利是一种人水渐趋失和谐的水利,工程水利阶段包括民国时期—新中国成立后—改革开放前。它又分为2个时期:①民国时期的工程水利(清代末至新中国成立前);②新中国成立后的工程水利(新中国成立后至改革开放前)。

(3)生态论自然观指导下的治水阶段——资源水利。资源水利是一种人水渐趋和谐的水利,资源水利阶段是从改革开放至20世纪末期。所谓资源水利,就是从水资源的开发、利用、治理、配置、节约、保护等六个方面系统分析,综合考虑,实现水资源的可持续利用。

(4)科学发展观指导下的治水阶段——可持续发展水利。可持续发展水利是一种人—水完美和谐的水利,21世纪的水利是可持续发展水利,要求在维护后代生存和发展的水资源基础的前提下,全面节约、有效保护、合理配置、适度开发、高效利用、科学管理水资源,做好水资源持续利用工作,支撑和保障资源与环境、经济、社会的持续发展。

我国水利发展阶段的划分

郑州大学水利与环境学院教授、博士生导师左其亭通过对新中国水利发展阶段的分析,认为新中国水利发展阶段可划分为四个阶段:1949—1999年为工程水利阶段(水利1.0);2000—2012年为资源水利阶段(水利2.0);2013—2025/2030年为生态水利阶段(水利3.0);2025/2030——为智慧水利阶段(水利4.0)。

第二节　水利是推动古代社会经济发展的基础力量

水利在中华民族的生存和发展中有着特别重要的地位和作用。兴水利、除水害,事关人类生存、经济发展、社会进步,历来是治国安邦的大事。几千年的历史表明,我国人民通过兴修水利、治理江河,才一步一步地实现开拓疆土、繁衍人口、发展经济、建设国家的目标。

春秋初期著名的政治家、思想家、军事家、改革家管仲在《管子·水地篇》中说:"是以圣人之化世也,其解在水。……是以圣人治于世也,不人告也,不户说也,其枢在水。"这些就是治国之枢在于水的道理。马克思在探讨东方社会的独特道路时指出,东方社会有一个显著的特征,就是水利事业作为国家的公共工程,在东方社会的生产方式和国家的政治活动中,具有十分重要的地位(马克思《不列颠在印度的统治》)。纵观中国几千年的发展史,水利事业的盛衰往往同社会制度和生产关系的变革有着直接的关系。这种关系一方面表现在水利作为社会生产力的组成部分直接作用于社会,引起社会的变革;另一方面表现在社会的变革又影响水利事业的发展。水利事业的发展,可以带来一业兴旺、百业繁荣的局面。一旦水利失修,又影响着社会安定和经济的发展,就会造成水患丛生、民不聊生、兵燹四起、社会动荡,甚至造成政权更替。历史上秦、汉、隋、唐、宋、元、明、清等朝代,水利事业的发展,为国家统一、社会安定做出了重要的贡献。而在五代十国、魏、晋、南北朝时期,由于封建割据,战争频繁,水利失修,造成政权频繁更替。这充分说明了治水历来是治国安邦的大事。

我国著名的水利专家、工程院院士钱正英曾经说过:在中华人民共和国成立前的两千多年中,我国经历了三次统一和平时期,带来了三次水利的大发展和人口的大增长。第一次是秦汉时期,由于建立了统一的政权,得以决通川防,夷去险阻,为统一治理江河创造了条件,黄河流域得到很大的开发,全国人口从 2 000 万左右增至 5 000 多万。第二次是唐末时期,长江流域和东南沿海得到了大规模开发,并修通了贯穿南北的大运河,全国人口发展到近亿。第三次是元、明、清时期,水利在全国范围进一步发展,到 1840 年人口已达4.1 亿(《钱正英水利文选》85 页)。这充分说明了治水与治国的关系。

大禹治水的成功使他成为部落领袖,并使原始公社禅让的民主制度解体,大禹把部落联盟领袖的位置传位于自己的儿子启,从而建立了我国第一个奴隶制国家——夏朝。这样,大禹治水的成功直接促成了国家机器的诞生,标志着中华民族从此进入了文明史的新阶段。

秦始皇统一中国在我国历史上具有划时代的意义,而水利事业的发展是其中的一个重要因素。秦国从一个荒蛮小国发展为国富兵强的春秋五霸之一,再到战国七雄之首,最后又一统天下,是以经济实力作为后盾的,其中水利发挥了重要作用。春秋前期,秦国的势力已扩展到渭水流域的大部地区。秦人在东迁过程中,逐渐学会了农作物耕种,发展农业生产和灌溉,使秦国很快富起来。有一年,与秦国相邻的晋国遭遇了严重饥荒,向秦国求援,秦穆公用船运车送,运输粮食的队伍从秦国的雍都一直连续到晋国的绛都,可见当时秦国的农业生产已经大大发展起来。

秦穆公以后的几代国君为了实现称霸天下的雄心,在政治上积极实行变法。秦孝公

任用商鞅,实行变法,奖励耕战,发展生产,使秦国经济实力不断增加。秦昭王时(公元前306—前251年)秦国的势力已经向南扩展到今天的四川一带。当时岷江每年泛滥成灾,给两岸人民带来深重的灾难。秦昭王任命著名水利专家李冰出任蜀郡郡守,兴修了著名的都江堰水利工程,变水害为水利,消除了岷江水患,方便了航行和灌溉,使灾害频繁的成都平原一跃成为"水旱从人"、旱涝保收的"天府之国",成为秦国重要的粮食供应基地,大大增强了秦国的国力。秦昭王时代成为秦国的大发展时期。到秦庄襄王时,秦国已经据有天下三分之一的土地、五分之三的财富。《战国策》记载秦"积粟如丘山"。

公元前246年秦王嬴政继位。他顺应国家统一的历史趋势,"续六世之余烈,振长策而御宇内",继续推进国家统一的进程。秦始皇十分重视水利建设,发展农业生产,以保证战争对粮食的大量需求。关中平原是秦国的政治、经济、军事中心,这里地处渭水流域,有肥沃的土地,但却经常遭受干旱的威胁,造成粮食减产。因此,发展关中水利,建设关中粮仓,已成为秦国的迫切需要和必然选择。为此兴建了沟通泾水和洛水的大型灌溉工程郑国渠和沟通湘江和漓江、把长江水系和珠江水系连接起来的灵渠。司马迁在《史记》中把关中开发水利视为秦统一全国的重要原因之一。

汉武帝(公元前156—前87)是我国封建时代颇有作为和影响的君主。在他统治期间,我国水利事业得到较快发展。水利建设为这一时期的经济繁荣、政治稳定奠定了基础。为发展农业生产和航运交通,汉武帝时期先后修建了漕渠、龙首渠、六辅渠、白渠等工程。汉武帝还亲自指挥了黄河在南岸濮阳瓠子决口的堵口工程。由于汉武帝对水利的高度重视,西汉时期出现了"用事者争言水利"的局面。水利受到各级政府官员的普遍重视,从而使这一时期成为我国历史上一个重要的水利大发展时期。

唐太宗李世民以水教子的故事也是很有哲理的。一次唐太宗见到太子李治(后来的唐高宗)去乘船,他便对太子说:水能载船,水也能覆船。民众好比水,人君好比船。在这里唐太宗把水、民众和人君紧密地联系起来了。唐朝是我国封建社会辉煌的历史时期之一,也是我国水利事业发展的重要阶段。盛唐时期对于农田水利、航运工程的兴建,在规模上较西汉有过之而无不及。

水利事业的发展为创造大明帝国的繁荣立下了不朽的功勋。明太祖朱元璋是我国封建社会屈指可数的几位颇具雄才大略、在治国方面有所建树的皇帝之一。他以布衣之身参加元末红巾军起义,扫平群雄,推翻了元朝统治。在建立明王朝以后,他采取了一系列恢复和发展经济的有效措施,使得国家经济在他执政时期便达到了鼎盛阶段。

明朝建立初期,经济上面临的是一幅凋敝不堪的景象。20多年的战乱使整个中国遍地荒芜,满目疮痍。为了恢复和发展农业生产,朱元璋实行与民休息的政策,采取了释放奴婢、垦荒屯田、兴修水利等措施。这样使得水利建设在明初期取得了显著的成就。明太祖要求全国地方官员,凡是老百姓对水利的建议,必须及时报告。洪武二十七年(1394年),又特别向工部发出指示,全国凡是陂塘湖堰能够蓄水、泄水以防洪涝旱灾的,都要根据地势一一修治。同时分别派遣国子监生和专门人才到各地"督修水利"。在他的关心和督促下,全国各地水利都取得了显著的成绩。屯田拓荒兴修水利,促进了明初经济的恢复和发展。

我国封建社会的晚期,清初期有过"康乾盛世"。所以出现"盛世"也是与统治者重视水利建设分不开的。清王朝定都北京,统治中原以后的第二代皇帝即康熙皇帝,是我国历史上一位很有建树的皇帝。在他的统治下,清王朝不仅在政治上得以长期稳定,而且在水利上也得到重大发展。他曾经说过:"听政以来,三藩及河务、漕运为三大事,夙夜廑念,曾书而悬之宫中柱上。""三藩"是政治问题。另两件大事都与水利有关。所谓"河务",即黄河的防洪问题;所谓"漕运",即通过运河进行的南粮北调问题。康熙皇帝将河务、漕运与平叛三藩并列,作为施政的头等大事来抓,足见其重视程度及治水在当时国家政治生活中所处的地位。康熙皇帝还对黄河、淮河、运河、辽河、永定河的治理进行过调查研究,甚至亲自进行测量,提出治理方案。在我国历史上,关心水利建设的皇帝不乏其人,而能亲自进行水利实践者却不多见,康熙作为一个封建帝王,能够做到这一点是很值得称道的。他对我国古代水利事业的发展做出了重大贡献,推动了历史的进程,史学家称赞的"康乾盛世"其中水利的贡献功不可没。

乾隆皇帝是清王朝继康熙皇帝之后又一个有作为的皇帝,他励精图治,发展经济,开拓疆土,开创了大清帝国国力强盛的新时期。乾隆皇帝继位之初,水旱灾害经常发生。陕西、甘肃、云南、贵州常有旱灾,广东、湖北、河南常发大水;浙江、江苏受海潮威胁;河北、山东、安徽和苏北地区则水旱交替。乾隆皇帝看到稳固的统治背后,隐藏着社会经济的危机。他在勤政殿对大臣们说:现在人口越来越多,吃饭问题越来越突出,假如遭遇水旱灾害,怎么办呢?我们君臣如果不及早筹划,做好准备,到时候肯定措手不及。他要求大臣们树立忧患意识,做到居安思危,未雨绸缪。

乾隆皇帝主张兴水利、除水患应以预防为主。他说:"自古致治以养民为本,而养民之道,必使兴利除患,水旱无虞,方能使盖藏充裕,缓急可资。"水利对农业关系重大,因此他要求各省督抚在平时就要讲求研讨,做到"潦则有疏导之方,旱则资灌溉之利",反对靠天吃饭和单纯依赖赈济。为此,江南、甘肃、云贵、安徽、河南等地的地方官员都纷纷遵照乾隆皇帝的旨意,从当地实际出发。疏浚河道,加固堤防,修建陂塘沟渠、圩垸土坝等,做了大量水利工程。乾隆皇帝认为"直隶河道水利关系重大",因此对这一带的水利建设特别重视。据《清史稿·河渠志》统计,乾隆年间对永定河进行较大规模的治理活动有 17次之多。乾隆皇帝还注意培养和选拔水利人才,清代选官基本是通过科举,使得工程技术人员奇缺。为改变这种状况,皇帝规定担任过河官或者熟悉治水业务的地方官员,可以在履历中注明,优先提拔使用。在这种办法鼓励下有更多的官员重视水利、热心水利、献身水利、促进了水利的发展。

正是康熙、乾隆等帝王对水利的高度重视,使得清朝前期"全国水利普遍发展,远超前代"(姚汉源《中国水利史纲要》),而水利事业的发展为创建"康乾盛世"创造了有利条件。

兴水安邦、兴水而强国富民的事例还可大量列举。水衰而民困、民困而国亡的事例在我国历史上也是累见不鲜的。翻开中国的农民革命战争史,可以发现绝大多数的农民起义都是发生在政治十分腐败,水利年久失修,水旱灾害频繁发生的年代。

我国历史上第一次农民大起义发生在公元前 209 年。这次起义的主要原因是秦朝统治者对广大劳动人民的残酷压迫和剥削。但直接的导火线是这一年的七月,陈胜、吴广和900 多贫苦农民一起被征发去戍守渔阳(今北京市密云西南)。在他们走到蕲县大泽乡

(今安徽省宿县东南刘村集)时,遇到连天大雨,道路被冲毁,无法按期到达渔阳。按照当时秦朝的法律,不按期到达就要处死。这时,陈胜与吴广商议:如今到渔阳是死,造反也不过是死,同样是死,还不如造反还有一线活的希望。他们认为老百姓受秦朝统治的痛苦已很久了,号召造反,一定能得到广泛响应。就是因为这场大雨,导致陈胜和吴广"斩木为兵,揭竿为旗",农民起义的火种从此燃起。最后,终于推翻了秦朝的反动统治。

水旱灾害引发的各次农民起义都沉重地打击了封建统治,把历史的车轮不断地推向前进。事实说明,水利是社会安定的重要因素,是定国安邦的重大国策,是推动古代社会经济发展的基础力量。

第三节　中国古代水利发展

中国水利的起源晚于古巴比伦、古埃及等文明古国,比起奴隶制高度发达的古希腊也略逊一筹。但中国却较早地完成了向封建社会的过渡,生产关系的变革有力地推动了水利工程的建设,以致从春秋战国开始,大规模的水利工程建设,如芍陂、漳水十二渠、都江堰、郑国渠等大型灌溉工程相继完成,秦汉时期治理黄河和兴建跨流域运河的工程,都已显示出中国水利科学技术在世界的领先地位,这种领先的势头一直持续到15世纪。而此后,以欧洲文艺复兴为代表的资本主义的兴起,极大地推动了科学技术的进步,而18世纪产业革命以来西方水利获得飞速的发展,其水利科学技术开始领先于世界。

我国古代水利发展的三个时期

一、江河堤防

我国古代,防洪一直是水利事业中的经常性的急迫的重大任务,其方式有筑堤、分流和滞洪等。在漫长的历史中,虽然强调分流的人较多,但筑堤仍是主要的防洪手段,这有其必然的道理。

中国古代水利工程

传说中的大禹治水之前就有共工、鲧筑堤之说,但有文字记载,战国时黄河下游两岸即有了系统堤防。原始的黄河自然是没有堤防的,河边有了人群聚落,为防止汛期河水的泛溢,就出现了堤防。人越来越多,堤防就越修越多,成了系列。于是多沙的河水不越出堤外,泥沙就在河槽中落淤。年复一年河底渐高,堤防则不得不逐年加高,于是形成了地上河。本来是兴利的堤防,此时则蕴育着更大的危险,因为地上河决口的危害程度远非平地泛溢可比。所以西汉贾让提出"治河三策":上策是不要堤防,恢复河流的自然状态;中策是做多条分支渠道把河水分引到更宽广的区域进行灌溉,使之不致成灾,所谓"聚则为害,散则为利";下策则是继续修堤,逐年加高,无有止境。2000多年前,我们的祖先对人与河的关系就有这样的排序,说明已经朴素地认识到人与自然和谐相处的道理。但是以后的实践却是采用了下策,东汉初的王景治河在两岸修筑了自今郑州以下直至海口的更为坚实的堤防。这是因为社会稳定了,人口增多了,不可能让河水自然游荡。此后一百多年,三国、两晋、南北朝时期,黄河下游经历了近400年的无休止战乱,人口大量伤亡、流动,较多的迁往长江以南,这里的人口只剩下几百万,人们的居住也不稳定,没人修筑堤防,是黄河史上极特殊的时段。北魏地理学家郦道元所著的《水经注》中,较为详细地描述了当时的黄河下游情况。那时黄河下游有许多分支,流向海河流域和淮河流域,这些分支联系着大大小小许多湖泊、沼泽;城镇聚落只记载着昔日的繁华,还有近近远远的战争痕迹。黄河的洪水可以在广大的黄淮海平原自由地流淌泛溢。少有泛溢的记载,更无改道记载。直到隋唐统一以后,特别是唐代,社会稳定,人口迅速增长,人与河的关系,逐渐开始重复秦汉所经历的情况,黄河堤防重新提到十分重要的地位。明代治河专家潘季驯把堤防由消极对洪水的防御提升为积极治理多沙河流的工具,他提出"以堤束水,以水攻沙"的治理思想,即以堤防收缩河流的过水断面,加大河水的流速,用以冲刷河底泥沙,从而解决地上河的问题。其道理是科学的,是近两千年来工程实践的总结。他主张遥堤防御洪水,缕堤靠近河床束水刷沙,格堤拦截顺堤水流,月堤防险等,使堤防成为一个治水体系。自此之后,潘季驯的思想被多数人所推崇。但是,由于自然河流条件的复杂,解决多沙河流的防洪问题仍然任重道远。魏晋南北朝时,长江、汉水、赣江等流域都出现了堤防。其后海河流域也有众多堤防出现。堤防工程的建设对促进生产力、人类社会发展产生了积极的促进作用。

二、灌溉排水

据考古发现,我国的水稻栽培历史,可以上推至公元前1万年。在有文字记载的历史上,我们祖先修筑的不同规模、不同特点的灌溉排水工程不可胜数,在经济、技术和文化史上留下光辉的印记。其中,许多灌溉排水工程至今仍在发挥着重要作用。

(一)都江堰工程

都江堰,始建于公元前256—前251年的战国时期,由蜀守李冰组织兴建,至今已超过2 250年。现在仍发挥着巨大的作用,可灌溉农田超过了1 000万亩,使成都平原成为妇孺皆知的"天府之国"。就其历史悠久、科学技术的高超和效益卓著来讲,在世界上是无与伦比的。它是天府之国的缔造者,是无可争议的人与自然和谐相处的典范,是世界文化遗产。世界文化遗产的评价说:在世界古老的著名水利工程中,古巴比伦王国建于幼发拉底河上的纳尔—汉谟拉比渠和古罗马的人工渠道都早已荒废,只有都江堰仍旧留存至今。都江堰具有2 000多年的历史,是当今世界唯一留存的以无坝引水为特征的宏大水利工程。它充分利用当地西北高、东南低的地理条件,根据江河出山口处特殊的地形、水脉、水势,因势利导,无坝引水,自流灌溉,使堤防、分水、泄洪、排沙、控流相互依存,共为体系,保证了防洪、灌溉、水运和社会用水综合效益的充分发挥。都江堰的创建,以不破坏自然资源,充分利用自然资源为人类服务为前提,变害为利,使人、地、水三者高度协和统一,这在世界水利工程史中极为罕见,体现了我国古代劳动人民伟大的智慧和高超的技艺,是全世界迄今为止仅存的一项伟大的生态工程。

(二)引泾灌溉工程

陕西的引泾灌溉,是公元前246年战国末期修建的,以主持修建的郑国的名字命名为郑国渠,目的是加强秦国的基业,为统一全国作准备。引泾水向东,下游注入洛水。全长三百余里,灌溉面积号称四万余顷。由于泾水含有大量泥沙,灌溉时既可以补充作物需水,又补充养分,改良了灌区的盐碱地,提高了农作物产量。据《史记·河渠书》记载:渠

都江堰工程

成以后,"关中为沃野,无凶年。秦以富强,卒并诸侯。"事实证明,八百里秦川长期成为中国的政治中心,特别是作为中国历史上最强盛的汉、唐两代的政治中心,水利的功绩是不可磨灭的。"关中为沃野,无凶年"不能不说此地的生态环境有了根本性的改善。但泾水泥沙含量过多,引水灌溉过程中的淤积始终是运行中的大问题,人们除用清淤等方式维护三大水利工程外,更注重引高含沙的浑水灌溉,收到"且溉且粪"的效益。郑国渠与都江堰、灵渠,并称为秦代三大水利工程。民国时期,现代水利的先行者李仪祉先生,在历代积累的经验基础之上,首次引进西方的工程技术,建成在水利史上有标志意义的泾惠渠。

郑国

郑国渠

(三)芍陂

古代淮河上的蓄水灌溉工程芍陂,又名安丰塘,是春秋时代楚令尹孙叔敖所修,时间约在楚庄王十六年至二十三年(公元前589—前591年)之间,是我国有文字记载的最早的水库,历代多次维修和改建,至今犹存。据东晋人记载,芍陂灌溉良田万顷。其后,屡有变化,自万顷至数千顷不等,北宋时达到四万顷。芍陂的周长也有变化,北魏时是一百二十里,唐宋时最大,达三百二十四里,清末仅五十余里,可见其规模之大。新中国成立后,对芍陂进行了综合治理,开挖淠东干渠,沟通了淠河总干渠。芍陂成为淠史杭灌区的调节水库,灌溉效益有了很大提高,为全国重点文物保护单位。

芍陂

淠史杭灌区

(四)宁夏和内蒙古的引黄灌溉

宁夏回族自治区段黄河,山舒水缓,沃野千里,河低地高,无决口泛滥之患,有引水灌溉的条件。宁夏引黄灌溉始于西汉武帝元狩年间(公元前122—前117年)。当时从匈奴统治下夺回这一地区,实行大规模屯田。《汉书·匈奴列传》说:"自朔方(郡治在今乌拉特前旗)以西至令居(今甘肃永登县西北),往往通渠,置田官。"东汉也有在这一代发展水利屯田。《魏书·刁雍传》记载:在富平(今吴中西南)西南三十里有艾山,旧渠自山南引水。北魏太平真君五年(444年)薄骨律镇(今灵武西南古黄河沙洲上)守将刁雍在旧渠口下游开新口,利用河中沙洲筑坝,分河水入河西渠道,共灌田四万余顷,史称艾山渠。此后唐代、西夏、元代都有修筑和使用宁夏灌区的记载。清代大规模扩大灌区,奠定了"天下黄河富宁夏"的基础。宁夏水利沿袭2 000多年,除有黄河的方便引水条件外,主要还靠兴修水利的实践,在特定的自然条件下,创造和发展了一套独特和完整的水利技术。其工程,在取水、引水、控制水量、分水、退水等方面,顺应自然,利用当地的有利条件而采用独特的见证布局和结构。岁修和运行管理都有特色鲜明的制度,是我国干旱的北方地区人与自然和谐相处的范例。

与宁夏引黄灌区齐名的是其姊妹工程——内蒙古的河套引黄灌溉。它的开发也始于汉武帝时,唐代也有记载。但与宁夏灌区不同,它的大规模开发却是在清代后期。它与宁夏灌区以官方主导不同,由民间私人组织分头进行。清道光年间(1821—1850年)开始,逐渐形成了8条主要的灌溉渠道,称为后套八大渠。在灌区修建过程中,民间造就出一批水利技术专家。其中,王同春(1851—1925年)最为有名。他是河北邢台人,没进过学校,幼时逃荒到河套。他勤劳,善思考,八大干渠中有5条是他主持开凿的。当时没有测量工具,他使用夜间灯火和下雨时水流方向测量地形,用物候和经验预测水情。1914年,当时的农商总长和导淮督办张謇聘他为水流顾问,并共同商讨开垦河套和导淮计划。

宁夏引黄灌区

内蒙古河套引黄灌溉

三、水库湖泊

在我国古代水利成就中,水库建设是一项重要内容。古典名著《水经注》记载了大量水库工程;其后的数量,不可胜数。由于建筑材料和技术条件的限制,水库大坝的高度都不大,但坝长和蓄水面积却相当可观。

(一)淮河古陂塘

陂塘,由工程控制的用于蓄水的低洼处,是古代对水库的一种称谓。淮河中下游古代多湖泊池沼,随着社会的发展,逐渐被修筑为陂塘,以取灌溉之利。前述芍陂就是著名的一个。汉代重视陂塘水利的开发,汉武帝时,全国各地争言水利,淮河流域的陂塘水利获得了较大发展。据《水经注》记载,仅汝水两岸就有陂塘37处,淮河的其他支流也有不少。著名的如葛陂、蒲阳陂等,前者增垦田三万余顷,后者水广二十里。汉代淮河流域最大的陂塘是鸿隙陂,工程位于今淮河干流与南汝河之间河南省正阳县和息县一带。据《水经注》记载,陂水自淮分出,经鸿隙陂蓄积调节后,汇于淮河支流慎水上的近20个大小不等的陂塘,形成一个平原水库群,再回归淮河。西汉末年,丞相翟方进因这一带洪涝成灾,废毁了这一蓄水设施。但后来遭遇大旱,民众要求恢复鸿隙陂。东汉建武十八年(公元42年),汝南太守邓晨任用许扬为督水掾,主持恢复鸿隙陂,几年间修成堤塘400多里,灌溉得以恢复和发展,并连年丰收。三国时期,曹操在淮河大规模屯田,修陂塘,通河渠,筑堰坝,开稻田,形成中国历史上兴办水利的一个高潮。西晋时始,淮河陂塘却逐渐减少,只有芍陂等少数仍保留至今。

(二)浮山堰

浮山堰,淮河干流历史上第一座大型拦河坝,用于军事水战的典型工程。浮山堰位于苏皖交界的浮山内,峡筑坝壅水,以倒灌寿阳城逼魏军撤退。由于受技术水平和自然条件影响,筑坝过程中死伤了成千上万人。在截流时向龙口抛掷了几千万斤铁器,但两次合龙均告失败。最后到处采石伐木,制作了大量方井形填石木笼,趁枯水时沉入龙口,截流才获成功。据记载,整个浮山堰工程包括一堰一湫(溢洪道),总长九里,大坝底宽一百四十丈(约 336 米)、顶宽四十五丈(约 108 米)、高二十丈(约 48 米),坝顶筑有子堤并栽植了杞柳。南朝梁天监十五年(公元 516 年)建成,据坝址现场勘察,蓄水量可超过 100 亿立方米,淹没面积六七千平方公里以上。坝成蓄水后,寿阳果然被水围困。魏军出于恐惧,又开挖了第二条泄水沟。同年八月即遭大洪水而溃决,使下游人民的生命财产遭受巨大损失。浮山堰溃坝后,北岸山下部分坝体残存至今。北岸山上凹处有两条泄水道遗迹。北侧的泄水沟较深,新中国成立初期尚可通水,治淮中曾利用过。稍偏南处有一条宽浅干槽遗迹,至今仍依稀可辨。

浮山堰遗址

(三)洪泽湖

洪泽湖是我国五大淡水湖之一,但它与其他四湖不同,是一座人工湖,即一座由全长76 km 的拦淮大堤壅水形成的巨型水库。蓄水容积至今仍有 130 亿立方米。洪泽湖的拦淮长坝故称高加堰,是江苏淮扬地区的防洪屏障,经数百年修建增筑,最后形成今洪泽湖大堤。古代,它是治理黄河、淮河和运河的关键枢纽工程,现在仍是淮河上最大的水利枢纽工程,对流域内的防洪、灌溉、航运、供水、水产养殖等多方面发挥着巨大的作用,也是南水北调东线工程关键的调节工程。就其历史、规模、功能和效益来讲,在世界古代工程中是仅有的。

洪泽湖原为塘泊洼地,淮河斜穿而过,隋、唐、宋时期沟通全国的骨干运河通济渠或汴渠、洪泽新河、龟山运河等均经由今湖区。金代黄河南徙夺淮后,黄河泥沙扰乱了淮河下游通道,淮水排泄不畅,洪泽湖一带水面扩大,逐渐有堤防修筑。明隆庆、万历年间,黄河与淮河、运河在清口交汇,黄河水常常倒灌淮河,威胁并危害高家堰。潘季驯于明万历六年(1578 年)决定将洪泽诸湖建成一个大湖蓄水,统筹解决蓄淮、刷黄、济运三大问题,遂大修高家堰。一年后,大湖建成,形成洪泽湖水库。大堤北起武家墩以北至新庄一带,南至越城。越城以南不修堤,留作"天然减水坝"(溢洪道)。此后,高家堰迎水面又创建石工墙,土堤迎水面全部做了笆工(排桩放浪工)。设置泄水闸,淮河上游洪水来临时可向高家堰下游分洪。清康熙十九年(1680 年),改明代泄水闸为减水坝用以取代明"天然减水坝"及泄水闸。咸丰元年(1851年),南端一减水坝溃决未堵,淮河在清口受阻,即由此循三河改道经运河入江,诸滚水坝亦废。新中国成立后,残破的大堤得到了彻底改造和加高加固,洪泽湖成为淮河干流上的大型水利枢纽工程。

洪泽湖

四、运河通航

作为古代主要交通工具,古人首先利用天然河道通航,春秋时已有大规模船队在江河中行驶。为摆脱天然河道的局限,必须开凿运河,连接大江大河的运河,就成为长途大宗运输的干线,是国计民生的动脉。

(一)隋统一全国以前运河网的形成

传说春秋中期淮河上游已有人工运河。有明确记载最早开通的
人工运河是江淮间的邗沟。吴王夫差为了北上争霸,于鲁哀公九年

大运河的前世
与新生

(公元前486年),筑邗城(今扬州),向北利用一连串天然湖泊开运河至今淮安,沟通长江和淮河间水运。此后4年,又在今山东鱼台到定陶开运河叫菏水,沟通济水和泗水,从而淮河和黄河间也实现了通航。战国魏惠王十年(公元前361年),自黄河开鸿沟,向南通淮水北岸各支流,向东通泗水;又可经济水向东通航,形成一个水运网,特别是向东一支名古汴水,是隋代以前黄河和淮河间最重要的水上通道。秦初开灵渠沟通湘、漓二水,从而把长江水系和珠江水系沟通。西汉元光六年(公元前129年),自长安北引渭水开漕渠沿终南山麓至潼关入黄河,和渭水平行,路线直捷并避开渭水航运风险,成为都城长安对外联系的主要通道。

东汉末年,曹操向北方用兵,开凿了一系列运河,沟通黄、海、滦河各流域。建安九年(204年),自黄河向北开白沟,后又开平房渠、泉州渠连通海河各支流。大致相当于后来的南运河和北运河南段。又向东开新河通滦河。建安十八年(213年),曹操又开利漕河,自邺城(今河北省临漳县西南20公里邺镇)至馆陶南通白沟。魏景初二年(238年),司马懿开鲁口渠,在今饶阳县附近沟通沱河和泒水。这时,自海、滦河水系可以经黄河、汴河通泗水、淮河,经邗沟至长江,过江后由江南各河至杭州一带,已形成了早期沟通海河、黄河、淮河、长江直至杭州一带的水道。自长江,经洞庭湖、湘江至灵渠,可以沟通珠江水系。

（二）隋、唐、北宋时的运河网

隋代统一南北，为政治上统一全国，经济上传输南北粮赋，大力开凿运河。隋开皇四年（584年），从长安至潼关开广通渠，其线路与汉代漕渠大体相似。大业元年（605年），自洛阳西苑开运河，以谷水和洛水为源，至洛口入黄河，再从板渚入古汴河故道至开封以东转向东南直至泗州入淮河，叫通济渠。大业四年（608年），又向北开永济渠，由黄河通沁水、渭水，自今天津西再转入永定河分支通涿郡（进北京）。开皇七年（587年）和大业元年（605年）还两次整修拓宽邗沟。大业六年（610年），又系统整修了江南运河。这样，由永济渠、通济渠、邗沟和江南运河组成的南北大运河把海河、黄河、淮河、长江和钱塘江联系在一个航运网中。再通过长江、湘江和灵渠，珠江水系也纳入这个统一的运河网中。

（三）元、明、清以京杭运河为骨干的运河网

元代建都大都（今北京），至元二十年（1283年）在山东的济宁至安山间开济州河，二十六年（1289年）开安山至临清间的会通河。至元三十年（1293年），修成大都至通州的通惠河。至此，京杭运河全部开通，但会通河段不甚通畅，元代漕运主要还靠海运。当时还开山东半岛的胶莱湾，亦不成功。

明永乐时，宋礼重开会通河，采用白英的计划引汶水至南旺分水济运。陈瑄主持制定了较严密的航运管理制度。成为此后500余年南粮北运的主要交通运输线路，平均年运四百万石粮食至北京。这时京杭运河线路自北向南的顺序是：通惠河、北运河、南运河、会通河（包括济州河）、黄河（徐州至淮阴段）、淮扬运河、长江（横渡）和江南运河。与历代一样，由长江经湘江，过灵渠还可以与珠江水系沟通。此后各段又有不少局部调整和改、扩建，一直延续到现代。

京杭运河，全长1 800公里，与灵渠一起联系着全国六大水系，把全国二分之一以上的地区连通在一个水网内，两千多年来一直是联系全国政治、经济和文化的纽带。就其建设规模、技术水平和历史作用来讲，在世界上找不到同类建筑物与之媲美。

大运河

五、古代城市水利

我国城市的出现，即与井相联系，有"井市"一词产生。有井才有市，有市才有城，所

以城市与水利关系重大,没有水利,即无城市。

(一)早期的城市水利理论

春秋战国时,已出现临淄(今山东临淄城北)、邯郸(今河北邯郸西南)、郢都(今湖北江陵北)、吴(今江苏苏州)、咸阳(今陕西咸阳东)等繁华城市,形成了较系统的建城理论,其中关于城市水利理论占有重要地位。《管子》一书对此有较详细叙述,主要内容为:选择城市的位置要高低适度,既便于取水,又便于防洪,随有利的地形条件和水利条件而建,不必拘泥于一定的模式;建城不仅要在肥沃的土地上,还应当便于布置水利工程,既注意供水,又注意排污,有利于改善环境;在选择好的地址上,要建城墙,墙外建郭,郭外还有土坎,地高则挖沟引水和排水,地低则做堤防挡水;城市的防洪、饮水、排水是十分重要的事情,最高统治者都要过问。这些理论一直为古代城市水利建设实践所遵循。

(二)古代城市水利的基本内容

居民用水、手工业用水、防火和航运是古代城市供水的主要方面。城市自河湖取水和打井是主要的取水方式。在水源不便的地方建城,需要做专门的引水工程送水入城。例如,三国时雁门郡治广武城(今山西代县西南)、唐代枋州中部县(今陕西黄陵县)、袁州宜春城都建有数里长的专门的供水渠道和相应的建筑物。

古代征战攻守,城占有极重要的地位。为巩固城防,城市要筑坚固的城墙,同时深挖较宽的护城河,也叫池或濠,在敌人进攻时,使池和濠成为相互依托的两道防线。护城河中的水来自上游的河湖、溪流或泉水,大多数有专门的引水工程。也有的护城河是天然的或人工的河湖。护城河下尾要有渠道排泄入江河。为控制蓄泄,还要建相应的建筑物。护城河和城墙体系是城市最有效的防洪工程。当洪水泛滥时,城墙是坚固的挡水堤防,护城河就成为导水排水的通道。在黄淮海平原,有很多城市在一般的城墙和护城河之外又筑一道防洪堤,实际也是一道土城,堤外同样有沟渠环绕,使城市成为双重防洪体系。

古代不少水利工程兼有城市供水和农田灌溉的双重作用。其中,有的城市供水工程兼有农田灌溉效益,有的大型灌溉工程兼有城市供水作用,有的城市运河也用来作农田季节性灌溉。这种灌溉工程多属于为城市生活服务范围。也有的城市水域用于种植菱荷茭蒲,养殖鱼鳖虾蟹,兼收副业之利。

历史上,随着城市的发展,自然环境逐渐恶化,以水来改造和美化城市环境作为对策,用水利工程引水入城,或借用自然水体加以修整,装饰城市环境,曾得到广泛的应用。中国六大古都西安、洛阳、开封、杭州、南京和北京都修建了大量的水利工程来改善城市环境,不少中小城市也修建了相应的工程。

(三)古代城市水利的理论和实践体现了人与水的和谐关系

城市是人与自然相处最密切的地方,我国许多古城延续时间很长,繁衍了历代优秀人才,积累了丰厚的文化。苏州城,诞生在 2 600 年以前,其人居与水网的骨架没有大的变化,据记载,隋代曾暂短移动,因新址不如原址而迁回,就是证明。至今我国的许多文化名城,都包含着丰富的古代城市水利内容。

六、我国古代水利的特点与不足

在古代 4 000 年治水活动中,我国传统水利取得了光辉的成就和在世界水利史上长时间的先进地位。在特定的地理环境和以农业为主要生产方式的古代,中国不仅形成了不同于其他文明古国的独具一格的政治、经济、思想和文化传统,也形成了独具一格的科学技术体系。和以古希腊为代表的欧洲传统科学技术比较重视理论问题有所不同,我国传统科学技术的显著特点。

首先,表现在重视解决实际问题,重视实践经验,而疏于理论概括。明末清初著名的历算学家王锡阐曾指出:"古人立一法必有一理,详于法而不著其理,理具法中。"(明·王锡阐:《晓庵遗书·杂著》)即专讲怎样去做,而不解释为什么这样做,理论隐含于方法之中。经学家阮元在编写古代科学家传记时也认为,传统科学"但言其当然,而不言其所以然"(清·阮元:《畴人传》卷46)。当然,科学技术的进展没有理论思维是不可想象的,例如在中国封建社会初期,科学技术的理论总结就取得了相当的成绩,但从总体看来则仍然显现出主要是经验性或描述性的科学形态的特点。

其次,重视整体性和广泛联系是我国传统科学技术的又一显著特点,即重视从整体上认识研究对象和重视对象与相关事物的联系。中国古代社会"以农为本",而当研究农学时,《吕氏春秋·审时》认为:"夫稼,为之者人也,生之者地也,养之者天也。"主张把农学放在气象、土壤、耕作普遍联系的环境系统中去研究,从总体把握局部。在水利工作中,"治河之法,当观其全"(明·潘季驯:《留余堂尺牍》卷2),同样强调整体性和综合性。而西方科学则侧重分析和分解。长期以来,西方自然科学思维的基本轨迹就是将整体的复杂系统分解成各个部分,把运动的现象作为相对静止的来处理,复杂的现象从而得到简化。这种思维方法在历史上做出了巨大的贡献,奠定了现代科学的基础。但这种方法只适用于处理线性问题,当科学进一步发展之后,必将在其统一性方面寻找新的突破。诺贝尔奖获得者比利时物理学、化学家普里高津指出"中国传统的学术思想是着重于研究整体性和自发性,研究协调和协和",并且认为,"我相信我们已经走向一个新的综合,一个新的归纳,它将把强调实验及定量表述的西方传统和以'自发的自组织世界'这一观点为中心的中国传统结合起来"(颜泽贤《耗散结构与系统演化》)高度评价了中国古代哲学的现代意义。

再次,辩证思维是我国传统科技的又一重要特征。特别是对立统一、相辅相成和相互转化的观点,对科学技术的发展影响最大,凝聚着中华民族的智慧。例如在黄河防洪建设中,为防止堤防决口,宋、元、明三代大都以分流为主导思想,认为只有在上游分流以适应河道容蓄的能力,才能防止洪水决溢。但明代著名治河专家潘季驯则持相反的看法,他认为,黄河善决善淤善徙特性的关键是河水含沙量太大。泥沙淤积抬高河床,既减少输水能力,又增加防洪的困难。于是,他总结前人的合理主张,提出了"束水攻沙"的理论。他反驳上游合流将增加下游防洪困难的论点,认为合流固然会增大下游洪水流量,但流量增加了,河水流速会相应提高,并同时提高了冲刷河床淤积的能力。只要河床加深了,防洪的困难就会迎刃而解。所以说:"盖筑塞似为阻水,而不知力不专则沙不刷,阻之者乃所以疏之也。合流似为益水,而不知力不宏则沙不涤,益之者乃所以杀之也。……借水攻沙,以水治水。"(明·潘季驯:《河防一览·河工告成疏》卷8)阐明了合与分,冲与淤之间的辩证关系,成就了治河理论上划时代的贡献。英国著名科学史家李约瑟先生指出:"当希腊人和印度人很早就仔细地考虑形式逻辑的时候,中国人则一直倾向于发展辩证逻辑。"

(李约瑟:《中国科学技术史(中译本)》)某些西方科学家还认为,这种辩证思维对现代科学的进一步发展将具有重要的启迪作用。

我国古代水利科学技术的弱点则表现为理论概括不够,定量分析不多和实验观测少。

我国古代的水利著述甚丰,仅水利专著就有 500 种以上。但这些著作多为建设实录,缺乏抽象概括,未能上升为具有普遍意义的理论认识,类似战国时代的《管子·度地》对水流运动规律和土壤特性的归纳,宋、元时期的《河防通议》对河流水势、水汛以及防洪工程规范之类的理论著作屈指可数。

定量分析较少,即使类似潘季驯《河防一览》、靳辅《治河方略》这样的大家著述,对传统水利的认识也只停留在对现象的直接观察上,也多局限于定性分析和趋势的描述,未能应用当时已有较高水平的数学进行量化并进而上升到理论公式。明末著名科学家徐光启对于水利工作中不重视数学和测量的应用曾有中肯的批评。因此,应用现代水利科学技术知识,探讨散见于浩瀚古籍之中的治水实践的科学内涵,并进行系统归纳,就成为我们责无旁贷的历史任务。

实验观测是科学发展的基本研究方法之一。爱因斯坦认为西方科学发展是以两个伟大成就为基础,即希腊哲学家发明的形式逻辑体系和文艺复兴以来所提倡的为探寻自然现象发生的因果关系而进行的系统实验。而在我国古代进行实验观测的事例十分罕见。由于没有科学实验的鉴定,既不能对工程实践的结果进行预测和总结,也不能通过实验归纳上升为理论认识。

由于存在这些弱点,我国传统水利技术虽然在唐、宋时期已发展到最高水平,但此后就停滞不前。元、明、清时期,虽然水利建设进一步普及,但技术水平一般并未超越唐、宋;建设规模和速度更难以与秦汉时期相比。明清水利著述虽然丰富,但资料性居多,理论概括较少。

第二章　中国古代治水名人

第一节　大禹

　　大禹,也叫夏禹,姓姒,名文命,夏后氏部落首领,为远古传说中的著名治水人物。

　　相传距今约四千多年前,我国是尧、舜相继掌权的时代,也是我国从原始社会向奴隶社会过渡的父系氏族公社时期。那时,生产能力很低下,生活条件很艰苦,有些大河每隔一年半载就要闹一次水灾。有一次,黄河流域发生了特大水灾,"汤汤洪水方割,荡荡怀山襄陵,浩浩滔天"(《尚书·尧典》)。洪水横流,滔滔不息,房屋倒塌,田地被淹,五谷不收,人民死亡。活着的人们只得逃到山上去躲避。

大禹简介(音频)

　　部落联盟首领尧,为了解除水患,召开了部落联盟会议,请各部落首领共商治水大事。尧对大家说,水灾无情,请大家考虑一下,派谁去治水?大家公推鲧去治理。尧不赞成说,他很任性,可能办不成大事。但是,首领们坚持让鲧去试一试。按照当时部落的习惯,部落联盟首领的意见与大家意见不相符,首领要听从大家的意见。尧只好采纳大家的建议,勉强同意鲧去治水。

　　鲧到治水的地方以后,沿用了过去传统的水来土挡的办法治水,也就是用土筑堤,堵塞漏洞的办法。他把人们活动的地区搞了个像围墙似的小土城围了起来,洪水来时,不断加高加厚土层。但是由于洪水凶猛,不断冲击土墙,结果弄得堤毁墙塌,洪水反而闹得更凶了。鲧治水九年,劳民伤财,一事无成,并没有把洪水制服。

　　舜接替尧做部落联盟首领之后,亲自巡视治水情况。他见鲧对洪水束手无策,耽误了大事,就把鲧办罪,处死在羽山(神话中的地名)。随后,他又命鲧的儿子禹继续治水,还派商族的始祖契、周族的始祖弃、东夷族的首领伯益和皋陶等人前去协助。

　　大禹领命之后,首先吸取了以往治水失败的教训,接着就带领契、弃等人和徒众助手一起跋山涉水,把水流的源头、上游、下游大略考察了一遍,并在重要的地方堆积一些石头或砍伐树木作为记号,便于治水时作参考。这次考察是很辛苦的,据说有一次他们走到山东的一条河边,突然狂风大作,乌云翻滚,电闪雷鸣,大雨倾盆,山洪暴发了,一下子卷走了不少人。有些人在咆哮的洪水中淹没了,有些人在翻滚的水流中失踪了。大禹的徒众受了惊骇,因此后来有人就把这条河叫做"徒骇河"(在今山东境内)。

　　考察完毕,大禹对各种水情作了认真研究,最后决定用"疏""导"的办法来治理水患。

大禹塑像

大禹亲自率领徒众和百姓,带着简陋的石斧、石刀、石铲、木耒等工具,开始治水。他们一心扑在治水上,露宿野餐,粗衣淡饭,风里来雨里去,扎扎实实地劳动着。尤其是大禹,起早贪黑,兢兢业业,腰累疼了,腿累肿了,仍然不敢懈怠。大禹曰:民无食也,则我弗能使也;功成而不利于民,我弗能劝也……民劳矣而弗苦者,功成而利于民也(贾谊《新书·修正语》)。

大禹治水

据考证,当时大禹治水的地区,大约在现在的河北东部,河南东部,山东西部、南部,以及淮河北部。一次,他们来到了河南洛阳南郊。这里有座高山,属秦岭山脉的余脉,一直延续到中岳嵩山,峰峦奇特,巍峨雄姿,犹如一座东西走向的天然屏障。高山中段有一个天然的缺口,涓涓的细流就由隙缝轻轻流过。但是,特大洪水暴发时,河水就被大山挡住了去路,在缺口处形成了漩涡,奔腾的河水危害着周围百姓的安全。大禹决定集中治水的人力,在群山中开道。艰苦的劳动,损坏了一件件石器、木器、骨器工具。人的损失就更大,有的被山石砸伤了,有的上山时摔死了,有的被洪水卷走了。可是,他们仍然毫不动摇,坚持劈山不止。在这艰辛的日日夜夜里,大禹的脸晒黑了,人累瘦了,甚至连小腿肚子上的汗毛都被磨光了,脚指甲也因长期泡在水里而脱落,但他还在操作着、指挥着。在他的带动下,治水进展神速,大山终于豁然屏开,形成两壁对峙之势,洪水由此一泻千里,向下游流去,江河从此畅通。

大禹用疏导的办法治水获得了成功。原来,黄河水系有主流、支流之分,如果把主流加深加宽,把支流疏通,与主流相接,这样就可使所有支流的水都归主流。同时,他们把原来的高处培修使它更高,把原来的低地疏浚使它更深,便自然形成了陆地和湖泽。他们把这些大小湖泽与大小支流连结起来,洪水就能畅通无阻地流向大海了。

大禹指挥人们花了十年左右的功夫,凿了一座又一座大山,开了一条又一条河渠。他公而忘私,据说大禹几次路过家门,都没有进去。第一次他路过家门口,正好遇上妻子生孩子,大家劝他进去看一看,照顾一下,他怕影响治水,没有进去;又有一次,他的孩子看见了父亲,非常高兴,要大禹到家里看一看,他还是没有进去。他把整个身心都用在开山挖河的事业中了。

治水成功之后,大禹来到茅山(今浙江绍兴城郊),召集诸侯,计功行赏,还组织人们利用水土去发展农业生产。他叫伯益把稻种发给群众,让他们在低温的地方种植水稻;又叫后稷教大家种植不同品种的作物;还在湖泊中养殖鱼类、鹅鸭,种植蒲草,水害变成了水利。伯益又改进了凿井技术,使农业生产有了较大的发展,到处出现了五谷丰登、六畜兴旺的景象。

大禹因治水有功,被大家推举为舜的助手。过了十七年,舜死后,他继任部落联盟首领。后来,大禹的儿子启创建了我国第一个奴隶制国家——夏朝,因此后人也称他为夏禹。夏禹死后就葬在茅山,后人因禹曾在这里大会诸侯,计功行赏,所以把茅山改名为会稽山。这就是绍兴大禹陵的由来。而今的大禹陵背负会稽山,面对亭山,前临禹池。1979年重建大禹陵碑亭一座,飞檐翘角,矗立于甬道尽头。内立明代南大吉书写的"大禹陵"巨碑一块。亭周古槐蟠郁,松竹交翠,幽静清雅。亭南有禹穴辨亭和禹穴亭,是前人考辨禹的墓穴所在之处。

禹王宫

禹王庙

另外,我国许多地方也存有大禹胜迹。如安徽怀远县境内有禹墟和禹王宫;陕西韩城县有禹门,山西河津县城有禹门口,山西夏县中条山麓有禹王城址,河南开封市郊有禹王台,禹县城内有禹王锁蛟井,湖北武汉龟山东端有禹功矶,湖南长沙岳麓山巅有禹王碑,甚至远在西南的四川南江县还建有禹王宫,等等。这些遍布中国各地的大禹遗迹,记刻着大禹的丰功伟绩和人们的缅怀思念。

大禹治水精神

第二节　孙叔敖

　　孙叔敖,春秋时期(公元前770—前476年)楚国期思(今河南淮滨期思)人,他姓芈,名敖,字孙叔,一字艾猎,当时的政治家、军事家和水利家。初为楚国大夫,楚庄王时官至令尹(相当于宰相)。他的主要功绩就是治水兴帮,"于楚之境内,下膏泽,兴水利"。孙叔敖在治水中,吸取前人经验,集中群众智慧,通过实地勘查规划,科学地利用地形水势,兴建了一些水利工程,从而发展了楚国经济。汉代大史学家司马迁把孙叔敖列为《史记·循吏列传》之首,称赞他是一位奉职守法、善施教化、仁厚爱民的好官吏。

　　据司马迁《史记》记载,楚相孙叔敖"秋冬则劝民山采,春夏以水,各得其所便,民皆乐其生。"他经常劝告楚国人民利用秋冬季节上山采果为食,利用春夏时节围堤造塘、修堰打坝,以除水害兴水利。他提倡"宣导川谷,陂障源泉,灌溉沃泽,堤防湖浦以为池沼,钟天地之爱,收九泽之利,以殷润国家,家富人喜。"他的这一主张为江淮人民传为治水之方略。他在任期间主持兴办了两项重要水利工程——期思雩娄灌区和芍陂。

　　楚庄王九年(公元前605年)前许,孙叔敖主持兴建了我国最早的大型引水灌溉工程——期思雩娄灌区。在史河东岸凿开石嘴头,引水向北,称为清河;又在史河下游东岸开渠,向东引水,称为堪河。利用这两条引水河渠,灌溉史河、泉河之间的土地。因清河长九十里,堪河长四十里,共一百余里,灌溉有保障,后世又称"百里不求天灌区"。经过后世不断续建、扩建,灌区内有渠有陂,引水入渠,由渠入陂,开陂灌田,形成了一个"长藤结瓜"式的灌溉体系。这一灌区的兴建,大大改善了当地的农业生产条件,提高了粮食产量,满足了楚庄王开拓疆土对军粮的需求。因此,《淮南子·人间训》称他:"决期思之水,而灌雩娄之野。"

　　楚庄王十七年(公元前597年)左右,孙叔敖又主持兴办了我国最早的蓄水灌溉工程——芍陂(今安丰塘)。芍陂因水流经过芍亭而得名。工程在安丰城(今安徽省寿县境内)附近,位于大别山的北麓余脉,东、南、西三面地势较高,北面地势低洼,向淮河倾斜。每逢夏秋雨季,山洪暴发,形成涝灾;雨少时又常常出现旱灾。当时,这里是楚国北疆的农业区,粮食生产的好坏,对当地的军需民用关系极大。孙叔敖根据当地的地形特点,组织当地人民修建工程,将东面的积石山、东南面龙池山和西面六安龙穴山流下来的溪水汇集于低洼的芍陂之中。修建五个水门,以石质闸门控制水量,"水涨则开门以疏之,水消则闭门以蓄之",不仅天旱有水灌田,又避免水多洪涝成灾。后来又在西南开了一道子午渠,上通淠河,扩大芍陂的灌溉水源,使芍陂达到"灌田万顷"的规模。芍陂建成后,安丰一带每年都生产出大量的粮食,并很快成为楚国的经济要地。楚国更加强大起来,打败了当时实力雄厚的晋国军队,楚庄王也一跃成为"春秋五霸"之一。如今,芍陂已成为淠史杭灌区的一座效益显著的中型水库,灌溉面积达到60余万亩,并有防洪、除涝、水产、航运等综合效益。

　　孙叔敖除创建上述工程外,还率领劳动人民兴建了安徽的水门塘,湖北的沮水、云梦泽等水利工程,促进了楚国农业生产的发展。

　　北魏地理学家郦道元在《水经注》中说:芍陂,为楚相孙叔敖所造。这一选址科学、布局合理、古老壮丽的水利工程,同都江堰、灵渠、郑国渠、漳水十二渠、京杭大运河一样闻名于世。新中国成立后,期思雩娄灌区和芍陂得以不断扩大、完善,灌区欣欣向荣。正如外国友人参观芍陂时称赞的那样:"盛世来临天地改,碧波常溢稻花香。"后人为纪念孙叔敖,先后在芍陂旁建有孙公祠,在湖北沙市公园建有孙叔敖衣冠冢,在期思立碑并建有楚相孙公庙,表达了民众的纪念之情。

孙叔敖塑像

孙叔敖墓

第三节　李冰

　　李冰,战国时期秦国人,我国古代著名的水利专家;"能知天文地理",极有学识与才能。昭襄王五十一年(公元前 256 年)任蜀郡守。他到任以后所做的实事都与治水有关,特别是在四川灌县(今属都江堰市)岷江上主持兴建了驰名中外的都江堰水利工程。

李冰父子简介

　　李冰在四川非常关心老百姓疾苦,经常走访民间、倾听民众的呼声,以解决老百姓的困难。他了解到发源于成都平原北部岷山的岷江,经常发生水涝灾害,时时威胁着两岸人们,就像悬在人们头上的一把宝剑,使人们整天提心吊胆,难以安居乐业。于是,他开始对岷江两岸进行实地考察。李冰和儿子二郎一起,行程数百里,沿岷江逆流而上,亲自勘察岷江的水情、地势等情况。他发现岷江上游两岸山高谷深,水流顺势而下,非常急速;到了灌县附近,岷江则逐渐开阔,进入一马平川的水道,这时由上游积累而下的江水声势浩大,一泻千里,经常冲垮堤岸,造成洪涝灾害。而且从上游夹带的大量泥沙也因这里水面开阔而大量淤积,使河床升高,水位上涨,造成更大的水灾。他特别注意到在灌县城西南面,有一座玉垒山正好挡住江水东流的去路,使得两边的江水在这里积聚,流路不畅。因此,每年洪水季节,玉垒山的东边和西边形成鲜明对比,西边江水滔滔,冲击堤岸,造成水患,而东边却常常缺水,发生旱灾。因此,治理岷江水患,打通玉垒山是一个重要环节。但是过去人们开凿的水利工程却忽视了这一点,其渠道的选择就不太合理,离玉垒山较远。为此李冰觉得应当首先废除前人开凿的引水口,将引水口移至玉垒山处。

李冰塑像

在实地考察基础上,李冰确定了治理岷江的周密方案。按照这一方案,首先就要打通玉垒山,使岷江水能够畅通流向东边,这样既可以减少西边的江水,使其不再泛滥;同时,也能解除东边的干旱,使滔滔江水流入旱区,灌溉那里的良田。于是李冰组织了上万名民工,打响了开凿玉垒山的战斗。这是治理水患的关键环节,也是都江堰工程的第一步。民工的热情非常高,干劲十足。人们盼望着都江堰的修成能解除千百年来的旱涝灾害,给万亩良田带来丰收,使人们过上安居乐业的生活。但是由于开始时施工没有经验,加上玉垒山山石坚硬,工程进度极其缓慢,每天只能凿开很少一部分山石。这可急坏了李冰,他觉得多拖一天,当地老百姓就多一天处在水患边缘,时间久了,民工的积极性也会受到影响,到那时工程就更难以进行,甚至有可能半途而废。为此,李冰天天苦思冥想,坐不稳、睡不安,他不能辜负老百姓的期望,不能再让老百姓过这种灾害频繁又毫无保障的危险日子,他决心一定要坚持下去。于是,他又发动民工出主意、想办法,集中众人的智慧。有一个很有经验的老民工建议:应当在岩石上开一些沟槽,然后放上柴草,点火燃烧,岩石在柴草的燃烧下就会爆裂。李冰采纳了这一建议,实践证明非常有效,工程进度大大加快,大家的干劲也更加高涨。

经过一段时间的共同努力,终于在玉垒山开凿了一个 20 米宽的口子,这就是都江堰非常有名的"宝瓶口"。奔流不息的岷江水通过宝瓶口源源不断地流向东部旱区,都江堰的第一大工程终于完成。为了使岷江水能够顺利东流且保持一定的流量,并充分发挥宝瓶口的分洪和灌溉作用。李冰在开凿宝瓶口以后,又决定在岷江中构筑分水堰,将江水分为两支:一支顺江而下,另一支被迫流入宝瓶口。在江心构

宝瓶口

筑分水堰是一项很艰巨的工程,因为江心水高浪大,水流急,筑成的堰堤要很坚固,否则随时都会被洪水冲走。李冰在构筑分水堰时,开始采用往江心抛石的办法,使石块逐渐增高、加大而形成堰堤,结果没有成功。抛下去的石头,经不住洪水的冲击,不断地被洪水冲走。李冰再次陷入困境。但他并没有灰心,而是积极寻找办法。他想到了岷山一带盛产

大竹,许多当地人用竹子盖房,编竹笼盛东西,这使他大受启发。于是他决定借鉴其方法,请来许多竹工,然后让他们编成长3丈、宽2尺的大竹笼,再在里面装满鹅卵石,然后让民工将沉重的大竹笼一个一个地沉入江底。结果大竹笼在急流的水中安然不动,稳稳地固定在那里。就这样分水大堤终于建成。大堤前端的形状好象一条鱼的头部,所以被称为"鱼嘴"。鱼嘴的建成将上游奔流的江水一分为二:西边称为外江,它沿岷江河面顺流而下;东边称为内江,它流入宝瓶口。江水再分成许多大小河渠,形成一个纵横交错的灌溉网,浇灌成都平原的千里农田。从此以后成都平原就很少有水旱灾难。

鱼嘴分水堤

后来,为了进一步控制流入宝瓶口的水量,防止灌溉区的水量忽大忽小,不能保持稳定,李冰又在鱼嘴分水堤的尾部,靠着宝瓶口的地方,修建了分洪用的平水槽和"飞沙堰"溢洪道。飞沙堰同样采用竹箱装卵石的办法堆筑,堰顶做到比较合适的高度,起一种调节水量的作用。当内江水位过高的时候,洪水就经由平水槽漫过飞沙堰流入外江,使得进入宝瓶口的水量不致太大,保障内江灌区免遭水灾。同时,由于漫过飞沙堰流入外江的水流产生了漩涡,可以有效地减少泥沙在宝瓶口周围的沉积。至此,都江堰工程基本完成。

飞沙堰

都江堰工程主要由宝瓶口、鱼嘴、飞沙堰和渠道网组成,构成一个完整的防洪、航运、灌溉的水利体系。其中,宝瓶口是控制内江水量的首要关口,它狭窄的通道形成一道自动调节的水门,控制内江的流量,对内江的灌溉网起保护作用。鱼嘴主要起分洪作用,它将岷江水一分为二,其中一支流入宝瓶口,以保持宝瓶口有足够的水量,满足灌溉需要。按照设计,鱼嘴的分水量有一定比例,春耕季节,内江水量大约占60%,外江水量大约占40%。飞沙堰主要起泄洪作用,洪水季节,内江的水量超过宝瓶口所需要的水量,就会由飞沙堰自动溢出。李冰为了观测岷江水位,做了三个石人并把它们立于江中。在水少时,水位不低于这三个石人的足部,水多时不没过肩部,这说明李冰对岷江水流的涨落情况比较了解。

为了充分发挥都江堰的功效,保障都江堰工程的质量,李冰还建立了维修制度,每年进行维修,以除掉江中淤积的泥沙,对工程的薄弱环节和损坏部位进行修筑。他们一般选择每年的10月底霜降时节进行维修,因为这时岷江的流水量最小,最容易控制。李冰就抓住这一时期,组织民工进行抢修。他们首先在鱼嘴西侧用一种称为"杩槎"的截流装置,将外江水截流,使江水全部注入内江,然后掏空外江和外江各灌溉渠道里淤积的泥沙。"杩槎"是一种简单、有效的临时性截流装置,是由三根大木桩用竹索绑成的三角架,中设平台,平台上用竹笼装卵石压稳。把适当数量的"杩槎"横列在江中,迎水面加系横、竖木头,围上竹席,外面再培上黏土,就可以挡住水流,不致渗漏。一般到第二年立春前后,外江维修完毕。这时再把"杩槎"移到内江,让江水流入外江,然后再掏空内江河槽,进行平水槽和飞沙堰的维修工程。在维修过程中,李冰还总结了维修的实践经验,提出了维修的六字口诀,这就是"深淘滩,低作堰"。意思是说在掏空淤积在江底的泥沙时要尽量掏深些,以免河谷比较浅,流水量太小,难以满足灌溉的需要;而修筑飞沙堰时,堰顶则尽量要修筑的低一些,以便在洪水季节能够泄出比较多的水量。为了便于操作,李冰还做了一个石犀,埋在内江中,作为维修时掏空泥沙的深度标准界限,使民工易于掌握。清明节前后,整个都江堰维修完了,就可以拆除"杩槎",开始放水灌溉。由于每年都要维修、放水,日久天长,清明节前后的放水日就成为当地人民一个盛大的节日,每年这一天都要举行盛大的放水仪式。成千上万的劳动人民无论多远到时都会自动聚集在江边观看放水的盛况,敲锣打鼓庆祝这一时刻。这一方面表现了劳动人民征服水患后的巨大喜悦,同时也表达了人们对李冰带领大家治水的感激之情。后来,人们又进一步把李冰的治水经验总结成都江堰治水"三字经",即"深淘滩,低作堰,六字旨,千秋鉴。挖河沙,堆堤岸,砌鱼嘴,安羊圈(圆木作成的方形木框,内填卵石,用以填坑或护岸);立湃阙(堰口附近设置的排洪缺口),凿漏罐(用以排水或冲刷泥沙的暗洞);笼编密,石装健;分四六,平潦旱(枯水时,分流比内江流量约占 60%,外江约占 40%,以引水灌溉为主;洪水时期则外 6 内 4,以便泄水防洪;控制分流,调节潦旱);水画符(记载水位的水尺划数),铁椿见(飞沙堰对岸左岸河底埋有卧铁,为掏河标记);岁勤修,预防患;遵旧制,勿擅变。"并镌刻于"二王庙"石壁上。

李冰修建的都江堰具有很高的科学技术水平,在中国水利史上以及世界水利史上都占有非常光辉的一页。它悠久的历史举世闻名,它设计的精巧令人惊叹。我国历史上曾修建过许多水利工程,其中有名的就有芍陂、漳水渠、郑国渠等,但大部分都先后报废,唯独李冰修建的都江堰经久不衰,两千多年来一直发挥着防洪、灌溉、航运等多种功效,成为我国历史上的一项奇迹。

都江堰设计严密,考虑周详,它按照灌溉、防洪、航运等方面的要求,合理控制内、外江水量,构成一个非常完善的水利工程体系。天旱和少水季节,岷江大部分江水引入内江,满足灌区人民生活、灌溉用水的需要;洪水季节,岷江的大部分江水又可以从飞沙堰分洪到外江泄走,使内江水量保持在一定水平,从而免除内江灌区的洪水威胁,真可谓一举两得。一年四季无论旱涝,灌区用水都基本上能得到保证而不出现水灾。都江堰水利工程的建成,对四川一带的社会生产产生了非常深远的影响,彻底根除了千百年来危害当地人民的岷江水患,改变了成都平原十多个县的农业生产面貌,使当地的农业生产得到迅速发展,原来旱涝灾害频繁的地区变成了沃野千里、富饶美丽的鱼米之乡。并且都江堰各种灌溉渠道也成为当地航运的重要通道,当地有名的梓柏大竹和蜀棉等特产也通过这些渠道源源不断运往全国各地。

除都江堰外,李冰在四川还主持兴修了其他一些水利工程。比如岷江上端有一支流沫水,沫水发源于蒙山,水利情况非常复杂,既有地下河,又因受到山崖阻碍,造成水流湍急,航行极不安全,常发生舟船破坏和人员伤亡事故。李冰为此组织百姓凿除河心中的山岩,整理水道,改善了河流的航行条件,方便了两岸群众。李冰还对管江、汶井江、洛水、羊摩江等进行疏导,改善其航运和灌溉条件。

李冰治水精神

李冰晚年,年迈体衰,仍领导群众兴修"导洛""治棉"的水利工程,为巴蜀人民做了最后一件造福子孙的大事,终因积劳成疾,劳累过度,死于什邡的水利工地上。

第四节　郑国

郑国,战国时期韩国杰出的水利专家,奉命帮助秦国兴修了著名的引泾灌溉渠——郑国渠。

郑国

郑国渠

公元前246年,为了延缓秦国的扩张步伐,韩国桓惠王想用修建水利工程的办法消耗秦国国力。因为兴修水利工程要耗费巨大的人力、物力、财力,如果秦国忙于修渠,势必难以发动对外战争,这样韩国就会赢得一个发展壮大的机会。他表现出十分关心支持秦国发展的样子,派出使臣带着治水专家郑国面见秦王嬴政,提出帮助秦国在泾河上修筑一条引水灌溉渠道。

由于秦国连年降雨稀少,旱情持续,严重影响到关中平原北部农田的产量,不仅影响到百姓的生活用粮,而且造成军粮储备不足,秦王嬴政为此着急。韩王的建议如同雪中送炭,嬴政格外高兴,对其大加赞赏。

秦王嬴政委派郑国具体负责工程的实施,并根据施工的需要,相继征调数万民夫投入建设。郑国主持兴修引泾灌溉工程,总干渠西起仲山(在今陕西省)脚下的泾河,东注洛水,长300余里,沿途要穿过冶、清、浊、石川等大河及无数小河,工程的难度可想而知。他不辞辛苦,跋山涉水,实地勘察,访百姓、找水源、观地形、制方案。

引泾灌溉渠修了近10个春秋,仍尚未完工。秦国内议论纷纷,认为郑国大兴水利劳民伤财,牵制秦国东征,是别有用心的。郑国申辩:始臣为间,然渠成亦秦之利也。臣为韩延数岁之命,而为秦建万世之功。可是秦的宗室大臣们仍抓住不放,一致要求秦王下"逐客令"。于是秦始皇下了"非秦者去"的"逐客令",郑国一度被囚。这时秦国丞相吕不韦的一位门客李斯,给秦王呈上了《谏逐客书》,他说:泰山不让土壤,故能成其大;河海不择细流,故能就其深……物不产于秦,可宝者多;士不产于秦,而愿志者众。今逐客以资敌国,损民以益仇,内自虚而外树怨于诸侯。求国之无危,不可得也。李斯说服了秦始皇,秦王撤消了"逐客令",才重新信任和起用郑国。

逐客事件平息之后，引泾工程仍由郑国主持。郑国充分利用自身才智，全面规划，分步推进。

选择渠首位置。郑国深入泾河沿岸，走访百姓，观察地形，实地查勘。他发现泾河水进入渭北平原后，河道比较狭窄，有利于筑坝引流。同时河床又比较平坦，水流比较平缓，部分粗沙沉积，从而可以减少渠道的淤积。郑国经过反复对比分析，充分研究水流的变化，最后将引水点确定在泾河下游的弯道处的瓠口（在今陕西省泾阳县王桥镇船头村西）。

巧妙开挖井渠。渠道开挖过程中，郑国采取了开挖暗洞的办法，暗洞宽约 3 米，高约2 米。为了加快施工速度，在暗洞上方每间隔 30 米左右开挖一个 3 米见方的竖井，民工由此到地下，分别向两个方向施工，各段工程完成后，形成了数百米长的"井渠"，向东南延伸与明渠相连。施工中开挖的天井，俗称"天窗"，在工程运行过程中，可以用来观察水流方向、深浅，同时也能用于清淤。针对进水口水量大、水流流速快，容易造成渠岸两壁崩塌的难题，郑国科学地设计了拱形地下渠道，使渠壁拱券坚强有力，能够抗击塌陷。这极大地确保了渠道工程的质量。

精确布置渠系。郑国发挥高超的水利技术，精确测量，充分利用了关中平原西北高、东南低的地形特点，将干渠自西而东布置于渭北平原二级阶地的最高线上，使位于干渠以南的灌区完全可以自流灌溉。他还在引水渠的南面修建了一条退水渠，这样就可以把水渠里过量的水排回到泾河中去。渠道要跨越石川等几条河流，为了减少相互影响，郑国在河道狭窄处采取架设石槽的办法，从而解决了既能彼此隔开，避免干扰，又能各走其道，达到保证灌溉的目的。

经过几年的努力，引泾工程全线竣工。渠道长 300 多里，流经今泾阳、三原、高陵、富平和蒲城等县，向东注入洛水；灌溉土地 4 万余顷，极大地改良了关中北部的农田。渠道在改良当时关中大面积的盐碱地方面，更有预想不到的效果：灌水对土壤的盐分有溶解、洗涤的作用；而泾水所含大量泥沙流入农田后，沉积在地表，又有淤地压碱的效果；泥沙中有丰富的有机质，又可起到肥田的作用。灌区百姓中流传

郑国渠

着这样一首歌谣："田于何所，池阳谷口。郑国在前，白渠起后。举锸为云，决渠为雨。泾水一石，其泥数斗。且溉且粪，长我禾黍。衣食京师，亿万之口。"因此，秦国农业生产得到了很大发展，有了雄厚的经济力量。司马迁也曾为之赞叹，将其载入史册：渠就，用注填淤之水，溉泽卤之地四万余顷，收皆亩一钟。于是，关中为沃野，无凶年。秦以富强，卒并诸侯，因命曰郑国渠（《史记·河渠书》）。

第五节　司马迁

司马迁，西汉时期伟大的思想家、历史学家、文学家，被尊称为中华"史圣"。他一生历经坎坷，刚直不阿，秉笔直书，耗去毕生心血，为世界文化宝库留下了一部与日月同辉的皇皇巨著《史记》。

在《史记》里，有一个水利专篇《河渠书》，倍受历代统治者重视和水利家、史学家们的

注目。它记述了上起大禹治水,下迄西汉元封二年(公元前109年)的重要水利事件,是我国第一部水利通史。它开创了历代官修整史撰写河渠水利专篇的典范,同时赋予"水利"一词以治河防洪、灌溉、航运等明确的专业概念。现代意义的"水利"二字当溯源于此。所以说,司马迁可称得上水利志书的鼻祖,是一位造诣颇深的水利理论家了。

《史记·河渠》书
开创中国古代水
利史之先河

是什么使司马迁对"水利"发生了如此浓厚兴趣?是中华民族的母亲河——黄河。他自幼生长在黄河岸边。他说:"迁生龙门",是黄河的乳汁哺育了他的成长。从小就亲眼目睹黄河给黎民百姓兴利,也看到泛滥成灾给人民带来苦难。汹涌澎湃的黄河水日夜奔腾不息,曾给青少年时期的司马迁以无尽的情思,鼓舞起他奋进的勇气,留给他无限的遐想。他仰慕古代治水英雄大禹,他的家乡龙门,又名禹门,是大禹治理过的地方,在今陕西省韩城以北25公里处。这里地处秦晋咽喉,形势险要,黄河被紧紧地锁于百公尺之间。古籍《名山记》中说:河水至此山,直下千仞,其下湍澜,譬如山沸,两岸皆断山绝壁,相对如门,惟神龙可越,故目龙门。鲤鱼跳龙门的故事就发生在这里。无怪乎前秦王苻坚登上龙门山时连声赞叹"美哉!河山之固"。传说大禹治水时就在此劈山引水,疏通导流,使普天下百姓免除水患。这就促使司马迁想了解大禹事迹,探访大禹遗踪的念头。

机会终于来了,汉武帝元朔三年,二十岁的司马迁,遵父"读万卷书"还须"行万里路"的指示,开始了他的收集历史轶闻、考察名胜古迹的活动。同年春,他离开了长安,赴汨罗吊屈子忠魂,登庐山观禹疏九江,然后直奔会稽(今浙江绍兴)探察大禹的葬地——"禹穴"。大禹治过了黄河,又转战治理淮河、长江,他劈开阻水的淮河荆、涂二山和长江三峡后,使江河之水畅流入海,治水工作取得了巨大成功。他高兴地召集各路诸侯到会稽山共商论功行赏大计,因他常年奔波于治水第一线,操劳过度,不幸在开会期间以身殉职,用苇席桐棺埋葬在"禹穴"里。司马迁对大禹这种献身水利事业的壮举更加敬佩,便用他那如椽之笔在《史记·河渠书》中写下了"禹抑洪水十三年,过家不入门","九川既疏、丸泽既洒,诸夏艾安,功施于三代"之美谈。使大禹治水的功绩得以流传,历经数千年而不衰,至今还激励着广大治水工作者。

考察之后的司马迁,回到朝中担任皇帝的侍卫、随从。多次随皇帝出巡各地,并奉使西征巴蜀、云、贵。他一生热爱祖国的壮丽山河,跋山涉水,足迹几乎走遍了当时的整个中国。每到一地除了完成皇帝交办的任务,他总不忘作些社会调查,了解和察看著名的水利工程。特别使他难忘的是公元前109年,汉武帝东巡来到濮阳(今河南濮阳县西南)的一段黄河视察,恰逢瓠子堤决口,灾情严重。武帝命令文臣武将一律参加堵口抢险,司马迁加入了搬运柴草、堵塞决口的劳动。武帝也亲自干了起来,还同官员一起研究堵塞办法。由于皇帝重视,堵口抢险获得成功。使"河道北行二渠",河水重新回归二十多年前的故道。并在堵口之地筑宫其上,名曰宣房宫。"自是之后,用事者争言水利。"具有文韬武略的武帝作《瓠子之歌》颂之,悲壮的歌声在黄河岸边回响,使司马迁深受感动。他决心把耳闻目睹的重大水利事件和著名的水利工程,如:禹王治水,鸿沟(战国时期一条重要运河,今汴河)、都江堰、郑国渠、龙骨渠、漳河十二渠等记录下来,传于后世。

正如他在《史记·河渠书》结尾所言:余南登庐山,观禹疏九江,遂至于会稽太湟,上姑苏,望五湖;东窥洛讷、太邳、迎河,行淮、泗、济、漯、洛渠;西瞻蜀之岷山及离碓;北自龙门至于朔方。曰:甚哉,水之为利害也!余从负薪塞宣房,悲瓠子之诗而作河渠书。

后人为了纪念司马迁,在陕西韩城市南10公里处的芝川镇为其建有祠墓。司马祠迁墓始建于西晋永嘉四年(公元310年)。祠墓依山而建,东临黄河,西枕梁山,芝水环绕,屹立于悬崖峭壁之上。山门有"汉太史公祠墓"牌坊。祠用砖石依山势筑成四个高台,每个高台之间有石级相连,前面三个台上都有建筑物,正殿有司马迁塑像,最后一层是砖砌的司马迁墓。墓圆形,系元代修建。1982年,司马迁祠墓被确定为全国重点文物保护单位。

司马迁祠墓

第六节　贾让

贾让,西汉末年人,他深入研究水利,在2 000多年前大胆提出了"不与水争地"——人类社会发展应与自然相和谐的治河思想,对后世影响深远。其治河三策被东汉史学家班固以1 000余字的篇幅完整地载入《汉书·沟恤志》,成为现存最早的一篇全面阐述治河思想的重要文献。

西汉时期,黄河屡次出现决口,洪水破堤而出,淹没了大片的村庄和农田,给百姓带来了巨大的灾难,许多人流离失所,无家可归,严重影响社会的稳定发展。绥和二年(公元前7年),汉哀帝向全国发出诏书,鼓励人们献计献策,从而根治黄河水患。贾让一直对治理黄河格外关心,他觉得这是自己施展才华、为君解忧、为民解难的良机。为了提出准确有力、切实可行的良策,他深入决口的河道现场,沿河实地查勘,走访当地百姓,进行广泛细致地调查,获取了大量的第一手资料,对黄河洪水的发生有了自己独到的见解。

远古时期,人们基本是在距离河道很遥远的地方居住,河流基本是自由流动,与人们互不干扰,相安无事。随着河流周边居住百姓的增加,人们开始在河道的两边修筑堤防,开始的时候,在距离河道比较远的地方建堤,河道的宽度仍然很大,洪水还没有被束缚得很厉害。遇到涨水,水流基本可以分散到较宽阔的河道中,慢慢流走,几乎不会冲毁堤防。后来人们开始大量占用河滩地耕种,在大堤里面修筑围埝,圈堤围垦,不断改变河道的流向,造成河道宽窄不一,河线再三弯曲,严重阻碍行洪。贾让深切感受到,正是当地百姓没有节制地改变河道的原有状况,不给洪水以足够出路,引发河堤被洪水冲溃,给自身也带来了一场场灾难。贾让经过深入分析,提出了上、中、下三种对策。

上策是:"徒冀州之民当水冲者,决黎阳遮害厅,放河使北入海。河西薄大山,东薄金堤,势不能远泛滥。"即以不与水争地为原则,彻底改变当前的被动局面,还河道以本来的状况。具体方案是将冀州区域容易受到洪水影响、生活没有保障的百姓迁移出来,清除掉河道中的碍洪设施,将黄河改道向西,以原有河道与太行山之间的宽敞区间为新的河道,让黄河向北流,赴大海。这样可以削减洪峰,容纳较多的泥沙,最大程度降低洪水冲毁堤防的可能,对移民安置所需要的费用贾让也进行了充分考虑,由原来黄河的岁修费来解决,从而达到彻底根除黄河水患。但有人觉得用此方法,要毁坏许多村庄、田园及世代祖业,会招致一片怨言。贾让坚持认为,通过开展艰苦细致的宣传教育,讲明利害关系和长远利益,一定会得到绝大多数百姓的支持。此项措施的推行,河流将基本实现原道流动,沿河百姓的生产和生活水平将稳步提升,国家也会日益强盛。

中策要旨:"但为东方一堤,北行三百余里,入漳水中,其西因山足高地,诸渠皆往往股引取之。旱则开东方下水门灌冀州,水则开西方高门分河流。"即采取分水的办法,在冀州尽可能多地修筑漕渠,从而将多余的水引入漳河,进而减少洪水流量,也让更多的土地得到灌溉。具体的方法是利用淇口以上的地形,向西北修一道石堤,利用堤岸与西山脚的高地为干渠,然后加固从淇水到遮害亭之间的黄河堤防,在堤上建起几座分洪水门,然后在东边的渠堤上建若干引水口门。当遇到洪水的时候,打开高处的分洪水门,通过渠道引水入漳河,让一部分洪水由漳河流入大海;当天气比较干旱的时候,打开低处的引水口门,通过渠道灌溉农田,改良土壤,引种水稻,从而满足了防洪和灌溉需要。为了实现正常运行,每年必须投入大量的人力和财力以维修渠道、设施。

下策是:"若乃缮完故堤,增卑倍薄,劳费无已,数逢其害,此最下策也。"即坚守目前狭小的河道,每年对大堤进行培高加固。采取这样的措施,每年都要花费大量的劳力和财力,只会加剧悬河的形成,并不能改变黄河不时泛滥的局面,只会给百姓带来极大的危害。

治河三策中的上策是贾让极力推崇的治河方略,它深刻地表达了人类改造河流的活动直接影响河流的演变,而河流在人为作用下的自然演变也将更直接地反作用于人类社会,成为当时治河理论的最高峰。由于当时西汉王朝已处于没落阶段,朝政腐败,农民起义此起彼伏,他的治河良策并没有得以付诸实施,但其治河思想一直流传后世,闪烁光芒。

第七节　召信臣

召信臣,字翁卿,西汉九江郡寿春(今安徽寿县)人,西汉名宦,水利专家。他在任南阳郡太守期间,深受百姓爱戴,被尊称为"召父"。《汉书》将其列为西汉"治民"名臣之一。

召信臣任南阳郡太守期间,在当地发展经济,提倡教育,为老百姓做了不少好事,深得老百姓爱戴。《汉书·召信臣传》说他:为人勤力有方略,好为民兴利,务在富之。他经常深入乡村,鼓励农民发展生产,巡视郡中各处水泉,组织开挖渠道,兴建了几十处水门堤堰,灌溉面积达到3万顷,使南阳成为当时全国最富庶地区之一。召信臣还大力提倡勤俭办理婚丧嫁娶,明禁铺张。对于那些游手好闲、不务农作的郡县官员和富家子弟,严加约

束。在他任职期间，南阳郡盗贼绝迹，几乎没有讼案，人人勤于农耕，社会风气极好，以前流亡在外的百姓纷纷回乡。朝廷赐金奖励召信臣，并迁召信臣为河南郡太守，公元前33年被任命为少府，列九卿之一。

在召信臣主持兴建的南阳水利工程中，最有名的是六门堰和钳卢陂。六门堰又叫穰西石堨，在今河南邓州城西3里。它壅遏汉水的二级支流湍水（流入汉水支流清水，今白河），形成水库，大约兴建于西汉建昭五年（公元前34年）。六门堰最初设3处水门引水，元始五年（公元5年）增加到6处，所以叫六门堰。水由水门分出后，沿途形成29个陂塘，形成"长藤结瓜"式灌溉系统，可以灌溉穰县（今邓州）、新野、涅阳（今邓州东北）3县5 000多顷农田。钳卢陂在邓县城南60里，号称灌田万顷。可惜这两项工程淤废于清代初期。

召信臣还主持修建了马渡堰。马渡堰，古称"棘水"，又名召渠，今称溧河。为召信臣首创，后经杜诗、杜预等历代名臣动员百姓所开凿的一条人工渠道。渠口位于南阳城东南8里，引清水（今白河）向东南，干渠纵贯南阳、新野等县，长达百余里，支渠纵横交错，状如树枝。继召信臣之后，东汉建武七年（公元31年）任南阳太守的杜诗同样重视发展农业，"修治陂池，广拓土田，郡内比室殷足"。他还发明了在水利机械史上有重大意义的"水排"，用以鼓风炼铁，冶铸农具。二人被百姓并称为"前有召父，后有杜母"。

召信臣不仅大力兴修水利工程，还特别注重对灌溉用水的管理。他"为民作均水约束，刻石立于田畔，以防纷争。"为灌区制定了"均水约束"的灌溉用水制度，以告戒人们节约用水、合理用水。由于建设与管理并重，南阳水利得以长盛不衰，呈现出一片兴旺景象。东汉张衡在《南都赋》中，生动地描绘了南阳水利的盛况："于其陂泽，则有钳卢、玉池、赭阳、东陂……其原野则有桑漆麻苎，菽麦稷黍。百谷蕃庑，翼翼与与。"足见南阳当时水利兴旺发达的景象。

元始四年（公元4年），汉平帝诏令各地推举为民谋利的已故官员士绅，以行祭祀。九江郡推选了召信臣。《汉书》中，曾两次将召信臣列为西汉"治民"的名臣之一，可见当时召信臣的声名卓著。清代齐召南评述说：召信臣对南阳的贡献足以和李冰对四川（修都江堰）、史起对邺县（引漳灌溉）的贡献相媲美。

第八节　杜预

杜预（公元222—285年），字元凯，京兆杜陵（今陕西西安东南）人，西晋时期著名的政治家、军事家和学者、灭吴统一战争的统帅之一。杜预博学多才，通晓政治、军事、经济、历法、律令、工程等，多有建树，被人们誉为"杜武库"。著有《春秋左氏经传集解》及《春秋释例》等著作。

公元266年，司马炎夺取魏的政权，建立了西晋王朝，结束了三国鼎立的局面。司马炎称帝后，杜预作为皇帝重臣而受命与张华一起制订《晋律》。他还对《晋律》逐条作注，他的解释准确无误；《晋律注》和《晋律》一起发行全国，人们称《晋律》为《杜律》，杜预名声随之而起。由此被晋武帝提升为河南尹，地位在各郡太守之上。为了治理好京畿重地，杜预系统地研究了以前历代考核官吏的制度，删繁就简，制订出一整套《考课黜陟法》。

这套考核办法实施后,各级地方官勤政不怠,河南郡下属十三县秩序井然,政绩多出。杜预由此被提升为度支尚书,掌管全国财政。为尽快恢复发展全国经济,杜预奏请晋武帝重开籍田制度,在洛阳县划地一千亩作为皇帝和百官耕种的籍田。皇帝以身则从事稼穑,为全国人民树立了模范。杜预还提高粮价,平抑物价,兴修水利,请人制订农家历,贷官牛予民使用,从而推动了全国农业生产的发展。

咸宁四年(278年)秋,兖、豫诸州郡连降暴雨,西晋统治区域内大面积涝灾,晋武帝下诏求计。杜预曾前后两次上书陈述救灾计划。这两篇收在《晋书·食货志》中的奏章,是后人研究晋代社会经济状况的重要文献材料。由于杜预对当时灾情作过调查研究,所以他对灾情原因的分析和所提出的救灾办法,比较符合实际情况。他指出,粗放滥垦、火耕水耨和水利设施(陂塔)年久失修是造成灾难性后果的根本原因。"陂塔岁决,良田变生蒲苇,人居沮泽之际。水陆失宜,放牧绝种,树木立枯,皆陂之害也。陂多则土薄水浅,潦不下润。故每有水雨,辄复横流,延及陆田。"杜预认为解决的办法只能是坏陂宣泄,"以常理言之,无为多积无用之水,况于今者水涝瓮溢,大为灾害。臣以为与其失当,宁泻(泄)之不蓄。"那些建造比较合理的"汉氏旧陂旧塔及山谷私家小陂,皆当修缮以积水。"对"魏氏以来所造立诸陂因雨决溢蒲苇、马肠陂之类,皆决沥之。""宜大坏兖豫东界诸陂,随其所归而宣导之。"至于灾民,除靠政府救济官谷外,还可以让他们借助水产作眼下日给。坏陂的计划如果能实现,"水去之后,填淤之田,亩收数锺。至春大种五谷,五谷必丰,此又明年益也"。杜预还建议把典牧不供耕驾的种牛租借给灾民。杜预对西晋政府的办事效率表示忧虑,他谴责某些部门、个别官吏只从自身利害出发,彼此纷争,互相扯皮,使一些地区的救灾工作不能继续下去。

为使黄河南北陆路贯通,杜预建议在洛阳以北的富平津架设河桥。多数官员认为,河桥一旦被黄河冲毁,将造成严重后果。杜预力排众议,在晋武帝支持下,建成了以船为桥柱的黄河浮桥。从此,黄河南北陆路相通,杜预为中国古代交通做出了重大的贡献。不仅如此,杜预还制成了"连机水碓",利用水力推动水碓春米,大大节省了劳力,提高了稻米脱壳效率,得到晋武帝赞赏,全国推广开来。

在荆州,杜预还主持兴建了一些水利工程。其中,在整修前代河渠的基础上,他引滍水、清水两江之水入田,使一万余顷农田受益。为了使屯田和普通民田均能得到灌溉,杜预又把水渠按照地段标上界石。杜预开凿了从扬口到巴陵的运河一万余里,使夏水和沅、湘两水直接沟通,既解决了长江的排洪问题,又改善了荆州南北间的漕运。杜预的政绩,受到了当地人民的赞扬,老百姓称他为"杜父",并歌颂说:"后世无叛由杜翁,孰识智名与勇功。"

太康五年闰十二月(285年1月),杜预被征调到中央政府任司隶校尉,途中行至邓县,突然病故,终年六十三岁。

杜预生前的著述很多。他所撰写的《春秋左氏经传集解》三十卷,是《左传》注解流传至今最早的一种,收入《十三经注疏》中。据《隋书·经籍志》记载,杜预的书保留到唐代,还有《春秋左氏传音》三卷、《春秋左氏传评》二卷、《春秋释例》十五卷、《律本》二十卷、《杂律》七卷、《丧服要集》二卷、《女记》十卷以及他的文集十八卷。

第九节　郦道元

《水经注》简介

　　郦道元(公元466或472—527年)，字善长，北魏涿州郦亭(今河北涿县南)人。他出身仕宦之家，少年时随父官居山东，喜好游历，酷爱祖国锦绣河山，培养了"访渎搜渠"的兴趣。成年后承袭其父封爵，封为永宁伯，先后出任太尉掾、书侍御史、冀州镇东府长史、颍川太守、鲁阳太守、东荆州刺史、河南尹、黄门侍郎、侍中兼摄行台尚书、御史中尉等职。他利用任职机会，周游了北方黄淮流域广大地区，足迹遍布今河北、河南、山西、陕西、内蒙古、山东、江苏、安徽等省(区)。每到一地都留心勘察水道形势，溯本穷源，游览名胜古迹，在实地考察中广泛搜集各种资料，为《水经》(一说东汉桑钦撰，二说晋郭璞撰)一书作注，从而完成了举世无双的地理名著《水经注》。

　　郦道元为何要为《水经》作注呢？在他自己的序文中就写道：首先，古代地理书籍，如《山海经》过于荒杂，《禹贡》《周礼·职方》只具轮廓，《汉书·地理志》记述又不详备。《水经》一书虽专述河流，具系统纲领，但未记水道以外地理情况。他在游历大好河山时所见所闻十分丰富，为了把这些丰富的地理知识传于后人，所以他选定《水经》一书为纲来描述全国地理情况。其次，他认识到地理现象是在经常变化的，上古情况已很渺茫，其后部族迁徙、城市兴衰、河道变迁、名称交互更替等都十分复杂，所以他决定以水道为纲，进而描述经常变化中的地理情况。

郦道元塑像

　　《水经注》是以《水经》所记水道为纲，《唐六典》注中称《水经》共载水道137条，而《水经注》则将支流等补充发展为1 252条。注文达30万字。涉及的地域范围，除了基本上以西汉王朝的疆域作为其撰写对象外，还涉及当时不少域外地区，包括今印度、中南半岛和朝鲜半岛若干地区，覆盖面积实属空前。所记述的时间幅度上起先秦，下至南北朝当代，上下约2 000多年。它所包容的地理内容十分广泛，包括自然地理、人文地理、山川胜景、历史沿革、风俗习惯、人物掌故、神话故事等，真可谓是我国六世纪的一部地理百科全书，无所不容。难能可贵的是，这么丰富多彩的内容并非单纯地罗列现象，而是有系统地进行综合性的记述。

《水经注》是我国古代地理名著,其内容包括了自然地理和人文地理的各个方面。在自然地理方面,所记大小河流有1 000余条,从河流的发源到入海,举凡干流、支流、河谷宽度、河床深度、水量和水位季节变化、含沙量、冰期以及沿河所经的伏流、瀑布、急流、滩濑、湖泊等都广泛搜罗,详细记载。所记湖泊、沼泽有500余处,泉水和井等地下水近300处,伏流有30余处,瀑布60多处。所记各种地貌,高地有山、岳、峰、岭、坂、冈、丘、阜、崮、障、峰、矶、原等,低地有川、野、沃野、平川、平原、原隰等,仅山岳、丘阜地名就有近2 000处,喀斯特地貌方面所记洞穴达70余处,植物地理方面记载的植物品种多达140余种,动物地理方面记载的动物种类超过100种,各种自然灾害有水灾、旱灾、风灾、蝗灾、地震等,记载的水灾共30多次,地震有近20次。

在人文地理方面,所记述的一些政区建置补充了正史地理志的不足。所记的县级城市和其他城邑共2 800座,古都180座,除此以外,小于城邑的聚落包括镇、乡、亭、里、聚、村、墟、戍、坞、堡等10类,共约1 000处。在这些城市中包括国外一些城市,如在今印度的波罗奈城、巴连弗邑、王舍新城、瞻婆国城等,林邑国的军事要地区粟城和国都典冲城等都有详细记载。交通地理包括水运和陆路交通,其中仅桥梁就记有100座左右,津渡也近100处。经济地理方面有大量农田水利资料,记载的农田水利工程名称就有坡湖、堤、塘、堰、碣、靓、坨、水门、石逗等。还记有大批屯田、耕作制度等资料。在手工业生产方面,包括采矿、冶金、机器、纺织、造币、食品等。所记矿物有金属矿物如金、银、铜、铁、锡、汞等,非金属矿物有雄黄、硫黄、盐、石墨、云母、石英、玉、石材等,能源矿物有煤炭、石油、天然气等。此外,还有兵要地理、人口地理、民族地理等各方面资料。

除丰富的地理内容外,还有许多学科方面的材料。诸如书中所记各类地名在2万处上下,其中解释的地名就有2 400多处。所记中外古塔30多处,宫殿120余处,各种陵墓260余处,寺院26处以及不少园林等。可见该书对历史学、考古学、地名学、水利史学以至民族学、宗教学、艺术等方面都有一定的参考价值。以上这些内容不仅在数量上惊人,更重要的是作者采用了文学艺术手法进行了绘声绘色的描述,所以它还是我国古典文学名著,在文学史上居有一定地位。它"写水着眼于动态""写山则致力于静态",它"是魏晋南北朝时期山水散文的集锦,神话传说的荟萃,名胜古迹的导游图,风土民情的采访录"。例如,《水经·江水注》中写道:"江水又东,迳广溪峡,斯乃三峡之首也。峡中有瞿塘、黄龛二滩。其峡盖自昔禹凿以通江,郭景纯所谓巴东之峡,夏后疏凿者也。江水又东,迳巫峡,杜宇所凿以通江水也。江水历峡东,迳新崩滩。其间首尾百六十里,谓之巫峡,盖因山为名也。自三峡七百里中,两岸连山,略无阙处;重岩叠嶂,隐天蔽日,自非亭午夜分,不见曦月。至于夏水襄陵,沿溯阻绝,或王命急宣,有时朝发白帝,暮到江陵,其间千二百里,虽乘奔御风,不以疾也。春冬之时,则素湍绿潭,回清倒影。绝巘多生怪柏,悬泉瀑布,飞漱其间。清荣峻茂,良多趣味。每至晴初霜旦,林寒涧肃,常有高猿长啸,属引凄异,空谷传响,哀转久绝。故渔者歌曰:'巴东三峡巫峡长,猿鸣三声泪沾裳!'江水又东,迳流头滩。其水并峻急奔暴,鱼鳖所不能游,行者常苦之,其歌曰:'滩头白勃坚相持,倏忽沦没别无期。'袁山松曰:'自蜀至此,五千余里;下水五日,上水百日也。'江水又东,迳宜昌县北,县治江之南岸也。江水又东,迳狼尾滩,而历人滩。江水又东,迳黄牛山,下有滩名曰黄牛滩。江水又东,迳西陵峡。宜都记曰:'自黄牛滩东入西陵界,至峡口百许里,山水纡曲,而两岸高山重障,非日中夜半,不见日月,绝壁或千许丈,其石彩色,形容多所像类。林木高茂,略尽冬春。猿鸣至清,山谷传响,泠泠不绝。'所谓三峡,此其一也。山松言:'常闻峡中水疾,书记及口传悉以临惧相戒,曾无称有山水之美也。及余来践跻此境,既至欣然始信耳闻之不如亲见矣。其叠崿秀峰,奇构异形,固难以辞叙。林木萧森,离离蔚蔚,乃在霞气之表。仰瞩俯映,弥习弥佳,流连信宿,不觉忘返。目所履历,未尝有也。既自欣得此奇观,山水有灵,亦当惊知己于千古矣。'"因此,《水经注》不仅是科学名著,也是文学艺术的珍品。

《水经注》有如此深远的影响,这与郦道元治学态度的认真是分不开的。为了著作此书,他搜集了大量文献资料,引书多达437种,辑录了汉魏金石碑刻多达350种左右,还采录了不少民间歌谣、谚语方言、传说故事等,并对所得各种资料进行认真的分析研究,亲自实地考察,寻访古迹,追本溯源,采取实事求是的科学态度。这本书实际上是我国北魏以前的古代地理总结。

《水经注》原有40卷,宋初已缺5卷,后人将其所余35卷,重新编定成40卷。由于迭经传抄翻刻,错简夺伪十分严重,有些章节甚至难以辨读。明清时不少学者为研究《水经注》做了大量工作,有的订正了经注混淆500余处,使经注基本恢复了原来面貌。有的做了不少辑佚工作,更多的是做了校勘注疏工作,清末著名学者杨守敬与其弟子熊会贞用了毕生精力撰写了《水经注疏》和编绘了古今对照、朱墨套印的《水经注图》,为今后研究利用《水经注》提供了方便。

第十节　王沿

王沿(约公元1019年前后在世),字圣源,宋代大名馆陶人,中进士第后,试秘书省校省郎,历知彭城、新昌二县,改相州观察推官,知宗城县。张知白荐其才,擢著佐郎,入为审刑院详议官,后官至监察御史、龙图阁直学士。他为人温文儒雅,中正耿直,《宋史》有传。他少治《春秋》,颇有心德,曾将所著《春秋集传》十五卷上给朝廷,并著有《唐志》二十一卷、《文集》二十卷。他上书以《春秋》论时事,授直昭文馆。他任监察御史时,枢密副使晏殊"以笏击从者折齿",知开封府陈尧咨、判官张宗诲经常"嗜酒惰事",王沿均予以弹奏。他对有问题的官吏如此,对百姓却是十分体恤。天圣五年(1018年),朝廷派他安抚关陕。了解灾情后,他恳请朝廷减免各县秋税达十分之二三。归来任开封推官,他又体谅河朔饥民,不等接到诏书,便冒获罪的风险开官仓济民。正是他的学识和忠正耿介、为国爱民的品格,才使他致力于治水治河并建立大功,成为一代治水名人。

他的治水主张起初并未顺利实行。早在做太常博士时,他就上书朝廷,从"务农实边""御敌"出发,详细论述了自己的治水主张。他说:"河北为天下根本,其民俭啬勤苦,地方千里,古号丰实。……魏史起凿十二渠,引漳水溉斥卤之田,而河内饶足。唐至德后,渠废,而相、魏、磁洺之地并漳水者,累遭决溢,今皆斥卤不可耕。"(见《宋史》,下同)他认为,这些地方,十分之三为契丹占领,可以出征赋的仅占十分之七;水患造成灾害和土质盐碱,使得沿边郡县多次蠲免租税,再加上牧监种植战马牧草"数百千顷",使得朝廷所得税收仅占十分之四;而以十分之四的税赋力量,去负担十万边防之士,百姓的困苦可得而知。最后结论就是:罢牧(牧监)而屯田、募民修复十二渠。他说:"夫漳水一石,其泥数斗,古人以为利,今人以为害,系乎用与不用尔。愿募民复十二渠,渠复则水分,水分则无奔决之患。以之灌溉,可使数郡瘠卤之田变为膏腴。"王沿的主张使皇帝很受鼓舞,并诏河北转运使实施。但通判王轸却提出反对意见:"漳河岸高水下,未易疏导;又其流浊,不可溉田。"尽管刚刚升任监察御史的王沿多次上书驳斥,结果却是"帝虽嘉之而不即行"。王沿只能扼腕长叹。

虽然这次罢牧监、治水患之议未"即行",但他却并不灰心,为民解忧、为国尽力的信念未曾消减。任开封府推官后除转运副使时,他又一次上书进言,认为"自契丹通好三十年,二边常屯重兵,坐耗国用,而未知所以处之。"他再次建议罢牧监而屯田,并以古人"刑平国,用中典"讽谏皇帝减轻刑律处罚。直到升任殿中侍御史、"工部员外郎,知邢州,复起为河北转运使"时,王沿才真正实现了自己的治水理想。首先,他"奏罢二牧监,以地赋民"。接着深入实地考察,科学制订治水方案。不久即组织民工修复了天平、景祐诸渠,终于导相、卫、邢、赵等地之水入渠,消除了水害,灌溉良田数万顷,人民得以安居乐业,而国家也因此获得了很大利益。

王沿一生常就时事发议论,并提出自己独到的见解,但总是不能为一些人所接受。当初他提出兴修水利之时,就遭到了不少人的反对,具体实施中更受到了不少人的阻挠。直到工程竣工并发挥作用后,人们的看法才渐有改变。后来邢州百姓因为争渠水发生了人命官司,人们更是佩服他的眼光和才能。

第十一节　欧阳修

欧阳修(公元1007—1072年),字永叔,庐陵(今江西吉安)人,北宋中叶重要的政治人物,曾任枢密副使、参知政事。欧阳修与水的关系主要表现在政治上关心治河大事,文学上对水进行赞美,或以水为对象寓情于景,借助水来抒发内心的情感。

北宋建都开封,由于唐末五代时期的连年征伐,黄河破坏严重,因此治黄、治水始终是当时的突出问题。宋庆历八年(1048年),黄河决于澶州商胡埽(今河南濮阳东北),河水改道北流,经大名府、恩州、冀州、深州、瀛州、永静军等地,至乾宁军合御河入海。当时因年荒民困,没有立即堵口。皇祐三年(1051年),北流于馆陶郭固口决口,四年堵塞后流势仍不畅,引起了北流和恢复故道东流的争论。

其时欧阳修虽不是执掌水利的官员,但事关国家大局,欧阳修也站出来表明了自己的观点:反对回河东流,并于至和二年(1055年)先后写下了《论修河第一状》《论修河第二状》。至和三年(1056年)又写了《论修河第三状》《论水灾疏》《再论水灾疏》等文章,对黄河水患进行分析,陈述了自己的一些看法,提出"相地势,谨堤防,顾水性"的治水主张。

欧阳修认识到治水的成败,关系到国家的盛衰、人民的祸福,因而决不可轻举妄动,对于一些人提出的治水"奇策",他认为"不大利,则大害",因此得充分论证,根据国力、民力和技术条件谨慎从事。他反对不经充分论证而随意"聚大众、兴大役、劳民困国以试奇策"的莽撞、侥幸作为。在指导思想及步骤上,他在《论修河第一状》中提出,凡"以国家兴

欧阳修塑像

欧阳修墓

大役,动大众,必先顺天时,量人力,谋于其始而审,然后必行,计其所利者多,乃能无悔"的理论主张,且陈述其利害云:如果"兴役动众,劳民费财,不精谋虑于厥初,轻信利害之偏说,举事之始,即已仓惶,群议一摇,寻复悔罢",三番四复,来回折腾,于"天灾岁旱之时,民困国贫之际",不量人才,不顺天时,则功既不成,悔将无及矣。在第一疏中,他分析了当时"天下苦旱,京东尤甚,河北次之","河北自恩州用兵之后,继以凶年,人户流亡,十失八九"的严重形势,认为在"国用方乏,民力方疲"之际,以"三十万人之众,开一千余里之长河",不但人力、物力不允许,而且会引起"流亡盗贼之患",危及宋王朝的根本利益。在第二疏中,他根据自己的观察体会,在分析黄河淤积决溢规律后,又进一步分析了京东、横陇河道的具体情况,指出:"河本泥沙,无不淤之理。淤常先下流,下流淤高,水行渐壅,乃决上流之低处,此势之常也。"对于"塞胡商,塞横垄,回大河于故道"的回复故道说,欧阳修称其为"未祥利害之原",并以"既往之失不可追,可鉴之纵未远"的历史眼光,列举了"其有大不可者五"而力避之。他还把当时治黄另一主张"请开六塔"说称为"近乎欺罔之谬"。此后在欧阳修等人的力拒下,回复京东故道的主张终未实行。

为掌握实际情况,得出更有说服力的结论,欧阳修还重实地考察,重了解民情,并注意向知水者学习。当他为河北转运使时,考察到"海口已淤一百四十余里,其后游金赤三河相次又淤,下流既梗,乃于上流商胡口决……"时,得出"京东故道,屡复屡决,理不可复"的结论。他奉使河北、契丹,都广泛考察水情民情,且询于知水者。欧阳修既重视大禹以来的治水经验,又重视总结自宋以来的治黄教训,并着力于实地考察,所以他虽未提出什么治黄奇策,但在阻止一些违反水流规律的大政决策上却是起了作用的。

实地考察,著文上书,陈述自己在治黄问题上的看法和主张,是欧阳修作为一个史学家所表现出来的历史责任感。欧阳修的治黄思想至今仍有不少可借鉴之处。

第十二节　王安石

王安石(公元1021—1086年),字介甫,号半山,世称临川先生,出生于江西临江(今江西清江县临江镇),故里在临川上池(今属江西东乡县)。北宋杰出的政治家、思想家、文学家、改革家,唐宋古文八大家之一。仁宗庆历二年(1042年)举进士,先后任淮南判官、鄞县知县、舒州通判、常州知州。治平四年(1067年)神宗初即位,诏王安石知江宁府,旋召为翰林学士。熙宁二年(1069年)提为参知政事,从熙宁三年起,两度任同中书门下平改革家章事,推行新法。熙宁九年罢相后,隐居,病死于江宁(今江苏南京市)钟山。被列宁誉为是"中国十一世纪最伟大的改革家"。

王安石塑像

一、整治东钱湖

宋仁宗庆历七年至皇祐元年(1047—1049年),王安石出任浙江鄞县知县。在鄞三年曾对政治、经济、军事和文化教育等方面,进行过改革尝试,颇有政绩。他还注重兴修水利,"起堤堰,决陂塘,为水陆之利"。突出的一项是整治了东钱湖。东钱湖是甬江下游的著名灌区,位于今浙江宁波市东南15公里的鄞县境内。因其地承钱埭之水,故名。原为海迹湖,西晋时已有记载。唐天宝三年(744年)县令陆南金重加浚治,北宋天禧元年(1017年)郡太守李夷庚重修,庆历八年(1048年)王安石又加以疏浚,重修湖堤,削除葑草,湖区逐步固定。湖堤上设有堰,堰旁有闸。用以控制灌溉泄水量。用条石修砌的斜坡圆顶的堰,则主要为拖带过往船只提供方便,也有自动宣泄洪水的作用。船只过堰往往采用辘轳绞盘牵挽。较小的船也有用人力盘磨过堰的。经过整治,东钱湖发挥了应有的灌溉、航运等效益,促进了当地经济的发展。

二、治理黄河

北宋神宗年间,王安石入朝辅政,出任宰相,他改革创新,励精图治,对黄河治理十分重视。

当时,黄河继商胡决口,河道改向北流经恩州、冀州至乾宁军(今河北青县)入海之后,又于嘉祐五年(1060年)在大名决口,向东冲出一条分支,名为二股河。由于河势壅塞不畅,决溢泛滥加剧,因此围绕黄河维持北流还是疏通二股河,回归故道东流的问题,在朝廷中引起了激烈的争论。在这场争论中,王安石主导河东流。他认为,黄河决口是由于泥

沙太多,淤积严重,若听任下游河道分作北流、东流两股,则两河流速都较缓慢,泥沙沉淀必然更要加剧。所以,王安石执政当权之后,克服了朝中治河意见严重分歧的重重困难,于熙宁二年(1069年)八九月间,果断地疏浚了二股河,把河水导向东流,堵塞了北河。同时,王安石还主张,要从根本上解决黄河泛滥,必须减少泥沙淤积,使中游下来的泥沙尽可能多地输送入海。

正在这时,一个叫李公义的河工,在实践中发明了用铁龙爪扬泥车疏浚黄河的方法,即把铁块锻为爪形,用绳系在船尾沉于水中,然后令舵手撑船急行。这样条条大船相继而下,来往行驶,能把泥沙搅深数尺,从而利用洪水冲势将泥沙不断翻起,逐级下送。

王安石听到这个设想,立即给予支持,并派宦官黄怀信协助李公义一起研究改进。经过实验,他们加大了铁爪的重量,又制成一种"浚川耙",即以巨木八尺,钉上排排铁齿,每齿二尺长,如似耙状,然后压上石头,两端用粗绳栓在船上。每船都如此装置,排列成队,前后相距80步,各用滑车绞之,反复来往搅动泥沙。浚川耙造成之后,熙宁五年(1072年)十月,在王安石大力支持下,由黄怀信试用浚治二股河,效果甚好。于是,王安石接着向皇帝献策,建议扩大疏浚规模,推广使用浚川耙,得到朝廷的支持。为了从组织上保证黄河治理的深入进行,熙宁六年(1073年)王安石主持成立了"疏浚黄河司"。机构设在京都开封,以李公义为主管人员,专门负责疏浚黄河的事务,两年后的夏天,疏浚黄河的施工从大名府开始,又显现出了良好的功效。河水泛滥之地,经过用浚川耙于二股河上下疏浚之后,散乱的水势被理顺集中,使其重归二股河行流,原来北河河滩内的大面积肥沃良田得到了开发利用。

不过,这种疏浚治河法,却遭到了司马光、文彦博等朝廷重臣的反对。他们认为,"河水浩大,非耙可浚,夏溢秋涸,固其常理",对浚川耙的使用大力阻挠。因此,王安石变法失败之后"疏浚黄河司"这一机构也被明令撤销。

王安石的治河主张,虽不可能根本解决黄河泥沙问题,但其浚川耙的试行和勇于创新的精神却是值得肯定的,他为我国人民试图以机械力量解决黄河淤积问题开了先河。

三、制定颁布《农田水利约束》

熙宁二年(1069年)神宗皇帝起用王安石为参知政事,王安石随即提出变法主张,力主"变风俗,立法度"。他在神宗皇帝的支持下,以前所未有的精神,从事变法,对北宋王朝的政治、经济、军事、文教进行全面的改革。自熙宁二年到元丰八年(1069—1085年)的17年间,先后推行均输、青苗、免役、保甲、将兵、市易、军器、方田均税和农田水利等10多种新法。其中的《农田水利约束》,是王安石变法中的重要内容之一,是我国第一部比较完整的农田水利法。

《农田水利约束》又称《农田利害条约》,正式颁布于熙宁二年十一月十三日。据《宋会要辑稿》等文献记载,全文共分8条,1 200余字。其主要内容如下:

(1)鼓励和支持为兴办农田水利建设献计献策。无论官民,有关农田水利的意见和建议均可向各级官吏陈述。经查勘,"如是便利,即付州县施行"。工程完工后,对建议人"随功利大小酬奖。其兴利至大者,当议量材录用"。

(2)要求各州县应将本县境内荒废田地亩数,荒废原因,所在地点,水利状况,需修复和新建的水利设施,实施方案,以及召募垦种等情况,"各述所见,具为图籍,申送本州"。必要时,州政府还要另外派员复检,以便全面掌握情况。

(3)要求各县对那些"数经水害"的地区作出治理规划。"或地势污下,所积聚雨潦,须合修筑圩堤以障水患。或开导沟洫,归之大川,通泄积水",经上级核准后,"立定期限"加以实施,"令逐年官为提举,人户劳力修筑开浚,上下相缀。"

(4)规定各级政府收到有关单位关于兴修农田水利的规划报告后,"应据州县具到图籍并所陈事状,并委管勾官与提刑或转运商量,差官复检。若事体稍大,即管勾官躬亲相度。"如果切实可行,即交付县令"付与施行"。若一县不能独自承担,则由州府派差官主持。"若计工浩大,或事关数州",就需要奏明朝廷统一解决了。

(5)兴修小型水利工程的经费,应由受益田户出工出钱,而大型工程所需要的经费,受益田户出不起钱粮可向官府用于社会救济的粮仓广惠仓和官府用于平准粮价的常平仓借贷支用,受利户一次还不清的借贷应允许分两次、三次归还;若官府借贷不足,亦许州县劝说富户出钱借贷,依例出息,官府负责催还。凡对兴修农田水利,经久便民,随其受益大小给以相应的酬奖。所有官吏民众都应积极投入兴修水利活动。若有人有意不出应摊的人工物料,官府除催理外,还要酌情罚款。而对那些私人出资兴修水利的人,则要根据功劳大小授奖,"其出财颇多,兴利至大者,即量才录用"。

(6)各县官吏能用新法兴办农田水利,并有成效者,要给予不同的奖励。"量功绩大小与转官,或开任减年磨勘循资,或赐金帛令再任,或选差知自来陂塘捍沟洫田土堙废最多县分,或充知州通判,令提举部内兴修农田水利"。当然对那些"若从贪赃,乞觅财物者"也有相应的惩罚。

《农田水利约束》的颁布和实施,大大调动了全国人民兴修水利的积极性。在全国兴修了水利工程1万多处,灌溉田亩30多万顷。形成了"四方争言农田水利,古堰陂塘,悉务兴复"的喜人景象。

第十三节　高超

高超,北宋时期治理黄河的民工,因长期参与河道抢险、整修工程,积累了丰富的实践经验。他提出的"三节压(下)埽法",成功地封堵了黄河商胡决口,并一直被历代所沿用。

庆历八年(1048年),黄河在北都大名府商胡(今濮阳柳屯镇)一带决口,黄河水四处奔流,群众深受其害。朝廷命后盐铁副使郭申锡对决口实施封堵。他按规范规定的"整埽塞决"方法:整体施工,从决口两端逐渐堵塞,等待决口宽度剩下60步宽时,沉下60步长的大埽来堵塞——"合龙门"。埽是中国特有的一种用树枝、秫秸、草和土石卷制捆扎而成的水工构件,主要用于构筑护岸工程或抢险堵口。单个的埽又称为捆、埽由等,多个埽叠加连接构成的建筑物则称为埽工。埽工在我国已有两三千年的历史,早期的埽工称作茨防。茨是芦苇、茅草类植物。埽工均以所在地名命名,设置专人管理,所需维修经费也按年拨付。黄河的险工段均设置有埽工,已经成为备防的主要工程措施。时至今日,宁夏埽工依然被普遍应用于堵口截流、防冲护岸、修建施工导流围堰等。

经过紧张施工,到了堵塞决口的关键性一步——"合龙门"。当时水流相当猛烈,60

步决口相当宽,河水从上向下倾泻,力量十分巨大,埽身太长,人力难以压到水底,这种办法根本无法实现封堵。河工高超大胆地提出了自己的新办法,郭申锡并没有把河工高超的建议放在心上,因为他现在所采取的方法已经沿用很长时间了,也是治水经验的总结。郭申锡信心十足地继续指挥封堵决口。可是 60 步长的埽刚一下水,便被洪水冲得没有踪影。郭申锡认为埽的数量不够,继续组织人向决口处投放,经过反复多次的封堵,决口依然没有实现封堵,反而有所加大,水流变得更加迅猛。郭申锡浪费了大量的人力、物力,还耽误了宝贵的抢险时间,最终没有按期完成任务,被朝廷降职。

河北安抚使贾昌朝被派来继续负责堵塞决口。他让高超详细地讲述自己的方案。高超认为:堵口合龙与河势、水势、河床土质、当地材料、技术能力都有关系。因此,必须根据实际情况,对原来的方法大胆改进。60 步大埽埽身太长,难以用人力压住,没等塌沉到底,捆埽的绳索因承受不住水流的巨大冲力,纷纷断裂,大埽被水流卷走。应当将 60 步的长埽改短成三节,每节长 20 步,然后分次逐节下埽。有人担心说,埽缩短到 20 步,不能一下子实现断流,如果被冲走,势必白白浪费掉,费用将增加一倍,决口也更加难以堵住。高超耐心地解释道:第一埽水信未断,然势必杀半。压第二埽,止用半力,水纵未断,不过水漏耳。第三节乃平地施工,足以尽人力。处置三节既定,则上两节自为浊泥所淤,不烦人力。意思是说:20 步埽虽然比较短,但逐节分次下埽,洪水对埽的冲击力会减为原来的三分之一,众人的力量就可以压住埽,避免被水冲走。待第一节埽压下固定之后,再下第二节。待第二埽固定后,决口只剩下 20 步,决口两端的人就可站在岸边进行施工,不必在水中承受着水的冲力,行动更加自如有力。第三节安置完毕,前两节早已被浊泥淤固稳定,这时再在埽上压上土层进行加固,跟在平地上施工一样,十分快捷方便。

采取高超的"三节压(下)埽法",经过不断的努力,决口很快得到封堵。此法深受北宋著名科学家沈括的赞赏,并被收录到《梦溪笔谈》中。高超的杰出智慧和才能一直被人们称颂。

第十四节　沈括

沈括(公元 1031—1095 年),字存中,杭州钱塘(今浙江杭州)人。北宋杰出的科学家、政治家。仁宗嘉祐八年(1063 年)中进士。神宗时参与王安石变法运动。熙宁五年(1072 年)提举司天监,次年赴两浙考察水利、差役。熙宁八年(1075 年)出使辽国,驳斥辽的争地要求。次年任翰林学士,权三司使,整顿陕西盐政。后知延州(今陕西延安),加强对西夏的防御。元丰五年(1082 年)以宋军于永乐城之战中为西夏所败,连累被贬。晚年以平生见闻,在镇江梦溪园撰写了《梦溪笔谈》。

一、修建万春圩

我国古代劳动人民在长期与洪水作斗争中,善于不断总结经验,因地制宜,创新发展,变害为利。宋代江南农民兴起的围垦造田,即是成功的范例,使古代农田水利事业得到长足发展。其中,由沈括亲自修建的江南第一大圩——万春圩,对圩田的建设起到极大的指导和推动作用。

沈括塑像

　　万春圩在今安徽芜湖市，其前身是北宋土豪秦氏"世擅其饶"的秦家圩。太平兴国年间被洪水冲坏，其后八十多年间长期荒废，未曾得到修复。

　　宋嘉祐六年(1061年)，沈括出任宣州宁国县令。在任期间，奉转运使张颙之命前往芜湖踏勘视察废秦家圩。沈括到圩区反复踏勘后，将自然地势绘制成图，呈送转运使张颙，极力主张修建万春圩。修圩消息一经传出，立刻遭各种非难和反对，一时闹得满城风雨。沈括毫不气馁，他根据调查的第一手资料，理直气壮又十分勇敢地站出来辩论。针对反对派"夏秋汛期来临，洪水没有归宿会造成新的水患，这样做得不偿失"的意见。沈括反驳说：汛期来临，水位虽高，但圩田西面和大江相通，洪水顺江而下，决不会成灾。反对派又说：圩水所经之地，必有蛟龙潜伏，致使堤岸破坏……。沈括愤然道：圩堤易于破坏，并不是什么蛟龙作怪，而是江水穿堤而出，年久形成深潭，才使堤岸倒塌，只要修改筑堤方案，就完全可以避免。反对派不肯罢休又说：圩在南面临大湖正当风浪的要冲，这里的圩堤是不能持久的。沈括说：圩堤在这里并不是陡然突起，而是有一百多步远的缓坡，如在堤外植柳百行，再密植芦苇以抗风浪，定能使水势不与堤相争，而保全大堤。沈括用实践的观点、科学的道理、充分的论据逐点驳斥了社会上的各种谬论。他总结江南农民生产经验，研究历史上农田水利事业，发表了有名的《圩田五说》，最后他的主张终被宋仁宗所采纳。

　　修建万春圩的工程终于动工，转运使张颙亲自督工。沈括负责勘察、设计、指挥、施工。他不辞辛劳，总管八县一万四千民工，授以方略，仅用90天时间，一座崭新而坚固的江南第一大圩已横卧在青弋江下游，十几万亩荒地变成粮仓。仁宗皇帝闻之大悦，亲自赐名万春，始有万春圩之名，并一直沿用至今。

　　新修的万春圩周长达84里，堤坝高一丈二尺，宽六丈呈梯形，堤外还筑有缓坡，堤下植杨柳、芦苇以防浪。堤上设有数座堰闸，可以控制蓄泄。圩区中间大道有20里长，可容双车并行。田以百亩为一方，四周挖小沟环绕。每四方田成一区，有大沟为界，既便制灌溉，又可清除涝渍。万春圩完工后四年，长江下游暴发大水灾。"江、浙、汉、沔间，所在泛人庐舍，流徙背以万计。"江南东路宣、池数州间大小一千多圩惨遭淹没，唯万春圩安然无

恙,并屏蔽了附近许多小圩,可见修筑质量之优。

沈括为了广泛宣传修圩的好处,又将修圩动机以及万春圩规模、收益、地形、水情等写成《万春圩图记》,就修圩动机记道:江南地区的土地,像万春圩那样的多至数百,襄、汉、青、徐之间,人口更稀少,他们渡过江南的不计其数。从前凡说到这些土地可耕的,国内都无人响应。我想使天下人相信这种说法,所以极力修治万春圩。甚至排众独任,犯患难而不顾,目的只是一个万春圩吗?

《万春圩图记》再现了劳动人民兴修水利与自然斗争的生动过程,成为我国记载修圩建堤的最早历史文献,其因地制宜富于创见的治水思想至今于我们仍有借鉴作用。

二、《梦溪笔谈》中的水利条目

《梦溪笔谈》涉及数学、天文历法、地理、物理、化学、水利等各学科的知识。据统计,《梦溪笔谈》(元刊26卷本,1975年12月文物出版社版)中有关水利的条目共计10条,它们是:

(1)水工高超三埽合龙门法·卷十一·官政一;

(2)钱塘江海塘淏柱·卷十一·官政一;

(3)真州复闸·卷十二·官政二;

(4)何承矩瓦桥关潴水为塞·卷十三·权智;

(5)苏州泽国筑堤为路·卷十三·权智;

(6)侯叔献分洪治水·卷十三·权智;

(7)淤田法·卷二十四·杂志一;

(8)沈括、薛师政展中山城"海子"改为稻田·卷二十四·杂志一;

(9)沈括汴渠测量·卷二十五·杂志二;

(10)丁晋公修复宫室的一举数得施工法《补笔谈》卷二 权智。

第(1)条记叙的是一次黄河堵口。沈括在这篇游记中,一方面赞扬了以普通河工高超为代表的劳动人民的聪明才智和敢于创造、勇于革新的精神;另一方面揭露了以三司度支副使郭申锡的因循守旧和武断专横。事情发展的结果,墨守陈规的郭申锡果然没能把决口堵住,落了个身败名裂的下场;而用高超之见,把60步长埽改作3节20步短埽,"先下第一节,待其至底,方压第二、第三",终于合龙,堵住决口。"高超堵口"也成为历史佳话。

第(2)条说的是钱塘江海塘中淏柱的作用。"……淏柱一空,石堤为洪涛所激,岁岁摧决。"

第(3)条讲的是大运河上的多级式船闸。它比老式的堰埭每年可省劳力"五百人,杂费百二十五",而且通过的船只的载重量,由堰埭时的三百石增加到建船闸后的四百石、七百石。

第(4)条谈的是水守。六宅使何承矩守瓦桥关,利用陂塘沼泽地带,蓄水拒辽,得以边安。陂泽蓄水还使当地的游民减少,百姓也因此获得鱼、蟹、菰、苇之利,起到了稳定边陲社会秩序的作用。

第(5)条记录了我国古代江南水乡人民,因地制宜,巧妙地在水中取土筑堤为路,解决了苏州到昆山六十里行路难的问题。

第(6)、(7)、(8)条记载的是淤田及其对淤田中出现的事故的处理和改"海子"为稻田,属于农田水利的内容。

宋代的水利事业比前朝有很大的发展。"在宋代,至少有 496 项水利工程收到了效果,而唐代只有 91 项"(李约瑟《中国科学技术史》)。宋代最大的水利活动,莫过于淤田了。宋神宗赵顼"励精图治",起用王安石入朝辅政,实行变法。熙宁二年(1069 年)十一月,颁发了《农田利害条约》,大兴水利。宋神宗还用心良苦地亲尝淤土的滋味,说淤土"极为润腻"。由于朝廷大力倡导和社会生产发展的需要,不久在全国就形成了"四方争言农田水利,古陂废堰悉务兴复"的局面,掀起了著名的"熙宁淤田"大高潮。仅黄河流域淤田就达到六百四十五万亩。

淤田不仅是当时最重大的水利活动,而且也是当时尖锐的政治斗争中的一个重要焦点。保守派攻讦河北的淤田是:"侵蚀民田,岁失边粟之入"。沈括针锋相对地批驳说:"此殊不然","深、冀、沧、瀛间,惟大河、滹沱、漳水所淤,方为美田;淤淀不至处,悉是斥卤,不可重艺。"

淤田不仅有灌溉肥田、改良盐碱地、沼泽地和压盖风沙的作用,而且还可以直接造田。它是我国古代劳动人民创造的一种兴沙利除沙害的水利技术,有很明显的增产效果,史书上有"收皆亩一钟"的记载。

沈括"熙宁中奉使镇、定,展海子直抵西城中山王冢,悉为稻田,引新河水注之,清波弥漫数里,颇类江乡矣"。这也是他为新政服务的政绩之一。

大规模的淤田活动,难免出现事故。熙宁年间,灉阳境内引汴河淤田,突然遇到汴河暴涨,河堤眼看要溃决成灾了。都水丞侯叔献巧妙分洪,转危为安。

第(9)条为著名的汴渠测量。变法初,沈括奉命勘察对北宋天朝来说至关重要的大动脉——汴河。熙宁五年(1072 年),他用"分层筑堰"的测量方法,实测了从开封到泗州淮口段共八百四十一里一百三十步的总高差为十九丈四尺八寸六分。竺可桢先生对此曾评价说:"欧洲古代,希腊虽曾经测海岸之远近,罗马盛时亦有测量街道之举,但地形测量在沈括以前则未之见。"

第(10)条记的是一桩施工的事。大中祥符年间,皇宫失火,要修复宫室。丁晋公叫人挖街取土,土沟中放水,各地建筑材料由壕沟水运到工地。宫室竣工后,再把碎瓦灰土填入壕沟,恢复原有街道。省工、省时、省料、省钱,一举数得。

沈括的《梦溪笔谈》中的水利条目,可以说是北宋水利的一张"小像",具有珍贵的史料价值。

第十五节　苏轼

苏轼(公元 1037—1101 年),字子瞻,号东坡居士,眉州眉山(今四川眉山县)人。北宋杰出的文学家,"唐宋八大家"之一。嘉祐二年(1057 年)进士,官至翰林学士、知制诰、礼部尚书。他任地方官多年,为官一地,造福一方,兴修水利,发展经济。

一、苏堤

宋神宗熙宁十年(1077年)七月,42岁的苏轼奉命调到徐州任知州。当年黄河从澶州曹村(今河南濮阳西)决口,洪水汇集在徐州城外,只见涨不见落,城有淹没的危险。滔滔洪水吓坏了城内的豪富人家,他们争先恐后地逃出城外。苏轼见此情景,大声疾呼:"吾在是,水决不能败城!"表示"与城共存亡",及时安定了民心。他一面下令武卫营官兵参加抗洪,一面亲自带领武卫营官兵和城内百姓,持畚修筑东南长堤。其首起戏马台,尾与城墙相连。苏太守身先士卒,不避危险,住在堤上,几次过家门都不入,并令各级官吏分别把守要害地段。其时,大雨日夜下个不停,洪水离城墙顶已经很近了。但在苏轼的精心指挥下,经过军民70多个日日夜夜的英勇奋战,终于战胜了洪水,保住了徐州城。后来,又请朝廷调来岁夫增修城市堤防,作木岸,以防洪水再来。在修复城垣时,还在城东门建起一座门楼,用黄土涂刷墙壁,取"水来土掩""土实胜水"之意,冠以黄楼之名。后来,苏轼还在黄楼上提笔写了一首诗,记下了此次洪灾的情形:"水穿城下作雷鸣,泥满城头飞雨滑。黄花白酒无人问,日暮归来洗靴袜"。

现今黄楼内厅有一方苏轼亲书、毕仲询篆额镌刻的四方石碑,上书《黄楼赋》,记叙了这次抗洪守城情况。

苏轼在徐州虽然只有短短的两年,但千百年来,人民不忘他的治水业绩。当年他带领军民抢筑的东南长堤被人们称之为"苏堤"。

苏轼塑像

二、主持杭州水利建设

苏轼还曾两次出任杭州地方长官,"居杭州积五岁"。一次是在熙宁四年(1071年)任杭州通判;另一次是在元祐四年(1089年)任杭州太守。他在任内,多次主持杭州的水利建设。"坐陈三策本人谋,惟留一诺待我画"。诗句记述的是他在杭州复修六井、疏浚茅山河和盐桥河、整治西湖以及开钱塘江石门四件事。前三件均完成,唯第四件由于调任,未能实施。

复修六井,解决杭州居民用水。杭州于隋代建市,是京杭大运河的终点。但由于濒临大海,"其水苦恶",给人民生活与城市发展带来很大不便。唐代宗大历年间(766—779年)杭州刺史李泌开凿了六井(小方井、白龟池、方井、金牛池、相国井和西井,均居今杭州城西部沿西湖一带)。"穴平地以为凹池,取诸西湖而注之,此使然之井也。其功大,其费多,其利民也博"。这些井,也就是大小不等的地下蓄水池,引西湖水经暗管注入。唐穆宗长庆二年(822年)大诗人白居易任刺史,浚治六井,民赖其汲。宋仁宗时(1023—1063年),沈遘任知州,也曾疏治六井,并增凿了沈公井。当苏轼通判杭州时,沈公井已不能用,"六井亦几于废",市民叫苦不迭。于是,关心"民间疾苦"的苏轼,便与太守陈襄组织市民重新整修了六井,终于解决了城市的饮用水问题。翌年,江浙一带大旱,水贵如油。而杭州居民却免除了久旱缺水之苦,全城人"汲水皆诵佛",感戴苏轼办了一件大好事。15年后,他出任太守第二次来到杭州时,发现用竹管引水需要经常更换,且不易维修,以致井水短缺而水价昂贵,于是又将引水竹管一律改为筒,并以石槽围裹,使"底盖坚厚。锢捍周密,水既足用,永无坏理"。同时还开辟新井,扩大供水范围,使得"西湖甘水殆遍全城"。

茅山河和盐桥河是杭州城内的两条大河,北连南北大运河而入钱塘江。由于江水与河水相混,自北宋天禧(1017—1021年)以来,江潮挟带的大量泥沙常常倒灌淤积到河内,殃及市内稠密的居民区,"房廊居舍,作践狼藉,园圃隙地,例成丘阜"。每隔三五年就得开浚一次,既有碍航运,又费人力物力,"居民患厌"。况且,往年浚河挖出的淤泥一经大雨,复冲入河中,又使"漕河失利"。苏轼"率僚吏躬亲验视",了解到两河淤塞,在于堰闸废坏。于是,他果断地调集捍江兵和厢军1 000人,用半年时间,修浚城中的这两条河。接着,他又组织军民在串联两河的支流上加修一闸,使江潮先入茅山河,待潮平水清后,再开闸,放清水入盐桥河,以保证城内这条主航道不致淤塞。茅山河定时开浚,起到沉沙池的作用。自此"江潮不复入市",免除了泥沙淤积之害。加上又在涌金门设堰引西湖水补给,较科学地完善了杭州城的水利系统。

今日西湖被誉为"人间天堂",也是与苏轼的整治分不开的。早在唐代和吴越时期,都曾大力治理西湖,引水灌田若千顷,"民以殷富"。北宋以来,年久失修,湖水逐渐干涸,湖面长满了葑草。苏轼通判杭州时,葑草盖塞西湖十之二三。及再知杭州时,竟盖塞过半,"湖田葑田积二十五万丈,而水无几"。市民普遍反映"十年以来,水浅葑横,如云翳空,倏忽便满,更二十年,无西湖矣!"苏轼向宋哲宗上了奏章。他把西湖比作杭州的眉目,并从西湖之水有利于民饮、灌溉、航运、酿酒等方面,阐述了西湖不可废的五大理由。他说:"陂湖河渠之类,久废复开,事关兴运。虽天道难知,而民心所欲,天必从之。"得到朝廷同意后,他即发动居民大力疏浚西湖。在施工过程中,苏轼又想到了两个问题:一是挖出的葑根、淤泥堆往何处;二是环湖30里由南到北要浚圈,往返得一天,太不方便。经过深思熟虑,他采用了一举两得的办法:取淤泥、葑草直线堆于湖中,筑起一条贯通南北的长堤。堤上筑六桥,自南屏山至北山第一桥到第六桥,后来称为映波、锁澜、望山、压堤、东浦和跨虹六桥。堤上两旁种植芙蓉、杨柳,最终成为一条"横绝天汉"的湖上通道。为了

日后能经常及时地对西湖进行疏浚,苏轼还建立了"开湖司"的机构,负责西湖的整治与疏浚。同时雇人在湖中种植菱藕,用收入作为岁修费用。还订立禁约,建立三座石塔(原塔已毁),规定石塔以内的湖面不许占湖为田等。苏轼治理了西湖,并留下了诗人许多盛赞西湖的绝唱,例如:"水光潋滟晴方好,山色空蒙雨亦奇。欲把西湖比西子,浓妆淡抹总相宜"。"苏堤春晓"已成为今天西湖的十景之一。那三塔原址也演变为当今著名的"三潭印月"。以"东坡"命名的菜肴——东坡肉,也流传至今。连《宋史》都赞誉他在杭州"有德于民"。

三、主持颍州水利建设

元祐六年(1091年)八月,苏轼以龙图阁(北宋建藏书阁)学士、知制诰兼侍读。"自请"外任,出知颍州(今安徽阜阳)。这年,颍州一带春涝、秋旱,民以榆皮、马齿苋度日,"横尸布路","盗贼"群起。知州衙门,州库空空,斋厨荡然,连他这位一州之尊,也难吃顿饱饭。苏轼除了采取调集粮食、赈济灾民、自救互救、减轻劳役等应急的救灾措施外,特别注意和实施了兴修水利,发展农业生产的长远措施。

苏轼在颍州水利上主要办了三件事:一是阻止了八丈沟的开挖工程;二是疏浚清河;三是整治西湖。

颍州一带历来多水患,许多当地官吏乃至都水监都认为是陈州(今安徽淮阳)大水,造成颍河泛滥所致,因此主张从陈州境内开一条长350里的八丈沟,夺颍入淮,以泄陈州大水,并已六处分段动工。苏轼刚到任就不辞辛劳立即对颚河、淮河进行全面考察。他取问州县官吏,访问"农民父老",查证历史资料,"仔细打量"地形水位,经过2个月的努力,终于取得了系统的水文、地势资料,即淮河泛涨的水位,高于八丈沟上游8尺5寸,"其势必须从八丈沟内逆流而上,行三百里与地面平而后止"。这样一来,开八丈沟既解除不了陈州水患,而上、下游来水也必然在颍州横流,使颍州加倍受害。同时,他又重新核算了开挖八丈沟所需的工费,发现原计算的18万人夫及37万贯石钱米"全未是实数"。于是苏轼紧急上奏哲宗皇帝,并很快得到依允,从而停止了劳民伤财、有害无益的八丈沟开挖工程。这是苏轼到任2个月为颍州人免祸造福所办的第一件大事。

"到官十日来,九日河之湄"。当年,苏轼已有55岁,到任10天就有9天的河中奔忙。"吏民相笑语,使君老而痴"。不了解情况的人都传笑他是个老水迷。他却风趣地回答:"使君实不痴,流水有令姿。绕郡十余里,不驶亦不迟。上流直而清,下流曲而漪。画船俯明镜,笑问汝为谁?"意思是说,我这样不辞劳苦泛颍,是为姿色美好的颍水,为了人民,你们是为了谁呢?

颍州城西南有条清河,由于年久失修,泥沙壅塞,到元祐年间(1086—1094年)已不能"下船"。苏轼在阻止开挖八丈沟后,迅速转入整治清河的筹划与施工。他率领吏民疏浚河道,沿河修筑三座水闸,在上游开了一条清沟,又建了一座叫清波塘的小水库。整个清河工程告竣后,除通航外,还可使颍州西南地表水大可泄,小可蓄,并能灌溉沿河两岸60里的农田,起到了综合利用的作用。接着,他又浚治了颍州西湖,使之成为闻名遐迩的风景游览胜地。苏轼在颍州仅任职半年,而兴修水利却一直未停止过。史书上说他,"凡生理昼夜寒暑所须者,一身百为,不知其难"。凡百姓需要的,他都竭为从之。

四、君子如水

苏轼还是宋朝著名的文学大师，"唐宋八大家"之一。水既是苏轼的人格象征物，也是他诗文的抒写和吟咏对象。他一生与水有缘，并且对水有特殊的偏好，一生写下了许许多多如水一般自然流畅、多姿多彩的文章。文为心声，行文天然。心地如水一般滔滔涓涓，为文自然就浑然天成。苏轼在《自评文》中评价自己的散文风格时说："吾文如万斛泉源，不择地而出，在平地滔滔汩汩，虽一日千里不难。及其与山石曲折、随物赋形，而不可知也。所可知者，常行于所当行，常止于不可不止，如是而已。"这一段话，生动地表现了苏轼"万斛泉源"一般充沛的文思，以及摇曳多姿的文章风格。时而如滔滔大河或飞溅的瀑布，时而如涓涓细流或顽皮的水滴，时而如从崎岖山间无畏地冲下来的清泉，时而如平静的湖面或宽广的大海。可见，在苏轼的人生经历和道德文章中，到处都闪烁着坚韧晶莹、智慧灵动的水之光影，闪耀着中华优秀传统文化美好的光芒。

苏轼在《滟滪堆赋》中说："今夫水，惟无常形，是以在物不伤，惟莫之伤也，故行险而不失其信。由是观之，天下之信，未有若水者也。"大意是说，水能随物赋形，变而有信，坚定沉着，这正是君子取法于水的意义所在。这既是对水的赞美，也是苏轼对水流之中包含的道德理念的赞赏和追求。，

在《泛颖》诗中他说："我性喜临水，得颖意甚奇。到官十日来，九日河之湄。吏民笑相语，使君老而痴。使君实不痴，流水有令姿。"他新到颖州去就职，10天里就有9天到河边，汤汤流水令他身形矫健，心情灵动，生动地表达出他亲近水流时所感到的惬意和满心欢喜。

在《仁宗皇帝御书颂》中苏轼说："君子如水，随物赋形。"认为"君子"的进退出入，应该是一种灵活机动的态度，"有绝俗而高，有择地而泰者。其在穷也，能知舍；其在通也，能知用"。集中体现了苏轼一生追求不已的儒家的人格理想："穷则独善其身，达则兼济天下。"

苏轼在表达自己对水的喜爱的同时，也借水表达出自己的人格追求，也借水来自我慰藉。

苏轼在谪居黄州、惠州、儋州之际，正处在人生挫折、心情痛苦的境地，但无论是黄州的长江，还是惠州、儋州的河流与大海都使他流连忘返。他从流水的无穷变化、有智有量、外柔内刚的秉性中获得了极大的慰藉与鼓舞。只要看到水，他似乎就看到了人生的希望，找到了淘洗烦恼的工具。豪放旷达，呈现出坦荡率真、称心而言、凛然难犯、机智脱俗的高尚人格。

苏轼说："所遇有难易，然未尝不志于行者，是水之心也。故水之所以至柔而胜物者，惟不以力争而以心通，不能力争而柔外，以心通故刚中。"由此可见，苏轼"君子如水"的人格的主要内涵概括起来说就是"柔外刚中"。柔外，并非逢迎，柔其外形是为了进退出入灵活变化；刚在其中，是指面对困难有必达之志。

君子如水，苏轼如水。中华传统文化中"君子如水"的理念，在苏轼的身上得到了集中完美的体现。

第十六节　潘季驯

潘季驯(公元 1521—1595 年),字时良,号印川,湖州乌程(今浙江湖州吴兴)人,明朝末年杰出的治河专家。明世宗嘉靖二十二年进士,曾任江西、广东、河南等省地方官。从嘉靖四十四年(1565 年)到明神宗万历二十年(1592 年)的 27 年间,曾四次出任总理河道都御史,主持治理黄、淮、运河。万历二十年告老退休时,这位 72 岁的老翁还对明神宗说:"去国之臣,心犹在河"。

潘季驯塑像

明王朝自永乐年间(1403—1424 年)迁都北京,并完成会通河等河段的改造和疏浚工作后,京杭大运河便成了赖以维持统治的南北交通大动脉。但是,当时黄河下游却十分紊乱,主流迁徙不定,或者北冲张秋(今属山东阳谷,明代会通河与大清河交汇处)运道,或者南夺淮、泗入海。到了嘉靖(1522—1566 年)前期,黄河下游主流走的是"南道",即自今河南开封而东,到江苏徐州注入泗水,南流到淮安汇淮河,流入黄海。而京杭大运河系呈南北流向,在淮安一带与黄、淮相交,而淮安至徐州的 500 里一段以黄河为运道。这种黄、淮、运相交错的局面,有其有利的一面:当徐州以南运河水量不足时,可以得到黄河水的补济;也有不利的一面:当黄河泛滥时,会造成运河淤塞,漕运中断。长期以来,朝廷一直把保证大运河畅通作为治黄的方针。后来,又出现了"护陵"任务,即保护凤阳、泗州(今江苏盱眙西北)的祖陵不被浸灌。于是,又提出了"首虑祖陵,次虑运道,再虑民生"的治黄方针,采取了"北堵南疏"和传统的"分流杀势"的治黄方略。所谓"北堵南疏",就是修筑加固朱氏祖坟所在一岸的大堤,而任凭黄水向另一岸泛滥。所谓"分流杀势",就是把黄河水向多处分流,以减轻洪水对运河的威胁。这种消极保运的治黄方略不仅不能兴利,反而种下了更大的祸根。到嘉靖晚期,也即潘季驯治河前夕,黄河下游在徐州以上竟一度分岔 13 股南下,河患十分严重。6 年间,负责治河的官员接连换了 6 人,灾害依然如故。

嘉靖四十四年(1565 年)七月,黄河在江苏沛县决口,沛县南北的大运河被泥沙淤塞

200余里,徐州以上纵横数百里间一片泽国,灾情空前严重。十一月,朝廷第一次任命金都御史潘季驯总理河道,协助工部尚书兼总理河漕朱衡开展工作。潘季驯上任后,首先提出"开导上源,疏浚下流"的治河方案,但朝廷只同意"疏浚下流"。他配合朱衡,指挥9万余民工,全力投入紧张的治河工作。此役共开新河140里,修复旧河52里,建筑大堤3万多丈,石堤30里。当治河大功快要告成时,黄河突然来了一次大水,冲开了新修的大堤,河水漫入沛县。一些朝臣闻声幸灾乐祸,纷纷要求弹劾朱、潘二人。世宗皇帝也很焦急。但在潘季驯的督导下,决口很快堵塞,治河工程终于大功告成。皇帝非常高兴,立即嘉奖了这两位河总,并晋升潘季驯为右副都御史。时仅一年,次年十一月,潘季驯因母亲病逝,丁忧回籍。穆宗隆庆三年(1569年)七月,黄河又在沛县决口,次年七月又决邳州(今江苏睢宁县古邳镇),运河100多里淤为平陆。朝廷惊惶失措。八月,第二次任命潘季驯总理河道兼提督军务。他提出"加堤修岸"和"塞决开渠"两种办法,并认为,根本之计在于"筑近堤以束水流,筑遥堤以防溃决。"亲自督率民工5万余人,堵塞决口11处,解除了河患,徐州至邳州西岸修筑缕堤3万余丈,疏浚了匙头湾(在古邳镇附近)以下淤河,并恢复了旧堤,河水受束,急行正河,冲刷淤沙,使河道深广如前,漕运大为畅通。但是,潘季驯在这次任职期间,由于坚决反对一些不切实际的治河主张,得罪了某些权贵,遭到了诬告,隆庆五年(1571年)十二月,被撤销了一切职务。

万历四年(1576年)八月,黄河在徐州决口,次年又决崔镇(今江苏泗阳西北)等处,黄、淮交汇之地清口淤塞,黄水北流;淮决高家堰,全淮南徙,灾情非常严重。朝廷无计可施,宰相"张居正深以为忧"。在张宰相的极力推举下,万历六年(1578年)二月第三次起用了潘季驯。潘季驯接受任务后,鉴于在第二次任内因众议纷云,多受掣肘,严重影响了治河工作,因此他上疏朝廷说,治河是件很困难的事,特别是劳师动众,稍有不慎,就会广生怨言,涣散军心,对治河工作影响极大。他请求朝廷给以必要的权力,使他能独立处理,以便能当机立断。他向朝廷立下军令状,三年为限,如不奏效,甘受军法论罪。可见潘季驯对治河事业的信心和认真负责的精神。神宗皇帝亲自任命潘季驯为都察院右都御史兼工部侍郎、总理河漕兼提督军务。并诏令黄、运所经过的河北、河南、山东和江苏4省巡抚一律听从潘季驯的指挥,文官五品以下,武官四品以下,凡对治河工作有阻碍者,可由潘季驯直接提审惩罚。有功劳者,可由潘季驯直接保荐升赏。这种行政权与计划权的统一,使潘季驯的治河主张和措施能够全面地贯彻实行。

潘季驯到职后,披星戴月,"相度地形",很快提出了一个"民生运道两便"的治理黄、淮、运的全面规划。经朝廷批准后,从万历六年开始到八年结束,用了不到两年时间,他按规划对河道进行了一次大规模的整治活动。共筑土堤10.2万多丈,石堤3300多丈。其中,黄河北岸自徐州至清河城(今江苏清江市西)和南岸自徐州至宿迁城的遥堤分别为1.84万余丈和2.85万余丈,并在遥堤上建筑闸门和减水坝20多座,防止河水漫溢;又修归仁大堤7600余丈,遏止黄河向南侵入淮河;在清江浦等处修筑旧堤和建立新堤,堵塞大小决口139处;在洪泽湖上筑高家堰,以利蓄清刷黄。与此同时,还疏浚运河1.15万多丈,开凿引水河渠2条,并种上防护柳83.2万多株。经过这次大治之后,出现了"两河归正,沙刷水深,海口大辟,田庐尽复,流移归业","漕运畅通",多年未有的大好局面。万历八年(1580年)秋,潘季驯功成升任南京兵部尚书,后改任刑部尚书。十二年,宰相张居正死后,其家被抄。潘季驯因替张居正80多岁的老母求情,以"党庇居正"罪,"落职为民"。

潘季驯离去后,朝廷河务松懈,河工废弛,连管理河道的官职也不再设立了。几年之后,河患又多次发生。朝廷责令安抚使臣和地方官吏分区治理,但都无济于事。神宗皇帝于万历十六年(1588年)第四次任命潘季驯出任总理河漕职务。

潘季驯复职后,鉴于上次所修的堤防数年来因"车马之蹂躏,风雨之剥蚀",大部分已"高者日卑,厚者日薄",降低了防洪作用,更加重视堤防建设。他认为"治河有定义而河防无止工",即治河无一劳永逸之事。并提出了利用黄河本身冲淤规律实行淤滩固堤的措施。他在南直隶、河南、山东等地,对旧有的27万多丈堤防闸坝普遍进行了一次整修加固,又在黄河两岸大筑遥堤、缕堤、月堤和格堤,共长34.7万丈,还新建堰闸24座,土石月堤护坝51处,堵塞决口和疏浚淤河30万余丈。这次治河对恢复运河畅通和发展农业生产都起到了很大的作用。潘季驯也由此晋升为太子太保、工部尚书兼右都御史。

潘季驯一生四次治河,前后总计近10年之久,在明代治河诸臣中是任职最长的一个。特别是后两次,治河大权全归于他,朝廷又特许"便宜行事",使他在治河中取得了显著的成就。但是,潘季驯最重要的贡献,还是他系统地提出了"束水攻沙"的理论。

分流与筑堤历来是治河争论的重点。由于黄河是条地上悬河,加之古有大禹治水的成功经验,所以自古以来"分流杀势"之议甚盛。后来主张"分流"的人,虽然大都不排斥筑堤,但仅是用以约拦水势而已。及至明朝,在潘季驯治河之前,这种论点也一直占优势地位。他们认为,黄河源远流长,洪水时期,波涛汹涌,过洪能力小,常常漫溢为患,"利不当与水争,智不当与水斗",只有采取分流的办法,才能杀水势,除水患。这些分流论者,只知"分则势小,合则势大",却忽视了黄河多沙的特点。由于黄河多沙,水分则势弱,从而导致泥沙沉积,河道淤塞。如明初黄河在南岸分流入淮,到嘉靖年间,各支河都已淤塞。有的支河是随开随淤,终未疏通。这种情况的出现,主要是由于河道的输沙能力与流速的平方成正比例关系,与清水河的分流是不同的。在明代前200年中过分分流的结果,不但未使河患稍息,反而造成了此冲彼淤、"靡有定向"的局面,灾害愈演愈烈,更加不可收拾。于是,潘季驯的合流论乃应运而生。

人们对黄河泥沙的认识是有一个过程的。汉代和宋代已有不少人分析了泥沙淤淀与流速的关系问题。他们认为:"河遇平壤滩漫,行流稍迟,则泥沙留淤;若趋深走下,湍急奔腾,惟有刮除,无由淤积"。在潘季驯第三次治河前,当朝人万恭也提出:"夫水专则急,分则缓,河急则通,缓则淤,治正河可使分而缓之,遭之使淤哉?今治河者,第幸其合,势急如奔马,吾从而顺其势,堤防之,约束之,范我驰驱,以入于海,淤安可得停?淤不得停则河深,河深则水不溢,亦不舍其下而趋其高,河乃不决。故曰:黄河合流,国家之福也。"这正是对泥沙运行规律的初步认识。他还提出"堤以束水"的建议。但是,却很少有人从理论上提出过明确的治理意见。

潘季驯进一步发展了前人的认识,经过多年深入的调查研究,针对黄河的特点,明确地提出了"筑堤束水,以水攻沙"的理论。所谓"束水攻沙",就是根据河流底蚀的原理,在黄河下游两岸修筑坚固的堤防,不让河水分流,束水以槽,加快流速,把泥沙挟送海里,减少河床沉积。在潘季驯第三次总理河道时,许多人反对筑堤束水,怀疑黄、淮合流,水量增大,会使决口和泛溢更加严重,主张"分流杀势",多开支河,分流防洪。对此,潘季驯解释说,分流诚能杀势,但这个办法只适用于水清的河流,而对黄河则不适用。他明确指出:"黄流最浊,以斗计之,沙居其六,若至伏秋,则水居其二矣。以二升之水载八升之沙,非极迅溜,必致停滞。""水分则势缓,势缓则沙停,沙停则河饱,尺寸之水皆由沙面,止见其高。水合则势猛,势猛则沙刷,沙刷则河深,寻丈之水皆由河底,止见其卑。筑堤束水,以水攻沙,水不奔溢于两旁,则必直刷乎河底。一定之理,必然之势,此合之所以愈于分也。"潘季驯反复指出:"(水)分则势缓,势缓则沙停,沙停则河饱,河饱则水溢,水溢则堤决,堤决则河为平陆,而民生之昏垫,国计之梗阻,皆由此矣。""筑塞似为阻水,而不知力不专则沙不刷,阻之者乃所以疏之也。合流似为益水,而不知力不弘则沙不涤,益之者乃所以杀之也,旁溢则水散而浅,返正则水束而深。……借水攻沙,以水治水,如此而已。"在这里,潘季驯深刻地阐明了黄河的特性,以及水与沙、分与合、塞与导的辩证关系。"束水攻沙"的核心是突出治沙,从而实现了治黄方略由分水到合水,由单纯治水到沙、水综合治理的历史转变。这一理论的提出,改变了昔日只靠人力和工具传统的疏浚方法,使潘季驯在治河实践中取得了巨大成就。

为了达到束水攻沙的目的,潘季驯十分重视堤防的作用。他把堤防比作边防,强调指出:"防敌则曰边防,防河则曰堤防。边防者,防敌之内入也;堤防者,防水之外出也。欲水之无出,而不戒于堤,是犹欲敌之无入,而忘备于边者矣。"他总结历代劳动人民的实践经验,创造性地把堤防工程分为遥堤、缕堤、格堤、月堤四种,因地制宜地在大河两岸周密布置,配合运用。"遥堤约拦水势,取其易守也。而遥堤之内复筑格堤,盖虑决水顺遥而下,亦可成河,故欲其遇格即止。缕堤拘束河流,取其冲刷也。而缕堤之内复筑月堤,盖恐缕逼河流,难免冲决,故欲其遇月即止也。""缕堤即近河滨,束水太急,怒涛湍溜,必致伤堤。遥堤离河颇远,或一里余,或二三里,伏秋暴涨之时,难保水不至堤,然出岸之水必浅。既远且浅,其势必缓,缓则堤自易保也。""防御之法,格堤其妙。格即横也。盖缕堤既不可恃,万一决缕而入,横流遇格而止,可免泛滥。水退,本格之水仍复归槽,淤留地高,最为便益。"为了避免发生特大洪水时冲决缕堤,潘季驯还在3处"土性坚实"的缕堤河段创建了减水坝(滚水坝),坝顶低于缕堤堤面二三尺,宽30余丈,用石砌成。"万一水与(缕)堤平,任其从坝滚出"。滚出的洪水由遥堤、格堤拦阻,顺着宣泄的槽沟,在下游回归河道,以保证较大的挟沙力量。因此,减水坝不仅有保护缕堤和宣泄洪水的作用,还避免了开支河分流杀势的弊病。同时,在堤坝后面还能够形成淤滩,不但使大堤更加稳固,而且还可种植庄稼,发展农业生产。这是潘季驯的又一项巧妙创造。

潘季驯十分重视大堤的修筑质量。他指出,要选取"真土胶泥",杜绝"往岁杂沙虚松之弊",一定要"夯杵坚实",并且"取土宜远,切忌傍堤挖取,以致成河积水,刷损堤根。"大堤的高厚必须符合尺寸要求,"勿惜巨费"。为了检验大堤的质量,他还提出要"用铁锥筒探之,或间一掘试"和"必逐段横掘至底"的验收方法。这说明,明代的潘季驯已经采取类似现在的锥探、槽探两种方法来检查堤坝的质量了。

为了加强堤防的维修养护工作,潘季驯制定了"四防"(昼防、夜防、风防、雨防)、"二守"(官守、民守)和栽柳、植苇、下埽等严格的护堤制度。他要求每年把堤顶加高5寸,堤的两侧增厚5寸。这说明,他已经打破了把筑堤单纯作为消极防御措施的传统观念,而把它作为和洪水、泥沙作斗争的积极手段,开创了治河史上的新篇章。

潘季驯治河成功,是与他接近劳动人民,注重实地踏勘,关心人民疾苦分不开的。四任总理河道的岁月里,经常沿着黄、淮、运河奔走,访问地方官吏、父老乡亲,与有经验的老船工、老河工座谈,了解河流的特点和形势。同时,目睹灾区人民的苦难,使他能够提出"民生运道两便"的进步治河主张。这就是说既要保证朝廷的漕运通畅,又要考虑救民于水火,因此他曾经多次奏请朝廷关心灾民,体恤治河民工。对于每次重大工役都要亲临工地督工指挥,与民工住一样的工棚,有时还挥锹挖土筑堤。为获得第一手水情资料,不顾个人安危乘小船去河中察看。一次在睢宁一段的黄河工地上,天降大雨,他乘小船去看水势,突然狂风大作,小船失去控制,被抛向浪峰波谷,随时都有葬身鱼腹的危险,幸好小船被树枝挂住才幸免于难。

潘季驯不仅是治河实干家,还是我国古代为数不多的重要的治河理论家。他经过不懈的努力,将自己多年以来的治水实践进行了全面回顾和认真总结,汇编成了我国重要的治河专著之一——《河防一览》。全书共有十四卷。第一卷为总体情况,汇集了当时的历史资料,包括皇帝玺书和黄河图解,黄河、淮河、运河的总态势以及工程总体分布情况;第二卷为《河议辩惑》,首先提出:"以河治河,以水攻沙"的观点,然后用充分的资料全面论述了这一治河思想;第三卷为《河防险要》,全面指出了黄、淮、运各河容易出险的地段、存在的主要问题以及应当采取的应对方法;第四卷为《修守事宜》,详细介绍了堤、闸、坝等工程的修筑技术,并严格规定了堤防岁修、防护的各项工作制度;第五卷为《河源河的决考》,包括前人研究黄河源头和历史上黄河决口资料的汇集,从中能够观察和研究河道演变的规律;第六卷至十二卷为《治河奏疏》选集,潘季驯从200多道治河奏疏中精心挑选出了41道,集中反映了在主持治河过程中解决一些重大问题的具体工作,概括了他治河的基本过程和主要经验,也是对《河议辩惑》中所提出的各种观点的最好诠释;第十三卷和第十四卷为引证集,汇集了他为阐明自己的观点、批驳反对派的意见而引证的古人以及同时代人的著述、奏疏、题记、批文等。《河防一览》一书在全面介绍前人治河经验的基础上,系统地总结和论述了潘季驯长期治河的实践经验,提出了许多创新思想,它是"束水攻沙"论的主要代表著作,成为我国水利典籍中一件不可或缺的珍品。除《河防一览》外,潘季驯还编写了《两河经略》和《总理河漕奏疏》等著作。这些治河方略和理论,极大地丰富了中华民族的历史文化宝库,并为明清两代的治河专家所遵循,直到今天还有借鉴价值。

第十七节　徐光启

徐光启(公元1562—1633年),字子先,号玄扈,南直隶松江府上海县(今上海市)人,明代杰出的科学家、农学家。万历三十二年(1604)进士,官至礼部尚书兼东阁大学士、文渊阁大学士。他在农学、水利、数学、天文学等方面都有重要贡献。他曾同耶稣会传教士利玛窦等一起共同翻译了许多科学著作,如《几何原本》《泰西水法》等,成为介绍西方近代科学的先驱;同时他自己也写了不少关于历算、测量方面的著作,如《测量异同》《勾股义》;他还会通当时的中西历法,主持了一部130多卷的《崇祯历书》的编写工作。但徐光启一生用力最勤、收集最广、影响最深远的还要数农业与水利方面的研究,代表作是《农政全书》。

徐光启塑像　　　　　　　　　　　　　　　　徐光启墓

一、农田水利理论

徐光启在水利科技方面的成就首先表现在对农田水利的真知灼见上。在其数十年的科学生涯中，他一方面，"泛研读水利文献、总结历史经验教训，一方面亲自进行农田水利实践；在此基础上著书立说，逐渐归纳出一整套自成体系的农田水利理论。主要内容有以下几个方面：

首先，提出水利是农业的根本的精辟论断。徐光启说："水利，农之本也，无水则无田矣。"意即水利是农业的根本。他认为，国弱民穷是由于农业衰落，而农业衰落是水利失修的结果；水，"弃之则为害，用之则为利"，因此应当大力兴修水利。

其次，提出全面的水资源开发利用方法。他提出"用水五术"，即采用不同的工程手段和水利机械，因地制宜地利用源头的水、江河干支流的水、湖泊的水、河流尾闾与潮汐顶托的水、打井与修塘筑坝所得的水，以充分有效地调节、利用地上和地下的水资源。

再次，力主开发北方水利。元、明、清三代，国家通过京杭运河的漕运来解决首都北京的给养问题，为此耗费的人力、物力、财力难以数计。历代都有人想方设法，寻求更好的途径。徐光启是力主开发北方水利、使北方自给自足的历史名臣之一。他说："漕能使国贫，漕能使水费，漕能使河坏"，主张优先利用北方的水资源，尤其是开发京津地区的农田水利。

最后，高度重视测量技术。徐光启是我国古代重视水工测量的少数几位科学家之一。他曾积极推崇郭守敬从事大规模水利地形测量的做法，主张开展审慎的水工测量，以此作为水利工程建设的依据。他的水利测量经验和方法集中体现在收录于《农政全书》的《量算河工和测量地势法》一书中。

二、农政全书

徐光启出生的松江府是个农业发达之区。早年他曾从事过农业生产，取得功名以后，

虽忙于各种政事,但一刻也没有忘怀农本。眼见明朝统治江河日下,屡次陈说根本之至计在于农。自号"玄扈先生",以明重农之志(玄扈原指一种与农时季节有关的候鸟,古时曾将管理农业生产的官称为"九扈")。

万历三十五年(1607年)至三十八年(1610年),徐光启在为他父亲居丧的3年期间,就在他家乡开辟双园、农庄别墅,进行农业试验,总结出许多农作物种植、引种、耕作的经验,写了《甘薯疏》《芜菁疏》《吉贝疏》《种棉花法》和《代园种竹图说》等农业著作。万历四十一年(1613年)秋至四十六年(1618年)闰四月,徐光启又来到天津垦殖,进行第二次农业试验。天启元年(1621年)又两次到天津,进行更大规模的农业试验,写出了《北耕录》《宜垦令》和《农遗杂疏》等著作。这两段比较集中的时间里从事的农事试验与写作,为他日后编撰大型农书奠定了坚实的基础。

天启二年(1622年),徐光启告病返乡,冠带闲住。此时他不顾年事已高,继续试种农作物,同时开始搜集、整理资料,撰写农书,以实现他毕生的心愿。崇祯元年(1628年),徐光启官复原职,此时农书写作已初具规模,但由于上任后忙于负责修订历书,农书的最后定稿工作无暇顾及,直到死于任上。以后这部农书便由他的学生陈子龙等负责修订,于崇祯十二年(1639年),亦即徐光启死后的6年,刻版付印,并定名为《农政全书》。

整理之后的《农政全书》分为12目,共60卷50余万字。12目中包括:农本3卷、田制2卷、农事6卷、水利9卷、农器4卷、树艺6卷、蚕桑4卷、蚕桑广类2卷、种植4卷、牧养1卷、制造1卷、荒政18卷。

《农政全书》基本上囊括了古代农业生产和人民生活的各个方面,而其中又贯穿着一个基本思想,即徐光启的治国治民的"农政"思想。贯彻这一思想正是本书不同于前代大型农书的特色之所在。《农政全书》按内容大致上可分为农政措施和农业技术两部分。但前者是全书的纲,后者是实现纲领的技术措施。于是在书中写有开垦、水利、荒政这样一些不同寻常的内容,并且占了全书将近一半的篇幅,这是前代农书所鲜见的。水利作为一目,亦有9卷之多,位居全书第二。其主要内容有:水利总论、西北与海河流域水利、东南水利、浙江水利、海塘与滇南水利、利用多种自然水体的工程方法、灌溉提水机械图谱、水力机械图谱、西方水利技术介绍等。"水利总论"从"禁淤湖荡"说起,把江浙一带占沮湖泽引致潦害的情形,以及疏通的必要,作了总的陈述。下面就是"西北水利",集录了郭守敬、丘濬等对水利的见解,徐贞明的《潞水客谈》与《水利疏》。在后两个文献中,徐光启作了不少小注,说明他自己的经历与见解。最后,加一个总注:"北方之可为水田者少,可为旱田者多。公(指徐贞明)只言水田耳,而不言旱田,不知北人之未解种旱田也。"西北水利之后,是三卷"东南水利"和一卷"浙江水利"。总结了宋范仲淹以后到明徐献忠、耿橘讨论太湖区域及浙江的镜湖、西湖、宁、绍等处疏通方法和海塘法。耿橘的《大兴水利申》《开河法》《筑岸法》,是根据他自身经历写成的,很宝贵。浙江水利后面,附有二谷山人《水利策》(专谈云南)和徐光启自己的《旱田用水疏》。接着,是四卷图谱(灌溉和利用),取自王祯《农书》。这些图谱,总结了近代欧洲科学传入我国以前,我们祖国劳动人民智慧的创造。再下两卷是徐光启与熊三拔合译的《泰西水法》,如书名所指示的,介绍了17世纪初年,欧洲耶稣会会士们所知道的一些水力学原理和工程知识。附有"水法附余",是求泉源的方法、凿井的方法、检验水质的方法。

·徐光启认为,水利为农之本,无水则无田。当时的情况是,一方面西北方有着广阔的荒地弃而不耕;另一方面京师和军队需要的大量粮食要从长江下游启运,耗费惊人。为了解决这一矛盾,他提出在北方实行屯垦,屯垦需要水利。他在天津所做的垦殖试验,就是为了探索扭转南粮北调的可行性问题,以借以巩固国防,安定人民生活。这正是《农政全书》中专门讨论开垦和水利问题的出发点,从某种意义上来说,这也就是徐光启写作《农政全书》的宗旨。

第十八节　宋应星

宋应星(公元 1587—1661 年),字长庚,奉新县宋埠镇牌楼村人,明末清初科学家。他从小聪明过人,勤奋好学,28 岁中了举人。47 岁时任江西分宜教谕。49 岁写成《野议》《画音归正》和《原耗》等文集。50 岁发表科技巨著《天工开物》;同年,发表《论气》和《谈天》两篇自然哲学著作。51 岁时赴任福建汀州推官。53 岁辞职返乡,完成《思怜诗》。56 岁任安徽亳州知州。57 岁辞官返乡隐居后,还著有《春秋戎狄解》。

宋应星是科技巨匠,又是水工机械大师。他所著的《天工开物》一书是中华古代技术总汇,它如同一颗明珠,在中国和世界科技史上永远闪烁着光辉。英国剑桥大学李约瑟博士在《中国科学技术史》丛书中大量引证《天工开物》的资料,并称宋应星为“中国的狄德罗”。其实,法国的哲学大师狄德罗主编的《百科全书》比宋应星的《天工开物》晚了整整两个世纪,而其中体现在科学技术领域的开创性,更应首推《天工开物》。从这个意义上说,“狄德罗是法国的宋应星”,才比较确切。《天工开物》一书,在世界上引起广泛的影响,被译成英、法、德、日等国文字,国内外有关《天工开物》的研究论文发表百余篇。总之,《天工开物》是一部名震中外的科技巨著。

宋应星塑像

《天工开物》一书内容十分丰富,涉及当时农业、水利、手工业、交通运输和国防等几个主要部门,插图 122 幅,图文并茂地记述了我国明末居于世界先进水平的技术成就和生产工艺,其中对排灌、水力、水运机械作了详尽的介绍。第一卷乃粒(指谷物粮食)中的水

利篇,宋应星对当时使用的排灌机械:筒车、牛车、踏车、拨车、桔槔(皆具插图)及风车的使用条件、构造、特性、使用方法、工效等作了详尽的叙述。例如,对筒车的说明:凡河滨有制筒车者,堰陂障流,绕于车下,激轮使转,挽水入筒,一一倾予枧内,流入亩中,昼夜不息,百亩无忧。再如他对扬州地区使用的风车的说明:凡几扇风帆来带动水车,风吹车转,风停车止,这种车是用来排涝的。

同时,他在第四卷粹精(指谷物加工)的攻稻(指加工稻谷)篇中,详尽介绍了水力加工机械:水碓。他指出:"凡水碓,山国之人居河滨者之所为也。攻稻之法省人力十倍,人乐为之。引水成功,即筒车灌田同一制度也。设臼多寡不一,值流水少而地窄者,或两三臼;流水洪而地室宽者,即并列十臼无忧也。"同时,他还介绍了上饶一带造水碓之法非常巧妙,打木桩将一条船固定,在船中填土埋臼,又在河中筑个小石坝,水碓就造成了。又介绍了一举三用的水碓,利用水流冲激转轮,第一节带动水磨磨面,第二节带动水碓舂米,第三节引水灌田。这种"三用水碓"先进技术,有原动机、传动机和工作机三个部分,具备了现代机器的雏型,也是系统工程方法的萌芽。同时在攻麦(指加工麦子)篇中,介绍水磨,称其工效比牛磨高三倍。

宋应星在第九卷"舟车"中,记述了作为当时主要交通工具的水运船舶和车辆的结构、制造、使用情况。关于船舶,介绍了漕舫、海上的遮洋浅船和钻风船,长江、汉水上的课船,三吴浪船,福建的小船,四川的八橹船,黄河的满篷艄、摆子船,广东的黑楼船等。其中,对当时一种主要的内河运输船——漕船,结合插图进行说明,并详细记述船的尺寸、结构、载重量、制造方法以及如何操作等情况,为后人研究当时造船工艺、交通运输提供了准确、具体、翔实、可信的资料。

宋应星尤其在"海舟"篇中,记述了国内海船构造之后,接着指出:倭国海舶两傍列橹手栏板抵水,人在其中运力。朝鲜制度又不然。至其首尾各安罗经盘以定方向,中腰大横梁出头数尺,贯插腰舵,则皆同也。明确地将国内的海船构造与国外的进行对比。这对于研究国外的水运机械史有一定参考价值。

在水运机械方面,宋应星还记述了我国最早采用的一种航行操纵工具——偏拔水板(船翼)。还总结我国古代舵工创造的"抢风"经验,即逆风行船的经验,并提出了舵和帆的力学原理问题。

宋应星在《天工开物》中还提出许多科学创见,比如"种性随水土而分"的科学论断,这比欧洲第一次提出物种进化的伏尔弗,早了120多年。

1987年10月,在宋应星诞辰400周年的时候,宋应星纪念馆在他的故乡奉新落成开馆了,展厅里真实而直观地再现出三百多年前我国农业、水利和手工业技术领先世界的情形,我们为此感到自豪。

第十九节　靳辅、陈潢

靳辅(公元1633—1692年),字紫垣,清代辽阳人,康熙十年(1671年),任安徽巡抚。十六年(1677年),任河道总督。次年又兼管漕运事务。二十七年(1688年)三月被撤职。三十一年(1692年)二月,再任总河,十一月卒。陈潢(公元1637—1688年),字天一,号省斋,秀水(今嘉兴)人,一说钱塘县(今杭州市)人。自幼不喜八股文章,年轻时攻读农田水利书籍,并到宁夏、河套等地实地考察,精研治理黄河之学。清顺治十六年(1659年)至康熙十六年(1677年)间,黄河、淮河、运河连年溃决,海口淤塞,运河断航,漕运受阻,大片良田沦为泽国。康熙十六年,河道总督靳辅过邯郸时看到陈潢的题壁诗,发现陈潢才学过人,遂礼之入幕,协助治水。

明清之际,因为改朝换代,黄河堤防失修,所以洪涝灾害非常严重。据统计,从顺治元年(1644年)清朝建立,到康熙十五年(1676年)33年中,黄河发生严重决口竟有23年;豫东、鲁西、冀南、苏北等地洪水横流,南北漕运一再中断。康熙十六年(1676年),康熙皇帝任命靳辅为治河总督,主持治理黄河和运河。

靳辅塑像

陈潢塑像

陈潢是靳辅的幕僚,平时重视调查研究,知识渊博,在治河的指导思想和理论上有独到见解。他认为,治理黄河要成功,必须先要"审势",掌握来水来沙的规律,水流的基本特点是"就下",往低处流。要遵循规律,因势利导,"因其欲下而下之,因其砍潴(堵)而潴之,因其欲分而分之,因其欲合而合之,因其欲直注而直注之,因其欲纡回而纡回之"。"善治水者,先须曲体其性情,而或疏、或蓄、或束、或泄、或分、或合,而俱得其自然之宜"。在治黄方法上,陈潢继承和发展潘季驯的"筑堤束水,以水攻沙"的思想,主张"分流""合流"结合,把"分流杀势"作为河水暴涨时的应急措施,而把"合流攻沙"作为长期的安排。他采用了建筑减水坝和开挖引河的方法,在洪水暴涨时,在河道窄浅的险段建筑减水坝、开凿涵洞或开挖引河,使洪水分流,然后在下游河宽流缓的地方引归正河,保持充分的攻沙能力。陈潢发明了测定水流量的方法。"以测土方之法,移而测水"。

靳辅、陈潢治河,主要措施虽与潘季驯基本相同,但筑堤范围要比潘氏广泛,除修复潘氏旧堤外,又在潘氏不曾修建的河段加以修建。如河南境内,他们认为"河南在上游,河南有失,则江南河道淤淀不旋踵"。因此,在河南中部和东部的荥阳、仪封、考城等地,都修建了缕、遥二堤。又如在苏北云梯关(今滨海县县治)以东,潘氏认为这里地近黄海,不屑修建河堤。而靳辅、陈潢认为"治河者必先从下流治起,下流疏通,则上流自不饱涨"。因而也修建了18 000丈束水攻沙的河堤。

但靳辅、陈潢治河除上面所说的与潘氏有异同外,还在许多方面超过了潘氏。潘氏只强调筑堤束水,以水攻沙,而靳辅、陈潢除很强调束水攻沙外,又十分重视人力的疏导作用。他们认为三年以内的新淤,比较疏松,河水容易冲刷,而五年以上的旧淤,已经板结,非靠人力浚挖不可。他们不仅注意人力浚挖,还总结出一套"川"字形的挖土法。其法,在堵塞决口以前,在旧河床上的水道两侧三丈处,各开一条宽八丈深沟,加上水道,成为"川"字形。堵决口、挽正流后,三条水道很快便可将中间未挖的泥沙冲掉。"川"字形挖土法,可减轻挖土的工作量,挖出来的泥沙,又可用来加固堤防。在疏浚河口时,他们还创造了带水作业的刷沙机械,系铁扫帚于船尾,当船来回行驶时,可以翻起河底的泥沙,再利用流水的冲力,将泥沙送到深海中。

靳辅、陈潢经过10年不懈的努力,堵决口,疏河道,筑堤防,成绩超过前人。以筑堤为例,累计筑了1 000多里。这样,不仅确保了南北运河的畅通,也为豫东、鲁西、冀南、苏北的复苏,创造了条件。

靳辅、陈潢虽然在治河工作中取得了重大的成就,但不久,却遭到奸人陷害,受到不公平的待遇。当他们基本上治平河患后,黄河下游一些因洪水泛滥而无法耕种的土地可以耕种了。一些有政治后台的豪强们,利用权势,纷纷霸占这些土地。靳辅、陈潢加以制止,并用这些土地募民屯垦。认为这样做,一可以安置流民,二可以增加治河经费。结果,遭到了豪强们的诬告,诬以"攘夺民田,妄称屯垦"。结果,靳辅被罢官,陈潢被下狱并冤死。

靳辅著有《治河方略》一书,并附载陈潢的《河防摘要》《河防述言》等篇。

第二十节　黎世序

黎世序(公元1772—1824年),河南罗山县人,清代著名治河专家。清仁宗嘉庆元年(1796年)中进士后,黎世序在任江西南昌知县5年间,常为水患而忧,废寝忘食,誓为"根治水害而平民心"。他深入实地踏勘,制定出筑堤防洪、疏浚排涝、修塘凿灌等一系列治水方案。嘉庆十三年(1808年)黎世序调任江苏镇江知府后,除搞了小型水利工程外,又着重治理了荒废的"练湖",精心设计并修建了3座泄洪闸。真可称"万民感戴"。

嘉庆十六年(1811年),海口淤塞,河床抬高,洪水为灾。皇上命大学士代衢亨前来视察,他不勘查,则令在海口附近开挖新河。黎世序主张河水仍由故道入海,借以"使全河之水并力攻刷,坚守一二年,河已深通,水落归槽"。两江总督柏龄赞曰:好!治河的妙方。遂奏皇上,命其治此海口。

嘉庆十七年(1812年),黎世序任南河总督(辖黄河、淮河、运河),驻跸清江浦,督办河务。从此他"钻研技术,竭力治河,施展才能"。即于嘉庆二十一年(1816年)在海口附近的龙、虎山间修滚水坝,"使水大减"。嘉庆二十三年(1818年),又于峰、泰山间修滚水坝、"洪峰削弱"。如此,他为根治海口,呕尽心血,愿"舍身捐躯,求一治河上策"。

黎世序在任南河总督12年(1812—1824年)间,在治河中不但吸取了前人经验,并加以发展、创造。如将"束水攻沙",改用"重门钳束",使全河之水并力攻沙。将"柴秸沉入水底护坝"改用"砌石护坡"。将"以泄为主"改用"蓄泄兼筹"乃至"因地制宜治之。"实践证明:他的主张"治病有药,治河有方,黄淮安流,运河通畅",是行之有效的。因此,深得民心,美名传扬,当地百姓称他是"活(河)神仙"。至今江苏清江县还流传着他"激流抛靴降河妖"的故事。此虽有神话色彩,但他却有率先驯洪之事实。

嘉庆二十一年(1816年),夏汛黄河水暴涨,一线单堤难防,险情万分危急。他即令加筑防洪堤,不料合龙时,洪峰扑来,眼看全线崩溃,则其"脱衣冠,与水就寝",遂抛帽、靴、朝服借以指挥抢堵决口,最后只身猛跳入激流中,与民共筑"连心堤"才使之"安澜太平"。汛后,他高兴地说:"方略来于水,又用于水,更胜于水,此乃良策也。"

清宣宗道光四年(公元1824年)春,黎世序不幸治河染疾,长逝于清江浦,年仅52岁。丧君遂归故里,陵寝入罗山的刘店丘岗,伴立石人、石马、石桌、石凳、石亭(有三块"御碑"),四周栽种了松柏。

黎世序一生"置于水中熬煎",治水经验丰富,良方累累。因此,他虽"无钱应市"却"有书育人",启迪后代,受益无穷。如著有《河上易注》10卷、《东南河渠提要》120卷、《续行水金鉴》156卷等。

第三章　中国近现代水利发展

第一节　中国近代水利发展

一、引进外来科技与中国水利特点相结合

近代西方水利科学技术引进中国,大致从鸦片战争开始。1840年,鸦片战争失败,中国闭关锁国的大门被打开,列强的入侵使中国进入了半殖民地半封建社会,人民遭受极大的苦难,但在客观上也使中国人看到了一个真实的世界。有人认为要"尽得西洋之长技为中国之长技",提出要学习制造"西洋奇器"。清末民国初年,到外国的留学生日渐增多,其中有相当一些人从事水文、气象、土木工程或水利工程等学科的学习和研究,在引进外国先进的水利技术方面作出了许多努力。外国的学者、工程师到中国来的也越来越多,西方的技术随之而来,中国的水利产生了深刻的变化。

进入民国之后,外国人对于黄河的考察活动很多。德国的方休斯、美国的费礼门、萨凡奇等都做过这些方面的工作。德国著名的河工模型实验专家恩格斯虽未曾到过中国,他却"素以研究黄河为志",于1920—1934年间,"广集黄河史料悉心研究",并先后三次为黄河作模型试验,提出著名的"固定中水河槽"的治黄方策。他的基本思想就是要缔造一个比较稳定的中水位河槽,在两岸大堤之内构成复式河床,中常洪水时把河流限制在河槽之内,大涨时两岸滩地漫水落淤。这样使滩地慢慢淤高,河槽便随之变深,整个河床也就会渐渐地稳定下来。他的学生方修斯也支持这一观点。美国工程师费礼门于1919年来黄河考察,也作过许多工作。他提出在原有旧的大堤之内"另筑直线新堤,在此新旧二堤之间,存留空地,任洪水溢入,俾可沉淀淤高,可资将来之屏障。如遇特别洪涨,并于新堤与河槽之间建筑丁坝,以防新堤之崩溃。"但他又指出,"解决黄河问题,需要长久之分析与大力之研究,而不宜立即拟出计划实行之"。20世纪30年代中期在淮河上也开展了水工模型试验。

李仪祉是我国近代水利事业的开拓者和水利科学奠基人。他走出国门,致力于学习和研究国外先进的水利科学与实践,致力于引进技术与中国的国情和古代的水利技术相结合。他有大量的译文和著作,涉及范围从水文、水力、灌溉、航运到河道治理,从基本理论到计算方法,内容是多方面的。"凡与水工学术有关的基本科学,如水工实验、最小二乘法、宇冰学说、诺莫术、实用水利学等重要学理莫不尽先

李仪祉生平简介

译著,教我国人,启我民智。"

李仪祉非常重视外来技术在中国如何利用。他说"泰西各国之水成法,可供吾国人效仿者多,因其地理之关系,各有所特长。论中下游之治导,则普鲁士诸河可为法也。论山溪之制驭,则奥与瑞可为师也。论海洋影响所及河口一段之整治,则英、法及北美诸河流可资效仿也。论防止土壤冲刷,则美国及日本今正在努力也。"他对黄河治理与西北水利的研究尤深,在他的《黄河之根本治法商榷》等文和西北水利实践中有深刻的表现。他的治河主要内容是"蓄洪以节其源,减洪以分其流,亦各配定其容量,使上有所蓄,下有所泄,过量之有所分。"主张在上、中游植树造林,较少泥沙的下泄量,同时在各支流"建拦洪水库,以调节水量",并且于"宁夏、绥远、山西、陕西各省黄河流域及各省内支流,广开渠道,振兴水利",以进一步削减下游洪水。至于下游防洪,他认为应尽量为洪水"筹划出路,务使平流顺轨,安全泄泻入海"。其具体意见是,一是开辟减河,以减异涨;一是整治河槽,依据恩格斯的办法"固定中常水位河槽依各段中常水位之流量,规定河槽断面,并依修正河线,设施工程,以求河槽冲深,滩地淤高"。我国传统治河方略只着重于下游。近代外国人则多把上、中游植树造林视为治理黄河的主要办法。李仪祉提出上、中、下游全面治理的主张,使我国的治河方略向前推进了一大步。李仪祉是我国近代水利科学的代表。他的理论和主张,影响深广。

20世纪前半期,与水利科技和建设的进展相适应,水利管理、科研和教育也有了新的发展。各流域和一些省相应成立了水利管理机构,有的还成立了水利工程局。1930年和1942年先后颁布了《河川法》和《水利法》。

1915年,在南京设立河海工程专门学校,是我国最早的水利专业学校;1931年成立中国水利工程学会,并创办《水利》月刊;1933年在天津开始筹建第一水工实验所,1935年在南京建立中央水工实验所,1940年在陕西建立武功水工实验室,水利科学技术的研究有了基础。

二、中国近代水利的主要内容

(一)水利工程的勘测及规划

19世纪以来,西方水利科学与技术的传入,刺激了中国传统文化的水利工程技术的改造和发展。在水利工程中运用大地测量、水文测量及地质钻探技术首先始于通航水道的整治,继而用于防洪治河、农田水利及水电工程中,范围由最初各河江干流的中下游扩展到上游或全流域,对当时和后来水利建设有着重要的影响。

1.大地测量

根据第二次鸦片战争后签订的不平等条约,中国一些通商口岸渐次对外开放,出于整治通航水道的需要,河口段及河道的测量首先引起注意。咸丰十一年(1861年),英国海军测绘长江航道,9年后据此编制成长江计里全图。光绪十五年(1889年),河南、山东河道总督在开封设立河图局,召集津、沪、闽、粤测绘等专业人才20多人进行河南至山东利津海口的河道测绘工作。光绪十九年(1893年),张之洞调广东测绘会员劳颖安、学生潘元普测绘长江湖北藕池段,为规划荆江南岸堤防作准备。

辛亥革命以后,各流域相继设水利机构,测量工作由配合河道疏浚而进行的河道地形

测量转向为防洪、农田水利、水电、航运规划前期工作服务。1923年以来,黄河流域先后完成了河南、山东境内1:5 000和1:1万流域局部地形图及主要支流河道地形图;配合20世纪30年代及40年代陕西引泾、引洛、引渭等农田水利工程规划设计,开展了这些地区的局部地形测量。30年代以来为开展长江流域水利开发规划,在长江三峡段、金沙江及岷江、嘉陵江等干支河流上进行坝区、库区、局部河流等专题测量。珠江流域测量工作自1914年广东治河处开始,亦由广州河口段,分别向东江、西江的广东、广西境内扩展,这一时期浙江的钱塘江流域、福建的闽江流域等相继开展了多目标的水利测量。

近代,中国大地测量零点高程基准点均为通商口岸海关所设,海河和黄河流域多采用天津河口"大沽零点"。长江流域下游采用"吴淞零点",是1871年至1990年出现的最低潮位;中游有湖北藕池口相对零点;上游多采用支流岷江灌县(今都江堰市)假设高程。淮河流域则有江淮水利局设置的运河惠济闸基准点,黄河故道假设零点(又称废黄河口零点)等坐标系统。测量基准点各河不相统属,且精密水准点布点少,相应水利测量精度亦不高,施测数量也很有限,这种状况延至20世纪50年代才逐渐改进。

航空测量是20世纪初开始兴起的用于大地测量的一种技术,它采用飞机摄影得到的地形图片,利用少量的地面控制点作平面纠正,再做中心投影而为平面地形图。中国1928年引进这一技术,并首先用于水利测量。经过筹备,1930年在浙江浦阳江试行航测成功,飞机飞行高度2 000~400米,长度36公里,制成地形图比例1:1.5万、1:3万。1933年对河南长垣大车集至石头庄施行了长27公里黄河堤防段的航测,测得1:7 500黄河堤防图1:2.5万平面地形图。

2.水文测量

首先开始的水文测量项目是水位及雨量观测。1841年俄国教会在北京设雨量站,进行连续降雨量及其他气象观测,是可考的我国最早的水文观测记载。清咸丰十年(1860年),上海海关在长江口外吴淞口设置潮位站。同治四年(1865年),海关在汉口长江干流上设水位站。光绪六年至宣统三年(1880—1911年),海关在长江干流上已设有重庆、宜昌、沙市、城陵矶、汉口、九江、芜湖、南京、镇江、吴淞等10处水位站。

20世纪20年代,水位测验开始由水位、雨量观测向综合测验发展。海河流域理船厅和海河工程局自光绪二十八年(1902年)至1920年在潮白河、温榆河、永定河、滹沱河上建立水位站4处。至1937年,全流域有水文站19处(其中汛期水文站10处),水位站22处,雨量站158处(含汛期临时站),测量内容包括流量、含沙量、雨量及蒸发量。淮河流域水文测验站最早一批设于1913年,主要分布在苏北。据1937年统计资料,淮河全流域有水位站117处,雨量站97处,流量及含沙量站18处,初步形成淮河全流域水文站网。

黄河水文测验是在清代水位站的基础上发展起来的。乾隆三十年(1765年),在河南陕州黄河万锦滩、巩县洛河口、武陟木栾店分设水志桩,相当于近代的水位站。1933年黄河水利委员会成立以后,黄河干流及陕西境内各支流水文站才有大的增加。1937年以后始在上游山西、内蒙古、甘肃境内设站。据1949年统计资料,黄河流域有水文站33个,水位站28个,开展了流量、泥沙、汛期水位等水文测验项目。

1941年始在流经一省以上河流上设水文总站。1946年抗日战争胜利后,各流域机构、各省水利机构相继恢复旧有的水文站,据1948年统计资料,全国有水文站191处,水位站 245 处。

3.水利发展规划及前期设计

清末,淮河治理首开其端。1918 年孙中山以英文发表了《国际共同发展中国实业计划——补助世界战后整顿实业之方法》,三年后以中文发表,改名为《建国方略之二实业计划(物质建设)》。它以国家工业化为中心,是民国经济全面发展的建设规划。其中水利方面以民国初年江、河、海初步勘测成果为依据,提出了兴建北方、东方、南方三大海港;整治长江、黄河、海河、淮河、珠江五大江河,发展通航、水电、灌溉等方面的水利全面开发发展规划。

淮河规划始于清末,1855 年黄河由铜瓦厢向北改道后,淮河下游河道的治理更引起注意。清末至民国初年主要的倡导者是江苏咨议局议长张謇等人。在他的主持下,自1914 年至 1920 年提出了四种治理规划:这些规划以河道治理、导淮入江入海为主要目的,进行闸坝、堤防、排洪河道的初步设计及经费预算。1929 年导淮委员会成立,李仪祉担任公务长兼总工程师,在他的领导下次年提出《导淮工程计划书》。依据 1912 年至1926 年水文测验资料及江淮水利测量局的地形测量结果,选用 15 000 立方米每秒作为设计标准。这是一项包含防洪、航运、灌溉、水电综合治理、综合开发的规划设计。

1925 年,由顺直水利委员会制定的《顺直河道治本计划报告书》为海河流域第一个治理规划。这个计划采取减河分流入海工程措施,主要规划工程有挽潮白河归北运河的苏庄、龙凤、土门等泄水闸,马厂减河、独流减河、子牙河泄洪水道等。

20 世纪 20 年代至 30 年代进行的工程规划中较大的还有扬子江水道整理委员会的《整治武汉至上海长江口水道计划》,广东治河委员会的《珠江各河整治计划》,整理运河讨论会的《整理运河计划》,黄河水利委员会的《整治黄河下游计划》和《三门峡、宝鸡峡水库工程规划》等。

20 世纪 30 年代以来,开展了对长江干流的水电开发规划,1932 年国防设计委员会组织了由电力水利、测量工程师晖震、曹瑞之、宋希尚、史笃培(美国)、陈晋模 5 人组成的长江三峡勘测队,当年 10—12 月在长江三峡段进行为期 2 个月的勘察,提出了《扬子江上游水力发电勘测报告》。1944 年,当时的国家资源委员会邀请美国垦务局设计总工程师萨凡奇来华协助查勘长江水利资源。经过实地查勘,他在四川长寿完成了《扬子三峡计划初步报告》,提出了包括葛洲坝、皇陵庙在内的 5 个坝址方案。规划中最大电站的发电量为 1 056 万千瓦,相当于水库防洪库容 270 亿立方米,建成后万吨海轮可达重庆,全部工程造价包括淹没损失共计约 9 亿美元。

20 世纪 30 年代至 40 年代期间,全国水利机构主持了湘西、云、贵、川、宁、甘、新等省(区)农田水利工程规划及设计,并制定了一些旧有农田水利工程的改造规划,但能够付诸实施的极为有限。

(二)水利工程机械和新型建筑材料

清朝末年及民国年间相继引进水利工程机械和水泥、钢材等新型建筑材料,并开始自己制造。光绪十四年(1888 年)黄河河南长垣、山东东明堤防段施工中使用小铁路运输涂料,同年亦用于郑州堵口;次年九月,又用于封堵山东章丘大寨决口。

光绪十四年(1888 年),黄河堤工中首次使用水泥。这批水泥一部分由旅顺调拨而

来,一部分购于上海、香港,是舶来品。光绪十九年(1893年)为防御长江洪水,调运唐山生产的水泥300 t,重修湖南常德城墙及防洪石堤。宣统三年(1911年)葫芦岛港地基工程已用钢筋混凝土桩。20世纪20年代采用钢筋混凝土结构的水工建筑物已日见普遍。

20世纪20年代浙江石质海塘的维修用水泥灌浆加固,或工程堵漏。绍兴三江闸原用条石砌筑,用铁钉上下联锁,无胶结材料。由于水流长期淘刷、渗漏,闸底板逐渐被淘空,严重漏水;闸墩及翼墙也因风化开裂,裂缝最宽达5 cm,漏水严重。1932年开工修复,主要采用灌浆技术用水泥浆填充。灌浆机全套设备系德国进口,喷射压力2.5~3.5公斤每平方厘米,灌浆能力0.75立方米每小时,采用国产水泥,历时52天,共灌水泥浆沙158立方米。

(三)新型水利工程的兴建

中国新型水利工程的修建,20世纪20年代后,数量有较大的增加,类型呈多向发展,但是工程规模一般较小。

1.防洪治河及船闸工程

1888年始用小铁路运输工程用料,用电灯照明,用水泥抹面、灌浆。1899年疏浚海口,开始使用挖泥船。1888年,河南开始使用电报传递汛情,1902年山东设电报局及分局若干处,次年,敷设济南以下电报线。1909年陕州始用电报报汛,代替旧有的驿马报汛等制度。民国初年,防洪工程中出现了钢筋混凝土结构、采用启闭工程机械、配备钢板闸门的新型水闸。1923年,山东利津宫家坝曾用新法堵口。1929年,山东第一次虹吸管放淤、淤灌,后来各地陆续效仿。1932年顺直水利委员会修建潮白河上的苏庄闸,由39孔泄水闸、10孔进水闸组成,闸孔宽6米,可宣泄洪水600立方米每秒,1939年7月毁于洪水。

中国修建的新型船闸,以导淮委员会在淮扬运河上修建的邵伯、淮阴、刘老涧闸为早。这些船闸净长100米,以木桩、钢板为基础。邵伯船闸上下游水位差7.7米,淮阴、刘老涧船闸上下游水位差9.2米,闸门为钢质双扇对开式,闸室为钢筋混凝土结构。20世纪40年代导淮委员会主持长江上游支流航道整治,在沟通黔的重要水道綦江及其支流蒲河上实施渠化工程,共建船闸11座,其中以綦江车滩大利船闸为最大,落差6.5米,船闸净长60米。在技术、工程规模等方面基本接近21世纪30年代的同类工程水平。

2.水电站工程

据载,1905年在台湾已建了装机容量为600千瓦的龟山水电站。1910年7月,云南石龙坝水电站开工,历时2年11个多月投产,与1882年建成的美国威斯康星世界第一座水电站的诞生相距30年。石龙坝水电站位于滇池出水道螳螂川上,为引水径流式水电站,引用流量4立方米每秒,落差15米。石龙坝水电站为商人和官方合资兴办,聘请德国工程师为技术顾问。电站装机2台,单机容量412千瓦。1925年建成四川泸县龙溪河上的洞窝水电站。这是由中国技术人员勘测、设计的引水式电站,落差39米,装机容量140千瓦,用6千伏线路输往泸州。西藏拉萨河上的夺地水电站,建成于1928年,装机容量为125马力(1马力=0.735千瓦,全书同)。

20世纪30年代以后我国西南地区水电站建设成绩较大,建成的多是径流引水式水电站,由中国技术人员主持修建。较大的水电站有:四川长寿县境内龙溪河上的桃花溪水电站,装机容量876千瓦;下峒电站,装机容量3 000千瓦。1945年在四川江津白沙镇由

中国第一座水电站——云南石龙坝水电站

民间集资兴建的高洞水电厂,是中国修建较早的地下式电站,装机容量120千瓦。1944年水利委员会筹资兴建的重庆北碚高坑沿水电站,设计水头31米,装机容量160千瓦,是全部采用国产设备的一个水电站。1945年建成的贵州桐梓境内赤水河支流天门河上的天门河水电站,水位落差30米,引水流量2~3立方米每秒,装机容量1 000千瓦,全部机电设备由中国技术人员安装。20世纪40年代中国解放区也建设了几座小型水电站。建在第二松花江上的丰满水电站则是大型电站,1937年开工,1943年第一台机组发电,1959年竣工。

3.农田水利工程

泾惠渠是中国引进西方水利技术的最著名工程,是在古郑白渠的基础上由李仪祉于1930—1932年主持修建的,计划灌溉面积64万亩,1953年实际灌溉面积达59万亩。取水枢纽由混凝土溢流坝和具有平面钢闸门、螺旋启闭机的进水闸、退水闸所组成。相继修建的灌溉工程还有渭惠渠、洛惠渠等7个灌区。其他地区也有类似的工程出现,例如海河流域的苏庄闸、龙凤闸,珠江流域的卢苞闸、马嘶闸等。

中国最早使用机电灌排的是江苏武进县。1915年常州开始制造内燃机,拖带水车戽水,使这一带的机械排灌逐渐普遍。据统计,至1929年有抽水站42处,专用电线近50公里,灌排面积近4万亩。

1927年开工修建的福建长乐县莲柄港灌溉工程,分两期实施,第一期建两级扬水站,每级扬水6.3米,引水量130立方米每秒,灌溉南、中部农田6万亩;第二期工程延长干渠,增设抽水站,灌溉北部农田4万亩。架设由福州至莲柄港长23公里的3万伏高压输电线,工程规模和难度在当时影响都很大。

三、中国近代水利的历史地位

20世纪前半期,水利界的前辈为改变水利事业长期停滞不前和国家贫弱的局面,艰苦奋斗,在引进外国科学技术、发扬我国水利的固有成就方面,做了大量的工作,但因政治腐败,战乱频繁,实际成就甚微。至1949年,中华人民共和国成立前夕,仅有防洪堤坝42 000公里,且多残缺不全,防洪能力很低;库容超过1亿立方米的大型水库6座,超过1 000万立方米的中型水库17座,以及少量的小水库和塘坝;灌溉面积仅24 000万亩,保

证程度较低；机电排灌、水力发电寥寥无几。整个国家仍是水旱灾害连年不断。

第二节　新民主主义革命时期的水利实践

中国共产党从诞生之日起，就把为人民求解放、为人民谋利益作为不懈追求。水利是为人民谋利益、谋幸福的重要途径。因此，中国共产党在新民主主义革命时期，出于为人民谋幸福的初心，便开始了对水利工作的探索和实践。

一、在党的纲领和决议中明确治水任务及措施

中国共产党成立之后，在一系列纲领和决议中，将水利列入重要任务，明确实施措施。

1923年6月，中国共产党第三次全国代表大会通过的《中国共产党党纲草案》，在第九章"共产党之任务"中，专门列出"改良水利"。这是中国共产党成立两年后，第一次把水利纳入党的纲领。

中国共产党还通过立法的形式明确水利权属、资金和劳动力问题。1931年，中华苏维埃共和国临时中央政府颁布了《中华苏维埃共和国土地法》《山林保护条例》《怎样分配水利》等法律和条例，规定：一切水利、江河、湖泊：由苏维埃管理，以便利于贫下中农公共使用。

中华苏维埃共和国临时中央政府还很重视涵养水源和防治水旱灾害问题。1932年，中央工农民主政府颁布的《经济财政问题决策》指出："苏维埃须鼓励群众去办理开通水圳、修筑堤岸的种种水利建设事业……""政府应当注意耕种中各种困难问题……水利修复等是各级政府的主要责任"。在《拥护临时中央政府对日宣战动员决议案》中指出："要完成对日宣战实际进行民族革命战争的紧急任务……要奖励河堤水道的修理，免除水旱灾荒。"

1932年3月，中华苏维埃共和国临时中央政府颁布《对于植树运动的决议案》中指出："为了保障田地生产不受水旱灾祸之摧残，以减低农村生产，影响群众生活起见，最便利而有力的办法，只有广植树木来保障河坝，防止水灾旱灾之发生……"

各地苏维埃组织也对水利工作高度重视。1932年，福建省工农兵代表大会深入讨论了兴修水利问题的决议案，提出："福建地方差不多完全是稻田，要用水来灌溉的，在过去地主压迫之下，他自己不管水利，一般农民被剥削得很穷苦，无力来注意水利，特别是闽西在二年来几次大水冲破了许多陂圳。因此，欠水灌溉而荒废不少的田。因此，我们一定要把冲破了的陂圳很好地恢复起来，把老的陂圳要好好地修理起来"。

1938年，陕甘宁边区政府建设厅发布第一号《训令》指出，在组织领导春耕运动中，"对于能引水灌溉的川地应领导群众合力修渠，发展水利"。同年，晋察冀边区冀中河务局颁布了《奖励兴办农田水利暂行办法》，提出整理水利组织，奖励修整旧渠、开凿新渠等措施。

1941年，陕甘宁边区政府《抗战时期施政纲领》第19条规定兴修水利以增加农业生产。这些有关水利的纲领和法规条例，是中国共产党在水利建设中的有益探索，在解放区发展水利、改善人民生产生活条件方面发挥了重要作用。

延安时期陕甘宁边区红色水利探寻

1943 年,因许多农民要修水利而资金短缺,陕甘宁边区政府制定了《陕甘宁边区银行贷款章程》,这是中国共产党领导下出台的第一个水利贷款政策。章程规定:农业贷款分为农业生产、副业生产、供销、农田水利四种;水利贷款包括开渠、修坝、凿井等项;贷款办法是经过主管建设机关直接贷给农户,年利 1 分,月利 1 厘。

1949 年 9 月 29 日,中国人民政治协商会议第一届全体会议通过了具有临时宪法性质的《中国人民政治协商会议共同纲领》(简称共同纲领),其中第三十四条规定"应注意兴修水利,防洪防旱"。

二、毛泽东对水利工作的关注和重视

作为中国共产党的主要缔造者和领导人,毛泽东很早就开始关注和重视水利,认识到水利的地位和作用。

1927 年 1 月 4 日至 2 月 5 日,毛泽东考察了湖南湘潭、湘乡、衡山、醴陵、长沙等 5 个县的农民运动,撰写了《湖南农民运动考察报告》这篇重要文献,报告总结了 14 件大事,其中包括了"修道路、修塘坝"。

1930 年 9 月,毛泽东在江西兴国深入群众作农村调查,特意视察了 1929 年到兴国时指示苏维埃政府修复的河堤。在《兴国调查》中,他分析指出赣南地区水土流失导致水旱灾害:那一带的山都是走沙山,没有树木,山中沙子被水冲入河中,河高于田,一年高过一年,河堤一决便成水患,久不下雨又成旱灾。

1931 年夏,毛泽东在瑞金县叶坪村指导抗旱,曾带领区乡工农民主政府干部冒酷暑沿绵江直上几十里,勘山察水,规划修筑水陂、水坝,还在绵江边亲自帮助群众安装了一架筒车。抗旱期间,毛泽东还经常在夜间走向田头,与老农并肩踏水车,向他们宣传夺取农业丰收、支援革命战争的伟大意义。

1932 年,毛泽东在叶坪亲自领导修建了东华陂,成为中华苏维埃山林水利局成立后在瑞金修建的第一座陂坝工程。在水利实践中,毛泽东深刻认识到水利对于农业的重要性。

1934 年 1 月,毛泽东在瑞金召开的中华苏维埃共和国临时中央政府第二次全国代表大会上,作了《我们的经济政策》的报告,发出了"水利是农业的命脉,我们也应予以极大的注意"的伟大号召,深刻阐明水利在农业生产中的重要地位。

1933 年 4 月,毛泽东随临时中央政府机关迁至瑞金县沙洲坝。这里地势高,离河远,附近塘水很不卫生,群众吃水、用水需要到绵江挑,一担水要走几里路。毛泽东同群众一起在村子附近选择井址,挖成了沙洲坝的第一口水井,当地人民亲切称之为"红井",井边碑文"吃水不忘挖井人,时刻想念毛主席"流传至今,成为中国共产党人为人民谋幸福的重要见证。

1942 年 12 月,毛泽东在陕甘宁边区高级干部会议上作《经济问题与财政问题》报告,把"兴修有效的水利"作为提高农业技术的首位。报告引用了靖边的例子:这一年靖边修了 5 000 亩水地,一亩旱地只能收 1 斗细粮,而一亩水地可以年种 3 次庄稼,春麦收 8 斗,合细粮 4 斗;次种黑豆收 4 斗,合细粮 2 斗;再种萝卜,收 2 000 斗,合细粮 4 斗,三项共合细粮一担,相当旱地收获的 10 倍。报告分析了兴修水利中遇到的四个重要问题,即地权

分配问题、动员民力问题、组织领导问题和壕坝工程问题,提出了解决这些问题正确的方针政策,进一步阐述了水利建设方向。

沙洲坝"红井"

潜江"红军闸"旧址

三、开展兴修水利水电工程的实践

在夺取全国胜利之前,我们党已经开始了兴修水利、防治水旱灾害的探索和实践。

1931年夏,长江流域发生特大洪水,洪湖苏区60%地区受灾。7月31日,中共湘鄂西临时省委通过《关于水灾时期党的紧急任务之决议案》,把抗灾作为党的"第一等战斗任务"。水灾过后,湘鄂西中央分局召开党的第四次代表大会,通过《关于土地经济及财政问题决议案》,指出"修堤是目前第一等任务",领导群众开展生产自救,抢修堤防。整修工程1931年12月开始,至1932年6月,江堤、襄堤险段全部修复。其中,贺龙率红九师在潜江市修筑一条长19公里的大堤,被群众称为"红军堤",至今仍起着防洪作用,已被列入湖北省文物保护单位。

党中央进驻延安枣园之后,中央机关、警备团和当地群众一起开始修建枣园"幸福渠"。该渠于1939年8月开始修建,1940年4月竣工。"幸福渠"长6公里、宽4米,可以浇地1 400亩。

宣传画《幸福渠》

幸福渠

1942 年,中共太行山区党委、晋冀鲁豫边区政府、129 师司令部积极响应党中央"自己动手、丰衣足食"的号召,一面坚持抗战,一面开展大生产运动,在清漳河上游开挖漳南渠。干渠全长 13.5 公里,渠首宽 2.3 米,深 2.6 米,引水量 3 立方米/秒,可灌溉农田 3 000 亩。

在刘伯承、邓小平、李达的主持下,八路军 129 师在河北省涉县建成赤岸水电站。该电站利用漳南渠和漳河之间的 5 米落差发电,供应当地军工、司令部照明和机要通信用电。

1947 年起,党中央迁往西柏坡。为保障机要通信、指挥、军工生产,朱德总司令亲自敲定在沕沕水百丈瀑选址建沕沕水水电站,该电站是在革命战争时期,中国共产党领导下建设的最大规模水电站。电站建成后,解决了西柏坡的生活、办公用电,为党中央指挥解放战争提供了物质保障。

1947 年 10 月,中国共产党领导下建设的第一个大型运河工程——冀中运河,南起献县子牙河左岸的西高坦村,曲折北上,于任邱县苟各庄南入赵王河,全长 96 公里,1948 年 9 月全部完工。运河沟通了子牙河与大清河、白洋淀之间的水上联系,成为与子牙河并驾齐驱的一条运输河道。

冀中运河是在解放战争转入战略大反攻的特定历史条件下兴修的。运河建成后,立刻投入了紧张的支前物资运输工作。据苟各庄闸统计,在放水试航后的两个多月时间里,进出船只达 2 961 艘,运送物资 21 017 吨。平津战役打响时,正值寒冬季节,解放区广大人民克服运河结冰不能行船的困难,大力组织冰床运输物资到前线,为支援平津战役做出了贡献。

四、探索水利机构和管理方式

在水利水电建设实践中,中国共产党在解放区逐步建立了相应的水利管理机构,探索发展水利建设管理方式。

1931 年 11 月,中华苏维埃共和国由中央土地人民委员部成立山林水利局。山林水利局在党的领导下,带领苏区人民开渠筑坝,打井抗旱,抽水润田,使苏区水利事业得到恢复和发展,确保了苏区农业丰收,支援了前方红军作战,改善了人民生活,为根据地巩固发展做出了重大贡献。

江西瑞金中央苏区水利史陈列馆

沕沕水水电站

中央土地人民委员部山林水利局旧址

在国民党反动派的重重包围下,中央政府的大部分资金都投入到战争,能用于建设水利事业的资金十分紧缺。为了筹集资金,苏维埃政府从中央财政中抽出数千元作为水利建设启动资金,如费用比较多的,从土地税项下给予财政"津贴"。同时通过信用合作社的优惠贷款,号召水利得益群众集资投股。为了解决水利建设劳力问题,苏维埃政府采取宣传发动,组织青年妇女突击队、少年儿童拉拉队等形式,调动各方的力量,并有效组织了竞赛活动。

1933 年 4 月 22 日,中华苏维埃共和国临时中央政府颁布《夏耕运动大纲》,明确区乡政府要设立水利委员会,提出"区乡政府要组织水利委员会去领导全乡水利的发展"。

党中央到达陕北之后,一边积极抗日救国,一边兴修水利发展生产。1939 年,陕甘宁边区政府成立靖边水利建设局。水利建设局组织群众先后修成 100 多亩水地,1940 年又修成 250 多亩水地。然后进行改渠补坝,1943 年夏季竣工,建成了灌溉 10 000 多亩田地的杨桥畔灌溉工程,成为中国共产党领导下,抗日根据地实施的受益面积最大的灌溉工程。

陕甘宁边区还广泛开展劳动英雄和模范工作者运动,明确指出应注意推选兴修水利成绩卓著者。1943 年 11 月 26 日,边区政府召开了盛大的劳模代表大会,马海旺等以"水利英雄"的资格出席了大会。"水利英雄"马海旺等成为中国共产党领导下评选并奖励的第一批水利劳模。

1938 年 1 月,晋察冀边区临时行政委员会成立了冀中河务局,专门负责统一治理水害,这是中国共产党领导下抗日民主政权的第一个治水机构。冀中河务局成立后,曾动员 17 万余人修筑决口及险堤多处。

1946 年 2 月,冀鲁豫解放区行政公署在山东菏泽成立冀鲁豫解放区黄河水利委员会,这是中国共产党领导下的第一个流域管理机构。随后,渤海解放区行政公署成立山东省河务局。

1946 年 3 月至 1947 年 7 月,黄河故道两岸冀鲁豫、渤海解放区军民一手拿枪一手拿锹,紧急修堤自救,开展了轰轰烈烈的"浚河复堤,反蒋治黄"斗争。1947 年 7 月底,黄河第一次洪水到来时,军民抢修的黄河大堤经受住了考验,安然无恙。

1949 年 6 月 16 日,华北、中原、华东三大解放区成立三大区统一的治河机构——黄河水利委员会。此后,逐步建立起流域管理与区域协调并重的流域管理体制。中国共产党在新民主主义时期的水利实践与探索,为新中国成立后大规模开展水利建设,积累了重要的思想和制度条件。

第三节　新中国成立后的水利发展

新中国成立后,在党和政府的统一组织下对大江大河及其他主要河流编制了综合治理规划,组织人民进行大规模水利建设,水利事业走向全面发展。经过几十年的艰苦奋斗,做了大量的勘测、规划、设计、科研工作,建设了众多水利工程,科学技术水平得到全面提高,一些领域已进入世界前列,成为中国历史上水利建设规模最大、效益最显著的时期。水利作为国民经济和社会发展的重要基础设施的地位和作用越来越突出。

一、新中国成立初期党对水利工作的领导

新中国成立初期,由于连年的战争,水利工程设施失修,水旱灾害严重,成为摆在新生人民政权面前的当务之急。面对复杂形势和种种考验,中国共产党迅速制定了一系列水利方针政策,领导全国各族人民开展了大规模的水利建设,促进了农业生产的迅速恢复,也保障了国民经济初步发展。

(一)将"兴修水利、防洪抗旱"写入《共同纲领》

1949 年 9 月 29 日,中国人民政治协商会议第一届全体会议通过《共同纲领》,这是新中国成立初期具有临时宪法性质的国家根本大法,是为新中国奠基的历史文件。水利的内容在其中多有体现,比如,第三十四条明确:关于农林渔牧业:在一切已彻底实现土地改革的地区,人民政府应组织农民及一切可以从事农业的劳动力以发展农业生产及其副业为中心任务,并应引导农民逐步地按照自愿和互利的原则,组织各种形式的劳动互助和生产合作。……应注意兴修水利,防洪防旱。第三十五条强调:关于工业:应以有计划有步骤地恢复和发展重工业为重点,例如矿业、钢铁业、动力工业……这里的"动力工业"包括水力发电。第三十六条指出:关于交通:必须迅速恢复并逐步增建铁路和公路,疏浚河流,推广水运……

把"兴修水利,防洪防旱、疏浚河流、水力发电"写入《共同纲领》,充分说明中央人民政府对水利工作的高度重视,把水利摆在极其重要的位置,作为全部生产建设的中心环节之一。这也说明当时水利面临的形势比较严峻,由于社会动荡和持续多年的战争,国力衰微、水利不兴、水系紊乱、河道失治、堤防残破,水利设施失修,水旱灾害频繁,农业生产受到严重影响。全国只有 22 座大中型水库和一些塘坝、小型水库,江河堤防仅 4.2 万公里,几乎所有的江河都缺乏控制性工程,频繁的水旱灾害使百姓处于水深火热之中。1949 年,各地所遭受的水旱灾荒十分严重,根据华北、华东、华中、华北、西北几个地区不甚精确的统计,受灾的耕地面积有 1 亿多亩,粮食减产估计约为 143 亿斤,包括西北 30 万担棉花(折杂粮 3 亿斤)。这也促使中央人民政府决心尽快解决水利面临的主要问题,迅速地改变和改善水利对国民经济制约、对农业生产影响的不利局面,大力发展水利事业。

正是在《共同纲领》的指引下,在中国共产党坚强有力的领导下,新生的中华人民共和国由此拉开了大力发展水利事业的宏大序幕,留下了值得纪念的不朽篇章。

(二)组建中华人民共和国水利部

1949 年 10 月 1 日开国大典后,中央人民政府开始运作,中央政府各部门的组建提上日程。1949 年 10 月 19 日,中央人民政府任命傅作义为水利部部长,在酝酿水利部领导班子时,决定由时任北京市委副书记的李葆华同志任水利部副部长、党组书记。中央领导很重视傅作义先生的意见,请他推荐人选。毛主席说:凡是傅作义提的人我们都要用。傅作义很快向周恩来推荐了两位民主人士:一位是张含英,曾是国民政府黄河水利委员会的技术专家,被任命为水利部副部长;另一位是参加北平和平解放一起起义的原国民党北平市市长刘瑶章,被任命为水利部办公厅主任。傅作义还建议在水利部成立参事室,他自兼主任,一些起义的原国民党军政官员如覃异之、刘瑶章、黄翔任参事。水利部于 1949 年 11 月 1 日正式开始办公。据 1949 年 12 月 6 日水利部呈政务院《中华人民共和国水利部

条例》,水利部的职能为:规划并掌管全国防洪、灌溉、排水、航道、筑港、开发水力等水利事业及水利行政事宜,下设 8 个职能部门。1950 年 2 月 13 日,该条例被批准通过。1951年 1 月水利部机关人数 512 人。

水利部的成立为新中国的水利管理和建设提供了有力的组织保障。而且,水利部领导班子成员包括中国共产党、多位民主党派和爱国民主人士,也用事实证明了中央人民政府是中国共产党领导下的名副其实的多党联合政府,从而也兑现了中国共产党对民主党派的"诺言",充分体现了中国共产党领导的多党合作团结建国的方针和人民民主政权的特色,从此,各民主党派同中国共产党一道共同担负起管理国家和建设国家的历史重任。

(三)召开全国各解放区水利联席会议

水利部是 1949 年 11 月 1 日正式组建的,组建后的第 8 天,即 11 月 8 日召开了全国各解放区水利联席会议,这也是新中国建立之后召开的第一次全国水利工作会议。朱德、董必武、薄一波等出席了会议,中央人民政府副主席朱德总司令作了重要讲话。首任水利部部长傅作义致开幕词并作总结讲话。傅作义部长在开幕词中提出了会议的主要任务和目标:一是具体了解全国各地的水利情况;二是促成全国水利人才和水利工作者的大团结;三是提出最近时期水利建设的方针与任务;四是结合各地人民的需求与国家现有的经济力量,制定 1950 年度的水利工作计划;五是必须有对水利工作的统一领导,互相之间必须有机地配合,对全国水利机构纵的关系与横的关系的建立取得一致意见。会议历时 11天,会议代表及列席人员约百人,主要来自有关部委、各省水利局、各解放区水利单位、各流域水利委员会、专家学者。与会代表在会议上汇报了地方水利工作的情况及计划。例如,黄河水利委员会主任王化云在会上作了《三年来的治黄斗争》报告,华东水利委员会主任刘宠光作了《1949 年下半年至 1950 年上半年华东水利工程计划》报告,河北省水利局副局长丁适存作了《河北省水利工作》报告等。周恩来总理会后接见了各解放区水利联席会议代表。11 月 18 日会议结束时,各解放区水利联席会议代表还以会议的名义分别向毛主席、朱德总司令和中国人民解放军全体指战员致电。在给毛主席的致电中,表示了对毛主席的崇高敬意,并写道:我们将坚定不移地在中国共产党和您的领导下,紧紧地团结在一起,依靠广大人民群众,有步骤地解决中国几千年来未能解决的水患问题,最大限度地开发水利,为增加工农业生产,繁荣新民主主义经济,改善人民生活而奋斗。这两封致电反映了当时全国水利工作者的心声和高涨的革命热情。

这次会议是新中国成立伊始召开的第一次全国水利工作会议,在新中国水利发展史上也是开篇之会,规格之高、会期之长、内容之全面、代表之广泛,充分彰显了新中国成立初期我们党对水利工作的高度重视及迅速改善和解决水利问题的决心,彰显了我们党把兴水利、除水害作为治国安邦的大事。会议凝聚了党和国家领导人对水利事业的殷切希望,提出的水利建设方针与任务对全国的水利建设给予了有力的指导,是新中国水利发展史上极其重要的一次会议。

(四)确立新中国成立初期水利工作的主要任务

通过全国各解放区水利联席会议,中央了解到全国的水利现状,按照《共同纲领》提出的水利方针,明确了一个时期水利工作的重点和 1950 年的水利工作计划。主要有七个方面的任务:一是今后最迫切的工作应是防洪排水与开渠灌溉。在防洪工作上首先要整理险工,加强平工岁修。努力排水,争取明年春耕前排完,以便春耕。努力开渠凿井,大量发展灌溉事业,以克服可能发生的旱灾。同时,也应积极准备在可能条件下试办个别的比较大的永久性的水利工程。二是整理运河、渠道、港湾,便利航运与农田灌溉,以便物资交流,繁荣经济。三是利用水力,发展工业。我们要把农业国变为工业国,必须有计划、有步骤地积极恢复和发展水力事业。四是实事求是,量力兴工。根据实际情况和现有人力、财力、技术条件以及工程计划等原有资料,一方面分辨缓急,先后次第施工;另一方面积极测量和调查研究,整理各河系治本计划,在可能条件下准备逐步施工。五是依靠技术建设国家,依靠群众完成工程。必须尊重技术,组织群众,依靠群众,使技术与群众相结合、工程与生产相结合。六是明确与农林、交通等部门的配合与分工。凡有关主要河系的水力、水利等工程,必须有系统、有组织地统一规划,统一办理,以避免人才、资财的浪费。七是统一规划,统一掌握。水利事业应按河系统一治理,使一河之水用得最经济、最合理,才能谈到兴修水利。各自为政、分段争水或以邻为壑都是不对的。

可以看出,新中国成立初期水利工作的主要任务:一是防洪,加强各河流堤防的加固与维修,提高防洪抗灾能力,减少水灾给国家带来的直接损失;二是大力发展灌溉事业,保证农业生产、恢复与粮食收成;三是重视疏浚河流,包括对运河、渠道、港湾的疏浚;四是发展水利事业,把它作为农业国变为工业国的重要保障要素;五是要求强化部门的协同配合,树立"全国一盘棋"思想;六是在新中国成立初期就强调治水的系统性要求。新中国成立初期党的水利工作方针和任务,充分说明党的水利方针政策实事求是,顺应了历史潮流,也符合当时的国情、水情,对全国开展大规模的水利建设指明了方向,为国民经济恢复提供了有力的水利支撑,也为后来的水利事业发展提供了宝贵的经验。

(五)揭开淮河治理历史性的序幕

受黄河夺淮 700 多年影响,淮河下游尾闾淤塞,形成"两头翘、中间洼",导致数百年来灾害频发,"大雨大灾、小雨小灾、无雨旱灾",是世界上最难治的一条河流。1950 年 6 月中旬后,淮河流域连降大暴雨,使得淮河干堤和大小支流多处溃决、漫堤,受灾人口 1 339 多万人,被淹土地 4 350 余万亩。7 月 20 日,毛泽东主席批示:除目前防救外,须考虑根治办法,现在开始准备,秋起即组织大规模导淮工程,期以一年完成导淮,免去明年水患。周恩来看到毛主席的批示后,当天就要求水利部拿出治淮的初步方案。22 日,周恩来又召集政务院副总理董必武、财政经济委员会副主任薄一波,水利部部长傅作义,副部长李葆华、张含英等有关领导开会,对导淮问题进行研究。8 月 25 日至 9 月 11 日,政务院在北京召开第一次治淮会议。会议对淮河水情、治淮方针、1951 年应办工程作了反复的研讨。10 月 14 日,政务院颁布《关于治理淮河的决定》,制定"蓄泄兼筹"的治淮方针、治淮原则和治淮工程实施计划,确定以治淮工程总局为基础,成立隶属于中央人民政府的治淮机构——治淮委员会。

新中国第一次治淮由此拉开序幕。在中国共产党领导下,在全国人民支援下,治理淮河第一期工程于 1950 年 11 月全面开工,220 余万民工奋战在治淮工地上。1951 年 5 月,毛泽东主席发出"一定要把淮河修好"的伟大号召,将治淮推向高潮。治淮对全国的水利建设具有巨大的示范作用。以治淮工程为标志,新中国由此开始了一场兴修水

方寸之间水文化的传承——邮票上的淮河治理

利、治理江河的人民战争。整治淮河的伟大实践,充分展现出中国共产党的坚强领导、社会主义集中力量办大事的制度优势,体现了共产党"人民利益高于一切"的宗旨意识,也展现出老一辈无产阶级革命家对水利的真挚情怀。

(六)实施荆江分洪工程

荆江,历史上是长江洪水灾害最为频繁、最为严重的河段。荆江左岸的荆江大堤是长江中游地区重要的防洪屏障,直接保护着江汉平原约1 100万亩耕地和1 000余万人的生命财产安全,有"万里长江,险在荆江"之说。

1949年夏天,荆江大堤冲和观一带大部堤身因经受不住洪水冲击而崩塌,所幸持续时间不长,才侥幸避免了一次毁灭性的灾害。新中国成立后,党中央非常关心荆江治理问题。1950年8月,中央人民政府未雨绸缪,请长江水利委员会主任林一山赴京研究荆江防洪问题。长江水利委员会在充分调研的基础上形成了《荆江分洪初步意见》,提出在长江上游尚未兴建大型控制性水库的条件下,选定枝江以下右岸分洪旁泄是可以实行的较为稳妥的方案。1950年10月1日,毛泽东、刘少奇、周恩来听取了邓子恢、薄一波和林一山的汇报,毛泽东当即同意修建荆江分洪工程。1952年3月31日,政务院作出《关于荆江分洪工程的决定》。1952年4月5日,荆江分洪工程破土动工,30万劳动大军从四面八方开赴荆江分洪工程工地,由此拉开了荆江治理的大幕。毛主席挥毫写下"为广大人民的利益争取荆江分洪工程的胜利!"同年6月25日,荆江分洪总指挥部发出《荆江分洪全部工程胜利完工公报》,宣告工程较预定计划提前15天,即以75天时间胜利完成了第一期工程。荆江分洪工程建成后,分洪区有效蓄洪容量为54亿立方米,充分发挥了荆江分洪区的蓄洪、泄洪作用,保障了荆江防洪安全和人民生命财产的安全。

(七)掀起大规模的治黄建设

1950年1月22日至29日,黄河水利委员会在河南开封召开治黄工作会议,水利部副部长张含英到会祝贺,黄河水利委员会主任王化云在会上作了1950年治黄方针、任务的报告和会议总结,确定了1950年治黄方针是:以防御比1949年更大的洪水为目标,加强堤坝建设,大力组织防汛,确保大堤不溃决;同时,勘测、水土保持及灌溉等工作亦应认真迅速地进行,收集黄河资料加以分析研究,为根治黄河创造足够的条件。

1952年10月30日上午,毛主席来到兰封县(今兰考县)东坝头察看黄河大堤,王化云向毛主席汇报坝埽及全河修防情况。31日早晨,毛主席前往郑州之前,嘱咐黄河水利委员会和河南省委负责人:"你们要把黄河的事情办好。"

从1950年开始,黄河下游进行了新中国成立后第一次大堤加培工程,宽河固堤,废除民埝,消除堤身隐患,石化险工,以扩大河道排洪能力,每年投入劳力20万~25万人,至1957年完成土石方1.4亿立方米。这次大规模建设掀起了治理黄河的高潮,也为以后的黄河治理建设奠定了坚实的基础。

在中国共产党领导下,人民治理黄河走过70多年历程,扭转了黄河频繁决口改道的险恶局面,创造了伏秋大汛黄河岁岁安澜的奇迹。70多年来,沿岸人民兴利除害,将千年"害河"变"利河",有力支撑了流域社会经济发展。正如习近平同志在黄河流域生态保护和高质量发展座谈会上强调的:新中国成立后,党和国家对治理开发黄河极为重视,把它作为国家的一件大事列入重要议事日程。在党中央坚强领导下,沿黄军民和黄河建设者开展了大规模的黄河治理保护工作,取得了举世瞩目的成就。

二、新中国成立后水利发展时期的划分

新中国成立后的水利发展,大体上可分为七个阶段。

(一)1949—1957 年

新中国成立后的
水利发展

新中国成立初期,我国水旱灾害频繁,尤其是黄淮海地区灾情严重。从 1949 年至 1952 年,水灾不断,灾民从整个苏北到淮北有几千万。此时,国家首要的任务是恢复生产、安定社会。控制水旱灾害成为一项极为重要的工作。每年国家动员上千万的人进行水利建设,恢复水利工程。水利工作的方针任务是:防治水害,兴修水利。重点是防洪排涝,治理河道,恢复灌区。在受洪水威胁的地区着重于防洪排水,在干旱地区着重于开渠灌溉,以发展农业生产,达到发展生产力的目的;依照国家经济建设计划和人民需要,根据不同的情况和人力财力等技术条件,分辨轻重缓急,有计划、有步骤地恢复并发展各项水利事业;统筹规划,相互配合,统一领导,统一水政;对各河的治本工作,首先研究各重要水系原有的治本计划,以此为基础制订新的计划;积极充实水利机构,有计划地培养水利人才,提高水利建设的科技水平。以上方针任务,使新中国成立后的水利事业得到全面发展。

这个时期,水利工程得到了全面恢复和发展,对农业和国民经济起了良好的推动作用。所开展的水利工程重点建设包括:大规模治理淮河;修建官厅水库以减轻永定河对北京市的威胁;修建大伙房水库减轻浑河、太子河对沈阳市的压力;整修独流减河等以解决海河的出路问题,修建了荆江分洪工程、汉江下游的独家台分洪工程;对黄河下游堤防进行了全面整修加固;洞庭湖、鄱阳湖、太湖、珠江三角洲等圩区进行了圩堤建设,提高了防洪灌溉能力。全国灌溉面积发展到了 2 666 万公顷。这些水利工程极大地缓解了水旱灾害的严重局面,对安定社会、恢复生产发挥了巨大作用。另外,从 1953 年起,全面开展了江河流域规划的制定工作,各省、市、自治区还进行了大量的中小型河流的规划,这些都为以后的发展打下了基础。

新中国成立后建成的第一个大型水利工程——荆江分洪工程

新中国成立后建成的黄河下游第一个大型引黄自流灌溉工程——人民胜利渠

新中国成立后建成的第一座大型水库——官厅水库

(二) 1958—1960 年

1958—1960 年,全国范围兴起了大炼钢铁、大办水利的运动。水利工作提出了以小型水库为主、以蓄水为主、以社队自办为主的"三主方针",兴起了大规模的兴修水利群众运动,在许多地方取得了相当成绩,建设了大量工程。按照 1961 年的统计,1958—1960年修建了 900 多座大中型水库,主要集中在淮河、海河和辽河流域。灌溉面积从 2 666.67 万公顷增加到 3 333.33 万公顷,对当时的防洪、抗旱、排涝等起到很大作用。

尽管取得了很大成绩,但也存在严重的片面性,主要是片面地强调小型工程、蓄水工程和群众自办的作用,忽视甚至否定小型与大型、蓄水与排水、群众自办与国家指导的辩证统一关系。在水利建设中规模过大,留下了许多半拉子工程,许多工程质量很差,留下了许多后遗症。例如 1958—1960 年由于兴建水利工程而搬迁的大约 300 万移民,大多数没有得到很好地安置,遗留问题严重;再如,由于盲目的建设蓄水和灌溉工程,而忽视了排水工程,一度在黄淮海平原,造成严重的涝碱灾害和排水纠纷等。

(三) 1961—1966 年

经过 1961—1963 年对 1958—1960 年遗留问题的调整,再加上 1963 年、1964 年海河流域的大水,水利工作得到了迅速恢复。为了解决粮食问题,全国开始大搞农田基本建设。水利工作提出了"发扬大寨精神,大搞小型,全面配套,狠抓管理,更好地为农业增产服务",简称"大、小、全、管、好"的"三五"工作方针,要求纠正"四重四轻"即:重

"根治海河"精神

建轻管、重大轻小、重骨干轻配套、重工程轻实效的缺点,建设高压稳产农田,并积极解决1958—1960 年的遗留问题,使水利工程重新走上健康发展的道路,为这个时期农业和国民经济的恢复及发展做出了贡献。

（四）1966—1976 年

随着人口的增加,粮食问题成了我国的重大问题。对此,全国展开了大规模农田水利基本建设。这个时期,在全国开展的"农业学大寨"运动中,群众性水利建设得到发展。通过建设旱涝保收、高产稳产农田,将治水和土改相结合、山、水、田、林、路综合治理,大量地平整土地,耕地田园化,山地改梯田,农田防护林建设等都取得到了很大成绩,农业的生产条件得到改善,许多地方的粮食产量得到大幅度提高。黄淮海平原初步解决旱涝碱灾害,粮食生产达到自给有余,扭转了我国历史上"南粮北调"的局面。对大江大河的治理包括:对海河进行了治理,加大了排洪入海能力,在淮河和辽河上继续修建控制性水库,长江上修建了丹江口水库,对黄河三门峡水库的泥沙问题进行了处理,葛洲坝水利枢纽开工建设,同时,大规模整治疏浚了黄淮海平原的排水问题。灌溉面积增加到了 4 666.67 万公顷。

这个时期,水利的正常管理同其他行业一样,也遭到破坏,各级水利机构被撤销,大部分人员被下放,教育中断,基础工作停顿,规划制度废弛,管理工作混乱。在农田基本建设中,有不少形式主义和瞎指挥现象,造成浪费;许多地方的农民劳动积累过多,影响生活质量的提高;有些地方的水利建设,违反基本建设程序,造成新的遗留问题。

（五）1977—1989 年

20 世纪 80 年代是我国改革开放、经济体制转变的时期。在拨乱反正,消除"左"的思想影响下,水利工作也进行了相应的反思和探索。随着农村人民公社的解体和中央地方财政的分开,原来主要靠农民义务修水利和中央财政投入办水利的模式已经无法适应形势的变化,通过深入地探索,得出了如下认识:水利一定要办。水利工作的任务主要包括:合理开发利用和保护水资源,防治水害,充分发挥水资源的综合效益,适应国民经济发展和人民生活的需要。水利工作的方针是:加强经营管理,讲究经济效益。其改革方向是:"转轨变型,全面服务"。即:从以服务农业为主转到为社会经济全面服务的思想;从不讲投入产出转到以提高经济效益为中心的轨道;从单一生产型转到综合经营型。在水利工程管理中,推行"两个支柱,一把钥匙"。即:以水费收入和综合经营为两个支柱,以加强经济责任制为一把钥匙。中国通过改革,使水利逐步建立良性运行的机制。

这一时期,水利投入下降。灌溉面积 10 年基本上徘徊不前,重点水利工程建设主要是黄河大堤建设和引滦入津工程等。

1988 年我国颁布了第一部水的基本法《中华人民共和国水法》。

（六）1990—1997 年

进入 20 世纪 90 年代,全国水旱灾害呈现增加的趋势。1991 年、1994 年、1995 年、1996 年连续发生严重的洪涝灾害,水利的重要地位和重要作用日益被全社会所认识,水利投入逐年增加,大江大河的治理明显加快。

1997 年国务院以国发〔1997〕35 号文印发了《水利产业政策》,确定了水利在国民经济中的基础设施和基础产业地位。第二条指出:"水利是国民经济的基础设施和基础产业。各级人民政府要把加强水利建设提到重要的地位,制定明确的目标,采取有力的措施,落实领导负责制。"

这个时期,论证了近半个世纪的长江三峡水利枢纽工程得到全国人民代表大会批准,开工建设;同时小浪底、万家寨、江垭、飞来峡等一批重点工程也相继开工建设;观音阁、桃林口、引黄(河)入卫(河)、引碧(碧流河)入连(大连)、引大(大通河)入秦(秦王川)等一批工程建成;治淮(河)、治太(湖)、洞庭湖治理工程等取得重大进展。农业灌溉面积结束了 10 年徘徊的局面,新增灌溉面积 533.33 多万公顷;城乡供水、农村饮水、水电、水土保持等都取得了较快的进展;同时,水利在投入、管理体制等方面进行了大胆的探索。这些成就,对于我国战胜严重的洪涝灾害、保障粮食产量和各行各业对水的需求、改善生态环境等方面起到了巨大的保障作用。

黄河小浪底水利枢纽工程

(七)1998 年至今

1998 年,发生了亚洲金融危机,对我国经济冲击很大,为了拉动内需,我国政府采取了积极的财政政策,大规模地增加了包括水利设施在内的基础设施建设,水利投入大幅度增加。

1998 年,长江、嫩江、松花江流域发生了罕见的洪涝灾害。解放军、武警部队投入长江、松花江流域抗洪抢险的总兵力达 36.24 万人。最高峰时,全国有 800 万干部群众奋战在抗洪抢险一线,九八特大洪水引起了党、政府和全国人民对水利的高度重视。1998 年 10 月召开的党的十五届三中全会,把兴修水利摆在全党工作的突出位置,提出了水利建设的方针和任务,指出:"水利建设要坚持全面规划、统筹兼顾、标本兼治、综合治理的原则,实行兴利除害结合,开源节流并重,防汛抗旱并举"。洪水过后,党中央、国务院下发了关于灾后重建、整治江湖、兴修水利的若干意见,对水利工作

九八抗洪精神

提出了明确的要求,国家加大了对水利的投入。水利部门对我国防洪建设进行了全面总结,认为:我国抗御洪水灾害的能力还很低,防洪建设是长期而紧迫的任务;防洪建设必须坚持综合治理;水利建设必须高度重视质量和管理问题;治水必须正确认识和处理人与自然的辩证关系。

1998 年长江、嫩江、松花江洪水之后,在全国范围内迅速掀起了以防洪工程为重点的水利建设高潮,水利工程建设进入历史新阶段。在工程建设中推行了项目法人责任制、招标投标制、建设监理制("三项制度"),突出抓好工程质量,完善了工程建设标准和规范,

1998 年军民抗洪

水利水电工程建设取得了辉煌成就。

三、党领导中国人民百年治水丰功伟绩

中国共产党从成立那一天起,就像那条红船一样破浪前行,以崭新的理念,带领全国人民开始了波澜壮阔的革命和建设事业。水利建设作为基础设施,更深刻、更真切、更生动地感受到在党的领导下发展变化的力量。数千年来中华大地饱受洪旱之苦、人民群众饱受用水之困的局面彻底改变,我们彻底告别了旧中国水系紊乱、水利设施脆弱不堪的状况,迎来江河竞秀、万水安澜、百姓安宁、社会安定的大好局面。

百年轰轰烈烈的治水实践让我们心潮澎湃。善治国者,必先治水。中国共产党继承了中华民族几千年治水不辍的优良传统,始终高度重视水利建设,把兴修水利作为强国惠民的头等大事。早在 1931 年,中国共产党领导下成立的第一个全国性红色政权——中华苏维埃共和国临时中央政府,就专门设立山林水利局,在十分艰苦的条件下,组织广大军民开渠筑坝,打井抗旱,车水润田。毛泽东主席还亲自带领军民选址挖了一眼水井,被誉为"红井",并提出了"水利是农业的命脉"的著名论断。历任党和国家领导人亲自领导重大水利方针制定,亲自决策重大水利工程建设,亲自参加水利建设劳动,亲赴一线指挥抗洪抢险救灾。新中国成立后,毛泽东主席发出了"一定要把淮河修好""要把黄河的事情办好""一定要根治海河"等一系列伟大号召,描绘了治理全国水患和进行重大水利建设的宏伟蓝图。党的十八大以来,习近平同志把治水作为实现"两个一百年"奋斗目标和中华民族伟大复兴中国梦的长远大计来抓,明确提出"节水优先、空间均衡、系统治理、两手发力"的治水思路,把治水提升到新的高度。兴水利,除水害,几代水利工作者在党的领导下掀起了一波又一波的水利建设热潮,打赢了一场又一场防汛抗旱硬仗,建成了一座又一座重大水利工程,创造了前无古人、振奋人心的巨大成就,谱写了中华民族治水史上最为辉煌的壮丽篇章。从水利是农业的命脉,到国民经济和社会发展的重要基础设施,再到党的十九大报告中被摆在九大基础设施网络建设之首,水利地位逐步提升,作用日益凸显,实现了彪炳史册的辉煌跨越,为国家发展、民族富强、人民幸福提供了强有力的支撑和保障。

百年辉煌绚烂的治水成就让我们无比自豪。100 年风雨兼程,在中国共产党的领导下,经过不懈的努力,我国已基本建成较为完善的江河防洪、农田灌溉、城乡供水等水利基础体系,逐步彻底消灭了困扰中国几千年大水大灾难、大旱大饥荒的状况。水旱灾害防御体系日臻完善,守护着万水安澜,成为经济社会发展的坚实保障;一大批重大引调水工程加快建设,大大缓解了资源性、工程性、水质性缺水问题;农田水利短板加快补齐,为全国粮食连年丰收做出重要贡献;先后实施农村人畜饮水、饮水解困、饮水安全工程等,亿万群众喝上放心水、用上幸福水;先后启动实施一批国家水土流失重点治理工程,水土流失面积已由20世纪80年代的367.03万平方公里减少到2020年的269.27万平方公里;山水林田湖草沙一体治理,上下游、左右岸协同发力,河湖面貌明显改善,唱响了一曲曲动人的绿色颂歌。从长江三峡到南水北调,从黄河小浪底到西江大藤峡,从"172"到"150",一大批国之重器相继诞生,一座座水利设施岿然屹立,成为防汛抗洪的钢铁力量,成为水资源供给的动脉血脉,守卫着大江大河大湖岁岁安澜,保障着国家的防洪安全、粮食安全、供水安全和生态安全,支撑着我国经济社会持续又好又快发展。我们以占全球6%的淡水、9%的耕地,解决了约占全球20%人口的吃饭问题,为全面建成小康社会奠定了坚实基础,为中华民族的复兴大业提供了有力支撑和保障。中国水利满怀自信走向世界,已经成为名副其实的水利大国、强国。

治水千秋利,放歌百岁功。没有共产党就没有新中国,更没有中国水利事业的发展和壮大。江河为证,岁月为铭,我们能取得百年水利建设的跨越发展和今天的辉煌成就,得益于始终坚持党的领导,不折不扣贯彻落实党中央关于治水的决策部署,确保水利事业始终沿着正确的方向前进;得益于始终坚持以马克思主义为指导,特别是以马克思主义中国化的最新理论成果——毛泽东思想、邓小平理论、"三个代表"重要思想、科学发展观、习近平新时代中国特色社会主义思想为指导,充分发挥社会主义制度优越性,凝聚全社会团结治水、合力兴水的巨大力量,成功走出一条具有中国特色的水利现代化道路;得益于始终坚持以人民为中心,着力解决人民群众最关心、最直接、最现实的水利问题,让人民群众在水利改革发展中体验到真真切切、实实在在的获得感、幸福感、安全感;得益于始终坚持着眼党和国家事业发展全局,科学谋划水利改革发展的主攻方向、总体布局和目标任务,始终为经济社会发展提供水安全、水支撑、水保障;得益于始终坚持尊重自然规律,重视生态环境保护,既讲改造自然,也讲人水和谐,用科学的态度,按规律办事,处理好发展和保护、利用和修复的关系,统筹解决水资源、水生态、水环境、水灾害问题。

一切伟大成就,都是接续奋斗的结果;一切伟大事业,都需要在继往开来中推进。中国特色社会主义进入新时代,水利发展所处的历史方位亦进入新发展阶段。党的十九大作出我国社会主要矛盾已经转化为人民日益增长的美好生活需要和不平衡、不充分的发展之间的矛盾的重大论断,把坚持人与自然和谐共生纳入新时代坚持和发展中国特色社会主义的基本方略,对实施国家节水行动、统筹山水林田湖草沙系统治理、加强水利基础设施建设等提出明确要求,进一步深化了水利工作内涵,指明了水利发展方向。面对新时代、新阶段、新格局、新要求,新变化、新情况、新问题、新挑战将会层出不穷。我们必须紧紧围绕第二个百年奋斗目标和社会主义现代化建设的战略安排,主动适应治水主要矛盾的深刻变化,把人民群众对美好生活的向往作为奋斗目标,以推动高质量发展作为新阶段水利工作的主题,把"十六字"治水思路不折不扣落实到水利高质量发展各环节全过程,建立完善与党的伟大目标相适应的水安全保障体系。

忆往昔,百年破浪,万水安澜,堤坝筑牢强盛梦;看今朝,初心如一,使命在肩,江河唱响复兴歌。站在"两个一百年"奋斗目标的历史交汇点上,让我们更加紧密地团结在以习近平同志为核心的党中央周围,坚持以"十六字"治水思路为指导,坚持不懈地把治水兴水这一造福中华民族的千秋伟业抓实办好,在构建新发展格局中推动新阶段水利高质量发展,为开启全面建设社会主义现代化国家新征程做出更大的水利贡献,向着实现中华民族伟大复兴的中国梦,乘风破浪,坚毅前行,再创新的更大的辉煌!

第四节　"十三五"时期中国水利改革发展

一、"十三五"时期我国水利改革发展形势

"十三五"时期是全面建成小康社会的决胜阶段,是全党全社会加快推进"四个全面"战略布局的关键五年,经济社会发展对水利提出了新的更高的要求。实现全面建成小康社会目标,加快新型工业化、城镇化、信息化和农业现代化发展,实施"一带一路"建设、京津冀协同发展、长江经济带建设等重大战略,要求加快完善水利基础设施网络体系,更加精准有力地发挥对区域协同发展的先行引导作用,强化水资源管理,全面提升水利保障经济社会发展的能力。实现人民生活水平和质量普遍提高,让全体人民共同迈入小康社会,需要着力解决好水利发展中不平衡、不协调、不可持续的问题,加快推进水利公共服务均等化,强化保障和改善民生。大力推进生态文明建设,实现生态环境质量总体改善,建设美丽中国,要求坚持人水和谐,加快转变用水方式,着力缓解水资源水环境约束趋紧的矛盾,在推进水利绿色发展、可持续发展方面迈出新的步伐。全面深化改革,使市场在资源配置中起决定性作用和更好发挥政府作用,需要加快构建充满活力、富有效率、创新引领、法治保障的水利体制机制,推进水治理体系和治理能力现代化。

水利改革发展
"十三五"规划
解读

与经济社会发展要求和各方面需求相比,目前我国的水安全保障能力还存在不少差距,推进供给侧结构性改革,需要补齐水利这个短板。随着经济社会的快速发展和气候变化影响加剧,在水资源时空分布不均、水旱灾害频发等老问题仍未根本解决的同时,水资源短缺、水生态损害、水环境污染等新问题更加凸显,新老水问题相互交织。洪涝干旱灾害仍是心腹之患,流域性大洪水、局部强降雨、强台风、山洪、城市内涝、区域干旱等灾害时有发生,防汛抗旱仍面临严峻挑战。特别是受超强厄尔尼诺影响,2016年全国发生多次大范围强降雨过程,一些流域和区域遭受严重洪涝灾害,暴露出防洪排涝减灾体系仍存在不少薄弱环节,需要着力补齐中小河流治理、小型病险水库除险加固、城市排水防涝等"短板",增强防洪排涝减灾能力。一些地区水供求紧张态势凸显,部分城市水源单一,水资源约束趋紧矛盾尚未有效缓解。农田水利基础仍较薄弱,农田灌溉"最后一公里"问题仍然存在。全国废污水排放量居高不下,一些河流污染物入河量超过其纳污能力。全国水土流失面积295万平方公里,约占国土面积的30%。部分地区水资源过度开发,生态用水被严重挤占,水生态环境恶化趋势尚未得到根本扭转。最严格水资源管理制度有待进

一步落实,水资源要素对转变经济发展方式的倒逼机制尚未形成。河湖管理、水利工程管理、洪涝干旱风险管理亟待加强。

当前和今后一段时期,现代水利改革发展也面临诸多有利条件和难得机遇。党中央、国务院作出加快水利改革发展一系列决策部署,把水安全上升为国家战略,要求加快重大水利工程建设,特别是党的十八届五中全会提出完善水利基础设施网络、实行水资源消耗总量和强度双控行动、防范水资源风险、大规模推进农田水利、加强水生态保护、系统整治江河流域、连通江河湖库水系、建立健全用水权初始分配制度等任务要求,为"十三五"水利改革发展指明了方向,提供了强有力的政策支持和保障。我国经济发展前景和市场空间广阔,全社会对水利高度关注,各地持续大规模兴修水利,公众节水洁水意识不断增强,为加快水利改革发展营造了良好氛围。

总体来看,"十三五"时期水利仍处于补短板、破瓶颈、增后劲、上水平的发展阶段,是加快完善水利基础设施网络、全面深化水利改革、有效破解新老水问题、构建国家水安全保障体系、加快推进水利现代化进程的关键时期。要立足国情水情,紧扣国计民生,着眼发展需要,按照中央关于保障水安全和加快水利改革发展的总体部署,进一步深化水利改革,加快水利发展,着力构建适应时代发展要求和人民群众期待的水安全保障体系。

二、"十三五"时期我国水利改革发展主要目标

"十三五"时期我国水利改革发展主要目标是:到 2020 年,基本建成与经济社会发展要求相适应的防洪抗旱减灾体系、水资源合理配置和高效利用体系、水资源保护和河湖健康保障体系、有利于水利科学发展的制度体系,水利基础设施网络进一步完善,水治理体系和水治理能力现代化建设取得重大进展,国家水安全保障综合能力显著增强。

(一)防洪抗旱减灾目标

健全防汛抗旱指挥调度体系,大江大河重点防洪保护区达到流域规划确定的防洪标准,城市防洪排涝设施建设明显加强,主要海堤达到国家规范设定的标准,中小河流重要河段防洪标准达到 10~20 年一遇,主要低洼易涝地区排涝标准达到 5~10 年一遇,山洪灾害重点区域基本形成非工程措施与工程措施相结合的综合防御体系。重点区域和城乡抗旱能力明显增强。全国洪涝灾害和干旱灾害年均直接经济损失占同期 GDP 的比重分别控制在 0.6%和 0.8%以内。

(二)节约用水目标

全国年供用水总量控制在 6 700 亿立方米以内。万元国内生产总值用水量、万元工业增加值用水量较 2015 年分别降低 23%和 20%。全国城市公共供水管网漏损率控制在 10%以内,城镇和工业用水计量率达到 85%以上。农田灌溉水有效利用系数提高到 0.55 以上,大型灌区和重点中型灌区农业灌溉用水计量率达到 70%以上。

(三)城乡供水目标

全国新增供水能力 270 亿立方米。城镇供水保证率和应急供水能力进一步提高,城镇供水水源地水质全面达标,推动城镇供水设施向农村延伸。农村自来水普及率达到 80%以上,农村集中式供水工程供水率 85%以上,水质达标率和供水保障程度进一步提高。

(四)农村水利发展目标

完成 434 处大型灌区续建配套和节水改造规划任务。新增农田有效灌溉面积 3 000 万亩,全国农田有效灌溉面积达到 10 亿亩以上。发展高效节水灌溉面积 1 亿亩。新增小水电装机容量 500 万千瓦。

(五)水生态环境保护目标

全国重要江河湖泊水功能区水质达标率达到 80% 以上。河湖生态环境水量基本保障,河湖水域面积不减少,水生态环境状况明显改善。新增水土流失综合治理面积 27 万平方公里。地下水超采得到严格控制,严重超采区超采量得到有效退减。

(六)水利改革和管理目标

水权水价水市场改革取得重要进展,基本建立用水权初始分配制度,基本形成水利工程良性运行机制。依法治水全面强化,水利创新能力明显增强,水利工程管理水平显著提升。健全最严格水资源管理制度,实行水资源消耗总量和强度双控行动,用更加完善的制度保护好水生态环境。

三、"十三五"水利改革发展目标任务圆满完成

2020 年为"十三五"水利改革发展划上了圆满的句号。在全国水利系统共同努力下,"十三五"规划纲要确定的水利重要指标全部实现,水利发展"十三五"规划目标指标如期完成,水利改革发展跃上了新的台阶。

"十三五"时期是水旱灾害防御成效最好的五年。科学抗御长江、淮河、太湖流域等多次大洪水、特大洪水,成功处置多次堰塞湖险情,有效应对多次大范围干旱,有力保障了人民群众生命安全和供水安全,年均因洪涝灾害死亡人数降至历史最低。

"十三五"时期是水利工程效益发挥最大的五年。累计落实水利建设投资 3.58 万亿元,比"十二五"增长 57%,大江大河治理和西江大藤峡、淮河出山店等一批控制性枢纽建设步伐加快,三峡工程持续发挥巨大综合效益,南水北调东、中线一期工程累计调水 367.42 亿立方米,重点流域区域水安全保障能力明显增强。

"十三五"时期是水资源监管最严的五年。国家节水行动方案全面落实,最严格水资源管理制度考核的内容指标、方式方法发生深刻变化,从宏观到微观的水资源管控体系初步建立,跨省江河水量分配、生态流量管控、水资源统一调度取得实质性进展,叫停了一批节水不达标项目和水资源超载地区新增取水许可,水资源刚性约束作用明显增强。

"十三五"时期是河湖生态改善最大的五年。河长制湖长制全面建立,长年积累形成的乱占、乱采、乱堆、乱建问题基本解决,河湖面貌发生历史性变化。水土流失动态监测和遥感监管实现全覆盖,新增水土流失综合治理面积 30 万平方公里,巩固了水土流失面积和强度"双下降"趋势。小水电生态流量逐步落实。华北地区地下水超采综合治理取得重大突破,部分地区地下水水位止跌回升。

"十三五"时期是农村水利支撑保障最实的五年。巩固提升 2.7 亿农村人口供水保障水平,解决 1 710 万建档立卡贫困人口饮水安全问题,83% 以上农村人口用上自来水。完成一大批大中型灌区和大型灌排泵站改造,新增恢复改善灌溉面积 2 亿多亩,为夺取农业连年丰收、保障国家粮食安全提供了坚实保障。

　　"十三五"时期是全面从严治党力度最大的五年。深入贯彻新时代党的建设总要求，把严的主基调贯穿党的建设全过程，监督执纪问责持续走向严、紧、硬，水利廉政风险防控体系更加完善，整治形式主义、官僚主义取得阶段性成效，水利系统政风行风持续向好，干部职工的工作作风和精神状态发生了深刻转变。

　　这些成绩的取得，是习近平新时代中国特色社会主义思想正确指引的结果，是党中央、国务院坚强领导的结果，是各有关部门以及地方各级党委和政府大力支持的结果，也是水利系统广大干部职工努力拼搏的结果。

　　五年的实践，深化了水利系统对水利改革发展规律性的认识。一是必须坚决做到"两个维护"。党和国家事业不断发展壮大，战胜重大挑战、抵御重大风险最根本在于有党中央的领航掌舵。做好水利工作必须坚持把党的政治建设摆在首位，全面加强党的建设和党对水利工作的领导，进一步提高政治判断力、政治领悟力、政治执行力，坚定自觉从政治和全局高度，思考、谋划、推动水利工作，真抓实干把党中央决策部署贯彻好、落实好，始终在思想上、政治上、行动上同以习近平同志为核心的党中央保持高度一致。二是必须深入落实"节水优先、空间均衡、系统治理、两手发力"治水思路。"十六字"的治水思路是习近平同志深刻洞察我国国情、水情，科学把握自然规律、经济规律、社会发展规律提出的水安全治本之策。水利改革发展取得的显著成就，充分彰显了这一治水思路的科学之光和实践伟力。做好水利工作必须不断深入领会"十六字"治水思路的深刻内涵，始终把"十六字"治水思路作为水利各方面、各领域工作的根本遵循，作为我们认识、分析、解决我国复杂水问题的强大思想武器。三是必须准确把握治水主要矛盾。治水主要矛盾反映了水利发展的历史方位，揭示了水利发展的内在规律，决定了水利工作的中心任务。当前治水主要矛盾已经从人民群众对除水害、兴水利的需求与水利工程能力不足的矛盾，转变为人民群众对水资源、水生态、水环境的需求与水利行业监管能力不足的矛盾。做好水利工作必须准确认识和把握治水主要矛盾，制定符合发展阶段要求和实际的理念、战略、举措，推动新时代水利改革发展更好地满足人民日益增长的美好生活需要。四是必须深入践行水利改革发展总基调。水利改革发展总基调是贯彻"十六字"治水思路、围绕解决治水主要矛盾应运而生的。近年来，通过践行总基调，水利工作发生了全方位和深层次变革，解决了一大批长期想解决而没有解决的难题，水利建设管理面貌发生系统性、历史性变化。实践充分证明，解决我国新老水问题，不仅要靠工程措施提高治河理水的能力，更要靠监管手段调整人的行为、纠正人的错误行为，水利改革发展总基调符合中央要求、群众期盼、治水需要，必须坚定不移深入践行。五是必须坚持以问题为导向的工作方法。问题是时代的声音、实践的起点。做好水利工作，必须奔着问题去、对着问题干，正确认识问题、认真查找问题、深入研究问题，把谋划解决问题的思路和措施作为工作的着力点，把真正解决问题作为衡量工作成效的标尺，不断防范化解各种风险挑战，在解决问题中推动水利事业不断向前发展。六是必须大力弘扬新时代水利精神。水利工作涉及领域广，矛盾复杂、挑战艰巨、任务繁重。做好水利工作必须发挥好新时代水利精神引导人、鼓舞人、激励人的重要作用，打造忠诚、干净、担当的干部队伍，弘扬科学求实创新的优良作风，迎难而上、敢于斗争、动真碰硬，为水利改革发展提供坚强保障。这些规律性认识，是在波澜壮阔的水利实践中积累的宝贵经验，水利人一定要倍加珍惜并一以贯之运用到水利改革发展各项工作中,为推动经济社会协调持续发展、全面建设小康社会、加快推进社会主义现代化建设做出新的更大贡献。

第五节 中国现代水利建设辉煌成就

新中国成立 70 多年来,通过大规模水利基础设施建设,我国水利工程规模和数量跃居世界前列,基本建成较为完善的江河防洪、农田灌溉、城乡供水等工程体系,水工技术实现全面自主创新,建设管理体制机制不断迈向现代化,工程建设质量显著提升,取得了前所未有的辉煌成就。

重大水利工程
铸富民强国安
邦之基

一、水利工程规模和数量跃居世界前列

党和国家始终把治水兴水摆在关系国家事业发展全局的战略位置。新中国成立后,毛泽东主席相继发出"一定要把淮河修好""要把黄河的事情办好""一定要根治海河"的号召,掀起了大规模群众性治水高潮。改革开放以来,大江大河治理明显加快,中央做出灾后重建、整治江湖、兴修水利的决定,水利基础设施建设大规模展开。党的十八大以来,国家将水利摆在九大基础设施网络建设之首,着力推进重大水利工程和灾后水利薄弱环节建设,水利基础设施建设进入新的历史时期。

目前,我国水利工程规模和数量跃居世界前列。全国各类水库从新中国成立前的1 200 多座增加到近 10 万座,总库容从 200 多亿立方米增加到近 9 000 亿立方米,5 级以上江河堤防超过 30 万公里,是新中国成立之初的 7 倍多。"南北调配、东西互济"的水资源配置格局逐步形成,全国水利工程供水能力达 8 600 多亿立方米。我国防洪能力和供水保障能力均已升级至较安全水平,水旱灾害防御能力已达到国际中等水平,在发展中国家相对靠前。

工程建设管理体制机制不断迈向现代化,水利建设投资初步形成以政府投资为主导、社会投资为补充的多元化、多层次、多渠道的新格局,水利建设市场准入制度和市场监管体制日趋完善,工程建设管理专业化、市场化水平进一步提高。

水工技术实现全面自主创新。长江三峡、南水北调、黄河小浪底、金沙江溪洛渡与白鹤滩等世界级水利水电工程的建设和运行,标志着我国水利水电工程设计、施工和建造技术跻身国际先进水平,"大国重器"牢牢掌握在自己手里。我国已成为名副其实的水利水电强国。

工程建设质量显著提升。建立了具有水利特色的制度标准体系、质量责任体系、质量检验评定和验收体系以及政府监督体系,形成了政府监管、企业负责、社会参与的质量管理与监督工作局面。我国已成为世界溃坝率最低的国家之一。

当前,水利部确立了"水利工程补短板、水利行业强监管"的水利改革发展总基调,将进一步强化水利建设质量工作,有序推进重大水利工程灾后水利薄弱环节建设等重点任务,全面提高工程建设水平,推动水利基础设施建设取得新的更大成效。

长江三峡大坝泄洪

南水北调东线——大运河淮安段

二、以非常有限的水资源量支撑中国社会经济高速发展

新中国成立 70 多年来,我国的水资源总量没有明显变化,但人口增长 2 倍多,经济总量是新中国成立初期的 2 500 多倍,以非常有限的水资源量支撑了中国社会经济高速发展。我国以占全球 6% 的淡水、9% 的耕地,解决了全球 20% 以上人口的吃饭问题,水资源管理逐步实现了从粗放到精细、用水实现了从浪费到节约,用水效率已经达到世界平均水平。

水资源的概念及
其特点

(一)合理开发,保障了经济社会发展用水需求

新中国成立初期,我国的水利基础设施薄弱、水资源开发利用水平低,全国供水总量只有 1 031 亿立方米。70 多年来,特别是改革开放以来,我国实施了大规模水资源开发利用,建成水库近 10 万座,形成近 9 000 亿立方米总库容,耕地灌溉面积超过 10.2 亿亩,2018 年供水总量比新中国成立初期增加近 5 倍,有力地保障了经济社会持续快速发展。2012 年至今,全国年用水总量维持在 6 100 亿立方米左右,GDP 从 54 万亿元增长到 90 万亿元,以用水总量的微增长支撑了经济社会的快速发展。

(二)优化配置,形成调配互济的供水保障格局

我国水资源状况具有南多北少、丰枯变化大、时空分布极不均等特点。水利部门实施水资源调度配置,充分发挥水利工程的作用,提升水资源安全保障能力,为经济社会可持续发展提供了有力支撑。70 多年来,在国家层面和区域层面,相继建成了南水北调东中线一期工程、三峡工程、黄河小浪底水利枢纽、引滦入津等一大批水资源配置工程,以南水北调工程为代表的"南北调配、东西互济"的水资源配置格局逐步建立起来,水资源配置、调控能力得到明显提高,改善了重点地区、重要城市、粮食生产基地、能源化工基地等水源条件,保障了供水安全。

南水北调工程综
合效益

截至 2020 年末,南水北调工程累计调水超 394 亿立方米,1.2 亿人直接受益,其中中线工程调水 348 亿立方米,约 6 900 万人受益;东线工程向山东调水 46 亿立方米,惠及人口约 5 800 万。

江都水利枢纽　　　　　　　　　　南水北调输水干渠

(三)节水优先,用水效率和效益显著提高

随着经济社会的快速发展,水资源供需矛盾日益凸显,节约用水是解决水资源短缺问题、缓解水资源供需矛盾的根本性措施。

在农业节水方面,实施了大中型灌区续建配套节水改造,推动东北节水增粮、西北节水增效、华北节水压采、南方节水减排。2017年全国节水灌溉面积5.15亿亩,其中高效节水灌溉面积3.3亿亩,全国灌溉水有效利用系数由2011年的0.510,提高到2018年的0.554,效果明显。

节水优先大有可为

在工业节水方面,严控高耗水、高污染项目,加快工业节水技术改造,推广节水技术、工艺和设备,提高水重复利用率。与2000年相比,2018年万元国内生产总值用水量、万元工业增加值用水量分别下降了77.4%和78.6%。

在生活用水方面,大力推广节水型器具,加大再生水等非常规水开发利用,全国非常规水利用量目前已达到86.4亿立方米。

(四)强化保护,水生态水环境得到修复和改善

针对发展中出现的地下水超采、河道断流、湖泊萎缩、水污染等水生态水环境问题,我国大力加强水资源保护,在21个地下水超采区实施了禁采、限采措施,开展华北地区地下水超采综合治理,采取"一减、一增"治理措施,南水北调受水区6省市城区累计压减地下水开采量约19亿立方米。

2018年,对河北省滹沱河、滏阳河、南拒马河重点河段实施河湖生态补水,一年补水超过12亿立方米,河道生态功能逐渐恢复,沿线地下水得到有效回补。实施黄河、塔里木河、黑河、石羊河生态修复,实现黄河干流连续20年不断流,黑河下游东居延海连续15年不干涸,塔里木河流域重现生机,石羊河流域生态恶化得到有效遏制。实施白洋淀、衡水湖、永定河、扎龙湿地、向海湿地等生态补水,显著改善生态环境。实施引江济太水量调度,改善了太湖及河网水环境。实施珠江压咸补淡水量调度,有力保障了澳门、珠海及珠江三角洲供水安全。建立了水功能区划体系,促进水污染防治,强化饮用水水源保护,全国水功能区水质达标率由2012年的63.5%,提高到2017年的76.9%。与2012年相比,2018年Ⅰ~Ⅲ类水河长占比上升14.6个百分点,劣Ⅴ类水河长比例下降10.2个百分点。

(五)严格监管,以水定需量水而行

水利部把水资源管理的重点聚焦于调整人的行为、纠正人的错误行为,通过完善相关

法规和制度体系,进一步加大监管力度。2012 年以来,全面实行最严格水资源管理制度,加强需求管理和用水总量控制,建立了全国和各省、市、县三级行政区的"三条红线"控制指标体系。对地方人民政府落实最严格水资源管理制度情况进行考核,并将考核结果纳入地方主要领导干部综合评价体系。

推进跨省江河流域水量分配,先后批复黄河、淮河干流、太湖、松花江干流等 41 条跨省江河流域水量分配方案,控制河湖开发强度,保障河湖生态流量。严格水资源论证和取水许可管理,纳入取水许可的用水户 38 万个。强化水资源监测,对 10 298 个地下水站点、1.4 万个取水户、451 个省界断面、425 个重要饮用水水源地实现在线监测。在合理利用水资源的前提下,坚持以水定城、以水定地、以水定人、以水定产的原则,推动经济社会发展与水资源水环境承载能力相适应。

习近平同志提出的"节水优先,空间均衡,系统治理,两手发力"治水新思路,既是对我国 70 多年治水经验的深刻总结,也是今后水资源管理工作必须长期坚持的基本遵循。今后,水利部将继续以最严格的标准、最精细的管理、最全面的监督,抓好水资源管理各项工作,管好地上的水、保住地下的水,为经济社会高质量发展提供可靠稳定的水资源保障。

三、70 多年水电之变,中国越来越"亮堂"

水电是全球公认的清洁能源。新中国成立 70 多年来,水电在开发利用、技术创新、运行管理、效益发挥等方面实现了全方位的巨大飞跃,为经济社会发展和现代化建设做出了重要贡献。经过 70 多年的发展,水电在我国的能源体系中占据了重要位置,我国水电发展水平处于世界领先地位。

(一)水电事业蓬勃发展,规模、技术、建设能力、国际影响力均已处于世界领先

我国是一个水能资源十分丰富的国家,水电技术可开发量 6.6 亿千瓦,年可发电量 3 万亿千瓦时。在旧中国,战事连年、民不聊生,水电建设坎坷艰难,到 1949 年,全国水电总装机仅 36 万千瓦,年发电量仅 12 亿千瓦时。新中国成立后,党和国家十分重视发展水电,从第一座"自主设计、自制设备、自己建设"的大型水电站新安江水电站开始,我国水电事业蓬勃发展,三峡、小浪底、百色、龙滩、刘家峡、葛洲坝、瀑布沟、拉西瓦等大型综合性水利水电枢纽屹立在江河之上。

中国水能资源概况

从规模来看,截至 2018 年底,全国水电装机容量达到了 35 226 万千瓦,年发电量 12 329 亿千瓦时,分别占全国电力装机容量和年发电量的 18.5% 和 17.6%,分别是新中国成立初期的 978 倍和 1 027 倍,年均增长率分别为 9.8% 和 10.3%,分别占全球的 27% 和 28%,继续稳居世界第一。2012 年 7 月,世界第一大水电工程——三峡工程全面竣工,成为全世界最大的清洁能源生产基地,奠定了我国的水电强国地位。

白鹤滩水电站简介

从技术来看,世界单机容量最大的白鹤滩水电站 100 万千瓦机组全部为"中国创造",是中国水电发展史上的巨大飞跃,奠定了中国水电装备技术的世界领先地位。中国水电坝工技术领跑国际,水布垭水电站(坝高 233 米),是世界最高的面板堆石坝;龙滩大坝(坝高 216

米),是世界最高的碾压混凝土坝;锦屏一级水电站(坝高 305 米),是世界第一高拱坝,锦屏一级还荣获了菲迪克工程项目杰出成就奖。大型水电站建设推动了中国大容量、远距离、高电压输电技术达到世界交直流输电技术的领先水平。

白鹤滩水电站右岸首台百万机组座环吊装　　　锦屏一级水电站双曲拱坝

从能力来看,中国水电具备了投资、规划、设计、施工、制造、运营管理的全产业链能力。在"一带一路"倡议的指引下,中国水电"走出去"越来越多,业务已经遍及全球 140 多个国家和地区,参与建设的海外水电站约 320 座,总装机容量达到 8 100 万千瓦,占据了海外 70%以上的水电建设市场份额,以绝对优势占据国际水利水电市场,成为国际上一张亮丽的"中国名片"。2018 年,水利部、国家标准化管理委员会、联合国工业发展组织签署协同推进小水电国际标准合作谅解备忘录,成为中国小水电国际标准发展的重要里程碑。

(二) 价值不仅仅是发电,水电开发给国民经济和社会发展带来了巨大的综合效益

在各种能源开发中,水电是高效的、优势明显的清洁可再生能源。根据世界能源理事会等机构的评估,水库水电站的能源回报率是各类能源中最高的。水电对优化国家能源结构、实现全球节能减排目标具有十分重要的作用。

在为经济社会发展提供优质电力的同时,水电开发在水资源综合利用,推进节能减排、改善大气环境,促进"西部大开发",发展区域经济,建设社会主义新农村,以及防洪、航运、灌溉、供水、养殖等方面都发挥了重要作用。如三峡工程 2018 年发电量突破千亿大关,达 1 016 亿千瓦时,创国内单座水电站年发电量新纪录,进一步提高了水能利用率,充分发挥了三峡电站的发电效益。

西部大开发和"西电东送"战略实施后,西部水电开发有力带动了当地公路交通等基础设施建设,促进地区工业、农业、旅游业、商业、养殖业发展,对扩大就业,推动区域经济发展,将当地的资源优势转换为经济优势起到了不可替代的作用,为国民经济和社会又好又快发展做出了重大贡献。特别是党的十八大以来,遵循"创新、协调、绿色、开放、共享"的新发展理念,我国水电开启了高质量发展的新征程。溪洛渡、向家坝、锦屏二级等巨型水电站相继建成投产,西江大藤峡、淮河出山店、黄河东庄、云南牛栏江-滇池补水等一批具有发电功能的大型骨干水利工程正在加快建设,水电数字化、信息化、智能化水平不断提升,水电枢纽的防洪保安能力、水资源配置能力、生态调度水平不断增强,为国家发展提

供了源源不断的优质电力、发挥了巨大的综合效益。

目前,水力发电占到中国非化石能源发电总量的2/3以上,全国电力每5千瓦时中约有1千瓦时来自清洁环保的水力发电,是清洁能源发电的第一主力。现在我国水电一年的发电量相当于替代了4.5亿吨标煤,减少二氧化碳排放约11.8亿吨,节能和环保效益显著。据统计,70年来我国水电累计发电量160 768亿千瓦时,替代标煤59亿吨,减排二氧化碳154亿吨。

(三)为社会发展做出了重大贡献,小水电转型升级绿色发展已然铺开

作为水电建设的重要组成部分,新中国成立以来,小水电开发使我国二分之一地域、三分之一县(市)、3亿多农民用上了电,数千条河流通过小水电开发得到初步治理,有效提高了江河的防洪能力,改善了城镇供水和农业生产条件,有力带动了新农村建设和城镇化建设。

20世纪80年代,习近平同志在福建宁德工作时,为了解决寿宁县下党乡通电问题,亲自决策建设了一座250千瓦的水电站,彻底改变了当地的基础设施面貌。他指出:"下党有水利资源,咱们自己建个电站,等于抓了一只能下蛋的鸡。"中国小水电的发展成就和经验,尤其是在帮助贫困地区脱贫和保护生态环境等方面取得的成就和经验,得到了世界各国的高度评价和赞誉。1994年12月,联合国开发计划署、联合国工发组织、水利部和外经贸部在杭州共同发起成立国际小水电组织,这是第一个总部设在中国的联合国机构。截至2018年底,中国已建成小水电站46 000多座,装机容量8 044万千瓦,年发电量2 346亿千瓦时,分别约占我国水电装机和年发电量的1/4。

近年来,统筹河流生态修复与脱贫攻坚,小水电不断推进转型升级绿色发展。水利部出台《关于推进绿色小水电发展的指导意见》和《绿色小水电评价标准》,加强小水电站生态流量监督管理,2017年以来共创建165座绿色小水电站。以落实安全生产责任主体和标准化建设为抓手,农村水电安全监管制度体系不断完善,建成安全生产标准化达标电站2 500多座。以河流生态修复为重点,实施农村水电增效扩容改造。为促进节能减排、消除安全隐患,修复河流生态,2011年以来,财政部、水利部安排可再生能源专项资金131亿元,以河流为单元,对老旧农村水电站进行增效扩容改造,巩固和新增装机容量、发电量超过1 200万千瓦、450亿千瓦时,治理河流近千条,修复减脱水河段1 800多公里,基本消除了这些水电站造成的河道脱水、断流等流域性生态问题,河流生态修复成效显著。

2016年以来,国家发展改革委和水利部联合制定实施方案,按照"国家补助、市场运作、贫困户持续收益"的建设模式,在江西、湖南、湖北、广西、重庆、贵州和陕西开展农村水电扶贫工程建设,累计安排中央投资18亿元,精准帮扶建档立卡贫困村和贫困户,新增农村水电扶贫电站60座,装机容量31.8万千瓦,3万多建档立卡贫困户受益,得到地方政府、项目业主、贫困村和建档立卡贫困户的一致欢迎。

水电在相当长一段时间内,仍将是我国非化石能源的主力,发展水电是我国调整能源结构、应对气候变化、实现能源革命的战略选择。在新的历史起点上,中国水电将更加注重在规划、建设、管理、运行中统筹考虑和正确处理开发与生态环境保护、移民安置、地方经济发展

中国水电工程的
昨天、今天和明天

等方面的关系,继续担负起清洁高效能源体系主力军、生态文明建设生力军的重任。

四、我国水利工程运行总体平稳安全

水之兴在于建,利之效在于管。新中国成立后,特别是改革开放、进入新时代以来,伴随着党和国家治国理政能力的提升,水利工程运行管理的理念、体系、效能不断进步、完善。水利工程管护者们用初心守护江河,在祖国的山川大地写下为国为民把好运行管理质量关的壮丽篇章。

(一)运行管理理念,在发展中转变、提升

百年征程波澜壮阔,百年奋斗成就辉煌。

新中国成立伊始,在党的领导下,轰轰烈烈的水利建设大规模展开,一大批水库、水闸、堤防等水利工程相继建成。全国各级水利工程管理机构和管理队伍也组建成立。建立管理制度、制定技术标准,管理工作全面展开。水利工程运行管理从无到有、从弱到强,为水利工程兴利除害提供坚强支撑和保障。

受经济社会发展历史阶段局限,水利工作存在"先治坡后治窝"等重建轻管思想,加之长期计划经济模式造成管理方式粗放,吃"大锅饭"、喝"大锅水",很长一段时期,水利工程运行管理处境艰难。

随着对社会主义市场经济认识的不断深化,2002年,国家决定在全国启动水利工程管理体制改革,明确权责、划分类别、定编定岗、管养分离、规范管理,从根本上解决"重建轻管"问题,初步建立符合我国国情、水情和社会主义市场经济要求的水利工程管理体制和运行机制。

2011年中央一号文件和中央水利工作会议,进一步强调坚持建管并重,对水利管理设置目标,提出一系列强有力的政策措施,推进水管体制改革深入开展。

党的十八大以来,为攻克小型水利工程管理这个难点,水利部联合财政部印发深化小型水利工程管理体制改革的指导意见,相继在全国开展深化小型水库管理体制改革试点县、样板县创建活动,探索出区域集中管护、政府购买服务、"以大带小"、物业化管理等可复制、可推广的管护模式,并不断强化水利工程安全监管,推进水利工程运行管理补齐短板、提质增效。

理念的转变、提升给水管工作带来质的变化,水管体制改革激发出水管单位巨大活力,病险水库水闸除险加固、大中型灌区泵站节水改造等夯实了运管基础,加上制度化、规范化、标准化、信息化建设的推广推进,我国水利工程运行管理实力、能力不断增强,防御、减轻水旱灾害的水平大大提升,面对水旱灾害我们更加有底气,更加从容,也更有成效。

"十三五"时期,是水利工程运行总体安全的5年、运管基础加快夯实的5年、水利工程运行监管不断加强的5年、运管队伍持续壮大的5年,为打赢脱贫攻坚战、决胜全面建成小康社会做出了贡献。

"十三五"时期水利工程运行管理工作成效显著

(二)运行管理体系,在实践中建立、健全

在党的领导下,水利工程运行管理体系伴随着党和国家治国理政进程不断加强,伴随着共和国的成长不断建立、健全。

1.水利管理体制不断健全

国有大中型水管单位管理体制改革成效显著,两项经费渠道保持稳定,管养分离不断推进;小型水利工程管理体制改革不断深化,工程产权逐步明晰,管护主体和责任逐步落实,管护经费明显增加,管理水平不断提高。

2.运行管理基础不断夯实

工程底数逐步摸清,目前全国已有9.6万座水库、8.5万座水闸完成注册登记并建档入库;全国水库大坝基础数据管理信息系统建成;全国大型水库大坝安全监测监督平台一期工程、堤防水闸等工程基础信息数据库建设有序推进;大坝安全责任基本落实,水利工程划界工作有序推进。

3.运行管理制度日趋完善

形成了以《水法》《防洪法》《水库大坝安全管理条例》《河道管理条例》为核心的法律法规体系,建立了注册登记、安全鉴定、除险加固、降等报废、调度运用、维修养护、监测预警、应急预案等安全管理制度和技术标准体系,标准化管理有序推进。

4.工程安全状况进一步掌握

水库、水闸安全鉴定工作积极推进。建立了水库大坝安全鉴定提示制度,摸底调查了小型水库病险问题,稳步推进了水闸安全鉴定工作。水利工程安全监测系统逐步建立,各地积极推进水利工程监测预警系统建设。

据统计,2019年全国纳入水管体制改革范围的国有运管单位精简撤并调整为12 908个,较改革前下降10%;纳入改革范围的小型水利工程1 445.3万处,绝大部分出台了改革实施方案;全国占比97%的小型水利工程明晰了工程产权,占比81%的小型水利工程落实了管护主体,占比72%的工程明确了工程管理模式。

水利工程运管体系的建立、健全,保证了水利工程运行管理工作安全健康高效发展,保证了水利工程良性运行、效益正常发挥,为国家经济社会可持续发展、人民群众幸福安康提供了支撑与保障,也有力践行了党始终坚持的以人民为中心的执政理念和发展思想。

(三)运行管理效能,在坚守中激发、彰显

被称为"扛起了黄河标准化堤防建设的旗帜"、总长128公里的济南黄河标准化堤防一期工程,2008年与国家体育场"鸟巢"、国家大剧院等享誉世界的建筑精品,同步登上了"鲁班奖"的领奖台。

济南黄河标准化堤防是整个黄河大堤标准化管理的一个缩影。从黄河大堤,到"千里淮河第一闸"王家坝闸,再到南水北调中线水源地丹江口水库,几十年来,依靠一代代水管人的执着坚守,依托日益科学高效的运行管理,一座座水工程发挥出了极大的防洪、抗旱、灌溉、供水、航运、发电综合效益。

在党的领导下,如今水利工程运行管理正步入快捷、准确、安全、高效的现代化新阶段,为有效保障我国防洪安全、供水安全、生态安全和粮食安全,优化我国水资源的时空分布,提供着有力支撑和保障,效能凸显。

1.水利工程运行总体安全

"十三五"期间,我国年均溃坝率0.03‰,为历史最低,远远优于0.1‰的世界公认低溃坝率国家水平。湖北2020年严守6 921座水库、1.7万公里5级以上堤防,在历史罕见疫情和洪水冲击下无事故发生。小型水库运行管理不断加强,2020 年对 18 097 座小型水库开展了安全运行专项检查,安全管理意识增强,管理水平提高,工程面貌显著改善。

2. 水利工程效益充分发挥

全国水库总防洪库容 1 800 多亿立方米,大江大河 2 级以上堤防 4.8 万公里,成为防洪减灾的中流砥柱。全国大中型水库供水能力 2 700 亿立方米,服务灌区面积 3.5 亿亩,灌溉、供水、生态、发电、航运等综合效益进一步拓展,成为农业抗旱、工业城镇供水、生态改善等的坚强后盾。

3. 工程安全风险隐患管理显著加强

各地加快推进水库大坝、水闸安全鉴定工作,强化堤防险工险段管理,极大地消除了工程安全风险隐患。2020 年,全国实施水库大坝安全鉴定 2.3 万多座,排查出堤防险工险段 7 900 多公里。

4. 信息化建设成效明显

水库运行管理信息系统和堤防、水闸基础信息数据库建立。全国大型水库大坝安全监测监督平台一期工程建成,实现了对 67 座大型水库实时监控预警。国有水库、堤防、水闸管理范围划界完成率超过 70%,部直属工程划界按投资计划安排按期完成。

5. 标准化管理稳步推进

2022 年 3 月 24 日,水利部印发了《关于推进水利工程标准化管理的指导意见》《水利工程标准化管理评价办法》及其评价标准(水运管〔2022〕130 号),水利工程标准化管理评价标准包括《大中型水库工程标准化管理评价标准》《大中型水闸工程标准化管理评价标准》《堤防工程标准化管理评价标准》。各地各流域按照"因地制宜、试点先行、典型引领、逐步推进"原则,积极推进水利工程标准化管理。例如,山东省 2020 年就开始推进水利工程标准化管理工作,相继出台了《山东省水利厅关于印发全省水利工程标准化管理工作推荐方案的通知》(鲁水运管字〔2020〕2 号)、《山东省水利厅关于印发〈山东省水利工程标准化管理评价办法(试行)〉的通知》(鲁水运管字〔2020〕3 号)、《山东省水利厅关于印发〈山东省水利工程运行管理制度及操作规程标准范本(试行)〉的通知》(鲁水运管函字〔2021〕26 号)、《山东省水利厅关于印发〈山东省水利工程运行管理标识牌设置指南(试行)〉的通知》(鲁水运管函字〔2021〕27 号)、《山东省水利厅关于印发〈山东省水利工程标准化管理评价标准(判定标准、示范工程赋分标准)〉的通知》(鲁水运管函字〔2021〕65 号)等水利工程标准化管理文件,在全国发挥了示范引领作用。全国 152 家水利工程管理单位通过水利部水利工程管理考核验收,为水利工程标准化管理树立了标杆。

山东省水利工程标准化管理评价办法

山东省水利工程标准化管理评价标准解读

6. 运行管理队伍建设不断加强

"十三五"期间,培训各级运管人员 26 万余人,成功举办闸门运行工、水工监测工等全国职业技能竞赛。运管系统敬业风气、履职能力显著提升。

"到 2025 年年底前,基本消除水库、堤防、水闸等水利工程重大安全隐患,建立健全水库运行管护长效机制,运行管理逐步走向规范化、信息化、标准化……实现运行安全与效益发挥双目标,为高质量发展提供水利工程保障。"这是"十四五"水利工程运行管理的主要目标。有党的坚强领导,有几十年的成功积淀,有水管人的真抓实干,水利工程运行管理工作一定会不辱使命,不断开创新局面,推动新阶段水利高质量发展,守护江河,福泽家国。

五、我国已基本建立完备的水法规体系

目前,我国已经建立了以《水法》为核心较为完备的水法规制度体系,涵盖了水资源开发利用与保护、水域管理与保护、水土保持、水旱灾害防御、工程建设管理与保护、执法监督管理等方面,为全面依法治水管水奠定了坚实的制度基础。

新中国成立70多年来,我国陆续颁布出台了《水法》《防洪法》《水土保持法》《水污染防治法》等4部法律,《河道管理条例》《防汛条例》《长江河道采砂管理条例》《取水许可和水资源费征收管理条例》《南水北调工程供用水管理条例》《大中型水利水电工程建设征地补偿和移民安置条例》《农田水利条例》等24件行政法规,《水利工程建设监理规定》《黄河河口管理办法》《水量分配暂行办法》等53件部门规章,各地共出台地方性法规和政府规章900余件。

同时,水行政执法工作从无到有、从点到面、从单一到综合、从零散到规范,创新健全水行政执法体制机制,建立健全执法制度,落实执法责任,推进执法信息化,严格公正执法,在不平凡的历程中取得了显著成绩。

目前,全国已成立水政监察队伍3 500余支,专兼职水政监察人员近6万人,构建了流域、省(自治区、直辖市)、市、县四级执法网络,年均查处水事案件3万多起。其中,推行"互联网+水政执法",运用卫星遥感监测、无人机航拍、视频监控等信息技术,查处违法水事案件的比例超过70%。

此外,健全水法治建设成效考评奖惩机制,推动落实法治政府建设任务,实行政务决策、执行、管理、服务、结果"五公开"。不断健全水事矛盾纠纷防范化解机制,完善水事矛盾纠纷排查化解制度和应急预案,年均调处水事纠纷2 700余起,依法有效维护水事稳定。妥善办理行政复议行政应诉,一批违法、不当的行政行为及其依据的规范性文件得到纠正,有力维护了行政相对人的合法权益。持续推进水利"放管服"改革,水利部行政审批事项由48项减至16项,减少66.7%,做到"应放尽放";取消行政审批中介服务事项10项,减少91%;11项职业资格已分批取消了8项,减少73%;取消中央指定地方实施的行政审批事项12项,6项许可事项纳入"证照分离"改革,各类变相审批和许可得到有效防范。

全民守法是全面推进依法治国的基础工程,是依法治水管水的关键环节。目前,全社会尊崇水法规、学习水法规、遵守水法规、运用水法规的良好氛围基本形成,营造了更加有利于贯彻落实"水利工程补短板、水利行业强监管"水利改革发展总基调的法治环境。

六、新中国水利事业建设经验与启示

新中国成立以来水利事业为人民谋幸福、为民族谋复兴,成就斐然。我们积累了宝贵

的历史经验,也给下一步工作带来许多启示。

(一)坚持党对水利工作的领导,坚决贯彻落实中央治水方针和方略,为水利改革发展提供坚强政治保障

在党的坚强领导下,70多年来我国水利实现了翻天覆地的变化。比如黄河,过去老话讲是"三年两决口,百年一改道",给人民带来了惨痛的灾难。1946年中国共产党领导下的治河机构成立,开启了人民治黄的新历程。人民治黄70多年来,黄河实现了历史上从未有过的岁岁安澜,"黄河宁,天下平"从梦想变成了现实。历史充分证明,只有我们党才能带领人民做好水利利国利民这篇大文章。我们必须牢固树立"四个意识",增强"四个自信",做到"两个维护",在思想上、政治上、行动上始终同以习近平同志为核心的党中央保持高度一致,真正做到信赖党中央、拥护党中央、紧跟党中央,做到对党忠诚,确保水利事业始终沿着正确的政治方向前进。

(二)坚持发挥社会主义制度优越性,凝聚全社会团结治水、合力兴水的巨大力量

水利工作要解决的问题,不管是水灾害问题,还是水资源、水生态、水环境问题,都与人民群众利益息息相关,都是为了让人民群众过上更加美好的生活;水利行业要强监管、节水护水、加强河湖水域岸线管理,只有获得广大人民群众的积极参与和支持,才能落到位、做得好。无论过去、现在、将来,无论作决策、抓工作、促落实,我们都要充分发挥社会主义制度的优越性,推动全社会团结治水、合力兴水,在工作中体现宗旨意识、人民立场,坚持一切为了群众、一切依靠群众,把党的正确主张变为群众的自觉行动,不断从群众实践中总结经验、汲取智慧,全面推进理念思路、体制机制和内容手段创新,成功走出一条具有中国特色的水利现代化道路。

(三)坚持着眼党和国家事业发展全局,科学谋划水利改革发展的主攻方向、总体布局和目标任务

水利之利,利国利民。为中华民族谋复兴,对水利行业而言,意味着要服从服务于国家长远发展战略。习近平总书记强调,水安全是涉及国家长治久安的大事,全党要从全面建成小康社会、实现中华民族永续发展的战略高度,重视解决好水安全问题。在新时代,水利工作必须紧紧围绕"两个一百年"奋斗目标和社会主义现代化建设的战略安排,主动适应支撑民族复兴和国家强盛的要求,理清思路、找准方向、突出重点,科学谋划总体布局和目标任务,建立完善与党的伟大目标相适应的水旱灾害防御、水资源配置与保护、河湖健康保障及行业全面监管的水安全保障体系,促进实现水问题标本兼治、人与水和谐相处。

(四)坚持以人民为中心的发展思想,着力解决人民群众最关心、最直接、最现实的水利问题

以前,人民群众对水的需求主要集中在防洪、饮水、灌溉,治水的主要任务是除水害、兴水利;当前,我国综合国力显著增强,人民群众生活水平不断提高,对美好生活的向往更加强烈、需求更加多元,已经从低层次上"有没有"的问题,转向了高层次上"好不好"的问题。在新时代,要把人民群众对美好生活的向往作为我们水利人的奋斗目标,不仅要更好解决水灾害带来的问题,还要着力解决水资源短缺、水生态损害、水环境污染等新问题,满足人民对优质水资源、健康水生态、宜居水环境的需求,让群众都能喝上便捷安全的干净

水,都能生活在河湖美丽的宜居环境中,都能在水利改革发展中体验到真真切切、实实在在的获得感、幸福感、安全感。

(五)坚持科学治水,牢牢把握基本国情水情,统筹解决水资源、水生态、水环境、水灾害问题

70多年的发展历程提醒我们,事物的规律是在实践中去发现、靠实践来检验的,治水要有科学的态度,要坚持按规律办事。习近平总书记提出"节水优先、空间均衡、系统治理、两手发力"的治水思路,突出强调要从改变自然、征服自然转向调整人的行为、纠正人的错误行为。我们要把"十六字"治水思路弄明白、理解透、把握准,把调整人的行为、纠正人的错误行为这条主线想清楚、想明白、想透彻,运用昨天、今天、明天的"三天"方法,准确把握要点、特点、亮点的"三点"要求,不断深化对治水规律、自然规律、生态规律、经济规律和社会规律的认识,做到一切从实际出发,坚持科学治水,不断提高水利工作的科学化、现代化水平。

(六)坚持全面深化水利改革和全面依法治水,增强水利发展内生动力

新中国成立以来,我国水法规经历了从无到有、不断完善,形成了以《水法》为核心的较为完备的法规体系,各类涉水活动基本实现有法可依。水利改革也不断向纵深迈进,水利建设管理体制改革、投融资体制改革、水权水价改革、水市场培育不断深化,水利发展的内生动力不断增强。进入新时代,随着我国社会主要矛盾、治水主要矛盾、水利改革发展形势和任务的变化,新情况、新问题、新挑战将会层出不穷。深入贯彻"十六字"治水思路、着力落实"水利工程补短板、水利行业强监管"水利改革发展总基调,要求我们必须全面深化水利改革,不断健全依法治水体制机制,持续推动理念思路创新、方法手段创新和科学技术创新,进一步激发水利改革发展的动能和活力。

第六节 "十四五"时期中国水利改革发展战略布局

"十四五"时期是开启全面建设社会主义现代化国家新征程的第一个五年。党的十九届五中全会通过的《中共中央关于制定国民经济和社会发展第十四个五年规划和二〇三五年远景目标的建议》(以下简称《建议》),为未来五年经济社会发展指明了方向、提供了遵循。《建议》对水利作出一系列重要部署,涵盖重大工程建设、国家节水行动、优化水资源配置、水资源刚性约束制度、水旱灾害防御、河长制湖长制、长江经济带发展、黄河流域生态保护和高质量发展、河湖休养生息、水土流失综合治理、农业水利设施建设、病险水库除险加固、堤防

"十四五"时期我国水利改革发展方向

和蓄滞洪区建设、用水权交易等方方面面。水利部门要全面理解、准确把握、深入贯彻党的十九届五中全会精神,把学习贯彻五中全会精神与学习贯彻"十六字"治水思路结合起来,与学习贯彻习近平总书记关于黄河流域生态保护和高质量发展、长江经济带发展等重要讲话精神结合起来,深入践行水利改革发展总基调,努力实现水利事业更高质量、更可持续、更为安全的发展。

一、深刻认识"十四五"水利改革发展面临的新形势

"十四五"时期是我国发展的重要战略机遇期,也是加快水利改革发展的关键期。必须自觉立足党和国家工作大局,准确把握水利改革发展面临的新形势、新要求。

从适应新发展阶段看,新发展阶段是中华民族伟大复兴历史进程的大跨越。水利工作必须在全面建设社会主义现代化国家全局中明确发展方位,在把握"两个大局"中明晰发展环境,准确识变、科学应变、主动求变。进入新发展阶段意味着对水利工作提出新的需求。新发展阶段是全面建设社会主义现代化国家的新征程,也是我们党带领人民迎来从站起来、富起来到强起来历史性跨越的阶段。要深刻认识人民对美好生活的向往已呈现出多样化、多层次、多方面的特点,把握好从"有没有"转向"好不好"这个关键,正确认识治水主要矛盾变化,在更好解决水灾害问题的同时,下大气力解决水资源短缺、水生态损害、水环境污染等问题,更好地满足人民对美好生活的向往。进入新发展阶段意味着水利工作需要全面提升标准。满足新需求,就要对照新标准。面对阶梯式递进、不断发展进步的历史进程,无论是支撑社会主义现代化国家建设,还是满足人民的美好生活向往,都要求水利工作全面提升标准。具体地讲,就是在持久水安全、优质水资源、健康水生态、宜居水环境、先进水文化等五个方面提高标准,实现升级。在持久水安全方面,提升防洪工程建设和管护标准,实现防洪减灾能力与现代化国家灾害承受能力相匹配。在优质水资源方面,提高供水保障标准、水资源集约安全利用标准,实现水资源供给水平与现代化国家经济社会发展水平相匹配。在健康水生态方面,提高水土保持率等水生态安全标准,实现水生态系统质量与现代化国家绿色发展相匹配。在宜居水环境方面,提高江河湖泊管护标准,实现水环境状态与现代化国家人民美好生活需求相匹配。在先进水文化方面,保护传承弘扬以黄河文化、长江文化、大运河文化为代表的优秀治水文化,实现水文化创造性转化、创新性发展。

从贯彻新发展理念看,新发展理念是我们党深入探索经济社会发展规律的理论结晶。水是经济社会发展的基础性、先导性、控制性要素,水的承载空间决定了高质量发展的成长空间。要把新发展理念贯穿到补短板、强监管的各项工作中,特别是要通过水利行业强监管调整人的行为、纠正人的错误行为,重塑人与水的关系,实现人水和谐。要从根本宗旨上把握,为人民谋幸福、为民族谋复兴是新发展理念的"根"和"魂",也是一切水利工作的出发点和落脚点。既要通过补短板,完善普惠共享的水利基础设施体系,更要通过强监管,提高水安全、水资源、水生态、水环境、水文化等领域公共产品的供给质量,不断提高人民生活品质,给人民带来更多实实在在的获得感、幸福感、安全感。要从问题导向上把握,贯彻新发展理念的过程是不断解决问题的过程。当前,我国水利发展不平衡、不充分问题仍然突出。比如,经济社会发展布局与水资源承载力不匹配,水资源超载区或临界超载区面积约占全国国土面积的53%,资源性、工程性、水质性缺水问题在不同地区不同程度存在,水资源供需失衡已成为区域协调发展的重大制约。比如,水生态水环境长期积累性问题突出,一些地区水生态水环境承载力已经达到或接近上限,有的地区甚至面临"旧账"未还、又欠"新账"的问题。贯彻新发展理念,必须坚持问题导向,既要加快补短板,解决水利工程体系方面不平衡、不充分的问题,更要通过强监管,发现具体问题、分析具体问

题、解决具体问题,并以此建立概念,从而在标准、手段、对策与布局方面采取更加精准务实的举措,更好地解决水利不平衡、不充分的问题。要从忧患意识上把握,安全是发展的基础,基础不牢,地动山摇。贯彻新发展理念,必须把安全发展贯穿到国家发展的各领域和全过程。水安全是国家安全的重要组成部分,水利既面临着洪涝干旱、工程失事等直接风险,也会影响到粮食供应、能源供给、生态环境等领域的安全保障。比如,防洪减灾体系还存在突出短板,全国重要江河78万平方公里防洪保护区不达标比例占32%,近2万座存量病险水库亟待除险加固,中小河流、山洪灾害影响范围广,洪水风险依然是中华民族的心腹大患。如果不能有效控制水安全风险,可能威胁到社会安全稳定,甚至对我国社会主义现代化建设进程造成重大影响。因此,我们必须围绕统筹发展与安全,树牢底线思维,增强风险意识,真正摸清水利风险底数,警惕水安全中的"黑天鹅""灰犀牛",既要通过加快补短板,夯实水利风险防控的物质基础,更要加强各领域各环节监管,以严格的水利监管规范各类涉水行为,堵漏洞、强弱项,下好风险防控的先手棋,夯实高质量发展的水安全基础。

从构建新发展格局看,水资源格局关系着发展格局,加快水利工程补短板,完善我国水利基础设施体系,既能拉动内需,也能增加有效供给,是畅通经济循环、构建新发展格局的重要举措。在创造需求方面,要牢牢把握扩大内需这个战略基点,充分发挥水利工程建设吸纳投资多、覆盖范围大、产业链条长的优势,建设一批强基础、增功能、利长远的重大水利项目,拓展投资空间,优化投资结构,更好地发挥水利投资对经济增长的拉动作用。在提升供给方面,要紧紧围绕供给侧结构性改革,以全国江河湖泊水系为基础、输排水工程为通道、控制性调蓄工程为节点、智慧化调控为手段,加快构建循环畅通、功能协同、安全可靠、调控自如的水利基础设施网络,进一步提高水资源供给的质量、效率和水平,增强水资源要素与其他经济要素的适配性,为增强供给体系的韧性提供有力支撑。在促进协调发展方面,要主动衔接区域重大战略、区域协调发展战略、主体功能区战略和全面推进乡村振兴、加快农业农村现代化、推进新型城镇化等,科学布局、加快建设一批支撑性、保障性水利工程,同步推进传统水利工程智能升级,提高水利基础设施通达程度和公共服务均等化水平,促进经济社会发展更加协调。

二、准确把握"十四五"水利改革发展的总体要求和目标原则

做好"十四五"时期水利工作,要认真贯彻党的十九届五中全会明确提出的经济社会发展指导方针,深入落实"节水优先、空间均衡、系统治理、两手发力"的治水思路,围绕国家重大发展战略,把水安全风险防控作为守护底线,把水资源承载力作为刚性约束上限,把水生态环境保护作为控制红线,加快建设现代水利基础设施网络,不断完善江河湖泊保护监管体系,全面提升水安全保障能力,建设造福人民的幸福河湖,为全面建设社会主义现代化国家提供坚实支撑。

做好"十四五"时期水利工作要把握以下原则:

(1)坚持人民至上。牢固树立以人民为中心的发展思想,把满足人民日益增长的美好生活需要作为奋斗目标,切实解决人民关心的水忧、水患、水盼问题,建设造福人民的幸福河湖。

（2）坚持底线思维。强化风险意识，注重从事后处置向事前预防转变，从减少损失向降低风险转变，以防为主、防控结合，注重从源头上压缩风险发生空间，牢牢守住国家水安全底线。

（3）坚持系统观念。树立全局观、流域观，算清整体账、长远账，统筹上下游、干支流、左右岸、地表地下、城乡区域，统筹山水林田湖草各要素，统筹水安全、水资源、水生态、水环境、水文化，加强前瞻性思考、全局性谋划、战略性布局、整体性推进。

（4）坚持改革创新。以推进政府市场"两手发力"为切入点，以促进涉水各方责、权、利相统一为关键点，全面深化水利改革，破除体制性障碍、打通机制性梗阻、推进政策性创新。

"十四五"时期水利改革发展主要目标是：到 2025 年，水旱灾害风险防控能力明显提升，防洪突出薄弱环节全面解决，江河堤防达标率明显提高，流域控制性工程有序建设，现有病险水库安全隐患全面消除，洪水干旱监测预报预警调度体系不断完善，在充分论证基础上，科学提高防御标准，重大水安全风险防控能力进一步提升；水资源配置格局明显优化，水资源刚性约束制度基本建立，节水型生产生活方式基本形成，全国用水总量控制在6 700 亿立方米以内，万元国内生产总值用水量、万元工业增加值用水量较 2020 年下降16%，跨省重要江河流域和主要跨市、县河流水量分配基本完成，国家水资源配置工程体系更加完善，农村规模化供水人口覆盖比例达到 55%；河湖生态环境明显改善，涉水空间管控制度基本建立，江河湖库及水源涵养保护能力明显提升，重点河湖生态流量保障目标满足程度达 90% 以上，人为水土流失得到基本控制，重点地区水土流失得到有效治理，全国水土保持率提高到 73% 以上，地下水监控管理体系基本建立，全国地下水超采状况得到有效遏制；涉水事务监管效能明显增强，水利法律法规政策制度体系更加完善，覆盖各领域、各层级的水利监管体系基本形成，水文、水资源、河湖生态、水土流失、水灾害等监测预警体系基本建立，水资源节约、保护、开发、利用、配置、调度各环节监管全面加强，水工程运行管理安全规范，重点领域改革取得重要进展，水利信息化、智能化水平显著提升。

三、以国家水网建设为核心系统实施水利工程补短板

"十四五"时期是水利工程补短板的集中攻坚期，要以建设水灾害防控、水资源调配、水生态保护功能一体化的国家水网为核心，通过强弱项、提标准，加快完善系统完备、科学合理的水利基础设施体系，解决发展不平衡、不充分的问题，提升国家水安全保障能力。与过去相比，新形势下的补短板更加体现系统化，根据顶层设计通盘考虑、统筹谋划工程体系建设，精准定位短板弱项；更加体现协同化，充分统筹协调水资源与经济社会发展关系，因地制宜优化水网布局结构和功能配置；更加体现生态化，在水利基础设施建设、运行、管理等各环节充分融入生态优先、绿色发展理念；更加体现智能化，通过采用数字化、人工智能、物联网等技术，推动水利基础设施升级改造。

（一）实施防洪能力提升工程

坚持蓄泄兼筹、以泄为主，适度提升防洪标准，进一步优化完善防洪体系布局。一是扩大泄洪通道能力。对北方河流，恢复河道行洪能力，减轻河道淤积萎缩，确保行洪畅通；

对南方河流,维护河势稳定,协调好干支流关系,减轻干流防洪压力。新建一批骨干排洪通道,解决平原河网地区外排通道不足、淮河洪水出路不畅等问题。实施河口综合治理,稳定入海流路,保持河口稳定畅通。二是增强洪水调蓄能力。加快防洪控制性枢纽建设,提高江河洪水调控能力。优化调整长江、淮河、海河蓄滞洪区布局,推进蓄滞洪区安全建设,保证正常分洪运用。在有条件的地方,推进退田退圩还湖,提升湖泊调蓄洪水能力。通过洲滩民垸和滩区治理,恢复行洪滞洪功能和生态保护功能。加快消除存量病险水库风险,恢复和提高防洪库容,完善水库群防洪联合调度。三是提高洪水风险防控能力。充分考虑气候变化引发的极端天气影响,科学提高洪水防御工程标准,有效应对超标洪水威胁。做好大江大河中下游地区洪水风险评估,加强土地利用和建设项目洪水影响评价和风险管控,降低洪涝灾害损失。

(二)实施水资源配置工程

优化水资源配置格局,加强供水安全风险应对,逐步建成丰枯调剂、联合调配的国家水资源配置和城乡供水安全保障体系。一是推进重大引调水工程建设。抓紧推进南水北调东、中线后续工程建设,开展西线工程前期工作,建设一批跨流域跨区域骨干输水通道,逐步完善国家骨干供水基础设施网络。二是推动综合性水利枢纽和调蓄工程建设。加快控制性枢纽建设,充分发挥其综合功能和效益。重点在西南地区建设一批大型水库,提高重点区域和城乡供水保障能力。多措并举建设应急备用水源,加强战略储备水源建设,提高应对特大干旱、突发水安全事件的能力。三是推进农村规模化供水。围绕乡村建设行动,完善灌排工程体系,提高保障粮食安全能力。以县域为单元,在有条件的地方推进城市管网向农村延伸和农村供水工程与城市管网互联互通,统一标准、统一管理、统一维护,建设规模化供水工程,实施小型农村供水工程标准化建设改造,畅通供水网络的毛细血管。

(三)实施河湖健康保障工程

从生态系统整体性和流域系统性出发,因地制宜,分类施策,实施重大水生态保护与修复工程,维持河湖生态廊道功能,扩大优质水生态产品供给。一是加强水土保持生态建设。科学治理水土流失,提升水土保持率,强化黄河中游、长江上游、东北黑土区等重点区域治理。加强生态功能区和江河源头区保护修复,因地制宜推进生态小流域建设。二是加大饮用水水源保护力度。以保护和提升饮用水水源地安全为重点,开展南水北调东、中线等重大跨流域调水工程的水源区、输水渠道(河道)水质保护。制定饮用水水源地名录,科学确定取水口布局,加强水源、水位管控和生态防护治理,强化地下水集中饮用水水源保护。三是推进河湖水系综合整治。以水资源超载区、水生态脆弱区、水生态退化区为重点,推进河湖生态环境治理修复。分区分类确定河湖生态流量目标,科学开展生态补水和河湖水系连通,切实保障河湖生态流量(水位)。四是推进地下水超采综合治理。分区确定地下水取用水量水位控制指标,通过节水、农业结构调整等压减地下水超采量,严控地下水开发强度,多渠道增加水源补给,持续推进地下水超采综合治理。

(四)推进国家水网智能化改造

充分运用物联网、大数据、人工智能、区块链等新一代信息技术,加快智慧水利建设。

一是加强水安全监测体系建设。优化水文等监测站网体系布局,完善大江大河及其重要支流、200~3 000平方公里中小河流、中小型水库等监测体系,补充水量、水位、流量、水质等要素缺项,提升地下水、行政区界断面、取退水口等监测能力,对国家基本水文站全面提档升级,推广自动监测手段,扩大实时在线监测范围,提升水安全智能监测感知能力。二是完善水利信息化基础设施。推进水利工程和新型基础设施建设相融合,加快水利工程智慧化、国家水网智能化,建设国家水网大数据中心和调度中心,加强数字流域建设。三是推进涉水业务智能应用。基于信息融合共享、工作模式创新、业务流程优化、应用敏捷智能等思路,推进涉水业务智能应用,提升信息整合共享和业务智能管理水平。

四、以完善监管体系为支撑纵深推进水利行业强监管

"十四五"时期是水利行业强监管的全面强化期,要推动行业监管体系从平稳起步向全面完善转变,专项监管行动从"被动迎战"向"主动出击"转变,专业领域监管从重点突破向纵深发展转变,坚持以问题为导向,以全面解决涉水各领域中因人的行为不当而造成的水安全、水资源、水生态、水环境问题为目标,建立一整套法制体制机制,全面提升涉水事务监管水平,努力实现水利治理体系和治理能力现代化。

完善行业监管体系。按照"全面覆盖、上下贯通、保障到位"的要求,完善部本级和流域管理机构监管体系,指导推动省级水利监管体系向市、县一级延伸。聚焦水利工程建设和运行、水资源管理、河湖管理、水灾害防御、水土保持、水库移民、水利资金等重点领域,进一步明晰综合监管、专业监管、专职监管、日常监管四个层次的职责定位和任务分工,加强各级水利部门监管制度建设、队伍建设、信息化建设,到2022年基本建立覆盖全行业的监管体系,各层级各领域监管工作全面展开,监管效能逐步提升。

(一)推进常态化监管

以统筹优化年度监管计划为抓手,着力改变监管任务"一布置一落实"的状态,促进监管工作成为各级水利部门部署安排、推进工作、总结评价中不可或缺的内容。优化监管信息平台,拓展完善功能,推广省级应用,通过信息化技术手段开展实时、高效、精准监管,助推监管工作计划、组织实施、考核评价等常态化运作。

(二)推进规范化监管

不断总结监管工作经验,编制各监管领域的"作业指导书",细化各领域监督检查的"规定动作"和标准体系,明确查什么、怎么查;同时不断梳理、修正、补充问题清单,全面列举实体问题、行为问题,通过一正一反"两个清单",减少主观因素对监管过程和监管结果的影响,确保监管队伍认真履职尽责,实现规范化监管。

(三)推进法治化监管

以"2+N"监管制度体系为基础,推进空白领域尽快制定监督检查办法和问题清单,对试行中的监管制度进行一致性核查修订,对问题清单进行动态完善,逐年更新版本。不断总结监管工作规律,梳理监管实践中的有效做法,固化形成制度、部门规章和法律法规,划清水利各领域监管"红线",使法规制度"长牙""带电"、有威慑力,推动强监管工作在法治轨道上不断前进。

第七节　中国水利未来发展趋势

水利作为国民经济体系的组成部分,在我国具有特殊而重要的地位,发挥着防洪保安全、支撑经济社会发展、维护自然生态健康的基础性作用。为适应国家治理体系和治理能力的不断现代化,未来较长时期,水利事业发展的总量和结构也必将并行调整、优化和完善。及时、准确认识这一发展趋势,对包括行政部门、投资公司、施工企业和项目单位的决策层和执行人,都具有重要的前瞻性意义。

一、城乡水务一体化

我国当前正处于从农村向城市人口转移的中期阶段后期,大量人口尽管在户口上还没有取消城乡差别,名义上的乡村人口并不算低。根据国家统计局公布的数据,2018 年我国城市化水平达 59.58%,距发达国家及格线还差 15 个百分点。但实质上,农村居民中有不少已经实现了城市居民转移,城市化比例要大于目前统计数字,无论是南方还是北方,甚至在我国西部地区,空心村、老年村已比比皆是,特别是经过国家脱贫攻坚战以后,这种情况将会呈现逐年递增的趋势。城市化导致人口密集居住,城市边界迅猛扩大,城市原有水源短缺,地理位置上的农村水库城市化等现象出现,新进的城市人口必然逐步享受到城市自来水的红利。而原有管理农村水源的水利部门,将会实现从管理农村农业水源过渡到管理城市水源,从而逐步将城市与农村供用水链条实现完整闭环,最终达到城乡水务建设和管理的城乡一体化。

二、供水和排水的统筹发展

供水和排水都是水资源在大自然界和人类社会完整循环链条中两个必不可少的环节,只是在不同地区和时期表现形式不一。长期以来,不可否认供水在整个供用水活动中占有核心地位,但无论是农村还是城市,在供水已经得到基本保障的条件下,随着人们生活条件的不断改善,对周边居住环境要求也越来越高,因而排水设施和管理也显得越来越重要,在很多发达省份的农村,排水设施、设备和管理已经成为生活中必不可少的组成部分。应当看到,由于城市和农村的空间布局和人口聚集度明显不同,城市排水和农村排水的要求与标准差异较大。目前,农村排水是在统筹考虑农村水系和农村环境的协调性基础上,向小区域化、生态化和自净化方向发展,逐步建立适应性的排水管网系统。而城市则逐步地向综合防洪、排水、通信、电力等城市综合性管廊方向发展,现有城市排水设施提升改造空间巨大。不管怎样,未来城市和乡村对于排水设施的考虑以及排水需求的不断增加,同时考虑排水系统兼具防洪、排污和环保的综合特质,投资规模将会继续增加,而且其改造维护的管理投入也将常年持续高位。

三、防洪设施体系综合能力提升必不可少

防洪安全是世界上大部分国家的一项重要任务,在我国则是一个永恒性问题,这是由

我国特殊的地理地势、气候和经济社会发展状况所决定的。新中国成立后,特别是改革开放以来,我国防洪体系得到极大地发展和完善,大江大河的防洪标准明显提高,应对洪水风险灾害的能力得到极大提升,但也要意识到,每年到汛期,防洪应急部门、专业水利管理部门以及各级政府都仍然不能有丝毫大意,局部性的洪涝灾害及大范围的超强台风每年都有发生,防洪保安全的弦从来就没有放松过。随着地球气候变化的加剧,极端气候时有发生,对防洪设施的要求越来越高,这一点其他国家都没有面临,无论是从长期看还是从短期来看,防洪设施体系的完善是一项不容忽视的底线问题,其完善不是简单地修建堤防、枢纽和泵站等工程,而是既要有传统的基础设施,还要有调剂水量流动的调水工程体系,更要有高效的管理信息系统。简单来说,就是在现有基础上不断地升级、优化、提升系统性的防洪工程体系能力,实现高水平的防洪综合能力,是我国未来防洪工作的长期和日常性任务。

四、河湖环境的优美宜居建设任重道远

河湖是水资源的主要载体,具有自净化、引导水流、保护环境、滋润土地、弥补地下水等一系列功能,在大自然生态系统中具有独特的作用,是自然界和人类社会维持运转的最主要要素之一。近年来,河湖在提供基本水源基础上,其环境功能越来越受到人们的重视,河湖环境独有的自然生态、蜿蜒曲折、滋养森林、调节气候等方面特点,都使得河湖周边土地环境更适宜人类生存和发展。绿水青山就是金山银山,河湖环境扮演着“绿水”的重要角色,是提升人们高质量生活水平不可或缺的自然环境资源,河湖环境的改善和保持将是我国在新的历史发展阶段及以后长期发展的重要需求。与发达国家相比、与实现中国梦相比、与不断追求幸福美好生活愿景相比,我国河湖环境的改善、维护和提高仍然存在巨大差距。河湖环境的改善包括河内水量的充足、与历史水量相比的保持量、水质的安全、岸线的亲水程度、植被以及主要动植物的完整性、流域内水环境的改善等,特别是针对我国地形复杂,地貌多样等特性,优美宜居的理想河湖环境建设任重而道远。

五、高档居住小镇高品质供水系统建设将成为新格局

在我国,长期历史原因和传统生产生活方式造成的对大城市的向往,向大城市甚至特大城市的迁移集聚具有根深蒂固的大众倾向,因此快速城市化进程特点之一就是集聚化程度高。但近年来不难发现,与“从小到大,从分散到集中”的城市化方向相反,从大城市向小城镇的转移,特色小镇的“逆城市化”也在悄然成为一种新现象。从欧美国家的发展经验来看,未来我国也将形成“大城市+小城镇+特色小村”的特色居住格局。而这些高品质小城镇和特色小村的骨干水网也要求高档化、方便化,使得供水保障体系的建设要求越来越高,污水的处理标准甚至可能高于城市,这样的居住环境和格局要求,未来将逐步显现。卫星城镇的特征与城市大型水网有所不同,需要避免长距离供水过程中的污染,热水供应、水质以及排水环境美化等,对水利工程的建设提出新的高标准要求。未来适应卫星城、骨干供水网沿线居住地、小城镇中小型供排水设施(含污水处理)和管理的供水体系建设,将越来越值得重视和研究。

六、企业化管理将成为水利工程运行管理的主流

新中国成立 70 多年来，通过大规模水利基础设施建设，我国水利工程规模和数量跃居世界前列，基本建成较为完善的江河防洪、农田灌溉、城乡供水等工程体系。随着工程数量的不断增多，逐步建立了相应的工程管理技术规范，锻炼了大量的管理技术人才，这为我国水利工程维修养护和运营提供了技术上和经验上的条件。随着政府职责职能的转变，市场催生了包括水投公司在内的各种运营管理公司，政府通过委托管理、实施政府购买服务的方式，将水利工程交由企业管理日益成为一种趋势。这种做法大幅降低了行政事业单位的资金和人员管理压力，同时能更好发挥专业团队的经验优势，正所谓"专业的事交给专业的人做"，提升了管理效益和效率。目前，水利工程物业化、标准化管理的方式正在全国逐步推行。在这一过程中，专业管理公司在水利工程经营性、公益性以及安全性等方面需要找到平衡点，而如何推动政府与企业在这方面达成共识，同时建立高效、低成本和安全的模式将是今后需要面对的重点问题。

七、强化水资源监管将成为一种常态

按照水利改革发展总基调的要求，强监管将是未来水利部门的核心工作之一，强化水资源监管是其中的重要内容，具体而言，政府监管将扩大到对水资源开发、利用、节约保护等全过程的监管上来，对用水的社会监管也将加强。现阶段很多水利工程实施企业化管理，部分项目采取了 PPP 模式，部分工程通过政府购买服务的方式委托社会企业承担运营维护工作，政府必将对供水服务、工程养护、水价、水质监测、弱势群体用水保障和污水排放等进行更加严格的监督，企业将面临更加严格的监管环境。

八、水价改革势在必行

长期以来，众多供水工程基本处于亏损运营的局面，主要原因就是未能基于水资源稀缺性而实现供需定价机制，尤其是在农业灌溉领域和农村生活领域更是如此。尽管水价改革推行已经很多年，但仍然举步维艰，其困难主要有三个方面：一是农业灌溉方式落后、水耗过大，传输成本高，成本主要由工程管理单位承担，农民用水户无承担能力，这是根本原因。在农业灌溉领域仅通过市场机制调节是行不通的，存在明显的市场失灵，如果强制按照市场机制来进行定价，必然以损失农业发展为代价，这显然与国家安全战略相违背。二是用水结构中的生活和工业用水所占比例过小，导致此部分收益无法弥补农业用水收益的损失。通过以工补农、用生活供水收益来补偿农业供水收益不足，尽管能实现一部分，但补贴无法覆盖亏空。三是水价调节机制的社会意识仍然没有形成，水价逐步提升的压力来自多个方面，水价的提升还需要长期的引导。从未来发展趋势看，我国的农业生产结构正在发生变化，规模化的集中连片经营逐步出现、经济作物比例不断扩大等给农业灌溉水价提升提供了基础。城镇化的快速推进、大量农民的城市化转移导致生活用水所占比例不断扩大，都将有利于用水支付能力的提升，而且随着我国供水质量的提高，水资源稀缺性不断增加，以及基层供水单位稳定运行的压力，必将推动水价改革步伐的增速。

九、水资源供给的结构不平衡现象将长期存在

我国近年来全社会用水总量相对稳定,保持在 6 000 亿~6 300 亿立方米,基本满足了我国经济社会发展的用水需求。但应当看到在总量平衡的供需结构内部仍然存在失衡现象。一是年际和年内之间的波动变化较大,局部地区和部分时期发生的缺水干旱现象时有发生,比如 2019 年江西部分地区的连续干旱造成了供用水的持续紧张。二是大量用水对应着大量的污水排放,6 000 亿立方米用水后的污染治理任务十分艰巨,河湖自我净化能力不足,人工净化成本高昂。三是地区发展与水资源分布之间的不平衡进一步加剧水资源供求失衡,目前来看,无论是南水北调工程的供需上,还是较小尺度流域的调水工程上,水量、水质改善和保障需求之间的不平衡问题长期存在,因此调水工程及其管理体系的建设将是一项长期任务。

十、以综合性项目立项将成为水利建设的一种重要选择

项目是投资建设管理的"基本单元",是国家投资管理的最小元素。一般项目立项、建设和运行是按照行业以及行业内部不同性质进行分类管理的,这种做法对于技术提升、效率提高、国民经济分工等方面都有着重要的意义。但应当看到,分工细化是相对而言的,不可能"归大拢",也不可能无限细分成"头发丝",粗细的划分标准要与当时的技术水平、管理队伍素质、项目数量和规模等紧密联系。当前,我国已经初步建立了水利基础设施体系,单一性质的水利工程项目越来越细化,造成众多单个项目规模很小,但项目立项的前期工作仍然复杂,尽管目前国家大力推进简政放权使得一些立项环节得到了归并、简化,但立项周期依然较长,变更和概算调整的程序也存在同样的问题,因此如何合理设置项目规模以提升立项速度和管理效率,已经成为各级单位的共识。此外,山水林田湖草是相互联系的整体,适合综合治理,也有很多项目本身就具有综合性特点,拥有多种用途,如水库大坝坝顶是交通要道,水库成为了湖泊,很多项目覆盖水资源的全产业链环节合并开展、统一经营等。而且从项目的投入产出来看,单一公益性项目在经济上可行性较差,通过综合性项目立项的方式也能提升项目吸引力。因此,当前各地综合性、混合型项目正在不断增多,这种趋势对于立项、建设以及管理都提出了新的挑战,同时也是一种机遇。

第四章 中国近现代治水名人

第一节 林则徐

林则徐(公元1785—1850年),字元抚,一字少穆,福建侯官(今福州)人。他是晚清一位名震中外的民族英雄,以其禁烟运动和抗英斗争的爱国业绩而彪炳史册,为人们所崇敬。同时,他还是一位功绩卓著的治水名臣,在中国近代水利发展史上谱写了光辉的篇章。

林则徐塑像

早在嘉庆十八年(1813年),林则徐便由进士及第,作了翰林庶吉士。这期间,他特别关心研究北京及河北一带的农业水利问题。他广泛搜集了元、明以来有关兴修水利的奏疏和著述,并结合自己的调查研究成果,写成了《北直水利书》。该书针对北方兴修水利的问题,提出了一系列很有见地的奏议和措施。他倡导建立闸堰,开沟挖渠,对宣泄积水与实行灌溉起到了促进作用。

道光四年(1824年),林则徐被道光皇帝任命为江浙两省七府的水利总办。由于上年江苏境内有30多个州县遭受严重水灾,林则徐上任后,便果断地提出了查勘和疏浚"三江"(吴淞江、黄浦江和娄江)水道的决策。他认为三江水道淤塞是造成"旱涝皆是危害"的根本原因。正当林则徐大展疏浚三江水道之举时,他的老母亲病故。服丧才半年,林则徐便又匆忙返回任内,督修水利工程。

道光十二年(1832年),林则徐又到山东接任东河河道总督之职。当年三月,他又赴河南查验黄河防治工程,初步形成改道黄河由山东入海的治河方案。是年七月,林则徐出任江苏巡抚。

治理江苏水利,是林则徐在江苏任内的一大政绩。他先后组织了疏浚江南苏松一带的白茆河、刘河,以及宝山、华亭一带海塘,丹徒与丹阳的运河,练湖与苏北的盐城一带的许多河道。仅道光十五年(1835年)至道光十六年(1836年)的一年间,林则徐便组织了15个州县大兴水利,共动土160余万方,疏浚河道总长度为8.9万余丈。

在进行水利工程建设中,林则徐经常深入工地,察访民情。他"每坐小舟,数往来河中,察勤惰,测深浅,与役人相劳苦,不烦供忆。"为水利工程建设尽心尽责,这也体现了林则徐一贯的求实作风。

道光十四年(1834年)、道光十五年(1835年),江苏又连续发生了水旱灾害,这些新修的水利工程及时发挥了作用,使广大农村不仅没有受到自然灾害的影响,反而取得了庄稼丰收,当地百姓都很感激林则徐的功绩。在治水实践中,林则徐还逐步认识到水利与农业,治水与人力、地力诸方面互相依存的关系。他提出了"赋出于田,田资于水,故水利为农田之本,不可不修。""水道多一分疏通,即田畴多一分之利赖"等。

道光二十一年(1841年)年七月,因禁烟抗英斗争而遭腐败的清朝廷撤职流放的林则徐满怀忧愤,只能奉命遣往伊犁。不料,是年8月,黄河在河南开封祥符一带决口,豫皖两省有数十万百姓受灾遭难。此时,束手无策的道光皇帝又想起了林则徐治水有方,旨令林则徐星夜赶赴祥符灾区,"以效力赎罪之"。

林则徐到了祥符以后,全力协助河道总督王鼎办理堵口事宜。为使堵口的大坝能早日合龙,他不顾自己腹泻数日、鼻腔出血不止等疾病,早出晚归,一心扑在工程上。直至大坝胜利合龙了,他的心才得到些安慰。然而,祥符之功未能改变林则徐的悲惨命运。虽经王鼎以死进谏,但朝廷仍对其"从重发往伊犁"。

"苟利国家生死以,岂因祸福避趋之。""海纳百川有容乃大,壁立千仞无欲则刚。"尽管林则徐蒙冤遭诬,但他没有沉溺于个人的恩怨得失。他在那荒凉的边陲,想再尽自己的一分力量,为国家民族再做一些有益的事。他主动向伊犁将军布彦泰要求承担阿齐乌苏荒地的开垦任务,就是最好的佐证。

阿齐乌苏荒地,本是八旗屯兵之地。后因缺乏水源而废置。林则徐请战后,便亲自督率民夫,用了4个月时间,开挖了一条6里长、3丈宽、丈余深的引水渠,用丰沛的喀什河水滋润了久旱的阿齐乌苏荒地。至道光二十四年(1844年)秋,林则徐组织当地民众共开荒垦田多达19万亩。

林则徐还倡导推广了吐鲁番"坎儿井"。在吐鲁番盆地,林则徐对卡井(坎儿井)的形式和效益予以高度评价。他说:"此处田土膏腴,岁产木棉无算,皆卡井水利为之也",便大力推广,一下子新修了60多道,为历史上的2倍,使许多"涸田久荒"的土地变成沃壤。新疆人民为感念林则徐这一功绩,把卡井改称作"林公井"。

第二节　冯道立

冯道立,字务堂,号西园,江苏省东台县时村(今时堰镇)人。生于清高宗乾隆四十七

年(公元 1782 年),卒于清文宗咸丰十年(公元 1860 年),享年 79 岁。是我国清代中叶的一位杰出的水利学家。

冯道立从小聪颖好学,胸怀大志。七岁,过目成诵,加之本人勤奋,常常挑灯夜读,博览群书。二十多岁,开始钻研天文、经学。书房旁设有天文台,晴天夜晚登台观看星象,并作记录。二十九岁开始,着手编写《周易三极图贯》等书,专心致志于著书立说。

在冯道立生活的年代,位于江苏西部的高邮、骆马、洪泽等湖,堤坝经常决口,洪水横流,泛滥于淮扬两府,人民生命财产毫无保障,到处哀鸿遍野,民不聊生。冯道立目睹水害给江淮人民造成的灾难,他从青少年时代起就立志做大禹、李冰、郭守敬式的人物,解除水患,造福于民。于是他搁下心爱的天文和经学的研究,阅读了大量的历代水利著作,并从三十三岁起至四十六岁止,共用了十三年的时间,对整个苏北地区的江河湖海进行了全面的实地考察,掌握了水文、水利等详尽的第一手资料,编写出比较切合实际的《淮扬治水论》《淮扬水利图说》等著名的水利专著。

冯道立一生先后参加过许多大、中型水利工程的建设,每次都是身体力行,知难而进。他曾指挥乡民筑坝拦洪,使时堰一带庄舍脱离水险。曾主持设计疏浚河海的施工,解除水患。

一、含辛茹苦足迹遍及淮扬地

冯道立一生的实践可以分为两部分:一是到苏北地区实地考察,二是参加许多大中型水利工程的建设。

清嘉庆十九年(1814 年),三十三岁的冯道立买了一只小船,雇了船夫,开始深入到海滨、长江、运河、淮河、黄河、洪泽湖、骆马湖、离邮湖等地勘察。行船时查阅大量水文、水利等资料,直至深夜。他每到一地,都要走访当地的渔民、船夫、农民和樵夫,进行详细的调查,作了翔实的记载,测绘数以百计的草图。途中经常遇到狂风暴雨的侵袭,历尽多少艰难险阻,他都矢志不渝百折不回。有一次,他的船行至洪泽湖的临淮口,忽遭疾风骤雨,小船被恶浪掀翻沉设。多亏船夫奋力抢救,才幸免葬身鱼腹。还有一次他到盐城以东的斗龙港一带,察看盐场诸河的入海情况,不料在柴滩上迷了路,粮又吃光了,只好挖芦根充饥。夜晚留驻,为防止野兽、毒蛇的袭击,他燃起一堆柴火,目不交睫。他第一次外出勘察,三年未归。

冯道立不辞劳苦,踏遍苏北各地。北自淮河流域,南至长江沿岸,西起天长、六合,东临黄海之滨,都留下了他的足迹。历尽艰辛,他终于得以掌握淮扬水路的来龙去脉,并根据地势、土质等情况,科学地设想了西水泄入排江入海的道路。对里下河地区影响最大的五里、车逻、中心、昭关等坝,他都运用精确的数字计算出哪一道坝决口,里下河地区的水涨多高,以江苏兴化城墙为尺度,立下标志。

清道光六年(1826 年)入夏以来,阴雨连绵,湖水骤涨,漕堤决口,滔滔洪水汹涌东去,里下河地区一片汪洋。位于东台县时村(今时堰镇)东南方的大兴圩不幸决口,洪水翻滚,圩内水深八尺,决口逐渐扩大,圩子面临着全面崩溃的危险,形势万分危急。冯道立挺身而出,迅速带领乡民在圩内筑堤以杀水势,同时在决口处下桩,用包装泥填堵。当时狂风怒吼,暴雨倾盆,惊涛骇浪,震撼圩坝。冯道立临危不惧,顶风冒雨,往来于堤上,沉着地指挥乡民与洪水搏斗。经过几天几夜的奋战,决口终于被堵住,堤坝的险段被加宽加固,堤内的洪水撤退,万亩粮田的庄稼损失甚微,圩内七十多个村庄人民的生命财产都脱离了险境。后来,每当西水东注危及时村时,他都亲临堤坝,虽年近七十,仍然昼夜巡视,协同乡民护堤。

清道光十五年(1835年),泰州州判朱沆打算疏浚运盐河(东台海道口至青蒲角河段)。时值夏令,天气异常炎热,河道干涸了很长时间,正是疏浚的好时机。可是很多人都反对在这个时候搞疏浚工程。冯道立力排众议,竭力劝请朱沆多雇夫工,一起下塘,限定六天竣工,从厚赏赐。开工后,他负责指挥施工,并亲自搬土。民工深受感动,干劲倍增,加紧施工,终于使盐河疏浚工程如期完成,船只来往方便,畅行无阻。河全长六十余里,既成以后,岸土渐增。冯道立又劝民栽柳,以护新堤。

清道光二十年(1840年)六月。灶河水大,秋八月运河堤溃决,东台一带尽成泽国,东台县知县秋家丞特地到时村访问,邀请冯道立帮助疏通海田。秋知县偕同他视察了范公堤以东的沿海各地,发现那一带海口很浅狭。秋知县不明其故,便向冯道立请教,他解释说:近海之地,潮汐冲散,从来治河难,治海尤难,治小河以通海则更难。施工者畏难,往往草率从事。现在动工,应先将海口浚深。再寻源而上,尾闾既泄,这样腹涨自消。由于施工按照他的计划进行,终于出色地完成了任务,解除了水患。在这次疏通灶河的工程中,冯道立不断总结经验,这为他后来的水利著作提供了很多宝贵资料。

清道光二十二年(1842年),冯道立首倡在时村四周筑庄圩,庄圩险段的基础部分都打了木桩。后来虽屡遭西水侵袭,时村却比较安全。因此,该圩被称为"丰乐圩"。为了兴修水利,他经常往返奔波,有时路过时村,不入家门,老百姓赞扬他有大禹之风。

二、淮扬治水论

冯道立对天文、地舆、兵法、经史、文学、医学都颇有研究,一生著述甚多。相传他一生的著作有六十余部,刻成木板印刷的将近二十部。如《淮扬水利图说》《淮扬治水论》《测海蠡言》《攻沙八法》《勘海治水论》《束水刍言》等。冯道立的著作大部分都是图文并茂,内容详尽,说理透彻,具有相当高的科学价值。

《行述》中说冯道立毕生精力,尤瘁于水利诸书。非口耳尝之,且躬亲之,履勘周行,益洋益谨。经过实践、理论的反复过程,冯道立终于形成了自己独树一帜的水利学说。

在完成对苏北地区千余年的实地考察以后,冯道立在掌握了大量资料的基础上,经过写稿绘图,反复校正,写出并刻印了两都著名的水利著作——《淮扬治水论》和《淮扬水利图说》。

在《淮扬治水论》一文中,冯道立分析了治淮与治黄的辩证关系,他总结说:治渭欲求治淮,仍不外此蓄、清、刷、黄四字。淮与黄相倚伏,治淮能先治黄,则蓄清自然有功,治淮不先治黄,则蓄清终难有效。故蓄清之说,专用之不可,专辟之亦不可也。这当中"淮与黄相倚伏"六个字,精辟地概括了黄河、淮河危害苏北地区的历史根源。"黄河百害,唯富一套"。滔滔的河水冲下了黄土高原的大量黄沙,使黄河下游易淤易决。特别是河南省荥阳市以东到兰考县一段,历史上曾多次决口,泛滥成灾。从夏禹治水到清咸丰六年(1856年),就有六次改道。黄河影响苏北地区是从南宋光宗绍熙年间(1190—1194年)

开始的。当时,黄河在河南省阳武县(今原阳县)决口,滚滚浊流分成南北两支,经山东省到江苏省北部入淮下游流入黄海,明孝宗弘治年间(1488—1505 年),黄河在河南省金龙口决口,明政府筑太行堤挡住北流的洪水,从此黄海流水就专入汴河、淮河流入黄海(今废黄河)。直到清咸丰年六年(1856 年),黄河又在河南省兰封县(今兰考县)决口,又夺济水破道,流入山东省,经利津县、垦利县入海。淮河下游已被六百余年长期淤积的黄沙阻塞,使淮河的水无路归海,蓄积在洪泽等湖,只好向东注入运河,流入长江。从黄河夺淮开始,每年夏秋之间,洪泽、高邮等湖,湖水陡涨,常有湖堤溃决东注之患。西水所到之处,一片汪洋,整个淮阴、扬州两府人民的生命财产常有被洪水吞噬的危险。

当时民谣说:"倒了高家堰,淮扬两府不见面""宁失江山,不倒昭关。"冯道立十分赞扬荀子的"人定胜天"思想,《淮扬治水论》中说:"天下莫难于治水,亦莫易于治水。"他指出:"天下事畏之则难,行之则易,有志竟成,是在人力以胜之。"

《淮扬水利图说》一书中,绘有《淮扬水利全图》《淮黄交汇入海图》《御坝常闭水不归黄沿江分泄图》《东台水利来源图》等八幅精细明确的水利图。这部著作系统地提出了根治淮扬水患的具体方案,构思出很多科学设想。冯道立的主要论点是:治水之道不出"疏""畅""浚""束"四法。他认为,要根治水患,必须采用加筑堤坝,疏通支河,浚刷积沙,里下河地区导洪另寻去路;民田四周建筑堤坝,在高邮—泾河各筑两道长堤,束水归海等上、中、下三策。这些设想富有科学性,很有价值,是他长期踏勘的心血结晶,是留给今天的宝贵水利资料。新中国成立以后的治理淮河、开建新洋港闸等工程,都参考了他的这些著述。

《测海蠡言》是一部集几十年治水经验之大成,闪耀着冯道立水利思想光辉的科学论著,成书于清道光十九年(1839 年)。全书从"审地势"开始,到"裕后图"为止,共分五十二目。归纳起来可以分成八大部分:①开工前的审定,准备工作;②组织动员工作;③工程的具体布置和分工;④切实抓好经济和总务工作;⑤关心民工,安排好民工生活;⑥严明劳动纪律,制订必要的赏罚制度;⑦工程的安全保卫工作;⑧结束收尾时的善后工作。他特别强调,在治水时,饮食起居应给民工以关怀,在经济上要"明赏罚",工程要杜绝"浮混",收工时要严格要求,"不可草率了事",影响工程质量。这些水利建设理论,是前代优秀水利学家治水经验的结晶,是我国千百万劳动人民长期与水患作斗争丰富经验的总结。不仅适用于海口工程,也适用于一般水利工程,不但在当时行之有效,在今天仍值得学习和借鉴。

《攻沙八法》是冯道立晚年的著作。他在《攻沙八法》中提出了"疏""开""束""蓄""直""闸""捞""下"八种治沙方法。这八种方法,是冯道立多次参加水利工程施工的经验概括,具有科学性和实用性,时至今日仍有参考使用价值。

冯道立一心总结治理水患的经验,专心致志于编写工作。为能使自己的学术留传后世,他日手一篇,寒暑不间,尤在晚年,经常手书不停,夜以继日。他对自己所著的书籍,常加检阅,每有新得,不惮长篇累牍,抒发己见。请教同人,增删批改,力臻完美。他花费巨资购买了大量枣木(防止虫蛀且不易变形)、纸张,请了很多有名的工匠,将枣木刨削成板,刻字印刷,装订成册。书板盈屋,上门求书者甚多,当时东台流传有"洛阳纸贵"的美谈。

第三节　张謇

张謇(公元1853—1926年),字季直,号啬庵,江苏南通人。1894年考中状元,被清政府授予翰林院修撰,是中国近代实业家、政治家、教育家。毛泽东和黄炎培生前在谈到我国民族工业发展过程时,曾说有四位实业界人士不能忘记,张謇就是其中之一。习近平同志在江苏省调研时,了解张謇兴办实业救国、发展教育、从事社会公益事业情况,并赞扬他是"民营企业家的先贤和楷模"。张謇对近现代水利的创建贡献极大,他的治水思想融会中西、影响深远。张謇开创了近现代流域水行政管理体制之先河,构建起国家流域管理机构的最早雏形;首开了近现代流域规划、水利工程测量先河,是中国以近现代科学技术治水的先驱;首创了河海工程专门学校和河湖工程测绘养成所,由此奠定了近现代水利教育体系的基础。可以说,张謇不仅是近代实业家,更应尊为近现代水利的奠基人。

张謇塑像

一、以救国为旨,从实业家到水利家

1912年2月12日,清帝退位,张謇起草了退位诏书,在随后成立的南京政府任实业总长,同年任北洋政府农商总长兼全国水利总长,1914年兼任全国水利局总裁。张謇对水利的执着和贡献,早期源于他目睹了江河泛滥给国家和民众带来的灾难,遂以治水为己任,投身于治理水患的实践,黄河、淮河、长江、运河都留下了他的足迹。后来则出于他"实业救国"的伟大抱负,他认为中国要强盛,必然要发展中国的大工大农大商,而水利即贯穿于工农商之中,与国计民生关系密切。他认为水利是实现富民强国的客观要求,治水可以使国家增赋、百姓增产,水利乃民生事业。他说:世界文化进行,工程事业日益发展,顾工程之门径多矣,河海工程尤为切近民生之事业。这是他一生致力于水利事业的价值取向和目标追求。

1914年,张謇任全国水利局总裁。上任伊始,张謇就提出《条议全国水利呈》,提出了"一宜导淮而兼治沂、泗二水,一宜穿辽河以通松、嫩,一宜设河海工程学校"等治理江河、兴办教育的主张。

张謇治理黄河。治理黄河是他的首次治水实践,在以后的治水生涯中形成他的治水思想和主张。《清史稿·河渠书》记载:光绪十三年(1887年)"八月,(河)决郑州,夺溜由贾鲁河入淮,直注洪泽湖"。朝廷先是署河南山东河道总督李鹤年、河南巡抚倪文蔚主持堵口,朝廷复派礼部尚书李鸿藻到工督修。是年,张謇随恩师孙云锦赴开封府任职,协助治黄救灾。为了获取第一手资料,他多次冒着生命危险乘小船勘察黄河水情,几乎走遍了黄河决口的各处,结合历代黄河文献资料,以"论河工"五次向当时的河南巡抚倪文蔚致函(《论河工五致倪中丞函》),张謇代拟了《疏塞大纲》,详细阐述了他的治理方案。张謇提出了堵塞并举、分流入海的黄河系统治理方案。张謇在《论河工五致倪中丞函》中论述"塞为目前计;疏为久远计,而亦即为目前计",认为"盖河身深远宽通,一经挽制,大溜水势就下而趋,并归正道;决口浅涸,堵塞易施。然则二者犹裘之领,网之纲……",主张乘全河夺流,呈漫流之际,复禹故道。对黄河的治理主张,上承经学致用治水,在他的水利文章中经常可以看到引用《尚书》《国语》《周礼》《孟子》中的水思想和水论述,还深研过明清水利专家潘季驯、靳辅、丁显、冯道立等的水利著作。不仅如此,在他不畏艰险勘察、治理黄河的实践经历中,他的治黄思想和主张也得到了充分运用。

张謇治理淮河。1913年4月,张謇任导淮局督办。导淮始于1855年黄河大改道以后。黄河夺淮700年造成了淮河下游河湖埋塞,每年汛期苏北成汪洋泽国,洪水数月不退。张謇出任导淮局最早长官,面对频繁渍涝灾害,1913年5月,张謇在《治淮规画之概要》中提出"淮沂泗分治、治淮应规定道线分注江海、沂泗分疏"的治淮规划建议,并且在《导淮计画宣告书》中提到"而自问工程之学,本非专门,徒以淮事略有研求",推出标本兼治的主张:"所谓本者,则有如详加勘估,确定入海及分流入江之路线","所谓标者,先浚淮沂近海入运之路,以杀其势"。在《淮沂沭治标商榷书》中"拟分淮水十之七入江,其三全由旧黄河入海",即"七分入江,三分入海"的治淮主张。张謇为导淮奔波了30多年,倾注了大量的精力和心血,编制了科学的规划,在当时产生了广泛的影响。众所周知,现在的淮河在新中国成立后主要采用的就是张謇的治淮思想。实践证明,他的思想是科学的,也是切实可行的,超越了时代。

张謇治理长江。提出"治水当从下游始"的治江主张,还提出了著名的"治江三说"理论:一为治全江计,由公呈明政府,集合湘、鄂、赣、皖、苏五省明达水利之士绅三数人,合设一长江讨论委员会,即以江宁为会所;二是由湘鄂皖赣四省遴选优秀知识青年四五十人进河海工科专门学校学习;三是为江苏计,提出长江干流宜作统一规划,分段治理,而且下游江阴南通段、海门崇明一段,须立即治理。"治江三说"对我国长江治理影响很大,有力地促进了其后扬子江水道讨论委员会的成立,对后来的扬子江水道整理委员会的治江规划也有相当影响。

二、水行政管理体制变革

清末漕运中止后,河道总督裁撤,国家河工管理机制随之消亡。张謇出任全国水利局总裁,首先面对的是如何设置国家水利行政管理。他认为"行政有省可分,治水无省可分",指出"古之水利,皆有专官",中国传统按江河管理河工的机制,有效地防止以邻为壑、各自为战的弊端。他认同"治水之道,贵乎上下蓄泄,彼此统筹,必无划疆而治之水利"的流域管理原则,指出"各国水道,既设专局,并且为常设之机关"。张謇兼容并蓄了中国古代传统水利管理与西方水管理各自所长,提出了超越行政界限的国家水管理体系的架构,建立流域乃至全国性的水管理和协调机构。

未出任全国水利局总裁之前,张謇对此已经有所实践。清光绪二十九年(1903年),他推动了导淮测量局、江淮水利测量局的建立,建议北洋政府设立全国水利局,"而以导淮事宜属之",以利于对全国水利事业的领导。1913年,张謇被任命为全国导淮督办。1914年,导淮总局改组为全国水利局,张謇任总裁。这是国人主持设立的第一个近代大型流域管理机构,张謇还恳请各省设立水利分局或水利委员会。这一举措推动了国家层面的水行政管理体制的建立,也形成了现代流域管理机构的雏形。1914年,江苏巡按使韩国钧在江都县、吴县分别设立筹浚江北运河工程局和江南水利局。1914年12月21日,张謇在《为拟订〈各省水利委员会组织条例〉呈大总统文》中说,"为水利系农政根本,谨拟简易办法推行事……自奉令设立全国水利局,凡关于较巨之工程,自应由局统筹利害,以收挈领提纲之效。惟全国水道支分流别,其仅属一省或数县、一县之范围者,势不能坐待中央之规画……"一年内有直隶(现河北)、黑龙江、新疆、云南等省成立了水利委员会。

三、从测量开始,奠定现代水利技术的基础

"治水以测绘为先,乃不易之成法",这是张謇《请设高等土木工科学校先开河海工科专班拟具办法呈》中记述的。他在《河海工程专门学校旨趣书》中提到,"治河,科学的事业也。测量地势,特精确之仪器"。他认为治水要按科学办事,治水要从测量工作入手,"盖此项专科学校所注重之学术有二:曰测法,曰算术",把测量作为水利技术运用的主要手段。要制定科学合理、切实可行的治水方略,必须以测量为先导,因此于1909年筹设江淮水利公司(后改为测量局),并在1911—1922年间首次对淮、运、沂、沭、泗等河道的流向、流量、水位、含沙量以及降雨量等进行测量,其区域之广、内容之多,前无古人。后人评价说,从此"淮河流域之地形水势,乃有精密之纪录,实开我国科学治水之先河"。而且他还亲力亲为,聘用荷兰工程师,加上通州师范测绘班培养的毕业生40人,以后又增加苏州土木工科甲班毕业生20人,进行淮河的测量工作。1924年,张謇组织力量将12年淮河测量的成果汇编成册,含各种资料表册1 238册,图25卷又2 328幅,包括平面、断面、流量、雨量、水位、土质等翔实的数据。汇编成《导淮测量处成绩》出版,张謇为之作序,"欧美工程家凭图审勘,与实地检查,证为可信"。他主持的对淮河进行实地测量和水文观测所积累的数据和资料,为淮河治理提供了极具价值的科学依据和宝贵经验,为后来各个历史时期的淮河治理提供了有力参考。

四、开近现代水利高等教育和职业教育之先河

1914年,张謇任全国水利局总裁,上任伊始,深感技术人才的缺乏。7月,撰写《请设高等土木工科学校先开河海工科专班拟具办法呈》,"即以设立高等土木工科学校,先开河海工科专班为请,诚以规画进行,储才为急",把水利技术人才培养视为当务之急。而且把校址选江宁(现南京),"不如借用江宁省前咨议局房屋,较为适当"。在《拟请拨款即设河海工程学校并分省摊筹常费办法呈》中提出经费的安排,"至常年经费,最少数约需

三万圆,拟由謇商同直隶、山东、浙江、江苏四省巡按使,暂时分认"。即,常年经费三万圆由直隶、山东、浙江、江苏四省负担。经张謇四处活动、反复呼吁,1915 年 3 月 15 日,我国第一所高等水利工程学校——河海工程专门学校在南京开学,张謇参加了开学典礼。这是我国历史上第一所培养水利技术人才的高等学府,此举开创了我国兴办近代水利教育的先河,是我国近代水利教育兴起的重要标志。许肇南为校长,李仪祉为教务部主任兼教授。该校培养了大批优秀水利人才,早期毕业生须恺、汪胡桢、宋希尚等后来都成为我国知名的水利专家和水利界的领军人物,为近代水利事业培养了大量栋梁之材,从此中国进入专业水利人才为治水主体的时代,从这个意义上说,是划时代的创举。1924 年,张謇对河海工程专门学校第四届毕业生发表演讲,他讲道,"謇更有言者,诸生毕业以后,当以办事为目的。果有事,则本廉谨、忠实之道以相始终,俾本校益增荣誉",勉励毕业生"切近民生之事业,不能久缓⋯⋯,诸生今后为工程急切中之重心点,其各自勉、自奋、毋自弃。是为词",这殷殷的话语既是他办学宗旨的体现,也是他拳拳赤子之心的写照。

提倡创办河海工程测绘养成所,这是我国第一个水利职业教育机构。《拟请申令各省速设河海工程测绘养成所呈》明确,"为巨灾叠见,储材宜亟,拟陈各省,亟宜筹设河海工程测绘养成所办法",指出"而河海工程非先测量,则规画估计无从措手。故目前第一救急办法,惟有仰乞申令各省急设河海工程测绘养成所,以储治水第一步之人材",强调测量对于水利的重要性,测量是做好规划的前提,也是储备水利人才之必须。1915 年 8 月 19 日,张謇亲自拟定的《河海工程测绘养成所章程》中的第三条说明成立河海工程测绘养成所的宗旨是"本校以养成河海工程之测绘人才为宗旨",随后江苏、浙江、湖北、新疆、黑龙江等省纷纷响应成立河海工程测绘养成所。创办河海工程测绘养成所是水利职业教育的开先河之举。

张謇身处积贫积弱的中国,面对黄河、淮河流域遭受连年洪涝灾害,他以治水为己任,敢为天下先,创立了中国近现代水利的管理体系、水利教育体系,推动了近现代水利如测量、治河规划等基础性工作开展,对中国近现代水利事业做出了杰出的贡献。

第四节　孙中山

孙中山(1866.11.12—1925.3.12),幼名帝象,学名文,字载之,号日新,后改号逸仙,旅居日本时曾化名中山樵,"中山"因而得名。广东香山(中山)人,我国近代民主革命的先行者,伟大的民主主义革命家。1892 年毕业于香港西医书院。赴檀香山成立兴中会,誓推翻清政府。1905 年在日本联合华兴会、光复会等革命团体成立中国同盟会,被推为总理。1911 年辛亥革命后被十七省代表推举为中华民国临时大总统。1924 年确立联俄、联共、扶助农工政策,发表新三民主义,创立黄埔军校,年底扶病到达北京共商国是。1925 年 3 月 12 日病逝于北京,享年 59 岁。1929 年 6 月 1 日奉安于南京中山陵。

孙中山早在从事推翻清王朝革命以前,就非常关心我国的水利事业。他对清政府不重视兴修水利痛心疾首,1894 年上书直隶总督兼北洋通商大臣李鸿章:"水道河渠,昔之所得利田者,今转而农田之害矣。如此之黄河固无论矣,即为广东之东、南、北三江,于古未尝有患,今则为患年甚一年;推之他省,亦比比如是⋯⋯年中失时伤稼,通国计之,其数不知几千亿兆,此其耗于水者固如此其多矣。"他主张政府内应设专管农业和水利的机构,以平水患,兴修水利,开垦荒地。他还积极倡导利用农业和水利机械,认为:"如犁田,则一器能作数百牛马之工;起水,则一器能灌千顷之稻;收获,则一器能当数百人之刈。"

后来,孙中山先生提出民主、民权、民生的三民主义。他把江河防洪与解决民生吃饭问题联系起来,认为"要完全解决吃饭问题,防灾便是一个很重大的问题。"他将防洪减灾分为治标和治本两种方法。他说:完全治标方法,除了筑高堤之外,还要把河道和海口一带来浚深,把沿途的淤积泥沙都要除去。这样,即使发生大水也不至泛滥到各地,水灾便可以减少。"所以浚深河道和筑高堤岸两种工程要同时办理"。他注意到森林砍伐与洪水灾害的关系。由于滥砍滥伐,许多地方茂密森林变成濯濯童山,一遇大雨,没有森林吸附雨水,汇流速度加快,山上的水马上就流到河里,河水便很快泛滥起来,酿成水灾。因此,他认为,要防水灾,种植森林是很有必要的,多种森林便是防水灾的治本方法。

孙中山塑像

1917—1919 年,孙中山先生集中精力研究制定了宏伟而又具体的《实业计划》,列入他的《建国方略之二》,作为"国家经济之大政策"。在这个计划中,水利占有重要的位置。他对于长江、黄河、淮河等的治理,提出了一些具体的规划和设想。

一、治黄计划

孙中山认为,防治黄河水害,历来是中国古今的大事业,为国计民生及社会发展之计,不能不下大力气治黄。所以,近代中国不能不在治黄上有所作为。"顾防止水灾,斯为全国至重大之一事。黄河之水,实中国数千年愁苦所寄。水决堤溃,数百万生灵,数十万万财货为之破弃净尽。旷古以来,中国政治家靡不引为深患者。"

但修治黄河,投资巨大,令人望而生畏。对此,孙中山以政治家的远见卓识,认为:惟其如此,更应谋求根本治理之策。"修治黄河费用或极浩大,以获利计,亦难动人。""以故一劳永逸之策,不可不立,用费虽巨,亦何所惜,此全国人民应有之担负也。"

孙中山的治黄计划,不仅包括黄河干流,支流治理亦涵括其中,对于汾河、渭河等大支流尤有所论及。"渭河、汾河亦可以同一方法(指治理干流的方法)处理之,使于山、陕两省中,为可航之河道。诚能如是,则甘肃与山、陕两省,当能循水道与所计划直隶湾中之商联络,而前此偏僻三省之矿材物产,均得廉价之运输矣。"

孙中山主张:"黄河筑堤,浚水路,以免洪水。"至于堤防的设计,他的设想是修筑两条平行性河堤,既能防治黄河之淤积,又能有益于航运。在黄河干流适当地区,借助近代化的闸坝工程,还可以引水发电,为沿线工农业发展提供廉价的能源。

孙中山主张要搞好黄河治理,筑输沙长堤把泥沙输入深海,以使黄河尾闾通畅,使黄河免遭决溢之害。"黄河出口,应事浚渫,以畅其流,俾能驱淤积以出洋海。以此目的故,

当筑长堤,远出深海,如美国密西悉比河口然(现译密西西比河)。"

孙中山认为,加强下游防洪,使黄河不致决溢为害,只是治黄事业的一部分,而不是治黄的全部。要彻底根治黄河,还要进行水土保持。"浚渫河口,整理堤防,建筑石坝,仅防灾工事之半而已,他半工事,则植林于全河流域倾斜之地,以防河流之漂卸土壤是也。"

孙中山把沟通黄河航运放在优先地位,强调航运是治理黄河的重要目的之一。干支流治理均应如此。另外,孙中山在黄河口还计划设一黄河港,为重要三等海港。位于黄河河口北直隶湾南边,离计划中的北方大港80英里。借助内河航运,沟通山东、河南、直隶之广大部分。

孙中山还设计了涵盖黄河全流域的铁路网。在中央铁路系统中,东方大港塔城线,东方大港库仑线,东方大港乌里雅苏台线,西安大同线,西安汉口线,北方大港西安线,北方大港汉口线,黄河港汉口线均渡过黄河,有的数次越过黄河。以沟通黄河流域与华东、西北、华北、中南等地区的联系,发展流域经济。比如西安汉口线,"此线联络黄河流域最富饶一部与中部长江流域最富饶一部之重要线路。"

在西北铁路系统中,有靖边乌梁海线、五原洮南线、五原多仑线3条线路穿过黄河。在高原铁路系统中,拉萨兰州线、成都宗扎萨克线两线把黄河流域与长江流域连接在一起。比如拉萨兰州线,"又东向通过扬子江谷地,进入黄河谷地。于是由此经过数村落与帐幕地,进至扎陵湖与鄂陵湖间的星宿海。然后东北向,过柴达木之东南各地,再转入黄河谷地……"。

孙中山之治黄计划,是建立在近代科学技术基础上的,主张引进西方国家的科学技术和资金,从事黄河的治理。这是整个实业计划的基本出发点,也是治黄计划的基本出发点。其中具体的如建立石坝、开发水力,这都属于运用近代科技治黄的内容。

孙中山的计划,是一个全流域的治黄与发展经济同时并举的计划。一方面,黄河治理要干支流兼顾,上中下游要开展航运。为减少泥沙,要广植森林,同时注意水电事业开发。另一方面,治理黄河,是为了防灾,为了兴利。不能只知治之,不知开发之。他把治黄与发展流域经济紧密结合起来,是一个除害兴利并举的计划。他设计了涵盖黄河全流域的沟通全国的铁路网,企图密切黄河流域与全国的经济联系,摆脱黄河流域的贫困面貌。

当然,孙中山的治黄计划与他的《实业计划》一样,有着很大的局限性。单纯地依靠外国的资金和技术,仰人鼻息,是不可能顺利实现的。而且计划本身虽然庞大,但缺乏现实估计及切实可行的具体措施和统筹安排。正如孙中山所说:"余之所为计划,材料单薄,不足为具体的概括,不过就鄙见所及,供其粗疏之大略而已。增损而变更之,非待专门家加以科学的考察与实测,不可遽臻实用也。"但是他毕竟为后来者开辟了继续前进的道路。此后不久。李仪祉、张含英提出了更具体更科学的治黄计划。新中国的成立,更使近代治黄方略逐步予以实现,并不断发展。

二、设想三峡水电站

孙中山还特别关心长江的治理与开发问题,对长江流域的防洪、航运、水力发电等方面进行了深入地研讨。他认为,"凡改良河道以利航行,必由其河口发端","吾人欲治扬子江,当先察扬子江口",把长江入海口治理作为首要任务。他设想修筑海堤或石坝,束水挟沙入海,"以潮长、潮退之动力与反动力,遂使河口常无淤积。"对于长江入海口自然形成的三股水道,他认为应当统筹全局,堵闭南北两水道,而"采中水道以为河口,则于治河与筑港两得其便。"他计划对万里长江进行渠化整治,使其航运条件得到较大改善。他认为,"此计划比之苏伊士、巴拿马两河更可获利。"

孙中山先生还特别关注长江流域水力资源的开发利用。他认为长江上游干支流上都蕴藏着丰富的水力资源,"像扬子江上游夔峡的水力,更是很大。"当时有人对宜昌到万县之间的水力资源进行过考察,提出这里可以发电 3 000 余万匹马力。对此,孙中山先生大受鼓舞。认为这么大的电力,比当时世界各国所发的电都要大得多,如果开发出来,"不但可以供给全国火车、电车和各种工厂之用,并且可以用来制造大宗的肥料"。他还由此推想开来,设想如果能够充分开发利用长江的水力资源,"自宜昌而上,当以水闸堰其水,使舟得以溯流以行,而又可资其水力。""大约可以发电一万万匹马力,……拿这么大的电力来替我们做工,那便有很大的生产,中国一定是可以变贫为富的。"孙中山先生率先提出了兴建三峡水电站的计划,并把它作为实现国家富强的重大战略举措,具有超人的远见卓识。因而,孙中山成为中国设想三峡工程的第一人,是三峡工程的先驱者。

长江三峡工程

三、导淮方案

淮河,历史上是一条多灾多难的河流,由于长期受黄河夺淮的影响,尾闾不畅,灾害频繁,引起了国内外有识之士的关注。孙中山先生作了大量的调查研究之后,认真研究了各种导淮方案。在实业计划中,他提出了"修浚淮河,为中国今日刻不容缓之问题。"在导淮方案上,他肯定了"江海分疏"的原则。对淮河入海路线,他主张淮河北支已达黄河旧槽之后,导之横行入于盐河,循盐河而下,至其向北转折处,开河直入灌河,以取入深海最近之路线,避免开挖黄河的麻烦;南在扬州入江处,应使运河经过扬州入江,使淮河水流在镇江下面的新曲线,以同一方向与大江汇流。他还主张淮河南北两支,至少要有 20 英尺的水流,使沿岸商船自北赴长江各地,以免绕道经由长江口进入,可节省航程 300 英里,又可供洪泽湖与淮河的洪水畅流。他的这一科学远见和把淮河导治提到"刻不容缓"的高度,对后代治淮影响极深。

第五节　李仪祉

李仪祉(1882—1938 年)原名协,字宜之,陕西省蒲城县人,我国近现代著名的水利家、教育家。1908—1915 年间,两次留学德国,学习水利。归国后,从事水利教育、河工模型试验、考察和总结中国古代的水利成就和经验。1922 年,任陕西省水利局局长兼水利工程局总工程师,进行关中地区水利工程的规划和设计。后又曾任西北大学校长、华北水利委员会委员长、导淮委员会工务处长兼总工程师。1930 年,任陕西建设厅长。1932 年完成泾惠渠第一期工程,当年受益 3.35 万公顷。1933 年,他与水利界人士共同倡议成立中国水利工程学会,历任多届会长,并创办《水利》月刊。1933 年,任黄河水利委员会委员长兼总工程师,对黄河进行了多方面的勘察和研究,提出在中游支流建水库蓄洪,并进行水土保持试验,改变了只局限于下游的治黄思想。后又参加了洛惠渠、渭惠渠的建设工作。1936年,任扬子江水利委员会顾问工程师,对长江的治理开发提出了许多建设性建议。著有专著、论文、计划、提案、报告等188篇。《李仪祉水利论著选集》于1988年出版。

李仪祉　　　　　　　　　　　　　　　　　李仪祉纪念馆

一、创办近代高等水利教育

李仪祉毕生致力于教育事业,先后参加创办三秦公学、河海工程专门学校、陕西水利道路工程专门学校(后改为西北大学工科)、陕西水利专修班(后改为西北农学院水利系),担任教授、教务长、校长,兼任陕西省教育厅厅长。他还曾在北京大学、清华大学、同济大学、第四中山大学、交通大学执教,造就了大批科技人才和志士仁人,为我国水利工程教育事业做出了卓越贡献。

1915年,李仪祉留德回国,因陕西政局不稳,财政困难,无法兴修水利,便应清末状元、实业家、全国水利局总裁张謇的聘请,参与创办我国第一所高等水利学府——南京河海工程专门学校,由留学回国有志于我国电力事业的许肇南任校长,李仪祉任教务长。办学初期教材十分困难,他亲自编写了《水功学》(水工建筑学)、《水力学》《水工试验》《潮汐论》等教科书。把各地水利工程做成模型,进行直观教学。亲自带领学生在海河流域考察,联系实际,示范引导。李仪祉在河海工程专门学校执教7年,培养了200多名我国现代水利事业骨干科技专家,其中包括宋希尚、沙玉清、汪胡桢等。

1922年,李仪祉离南京回陕,任陕西省水利局局长。1923年兼任教育厅厅长。亲自筹建陕西水利道路传习所,后改为陕西水利道路工程学校。由于当时人们对水利和交通事业的重要性认识不足,开始招生时仅有七八人报名。李仪祉"不以投考者寥寥而懈其志,常围坐庭院,讲述泾渠计划,农事改良,及吾国农田水利之切要"(《悼仪师》)。1924年学校改隶国立西北大学工科,李仪祉兼任西北大学校长,扩充设备,延聘人才,卓有建树。由于引泾工程和西北大学教育经费困难,他经常奔波于京津沪宁等地,筹措钱款。尽

南京河海工科专门学校 1915 年 3 月 15 日开学典礼

管公务繁忙,他还受聘在北京大学、同济大学、南京河海工程专门学校、南京第四中山大学担任教授,为培养人才,不遗余力。

1932 年,为适应关中水利建设需要,借用省立西安高中部分校舍,创办了陕西水利专修班,他亲自授课。1935 年,在于右任、邵力子、辛树帜的支持下,将水利专修班迁往武功,改为西北农林专科学校水利组,他常往返于西安与武功之间,亲自登台讲课,不久水利组发展为水利系。现今西北农专已发展成为西北农业大学,为我国培养了一大批水利人才。

李仪祉治学严谨,学高为师,身正为范,其治学宗旨和思想概括起来有以下几点:

第一,治水兴农,济民利物。他认为:"水利实为利农要图。西北地势高亢,旱灾时见,不有水利,农事何赖? 本水利组以培养水利工程技术之高级人才为宗旨"(《西北农校水利组规划》)。又说:"学工程的青年,于求学时代,便应存一济民利物的志愿,日展其所学,便时时想到如何始可供一般人民受到我的益处"(《工程上的社会问题》)。

第二,借鉴中外,重视实践。李仪祉虽然留学德国,攻习水利,但不生搬硬套。对外国的经验、中国古代治水经验,他去伪存真,洋为中用,古为今用,结合中国实际,亲自编写具有中国特色的教材和专著。注重理论联系实际,参加考察和施工,使学生由"通、广、博"向"专、深、约"发展。

第三,育才重德,爱国为民。他教育学生以爱国主义为宗旨,提出"要作大事,不要作大官,一切事情要讲求实际,不要争虚名","思想要高超,胸怀要廓大,要有坚韧不拔之精神",号召同学们"将来学成到民间,改良农作物,指导农民复兴农业,挽救我们岌岌可危的国家,这么大的责任都要放在诸位的肩膀上,是多么大的使命!"(《忆李先生训词》)

第四,名师高徒,从严治学。李仪祉深知教师水平的高低,是保证教学质量的关键。他在河海工程专门学校时,聘请茅以升担任教授,请竺可桢讲学。陕西水利专修班,师资力量雄厚,16 名教员中,除李仪祉外,有教授 7 名,副教授 1 名,讲师 2 名,助教和助理 5 名。7 名教授都是毕业于国内名牌大学,并赴德、美、法留学取得学位的学者。教学计划十分严密,西北农专水利组每门课程都有《学程一览》,基础课与专业课兼顾,3 年共设 47 门课。他要求教师不单纯只是知识传授,还要培养学生的想象力、判断力、操作设计技能。并努力改善办学条件,扩充设备,进口测量仪器,购置图书,开展实验,提高学生素质。

二、发展陕西近现代水利

李仪祉自幼生长在渭北高原,他的终生夙愿就是效法郑国、白公,振兴关中水利。1922 年,李仪祉离开南京,回陕西任省水利局局长兼渭北水利局总工程师,在艰难曲折的道路上,真正开始了他兴修水利的生涯。他回陕后积极网罗人才,取得陕西陆军测量局的支持,组织引泾灌溉工程勘测设计,到 1924 年完成两种设计方案。但因省长齐振华作梗,经费没有着落,直到 1927 年仍无法开工。他呈文痛斥当局,愤然辞职,拂袖东去。

1927 年,李仪祉离陕任上海港务局工程师、局长,兼任南京第四中山大学教授。又去四川任重庆市政府工程师,设计了成渝公路重庆市郊老鹰岩盘道工程,为当时公路设计之杰作。1928—1930 年,李仪祉先后担任华北水利委员会委员长兼北方大港筹备处主任、导淮委员会委员兼总工程师、浙江省建设厅顾问。在此期间他筹划了白河水利,倡办了华北灌溉讲学班,设置了黄河水文站,亲自勘察了运河和淮河,拟定了导淮计划,设计了杭州湾新式海塘,在天津创办了中国第一个水工实验室。

1929 年关中大旱,饿殍载道,人相食,百姓流离失所,老弱转乎沟壑,兴修水利的呼声越来越高。1930 年,杨虎城督陕,任省主席,召回李仪祉任省政府委员兼建设厅厅长,才使他的引泾计划得以实施。由陕西省政府筹款 40 万元,华洋义赈会筹款 40 万元,美国檀香山华侨募捐 15 万元,朱子桥先生捐助水泥 2 万袋,各方共筹集百万余元。于 1930 年开工,至 1932 年 6 月第一期工程完工通水,可灌地 50 万亩。1935 年第二期工程完工,扩灌至 65 万亩。泾惠渠的建成受益,成为中国当时现代化水利工程之典范,在我国水利史上写下光辉的一页。

泾惠渠竣工后,李仪祉辞去建设厅厅长,任水利局局长,集中精力继续实施他兴建"关中八惠"(泾、渭、洛、梅、黑、涝、沣、泔)的宏伟规划。1932 年泾惠渠一期工程完成后,李仪祉就派人勘测设计洛惠渠工程,他给杨虎城写信说:"泾惠渠由公手而成,亦复有意再成洛惠渠乎?"杨欣然同意,两人同到大荔县铁镰山视察,杨批准成立了引洛工程局。计划由洛河头筑坝引水,穿越铁镰山,灌溉大荔、朝邑县农田 50 万亩,预算投资 121 万元。1933 年,邵力子继任陕西省政府主席,支持引洛工程,当年开工,至 1936 年渠道基本开通,唯铁镰山五号隧洞受阻,工程艰巨,1947 年勉强通水,1950 年灌地 10 万亩,后扩灌到 70 万亩。

1933 年,李仪祉命人勘测渭惠渠,1934 年完成设计,决定从眉县魏家堡筑坝引水,灌溉武功、兴平、咸阳等县 60 万亩农田。1935 年春开工,1936 年 12 月渠成通水,初灌 30 万亩。1936 年眉县梅惠渠开工,1938 年 6 月竣工通水,灌地 30 万亩。1937 年陕北米脂织女渠也相继开工。此外,李仪祉还亲赴陕南陕北考察,筹划了陕南汉惠渠、褒惠渠和陕北的定(无定河)惠渠。至 1938 年李仪祉逝世,泾渭洛梅四渠已初具规模,灌地 180 万亩,初步实现了他的"郑白宏愿"。

三、科学治理近现代黄河

李仪祉终生以治水为志,求郑白之愿,效大禹之业,凿泾引渭,治黄导淮,整治运河长江凡数十年,足迹遍布祖国江河湖海,卓有贡献,尤对黄河治理,精心钻研,独有建树。

1933 年,李仪祉奉命筹设黄河水利委员会,并出任第一任委员长。8 月,黄河决口泛滥,国民政府在南京成立了黄河水灾救济会,李仪祉积极组织防洪抢险,救济灾民。1934 年,他长途跋涉,到黄河上游考察。同年,黄河在贯台决口,他组织抢险。1935 年,黄河又在重庆决口,他奉命加修金堤。这两年他还巡查黄河、沁河、不牢河、微山湖、运河,研究验收贯台堵口工程,督筑金堤,并回陕视察指导水利工程,疲惫不堪。在黄河水利委员会工作期间,孔祥熙同族孔祥榕任副委员长,主持堵口之事,乘机搜刮民财,凡大事裁决取于占卜,迷信"金龙四大王"。李仪祉气愤地说:以孔理财,以孔治水,水和财都要从那个孔里流出去。因此,辞职回陕。

李仪祉生于黄土高原,奔波于黄河上下,对我国历代治理黄河的经验教训,进行了深入调查研究,提出了科学的治河方略,写成了 40 多篇文章。正如全国政协副主席、原水电部部长钱正英同志所说:"李仪祉把我国治黄理论和方略向前推进了一大步,直到今天仍然具有现实意义"(《李仪祉传》序言)。李仪祉治理黄河的观点,概括起来有以下几点:

第一,泥沙未减,本病未除。李仪祉纵观古今,博览中外,总结我国治黄的经验教训:"溯之史乘,以治河著称者,得三人:汉之王景、明之潘季驯、清之靳辅而已……王、潘、靳诸氏之治河,虽著殊绩,而于河之洪流,未能节制,含沙未能减少。犹之病者,标病虽去,本病未除,固难期以后不再为患。"(《黄河治本计划概要叙目》)"治理意见,自古至今,主张不一。总其扼要,不外疏、导、防、束,大都皆以囿见,不能顾及全局,此所以河患不已也。河患症结所在之大病,是在于沙。沙患不除,则河恐终无治理之日……黄河地层,黄土为壤,最易于冲走。土随水行,河无保障……所以欲图根本治黄,必须由治沙起。如能将沙治除,则患自可消灭矣"(《治黄意见》)。"故去河之患,在防洪,更须防沙"(《黄河治本计划概要叙目》)。击中黄河为患之要害,指出土壤侵蚀,土随水去,形成泥沙是黄河的症结所在。

第二,中上游不治,下游难安。黄河流域面积约 75 万平方公里,从内蒙古托克托以上为上游,托克托至河南桃花峪为中游,桃花峪以下为下游。中游三门峡以上所输沙量为 16 亿吨(其中 12 亿吨入海,4 亿吨沉积下游河床),是造成黄河为患的根本原因。李仪祉认为:"历代治河皆注重下游,而中上游无人过问者。实则洪水之源,源于中上游;泥沙之源,源于中上游"(《请测量黄河全河案》)。"诚以导治黄河,在下游无良策。数十年来,但注重下游而漠视上游,毫无结果。故惩前毖后,望吾会是后研究黄河知所取择也"(《导治黄河宜重上游请早期派人测量研究案》)。他认为黄河挟带泥沙,泥患尚轻,沙患为重,泥沙本应随河流入海,因为沙重沉于河床不能泄运,酿成河南境内多沙,河北次之,而山东境内沙少而泥多。河南、河北两省黄河南北河堤距离宽广,而洪水所占无几,大多为泥沙所淤塞。所以治黄不在中上游减沙,免除祸患,只在下游修堤,防不胜防。他说:"现在的河防情形,实在是不能满意。不能满意的事实如下:(一)每年河防费三省要担任到近百万元,是否有一些比较完善的办法,可以减少此浪费?(二)河防虽然花了许多钱,而差不

多每隔一年或二年仍免不了出险一次或多次,摧毁的人民财产辄在数百万至数千万元。(三)河床历年加高,说不定什么时候便有改道之虞,其祸害更不可胜言。(四)历来河防,专重下游。上游、中游的河害,如绥远,如秦晋亦自不少,无人顾及。由此看来,我们专对于河防,亦必要改弦更张"(《黄河治本的探讨》)。

第三,兴建水库,蓄洪减沙。李仪祉认为,在黄河中上游开展防止土壤侵蚀,减少冲刷的同时,要在黄河支流和干流上兴建水库,可以"最经济、最有效,兼能减轻下游之河患与上游之河患。其工程以施于陕西、山西及河南各支流为宜。黄河之洪水,以来自渭、泾、洛、汾、雒、沁诸流为多,各作一蓄洪水库。山、陕之间,溪流并注,猛急异常,亦可择其大者,如山川河、无定河、清涧河、延水河亦可作一蓄洪水库。如是则下游洪水必大减,而施治易为力,非独弥患,利且无穷。或议在壶口及孟津各作一蓄水库代之,则工费皆省,事较易行,亦可作一比较设计,择善而从"(《黄河治本计划概要叙目》)。这样可以分散黄河洪水,减下游之患,在上中游拦蓄 13 500 立方米每秒(其中渭河拦蓄 4 000 立方米每秒、泾河6 000 立方米每秒、洛河 2 000 立方米每秒、汾河 1 000 立方米每秒),加上沁河、南洛河的拦蓄,可把黄河下游 20 000 立方米每秒的洪水减少到 6 500 立方米每秒,黄河水患可以基本免除。他还提出汛前将水库放空,汛期将相当水量从底洞泄出,可冲刷库内泥沙,减少水库淤积。

第四,综合开发,利用黄河。李仪祉以卓越的才能,高瞻远瞩,在《黄河治本计划概要叙目》论文中,展示了他科学治黄的治河方略和规划,其内容主要有:黄河下游河防整理计划、黄河入海口整理计划、黄河干支流水库建设计划、黄河防沙(上中游水土保持)计划、黄河流域造林计划、黄河干支流水利计划。提出了每个规划的方向方法和实施的内容。对于黄河干支流水利计划,李仪祉亲自在中上游各省考察,把除害与兴利结合起来,综合开发水土草木电力资源,繁荣经济,为民造福。提出"(一)灌溉,(二)放淤,(三)垦荒,(四)航运,(五)水电"五大水利综合开发计划。

四、发展近现代水土保持

李仪祉在他的著作中虽然没有水土流失和水土保持名词的出现,而用"土壤侵蚀""土随水去","防止冲刷、平缓径流"相通其意。以根治泥沙为治黄之本,提出了精辟的水土保持观点、措施和方法。主要有四点:一是他认识了土壤侵蚀的三种主要方式,即风力、水力、重力侵蚀,因害设防;二是从土地利用上,提出治理坡耕地、培植森林、广种苜蓿、改良盐碱荒沟荒滩;三是在治理方式上,层层设防,从坡、沟、川、滩分层治理;四是在泥沙利用上,提出了保(就地蓄水保土)、拦(坎库拦淤)、排(排洪排沙)、淤(引洪淤灌)。奠定了我国水土保持理论基础,成为我国近现代水土保持工作的先驱。

第一,平治阶田,推行沟洫。李仪祉对坡耕地治理,主张推行两制一阶田制和沟洫制,正本清源,平整土地,就地蓄水。他说:"泥沙之来源,一由于田地之剥蚀,二由于河岸之崩塌……田地剥蚀之防止,其事则在农人。耕获而耕耨之,土地为大雨洗去,足以盖其剥蚀也"(《西北畜牧意见书》)。"黄土耕地所受雨水责成各地主治好土地,不许有一滴水流出……我所说的沟洫,不是要恢复古代井田的制度,而是要看地形开沟,容纳坡水、谷水、雨水一齐蓄在地下,使不受蒸发消耗,不顺着河道消失,而都为生长植物所利用,这才算达到了目的"(《西北各省初励行沟洫之制》)。

第二,修筑横堰,控制沟壑。李仪祉认为黄土高原应仿效日本、美国之防沙工事,修筑谷坊、横堰(今之淤地坝),挽救沟壑土地。"制止沟壑之扩大。查陕西黄土山岭,大多冲成沟壑……废有用之地,阻交通之路,为害殊多。欲制止之,当于沟壑之口,无论其为支为干,皆须督令人民择适当地点,以土修筑横堰,则降雨时水势平坦,泥沙即填其后。及填平一段,则复于上后退若干步,继筑横堰,如此继续为之,堰址日高,壑底日平。其益有四:(一)可耕种之地因以增多;(二)横堰可当作桥梁横跨,沟壑交通困难可除;(三)水及泥沙既有节制,河患可减;(四)雨水得积蓄,燥地即可资润泽以便造林"。

第三,固堤治滩,防止塌岸。对于洪水造成的崩岸侵蚀,李仪祉主张治本与治标结合,积极固堤治滩。他在《导渭之真谛》一文中说:"何以言有益农田也? 先之言导渭者,多注意灌溉事业……惟渭河不加治理,则种种灌溉不能达目的。盖凿渠不免于淤填,洪涨不免于冲毁,故古时引渭之迹,概皆无存……自三河(黄、渭、洛)口以上至宝鸡,约八百里间,概在二公里至三公里,洪水泛滥,或过此数,而河岸崩毁,河槽迁徙,丧失良田尤多。若泾、渭之谷,节制洪流,复整理河床,狭其槽,固其岸,更施以堤防,使河水流,限于一槽,河身之宽,不逾五百公尺,则两岸良田,受其保障免除泛滥冲毁者,约有三百万亩。"科学地论述了水利与水保、用水与治沙、除害与兴利、局部与整体的关系。此外,他还对韩城至潼关的黄河滩地、黄河下游滩地、黄河出海口滩地整治皆有专论。

第四,培植森林,防治河患。李仪祉认为森林有涵养水源、防治洪水之功能。他分析了黄河水沙情况,"就中卫以上而言,则黄河之水本不甚浊,森林之有益于河"(《黄河上游视察报告》),"中国洪水由于沿岸之山原无森林也。欲根本去水患,必自培植森林始……森林为治水唯一要道,森林植则水患从此息矣……吾国内地山谷之间,不适于农田旷地甚多,不植森林焉用之? 故为国家生计计,非大植森林不可"(《森与水功之关系》)。

第五,广种苜蓿,肥田养畜。李仪祉在《巩固西北之策》中强调垦殖及畜牧,他说:"窃以西北广漠,宜牧者多,宜农者少。宜农而牧,则失地利,宜牧而农,则失人和。盖蒙人生活以牧为宜,夺牧而农,蒙人不愿。而皮毛乳酪及牛羊肉食,实亦全国人民所必须。"他在《西北水利问题》一文中说:"西北重要问题除水利之外,尤在于治地。凡农作之地必治使之平,适于蓄水及耕作。坡陡之地不能耕作者,则宁禁止农耕而使其用于畜牧及森林。"主张合理利用土地,实行农林牧综合开发,各得其所。尤为倡导种植苜蓿,肥田养畜,改良土壤,放蜂产蜜效益可观,李仪祉在《救济陕西旱荒议》呈案中专有论述。

第六,拦水漫田,膏沃压卤。李仪祉主张用洪用沙,淤灌良田,改良土壤。其一是引洪漫地,肥润农田;其二是浑水灌溉,膏沃良田;其三是下游放淤,造田压碱。皆有专章论述和受益方法。李仪祉十分注重农业生态环境的保护,反对急功近利,顾此失彼,竭泽而渔的掠夺开发,如在《论涸湖垦田与废田还湖》论文中,批判片面围湖造田,只顾眼前利益的作法。这些观点在当时是难能可贵的。

五、发展近现代水利学术

李仪祉还是我国近现代水利学术活动的先驱。1931 年,水利界在他和其他著名人士的倡导下成立了我国第一个民间学术团体——中国水利工程学会,这是中国水利学会的前身。李仪祉被推举为历届学会会长,直到他去世。学会成立后,李仪祉主持创办了传播水利科技的会刊《水利学报》,整理刊印了一批水利古籍,编撰、出版了《水利工程设计手册》等水利书籍,创办了一系列水利学校,确定了一批水利专业术语,例如首次正式给"水利"下了定义:"水利为兴利除患事业,凡利用水以生利者为兴利事业……凡防止水之为害者为除患事业","水利范围包括防洪、排水、灌溉、水力、水道、给水、河渠、港工八种工程在内。"此外,他也是《水利》《河海月刊》《黄河水利月刊》《导淮委员会月刊》《陕西水利月刊》等刊物的主持者或主要撰稿人。李仪祉一生在水利方面的著作和译作十分丰富,相继撰写了200余篇论文,如《永定河改道之商榷》《中国水利前途之事业》《海港之新发展》《华北之水道交通》《免除山东水患议》《陕西水利工程之急要》《汉江上游之概况及希望》《整理洞庭湖之意见》《对于整理东太湖水利工程计划之审查意见》《我国水利问题》《对于治理扬子江之意见》等;除论文外,他还编著了大量的专著、教材,并翻译多种外国的水利著作。他不仅研究我国的古代水利经验,探讨现代的水利出路,也大量译介过德国、日本等外国的水利科技和水利政策。李仪祉去世后,他的朋友和学生曾将散见于国内各报刊的文章辑为《李仪祉先生遗著》。1988年,经水利部批准、黄河水利委员会编辑的《李仪祉水利论著选集》正式出版。

李仪祉毕生致力于水利事业,他德高望重,功垂千秋,深受人民敬仰。1938年逝世后,在西安参加追悼会的达万人之多,当灵柩运到泾阳陵园时,当地群众有五千人挥泪送葬。国民政府发了特令褒扬,称他"德器深纯,精研水利,早岁倡办河海工程学校,成材甚众。近来开渠、浚河、导运等工事,尤瘁心力,绩效懋著。"《大公报》发表短评,称:"李先生不但是水利专家,而且是人格高洁的模范学者,一生勤学治事,燃烧着爱国爱民的热情,有公无私,有人无我。"于右任为陵园作挽联称:"殊功早入河渠志,遗宅仍规水竹居"。这些情况,表达了社会对这位水利大师一代贤哲的缅怀之情。

第六节　傅作义

傅作义同志,1895年6月27日出生,山西荣河安昌村(今属临猗)人。字宜生。1910年(清宣统二年)考入太原陆军小学堂。次年参加辛亥太原起义,任学生军排长,在娘子关等地与清军作战。1912年被保送北京第一陆军中学堂。1915年升入保定陆军军官学校。1918年毕业,回山西在晋军服役,因治军有方,由排长递升至师长。1927年率第4师参加对奉军作战,第二期北伐击败奉军后,任第三集团军第5军团总指挥兼天津警备司令。1930年蒋冯阎战争期间,任第3方面军(阎锡山军)第2路军指挥官,阎军战败被南京国民党政府收编。1931年任第35军军长兼绥远省政府主席。"九一八"事变后,通电坚决抗日。1933年所部编为第7军团,任总指挥,率部在河北密云、怀柔(今均属北京)一线参加长城抗战,打击日军。1935年4月被授为陆军二级上将。1936年指挥绥远抗战,采用集中优势兵力各个击破、出其不意等战法奇袭日伪军,获百灵庙大捷,收复失地。抗日战争期间,相继任第7集团军总司令兼第35军军长、第八战区副司令长官、第十二战区司令长官。1941年初,提出"民养军、军助民、军民合作发展粮食生产"的具体措施,解决军民粮食问题。抗战胜利后,任张垣绥靖公署主任兼察哈尔省政府主席、华北"剿总"总司令,执行蒋介石的内战政策。1949年1月天津解放后,接受中国共产党提出的和平解放北平(今北京)的条件率部起义,对完整地保留文化古都做出重大贡献。随后,受毛泽东、周恩来委托,和邓宝珊促成绥远起义。新中国成立后,曾任绥远军政委员会主席、绥远军区司令员、国防委员会副主席、水利部部长、中国人民政治协商会议全国委员会副主席等职。1955年被授予一级解放勋章。1974年4月19日逝世。

一、治军治水并重

傅作义生在黄河之滨,青少年时期家乡的黄泛灾害,在他的心中留下了许多苦难的记忆。1941年初,他提出"民养军,军助民,军民合作发展粮食生产"的口号,开展边疆屯田活动。对促进生产发展,繁荣黄河河套经济起了很大作用。1943年提出"治军治水并重"的口号,发放农田水利贷款,大兴水利。长官都成立了水利指挥部,统一调配军工、民工。军工所修干渠达1700里,支渠超过1万里,水浇地面积达1000万亩以上,一时有"塞上江南"的美称。1945年夏,傅作义请黄河水利委员会测量队到河套,进行从宁夏石嘴山到后套的黄河流速、降波、河床变迁等一系列勘察。积累了珍贵的治理黄河的第一手资料。

二、新中国第一任水利部长

新中国成立后,傅先生满怀爱国的热情积极致力于社会主义建设。他的前半生过的是军旅戎马生活,新中国成立后他主动要求做水利工作,成为新中国第一任水利部部长,他说这样才能为人民做点具体的事。他当了23年的水利部部长,几乎走遍了全国各地:长江、黄河、珠江、淮河、海河、黑龙江、新疆等水利工程的工地,都有他的足迹。他每年总有四分之一的时间出差在外,到各地去调查研究督导工作。1957年夏天,他参加三门峡水电枢纽工程开工典礼后,冒着酷暑,沿黄河视察。有时晚上就露宿在黄河河滩上,因劳累过度,心脏病突发,经周恩来总理派专家抢救,病情才有好转。他视察淮河、洪泽湖时,和年轻同志一同步行。他经常去施工现场,到灾情严重的地区和抗洪抢险第一线。他去新疆,除看遍水利工程外,还非常注意民族团结工作。他到基层工地视察,不只看工程,还看工棚、食堂,有时还到农户家了解生活。他竭尽心力为新中国水利事业做贡献。长期的军旅生涯,使傅作义对水利建设了解得不多。但是,他以周恩来说的"活到老,学到老"的名言来勉励自己,他既到实践中学习,又向书本学习。这使他对水利工作有了较多的了解。他发表的有关水利的意见,既综合了同志们的见解,又有自己的构思和看法。一次毛泽东听完傅作义的工作汇报后,对他说:"你钻进去了。"这是对傅作义工作的最高褒奖。

作为民主人士,傅作义同中国共产党的合作可谓典范。当时有人说,民主人士只是一块招牌,有职无权。他就站出来现身说法。他说:我这个部长就是有职有权,水利部党组李葆华同志非常尊重我,我也尊重李葆华同志,我们互相商量,肝胆相照,没有什么隔阂。毛泽东也非常关心傅作义,1951年阴历五月初五,是傅作义的生日,毛泽东设家宴款待傅作义,席间,毛泽东谈笑风生,使傅作义感到温暖亲切。他对家人说,毛主席真细心,真伟大,令人钦佩之至。这是发自内心的感受!

作为第一任水利部长,傅作义严格要求自己。他担任水利部部长长达23年之久,走遍全国。长江、黄河、黑龙江、珠江、淮河、海河等许多水利工程,都有他的足迹。在发生严重洪水灾害时,他奉命到第一线指挥抗洪抢险。建设三门峡水电站时,他从黄河下游一直视察到潼关,走到陕县,气温高达40摄氏度,屋里的家具都烫手,坐着不动也是一身汗,他是年近花甲的人了,仍然不愿多休息一会儿,坚持按计划视察,晚上宿在三门峡附近的沙滩上。他每到水利工地,不但了解工程情况,就地解决问题,还要看看工人住的工棚,民工的伙食情况,问寒问暖,关心群众的生活。按规定,他出差可以调用公务车,但他总是坐火车,而且反对"浩浩荡荡"的陪同人员,轻车简从。他有胃病,需要少吃多餐,他就在出差时带些馒头干,不时地嚼两口。

繁重的工作压垮了傅作义的身体。1962年初,正值国家经济困难。中共中央有意让广东省委安排傅作义到广东休养。傅作义表示,如果只是休养,他不想去,如果让他工作,他可以去。广东省委只好同意他的要求。他到广东后,先后视察了花县水库、新丰江水电站。还到了新会、佛山、高要、中山等县(市)。每到一个地方,他总要看看水库、排灌站、小水电站和农田水利工程。直到1972年10月,傅作义才因病辞去部长职务。

新中国第一任水利部长——傅作义

三、当前水利建设方针和任务

1949年11月8日,开国大典之后仅仅一个多月,中央人民政府水利部刚刚组建几天,就在北京召开了第一次全国性的水利会议——各解放区水利联席会议。会议历时11天,于1949年11月18日闭幕。

会议预定的任务有三项:一是综合各解放区的情况,提出一个最近期间水利建设的方针和任务。二是结合各地区人民的需要与国家现有经济力量情况制定1950年的工作计划。三是全国水利事业必须统一领导,地区之间必须有机结合,为此对于全国水利机构纵的关系与横的关系要取得一个一致的意见。在大会上,李葆华副部长作了《关于当前水利建设方针和任务的报告》,傅作义部长作了《会议总结报告》。在报告中指出,中央水利部已经成立,水利事业有了统一的领导,具备了顺利开展工作的条件,但全国解放战争尚未结束,人力、财力还存在一定困难。因而当前水利建设的七项基本方针和任务是:①防止水患,兴修水利,以达大量发展生产的目的。②各项水利事业必须统筹规划,相互结合,统一领导,统一水政。③目前水利建设着重于防洪、排水、灌溉、放淤等工作。④从事内河航道的整理,并有计划地开凿运河。⑤为配合轻、重工业的发展,有计划、有步骤地调查开发水利事业。⑥开展各河流水系治本工作的研究,拟定计划。⑦为适应水利建设的需要,积极地充实水利机构,有计划地培植水利人才。在确定了七项方针任务的基础上,提出了关于 1950 年的水利建设意见:"1950 年的水利建设,在受洪水威胁的地区应着重于防洪排水,在干旱地区则应着重开渠灌溉,以保障与增加农业生产。同时应加强水利事业的调查研究工作,以打下今后长期水利建设的基础。至于水利工程、航道整理、运河开凿等事业,应根据实际需要和人力、物力、财力、技术等具体条件择要举办或准备举办。"会议经过讨论,对 1950 年的工程项目作出了比较具体的安排。

此次各解放区水利联席会议,以傅作义为部长组建的水利部制订的"当前水利建设方针和任务",给新中国水利事业的发展奠定了一个良好的基础。

第七节　张含英

张含英(1900.5.10—2001.12.10),1900 年生于山东菏泽市,1918 年至 1921 年先后在北洋大学、北京大学求学,1921 年赴美国留学,1924 年毕业于美国伊利诺大学土木工程系,1925 年获美国康乃尔大学土木工程硕士学位。当年回国后,即投身治水实践,曾先后担任青岛大学、北洋工学院、南京中央大学与北洋大学教授、校长、黄河水利委员会秘书长、总工程师,扬子江水利委员会顾问,黄河水利委员会委员长。1949 年任黄河水利委员会顾问,1950 年后,长期担任水利部和水利电力部副部长。1981 年加入中国共产党,1994 年退休。是第一、二、三届全国人大代表,第五、六届全国政协常委。

张含英

一、治河方略探讨

张含英几十年来,把全部身心献给了祖国的水利事业。特别是对黄河的治理与开发,做出了不可磨灭的贡献。他把现代科学的观点与传统治河经验相结合,理论联系实际,写

出了《历代治河方略探讨》《黄河治理纲要》等十多种治黄论著。他贯彻上中下游统筹规划、综合利用和综合治理的治黄指导思想,为治黄事业,从传统经验型向现代科学型的转变指明了方向。

1981年,张含英应中国人民政治协商会议天津市委员会之约,写了一篇文章,题目叫作《黄河召唤系我心》。这个命题十分恰当地概括了他为黄河事业呕心沥血、艰苦努力的奋斗历程。张含英的家乡是山东省菏泽县,地处黄河下游沿岸,深受黄河泛滥之苦,幼年的张含英,就经常听祖母和母亲讲述黄河决口改道的故事。每年夏秋季节,黄河涨水的警报声,人们紧张防汛的呐喊声,在他幼小的心灵上都留下了深刻的印象。在中学他又听到老师讲述清咸丰五年(1855年)黄河在河南省兰封县铜瓦厢决口改道的情况,黄河河道一下子从菏泽县城的南边滚到县城的北边,此后20年间无人整治,任其泛滥,灾情特别严重。这些事,迫使张含英思考着这样一个问题:蕴育了中华民族的黄河却为什么这样残暴?为什么它会决口改道?他决心要探索这个奥秘。他认为,水利也是科学的一个分支,他要通过研习水利,实现"科学救国"的抱负。

1925年,张含英从美国留学回国。恰在这一年,黄河在濮阳县(当时属河北省)南岸的李升屯民埝决口,泛水于下游黄花寺冲决南岸大堤,祸及山东省。山东省河务局请他同往调查水灾,这是他第一次参加治理黄河的实践机会。经过调查,他认为黄河决口是由于堤防不固,而固堤之法,必须改埽工为石头护岸,但遭到保守思想与腐朽势力的反对。从这次石埽之争中,使他悟出一个道理:治理黄河不单是工程技术问题,其中还有社会问题。

1928—1930年,他在山东省建设厅工作时,曾先后提出引黄灌溉和发展省内水电等建议,同样遭到反对。在他一再坚持下,只修成一座小型虹吸管和一座小水电站,但得不到推广。

治河实践遭到挫折,但张含英的治河意志没有改变。他积极从事治河历史与治河理论的研究。在美国留学期间,他曾向柯乐斯教授借阅过4册黄河资料,内容十分丰富。回国后,他又详细阅读和研究了我国历代治河的大量论著,提出两点新的认识:第一,要制订切实可行的治河计划,必须有充分的科学依据;第二,过去治理黄河,多侧重于孟津以下的黄河下游,而黄河为患的根本原因,是来自上中游的洪水和泥沙,所以专治下游,不能正本清源。

我国著名水利专家李仪祉于1931年2月24日在《大公报》上发表了"导治黄河宜注重上游"一文。3天之后,张含英也在该报发表了"论治黄"的文章。该文认为,对于传统治河观点而言,李仪祉提出要注重上游的意见,无疑是治河策上的新发展,但就治黄整体而言,应上中下游并重。此外,该文还深刻分析了黄河得不到治理的社会原因,如河政不统一,许多矛盾无法解决;保守思想作祟,新的科学技术得不到推广应用;政治腐败等。此文发表以后,他曾担心会得罪当时已负盛名的李仪祉先生,以后的事实证明,他这种担心是不必要的。在时隔不久的一次聚会中,李仪祉先生笑容满面地和他握手,表示了对他的论点的赞许。1933年9月,黄河水利委员会成立,李仪祉出任第一届委员长,张含英被任命为委员兼秘书长。两位专家的相识与共事过程,成为水利科技界的一段佳话。

1933年黄河洪水暴涨,下游多处决口,国民党政府匆忙命令成立黄河水利委员会和黄河水灾救济委员会,并指定黄河堵口事宜由后者负责,前者"不必过问"。身兼黄河水利委员会委员的冀、鲁、豫三省主席也声称,下游河防仍由三省河务局主管,黄河水利委员会不得参与。在这种情况下,黄河水利委员会只能从事科学治河的前期工作。虽然提出"十年一小成,三十年一大成"的设想,但要实际展开工作,仍然受到各方面的牵制,如水文测验、地形测量、模型试验、水土保持试验工作,实施起来阻力很大。尽管如此,张含英在黄河水利委员会工作的 3 年里,加强基本资料的观测研究,并多次深入现场调查,探索自然规律,先后发表论文多篇,于 1936 年连同以前著作汇集出版了《治河论丛》一书。同年还出版了《黄河志第三篇水文工程》一书。

1947 年,张含英在中国工程师学会第十四届年会上发表了《黄河治理纲要》论文。这是他回国 20 多年研究黄河的总结论,可称之为其代表作。

该文分总则、基本资料、泥沙之控制、水之利用、水之防范、其他共六部分,80 条意见,约 18 000 余字。他在总则中首先提出治河的基本原则:"治理黄河应防治其祸患,并开发其资源,藉以安定社会,增长农业,便利交通,促进工业,由是而改善人民生活,并提高其知识水平"。还指出:"治理黄河应根据需要达到之目的,政治经济之现实背景与未来之发展,及天然因素或条件,先行拟定治河之方策。此项方策并应随资料之补充,学术之进步,与社会之需求,每 5 年检讨一次,必要时修正之"。"治理黄河之方策与计划,应上中下三游统筹,干流与支流兼顾,以整个流域为对象"。"治理黄河之工事,凡能作多目标计划者,应尽量兼顾"。"治河之各项工事,彼此相互影响,应善为配合之"。"黄河之治理,应与农业、工矿、交通及其他物资建设连系配合"。

在泥沙之控制部分,首先指出"黄河为患之主要原因为含沙量过多。治河而不注意泥沙之控制,则是不揣其本而齐其末"。并建议:"为求彻底明了泥沙之来源及河槽冲积之现象,应于流域以内布设观测站,河道择设观测段,并根据实地情况作控制之研究。"认为减少泥沙来源的主要方法是:"对流域以内土地之善用,农作方法之改良,地形之改变,沟壑之控制诸端"。还指出这些"多为农林方面之事,故应与农林界合作处理之"。

关于水之利用部分,他首先提出应推算全河各段之水流总量与潜能,"进而支配全流域灌溉之用水,航运最低之接济,以及电力之供给"。并指出:"水之利用,应以农业开发为中心、水力、航运应配合农业"。同时又要注意,对各河段作具体分析,明确各河段的主要目标。如"贵德之龙羊峡,循化之公伯峡,皆可拦河作坝,用水发电"。"龙羊峡以下,经松巴、李家、公伯、孟打、寺沟、刘家、盐锅等七峡而至兰州",均可进一步研究拦河作坝。兰州至中卫间,则"应先于大峡之西霞口,红山峡之吊吊坡及黑山峡之下口筑坝"。上述两个河段,"必于利航,水力、灌溉、蓄水数者同时兼顾。而高地之灌溉,又须藉力抽水……故此段工程最宜作多目标之计划"。同时应顾及大通河、大夏河、洮河等支流的开发治理。

"宁绥平原土壤肥美,气候适宜,引水便利,素有粮库之称。惜旧有灌溉,工事虽多,今已逐渐湮废,且效能低微,故彻底整理扩充,应视为该区首要工作"。又提到"宁绥沿河地势较平,改进航运须以调整河槽方法为之。惟以目前需要而言,改善航道与修筑铁路两者孰为最宜,应先作比较研究,然后定之"。

晋陕间河段,"倘于龙门上之石门一带筑坝高一百五十至二百公尺,更于其上游建坝二处,即可将全段化为三湖,故此段亦为多目标开发计划之良好区域"。

"河在陕县与孟津间位于山谷之中,且临近下游,故为建筑拦洪水库之优良区域。其筑坝地址应为陕县之三门峡及新安之八里胡同"。对于此段开发方案,文中作了比较详细的论证。认为应作一级开发(八里胡同建高坝)和两级开发(八里胡同和三门峡各建一低坝)两种方案的比较研究,并以国家财力而定取舍。八里胡同高坝方案可以进行综合利用,可控制下泄洪峰流量不超过 10 000 立方米每秒,发电装机可达 120 万马力以上(约 90 万千瓦)。如由于国家资金困难,可先筑低坝以拦洪。低坝坝址,八里胡同与三门峡都有条件,或先建三门峡以拦洪,以后再建八里胡同低坝以发电;或先建八里胡同低坝以拦洪,等到国家财力允许时再加高大坝,作综合利用。不管采用哪种方案,水库回水都不宜超过潼关,以保关中平原安全。最后他得出的结论是一级开发方案(在八里胡同建高坝,进行综合利用),最为适宜。

"黄河下游……可建闸引水灌溉""应利用河水灌溉,并配合排水系统,引水洗碱""下游航行之利素不甚大,轮船行驶全不可能。应先配合防洪之需要,整理河槽……以期航运之逐渐发展"。

关于水之防范,他首先指出"黄河下游为水患最多之区,亦河患特别严重之地,其治理目标,应列防洪为首要"。上述陕县至孟津间之筑坝拦洪与上中游泥沙之控制等事,均"应视为下游防洪之有效办法"。此外还提出在"郑县及兰封南岸,原武及开封北岸,长清或济阳北岸等处,可否开辟泄洪道,应分别研究并考其利""当其他防洪工程进至相当阶段时,再作束窄堤距之图""初期修整,不可贸然束窄""若仅以堤为防洪之具,则应以安全排泄郑县 22 000 秒立方米洪水为初步标准"。为目前计,下游"可备一平时河槽及洪水河槽"。下游河槽之固定,"应视为今日急要工作。而固定之法尤宜即行着手研究,并选择适当河段早日试行"。

"黄河上、中游之水患,在过去及现在,范围均尚不大,灾情亦较轻微。但若干年后,可能因经济建设,人烟日密,财富日增,而渐威胁严重"。并提出兰州、绥远、韩城、朝邑等地区水患防范之意见。河口段之治理,亦应拟定计划。

此外,文中还提出"防洪不应以决口能堵为满足,而应以预防免决为职责"。亦"不能视为纯粹之慈善或赈济问题,应顾到其与经济方面之关系"。防洪"必须有一适当之标准,而此项标准之拟定,亦为社会经济之问题"。

在基本资料部分,该文详细列举了应调查研究水文、泥沙、蒸发、地下水、地形、地质、经济等情况及资源蕴藏量等项。在这里充分体现了作者科学治河的思想。这篇论文,对新中国成立后人民治黄有重要的参考意义。

新中国成立后,张含英长期担任中华人民共和国水利部和水利电力部副部长并兼任部技术委员会主任等领导职务。新中国成立之初,我国水利基础十分薄弱,水利科学技术也很落后,要迅速改变这种状况,张含英深感自己责任重大。他认识到只有认真贯彻党的方针政策,努力发挥自己的专长,全心全意为人民办水利,才能不辜负党的重托。张含英花费心血最多的仍然是黄河开发与治理。1949 年以后,开始了人民治黄时期。张含英多年的治河宿愿,得到了实践的机会,他以满腔热情,投入人民治黄的行列。1949 年,他受聘为解放区黄河水利委员会顾问,王化云主任向他征求治河意见时,即以《黄河治理纲要》作答。同时他还建议在郑州铁路桥以西的黄河北岸建闸引水灌溉。这个建议很快被人民政府采纳,1951 年动工,1953 年建成,使豫北 36 万亩农田获得黄河水灌溉之利。这就是开黄河下游引黄灌溉之先声的人民胜利渠。

1953 年,由水利部、农业部、中国科学院和西北行政委员会等有关部门,组成了"西北水土保持考察团",张含英为团长,自 4 月 20 日至 7 月 15 日,历时 85 天,行程 2 000 多公里,对黄土高原的重点地区进行了考察研究,最后写成《西北水土保持考察团工作报告》。报告指出:水土保持是根治黄河、发展农业生产、提高人民生活的根本工作,亦是综合性改造自然工作。开展西北水土保持,应在现有工作基础上,采取"全面了解,重点试办,逐步推广,稳步前进"的方针,配合黄河建设,结合农业生产,分别不同地区、不同情况,在"保原、固沟、护坡、防沙"总的要求下,以"拦泥蓄水,合理利用土地"的办法,逐步开展农、林、牧、水相结合的综合性的水土保持工作,有计划有步骤地做到"水不下原,泥不出沟,土不下坡,沙不南移"。为达到上述目标,应进行以下工作:①做好基本工作;②结合农业生产,开展群众性的水土保持工作;③有计划地发展林业,培植草原;④有重点地建立综合性国营农场;⑤设立水土保持的领导机构。这次考察为以后大规模开展水土保持工作打下了科学基础。

1954 年,中国组成"黄河查勘团",团长为水利部副部长李葆华,副团长为燃料工业部副部长刘澜波,包括苏联专家和中国工程师、科学家。张含英作为核心成员参加了该团的工作。从 2 月至 6 月,查勘河道 3 300 公里,干流坝址 21 处,支流坝址 8 处,灌区 8 处、水土保持 4 处,下游堤防 1 400 公里。这次查勘为制定黄河规划取得重要的第一手资料。

同年,国家成立黄河规划委员会,张含英为委员,直接参与黄河流域规划的编制和审定工作。1955 年 2 月,该委员会提出了"黄河综合利用规划技术经济报告"报送国家审批,7 月 30 日第一届全国人民代表大会第二次会议,通过了《关于根治黄河水害和开发黄河水利的综合规划的决议》,批准了上述报告,从而成为此后开发治理黄河的法律依据。

《黄河综合利用规划技术经济报告》所依据的资料,更为翔实,所包括的内容更为详尽,但就其规划思想而言,例如把黄河流域看作一个整体,提出上中下游统筹,干支流兼顾,除害兴利结合,多目标开发,有关部门互相协作,以促进全流域经济社会发展作为治河总目标等,与张含英 1947 年所写的《黄河治理纲要》中所阐发的观点,基本是互相吻合的。40 年的治黄实践,也证明《黄河治理纲要》中的许多建议是合理的,如龙羊峡、刘家峡、盐锅峡、三门峡均已建坝,发挥着重要作用。他所推荐的其他坝址,有的正在修建,有的正在作建坝的前期工作。因此,有理由说,《黄河治理纲要》中提出的规划思想及许多建议,代表了当代的治河水平,这是张含英对治理黄河的突出贡献。

20 世纪 60 年代以后,张含英又潜心研究治黄历史,到 80 年代,先后出版了《历代治河方略探讨》《明清治河概论》《治河论丛续篇》等著作,其中《明清治河概论》一书获 1989 年首届全国科技史优秀图书荣誉奖。他治学严谨,一丝不苟,引用古籍,务求准确,为核订一句话,一个字,不惜查遍各种卷籍或版本。他为人正直,以自己的学术成就在水利界赢得了信誉。

二、探讨水利在国民经济中的地位

水利在我国特定的自然地理和社会经济条件下,究竟在国民经济中应该占什么位置?

这是研究国民经济长远规划中不可回避的问题之一。根据我国治水的历史经验和新中国成立以来的治水实践,张含英对此作了深入的探讨。

(一)水是人类生存和生产活动的重要物质基础,水资源的经济利用是各国共同关心的问题

水是一切生物产生和发展的最根本的条件之一,宇宙学家探讨某个星球是否有生命存在,首先要看它周围空间有没有水分。水又是人类社会经济活动的物质基础,所有的生产活动都离不开水。

近年来,水问题已成为世界关注的问题,特别是城市用水问题,不仅关系到工业,而且关系到人民的生存和社会的安定,就某种意义上讲,比能源问题还要大。1969 年,美国政府授权美国水资源委员会对国土有关的国家水资源进行长期的研究,并分阶段提出满足当前和远景供水需要的评价报告。大体每隔 10 年提出一个水资源评价报告。1972 年由美国发起成立国际水资源协会,1973 年在美国召开第一次会议,讨论的主题是水对人类环境的影响。1975 年在印度召开第二次会议,讨论的主题是人类对水的需要。1979 年在巴西召开第三次会议,讨论的主题是水对人类生存的影响。此外,联合国于 1977 年在阿根廷召开了联合国水的会议,对水资源的调查估计、工农业用水的发展、提高用水效率以及水资源规划和管理政策等问题,进行了广泛的研究。

(二)水利在我国具有十分重要的地位,治国必须治水

历史的经验告诉我们,在我国不搞水利或少搞水利,靠天吃饭,是没有出路的。马克思指出:水利是东方农业的基础。他说:"气候和土壤条件,特别是从撒哈拉穿过阿拉伯、波斯、印度和鞑靼区直至最高的亚洲高原的一片广袤的荒漠地带,使利用渠道和水利工程的人工灌溉设施成了东方农业的基础。……这种用人工方法提高土地肥沃程度的设施靠中央政府办理,中央政府如果忽略灌溉或排水,这种设施立刻就荒废下去。"(马克思:《不列颠在印度的统治》)我国晋朝人傅玄对水地和旱地作过如下的评价:"陆田(指旱地)者,命悬于天,人力虽修,苟水旱不时,则一年功弃矣。(水)田制之由人,人力苟修,则地利可尽。天时不如地利,地利不如人事。"(《太平御览》卷八百二十一引《傅子》)兴修水利对政权的巩固和稳定也有重要作用。司马迁在《史记·河渠书》中记述郑国渠时写道:"渠就,用注填淤之水,溉泽卤之地四万余顷,收皆亩一钟,于是关中为沃野,无凶年,秦以富强,卒并诸侯。"可见在我国,治国和治水是紧密相连的。

新中国成立以来,老一辈革命家都深知治水为国家长治久安之策,他们在世之时都对水利工作给予高度重视。新中国成立前夕制定的《共同纲领》有关生产建设的第 34、35、36 条都指出水利工作的重要意义。

(三)国民经济长远计划中,处理水利问题的基本思想

工农业经济的发展要从我国水资源的现实情况出发,而不能不考虑水资源条件盲目发展;同时,水利的发展要以满足工农业经济发展中最迫切的需要为主要目标,而不能脱离工农业经济最迫切需要这一前提,这就是平衡发展的原则。对于水资源一定要十分重视统一规划,综合治理,综合开发,综合利用,综合经营,为整个国民经济的发展服务。这是处理水利和其他部门之间的关系和水利内部关系的基本思想。因此,从整个国民经济的发展来看,成立国家水资源委员会,水利、水电、水运、水产统一考虑,综合开发利用,按流域进行统一的综合治理规划,应该是我国水利事业的必由之路。当前,我国水利建设面临着三项主要任务,即:黄河和长江的防洪问题、农业综合经营中的用水问题、工业和城市生活用水问题。这些问题如不及早安排,将对国民经济产生极为不利的影响。

水利事业,属于国民经济中的基础结构。基础结构各部门有以下共同特点:①它是现代社会经济活动的基础,对于商品生产的形成和发展,对市场的存在和扩大具有决定性的作用。②建设投资较多,周期较长。为了促进商品生产的发展,又不能收费过高。其经济效益一般通过商品生产表现出来,它本身不可能提供很多的积累,因此不大容易引起投资兴趣。③它对整个经济的发展虽有很大贡献,但在商品生产中很难准确地测算出其贡献的份额,人们往往看不清它的重要经济意义。因此,在安排国民经济发展计划时,一定要把水利事业摆到应有的位置上。

三、探讨水利是国民经济的基础产业

水利属于哪一种行业,是张含英多年关心的问题。1990 年 8 月 23 日,他在水利部召开的"水利是基础产业"的座谈会上很兴奋地作了发言,第一句就是:"关于'水利是基础产业'这一概念,我完全同意。"结尾的一句则是:"所以我认为在水利地位提高后的水利改革,则应视为是一个重大的课题。"

现在的主要问题是怎样来实现"水利是国民经济的基础产业"这一决策。张含英认为,我们过去兴建了大量的水利设施,即水利固定资产,这是水利行业的基本生产经济要素,但是我们没有按产业来经营,管理这些固定资产的单位,只从事于"工程管理",而不从事企业性质的经营。财务效益较好的水力发电,则主要交由能源部门经营。农业是用水大户,却长期实行无偿或低偿供水。1985 年水利改革后,水费收入有所提高,但还远没有能做到按成本收费。国家和地方财政机关发给水利管理单位的经费又远不能满足需求。大量水利设施由于缺乏资金不能进行正常工程维修和更新改造,长期带病运行,效能衰减。水利单位很贫穷,队伍不稳。长期以来,水利行业缺乏产权意识,一直没有把水利工程设施所形成的固定资产作为基本生产要素来加以认真地经营。所以多年来,无论是在认识上还是在行动上,水利部是按公益性的设施来办水利的,这条路子是走不通的。必须把水利设施从认识到实践,都向基础产业转化,亦就是从过去水利供水和发电等工程的管理办法逐渐走向企业化经营。这是水利改革的一个根本问题。

上述转化是实现水利转向国民经济基础产业的必然过程,而这个过程则是长期的、艰巨的。因为我们对于企业化经营、走经济实体的路子是不熟悉的;水利服务的对象是多方面的,而不同对象的供水设施投资差距又是很大的;水利设施的规模从大到小,从复杂到简单,是不同的;因之需要大量的宣传、协调和准备工作。但是现在则必须逐步前进,没有迟疑的余地。首先研究提出一些切合实际的政策和方法,并在重点地区进行试验,逐步推广。这是改变水利历史传统观念的大事,只有前进。

有人认为,水利的经济命脉是水费改革。水费的征收确实是企业化经济中的一个主要问题。过去对农田用水是不收水费或基本不收水费的,对工业和生活用水所收的水费亦是很低的。一般人常错误地认为水是取之不尽、用之不竭的,不知道供应的水是经过生产活动得来的,更不知道它又是来之不易的。所以必须大力宣传,提高人们对于供水的认

识。在认识以后,人们对于提高水费将会乐于接受。

"水利是国民经济的基础产业"的决策是正确的,它会使水利的部分事业走向产业化,会提高其经济效益、促进其发展,要坚决贯彻执行。它的前途是光明的,必将走向一个新的历史阶段。

四、论水利科学

张含英从事水利工作70载,对水利科学有着深刻独到的见解。1994年8月6日,他完成了《水利今昔谈》一文,在该文中指出:①我国古代经验性水利科学,是和政治、经济、文化共同发展的;②我国采用现代水利科学技术,是有一个过渡阶段的;③新中国成立后,在党的路线、方针、政策指导下,水利建设大发展;④水利科学必须与社会科学有机结合,重大决策应当进行跨学科的研究。

水利是自然科学中的应用科学或技术科学,实际上就属于所称的"科学技术"概念的范畴。因为科学与技术是辩证统一的整体,科学中有技术,技术中有科学;技术又可以产生科学,科学亦可产生技术,二者是可以相互促进的。

水利是一门专业学科,似应属于地学系统。地学是研究地球内部、表层、海洋、大气的组成、结构、演化和运动规律的科学。江河湖泊是地球表层的现象,水流因大气风云的变化而定,流体力学则为由地球内部和表层有关因素研究之所得。流体系统实际上是具有无穷多自由度的复杂系统。水利为利用自然和改造自然的工作,改变自然水环境是为了适应人类需要。所以水利工作必须面对这个具有很高自由度的复杂系统,结合地学的有关学科进行综合的研究规划。

水资源的应用很广,为人类生活和工农生产所急需,而水的自然灾害又很严重,兴利除害的任务对经济建设、社会发展和环境保护都有密切的关系。减除水的灾害,如防洪,虽不从事生产,但减除灾害则减除产业的损失。从这一方面说,减除灾害亦可以说是增加生产,因之水利工作是发展生产的重要因素。水利虽属自然科学,而必须与社会科学有机结合。

水利工作者要深入学习和研究本学科的基础理论和现代技术知识与方法,以求得高效率、高水平,以最少的财力及时完成其兴利除害的任务。但为了全面地、更好地完成任务和解决困难的问题,则必须进行跨学科的研究,为了解决复杂的课题的规划与决策,则必须进行软科学的研究。

再则,水利科学技术还有提高与普及的问题。为了赶超世界科学技术水平,我国制订了各项计划和办法,这是一项迫切的任务,应当坚决贯彻执行。不过就我国实际情况看,普及亦是十分需要的。目前有一个口号,是"水利为社会,社会办水利"。我国水利的开发,历来依靠群众的参与。我国水利组织,一直发展到社会基层。如农田的灌溉技术,很多工程还需要大量的劳动力。例如,防治水土流失的设施,在正确的政策指导下,农民主动地修整梯田,修建沟中小土坝,起到一定的作用。现在又发展为"小流域治理",这是群众的创造。"小型水力发电站"在我国大为发展,是世界少有的。事实上,科学技术普及后的实践,又有新创,亦可说是提高。这是科学技术提高与普及的辩证统一。

五、倡议全社会都来关注水

1993 年 1 月 28 日,第 47 届联合国大会作出决议,确定每年的 3 月 22 日为"世界水日"。1997 年 3 月 22 日值第五届"世界水日"之际,时年已 97 岁高龄的张含英倡议:"全社会都来关注水"。他饱满深情的说:"我和水打交道已有 72 年了,我认为,水的作用主要有两个方面:一方面是好的、积极的作用;一方面是不好的,指它的危害性。我想,'世界水日'的提出,应该是提醒人们注意世界性的水危机。"

我国很早就有"治国必治水"的论断,历史上对于江河的治理和水资源的开发利用都有过辉煌的成就。令人遗憾的是,长期的封建制度严重制约了我国水利事业的发展。到 19 世纪末期,我国才开始向西方学习有关水利方面的科学技术。国民党统治时期,也仅仅做了一些有关水务的前期准备工作,工程建设很少。新中国成立以后,水务才得以大力发展,这种发展是在毛泽东同志和周恩来同志的直接领导下进行的,是以革命精神开辟了我国水务历史的新纪元,开创了我国用水和治水历史的新时代。

我国水资源贫乏是个现实,我国水利事业的发展也是现实。在"世界水日"到来之际,张含英希望全社会的人都来关注水的问题,节约用水,防治水污染,使水的开发利用早日走上产业化发展的良性循环的轨道上来。

第八节　王化云

王化云(1908—1992 年),山东省馆陶县(今属河北)南馆陶镇人,1931 年考入北京大学法学院读书,其间,动员家庭出资,在北平创办精业中学。1935 年大学毕业后,任精业中学校长,后因组织带领学生参加"一二·九"爱国学生运动,被国民党北平当局指控为共产党而被迫还乡,在聊城与张维翰等开展抗日活动。1937 年"七·七"事变后,根据中共鲁西北特委和山东省第六区专员范筑先的指示,在馆陶、冠县收编土匪队伍和地主武装。1938 年加入中国共产党,同年,任冠县抗日政府秘书,12 月调任邱县抗日民主政府县长,1939 年 6 月,任冠县抗日政府县长。1940 年夏后,任鲁西、冀鲁豫行民政处处长、冀鲁豫区黄河水利委员会主任、黄河河防指挥部司令员等职。1946—1947 年,参加国共两党关于黄河归故道的谈判,正确执行中国共产党"确保临黄,不准决口"的方针,发动群众,修复堤防,保障了冀鲁豫解放区的安全,并主持组建了解放区黄河水利委员会,培养了大批干部,为以后开展治黄工作奠定了基础。新中国成立后,历任黄河水利委员会主任、三门峡工程局副局长、国家水利部副部长、政协河南省委主席等职。他对治理和开发黄河作了系统研究,论文有《治理黄河的初步意见》《关于黄河治理方略的意见》《黄土丘陵沟壑区水土保持考察报告》《开发黄河水利资源为实现四化做出贡献》《论治黄工作的指导思想》等;著作有《对南水北调问题的初步探讨》《我的治河实践》等。1992 年病逝于北京。

一、治理黄河,变害河为利河

抗日战争结束是王化云治理黄河生涯的开始。国民党为发动内战,提出黄河回归故道,企图"以水代兵",淹没和分割冀鲁豫及山东解放区。1946 年 2 月冀鲁豫边区成立黄河故道治理委员会,不久改名黄河水利委员会,王化云被任命为行署党组成员、黄河水利委员会主任,参与了与国民党的谈判和领导修复堤防、迁移河道居民的工作。1946年7月19日,周恩来副主席坐飞机赴河南开封了解复堤工程情况,王化云详细汇报了工程进展情况和对当局谈判条件的意见。12月18日,冀鲁豫行署和国民党政府复堤局负责人、联合国善后救济总署顾问在张秋镇举行会谈。王化云代表解放区侃侃而谈,迫使联合国善后救济总署和国民党方面答应:尽快向解放区拨付工程款、物资和推迟堵口放水时间。为配合军事行动,1947年2月黄河河防司令部成立,由黄河水利委员会领导,王化云兼任司令员。这个时期,他一方面加紧治理黄河,另一方面管理渡口,掌握指挥船只,训练组织水手,建立造船厂,并准备架设浮船的材料,配合晋冀鲁豫野战军一举突破了黄河天险,揭开了解放战争战略进攻阶段的序幕。解放战争的节节胜利,也推动了黄河治理工作。1949年6月,新的黄河水利委员会成立,王化云任主任;1949年8月,王化云应邀去北平参加组建国家水利部的协商。他做工作从原国民党政府黄河水利委员会吸纳的业务人员不少人都参加了新中国的水利事业,其中他推荐的水利专家张含英担任国家水利部副部长职务多年。这次会议决定将黄河水利委员会建成全流域性的统一机构,主任仍由王化云担任。王化云成为新中国治理黄河事业的奠基人之一。

王化云

新中国的诞生为王化云的治水事业开辟了广阔天地。他首先抓住控制河水含沙量这个关键,打教育、科技两张牌,建设了一支铁的治黄队伍。1950年初,他刚刚主持召开新中国成立后第一次全流域治黄工作会议,就倡议成立了泥沙研究所和黄河水利专科学校,并亲自兼任学校校长。1953年黄河水利委员会迁到郑州后,他又着手建立和改建了勘察设计院,招收一大批水文专家和工程技术人员,形成了一支强有力的治黄队伍。

其次,他下大力气调查研究,实行标本兼治。从1950年起,大约用了一年多的时间,先后走遍了无定河、窟野河、汾河、渭河、泾河、北洛河、洮河、湟水、汶河等几十条支流,历尽艰险,对黄河流域进行了系统而全面的实地考察,掌握了大量第一手资料。他在《治理黄河的初步意见》一文中提出:"我们的治河目的,应该是变害河为利河。治理黄河的方针应该是防灾与兴利并重,上下游统筹,干流和支流兼顾"。

再次,他重视实践,善于研究和分析古今各家治黄思想,从中探索黄河的规律。他较完整地提出了"宽河固堤,确保安全""除害兴利,蓄水拦沙""上拦下排",实行"调水调沙"等一系列治黄策略和治黄的战略思想。他认为,自古以来总有人希望黄河能变清,现在看来黄河不可能变清。其实洪水、泥沙也是一种资源,用得好可以变害为利,从处理和利用泥沙的角度来说,黄河也不需要变清。未来黄河的治理与开发,应该建立在黄河不清的基础上。

在此基础上,王化云向中央起草了《关于治理黄河方略的意见》,第一次提出了"除害兴利,蓄水拦沙"的主张,受到了政务院副总理、中共中央农村工作部部长邓子恢的支持和毛泽东主席的嘉许。1952年10月,毛泽东主席在罗瑞卿、陈再道陪同下,在开封一带视察黄河。王化云在陪毛泽东吃饭时,毛泽东问他的名字是哪两个字,他回答:"是变化的化,云雨的云。"毛泽东风趣地说:"化云这个名字好,化云为雨,半年化云、半年化雨就好了。"当王化云汇报治黄方案时,毛泽东又指着地图问他:"这些地方你都去过没有?"他立即回答:"都去过。"毛泽东听了十分高兴。由于毛泽东多次视察黄河都由王化云陪同,彼此间便熟了起来,一次吃饭时毛泽东招呼他:"黄河,坐这边。"毛泽东很随便的称呼是对他一生事业和成就的高度概括与评价。1952年,王化云倡导的引黄济卫工程初步建成。同一年,王化云提出了黄河十年开发轮廓规划并首次提出修建三门峡水库。1955年5月,国家水利部党组决定由王化云起草国务院《关于治理黄河水害和开发黄河水利的综合规划的报告》。7月在第一届全国人大二次会议上,邓子恢代表国务院宣读了报告,报告得到了大会的批准。这是治黄历史上第一部全面、完整、科学的规划,也是中国第一部经全国人大会议审议通过的流域规划。1956年三门峡工程局成立,王化云兼任局党委第三书记和第一副局长。1958年8月上旬,周恩来视察黄河,对黄河水利委员会的工作很满意。两个月后,王化云担任了黄河水利委员会党组书记。

"文化大革命"中,王化云被揪斗,身心受到很大摧残,直到1970年在周恩来总理的亲自关怀和帮助下才得到"解放"。"四人帮"倒台后,他于1978年重新担任黄河水利委员会主任、党组书记,1979年担任国家水利电力部副部长、党组成员。复出的王化云非常珍惜时间,他不顾古稀高龄,身体不好,深入开展调查研究,提出了建立小浪底水库的构想。这一构想得到了专家学者的赞同,也引起了国家的重视。1982年5月,王化云从治黄领导岗位上退下来担任顾问,次年4月当选为河南省政协主席。此时,他仍心系小浪底水库的建设工程。1982年9月,王化云参加中国共产党第十二次全国代表大会。大会闭幕后,国务院领导把王化云留下来专门听取了他的构想。1984年4月,胡耀邦同志到河南平顶山视察,王化云专程赶到,向他汇报小浪底工程上马的重要性和紧迫性。胡耀邦深有感触地说:化云同志,我们30年前就认识,你是不治理好黄河不死心啊!1987年,全国政协副主席钱正英到医院看望患脑血栓而卧床的王化云,第一句话就是:化云,小浪底(工程)已批准(实施)了,你放心吧!言语表达已很不方便的王化云听后激动得眼睛一亮。1989年,王化云出版《我的治河实践》。这是他一生治河实践、治河经验、治河思想的总结,是给后人留下的一份宝贵遗产。

二、提出"上拦下排,两岸分滞"的黄河下游防洪方针

黄河是一条复杂难治的河流,王化云坚持通过治黄实践,广泛吸收各家研究成果,在

此基础上不断发展自己的治河思想。他在《上拦下排两岸分滞》一文提出的主要观点是：把"上拦下排，两岸分滞"作为黄河下游的防洪方针。

王化云在总结三门峡水利枢纽工程经验教训的基础上，在1963年3月的治黄工作会议的报告中指出："在上中游拦泥蓄水，在下游防洪排沙，一句话'上拦下排'应是今后治黄工作的总方向。"后来经过充实，决定把"上拦下排，两岸分滞"作为黄河下游的防洪方针。20多年的治黄实践表明，这个方针是符合黄河实际情况的，是解决黄河下游防洪问题的正确方针。

在黄河干流上修水库控制洪水，与国内外大江大河相比，有其得天独厚的有利条件。因为黄河下游是地上悬河，除大汶河以外，没有大的支流汇入。花园口站控制流域面积达98%，洪水基本上都是从花园口以上来的。因此，只要在黄河中游，特别是三门峡至花园口干流区间修建水库，即可集中控制洪水。加之黄河洪水有峰高量小的特点，用较小的库容即可取得较大的拦洪削峰效果。

黄河的"上拦"工程，主要是在干流修建七座大水库，即龙羊峡、刘家峡、大柳树、碛口、龙门、三门峡和小浪底等，其中龙羊峡、刘家峡、三门峡三座已建成，其余四座待建，加上距离下游最近的伊、洛、沁河支流上的陆浑、故县、河口村三座水库，总库容近900亿立方米。经过泥沙淤积，长期有效库容约450亿立方米，相当于黄河多年平均天然年径流量的80%，而且库容在河段上分布比较均匀，可使黄河的水、沙得到较好的调节。七大水库按照防洪、减淤和综合兴利的要求，实行全河统一调度，调水调沙，再配合其他减淤措施，争取使下游河道达到微淤或冲淤平衡状态，并能发挥综合效益。

按目前的科学技术水平，人们对大气环流和复杂的天气形势还无法驾驭，加之黄河下游河道上宽下窄，又有排洪能力上大下小的矛盾，因此一旦出现"既吞不掉，又排不走"的特大洪水时，应该按照牺牲局部利益、保护全局利益的原则，实行"两岸分滞"，即向两岸预定地区分滞一部分洪水，这就需要修建分滞洪工程。目前黄河下游两岸已修建了北金堤滞洪区、东平湖水库，以及南展、北展等分洪、滞洪工程。实践证明，黄河下游无坝侧向分洪是可行的，只要事先做好各项准备，就能按计划分洪。小浪底水库建成后，北金堤滞洪区的运用机会将大大减少。"两岸分滞"措施，是在特大洪水情况下牺牲局部保全局的应急措施。

总之，如果我们能建立起完善的"上拦下排，两岸分滞"的防洪体系，实行迅速、有效的统一指挥和灵活、科学的调度，同时充分发挥人民防汛队伍的强大威力，那么确保黄河下游长治久安，是完全可能的。

第九节　林一山

林一山（1911.6—2007.12），山东省文登县人，青年时代即追求革命，1935年就读于北平师范大学后，曾任该校中共地下党支部书记，参加"一二·九"学生运动，"七·七"事变后离校，到山东半岛负责组织抗日武装起义，成功后任胶东半岛抗日部队司令员，抗战胜利后调任东北辽南省委书记兼军区政委等职，1949年从事水利工作，任中南军政委员会水利部长兼长江水利委员会主任，后在周恩来总理亲自领导下，负责长江流域规划和三峡工程设计,任长江流域规划办公室主任(国务院建制),后出任水利部副部长,第五届、第六届全国人大常委会委员。林一山同志学识渊博,注重学习和调查研究,在水利事业上做出了突出贡献,成为中国当代著名水利专家。毛泽东同志曾称赞他是"红色专家""长江王"。

林一山生平简介

一、心系长江治理开发

1953 年 2 月,毛泽东乘"长江"号军舰视察长江,中共中央中南局指派林一山陪同。在由武汉至南京的三天航行期间,林一山向毛泽东详细报告了长江的基本情况、洪灾成因以及除害兴利的种种设想。毛泽东听后十分高兴,并要林一山抓紧"南水北调"的研究,还说:"在三峡这个总口子上卡起来,毕其功于一役,先修那个三峡工程。"

毛泽东的一席谈话,决定了林一山后半生的命运,直到 1994 年 83 岁离休,林一山再也没有离开过水利岗位。新中国成立之初,毛泽东与周恩来商讨国家建设大计时曾说:我们国家大,要考虑搞一些大型建设项目,像大三峡、南水北调、铁路通拉萨等。在"长江"舰上,毛泽东将他当时设想的三个大型项目中的两个交给林一山,从此,林一山成为新中国负责领导三峡工程研究工作的第一人。

林一山深知,要将这一工程的规划设计工作做得尽善尽美,需要解决的科学技术难题非常多。尤其是新中国成立初期,经济力量和科技水平都不算高,困难程度可想而知。然而林一山没有被困难吓倒,他想出了一个"天梯"战略,决心由易到难,由低到高,一步一个台阶地登上三峡这重"天"。

为了把三峡工程这个在国民经济建设中起关键作用的项目搞好,林一山在党中央"积极准备、充分可靠"和"有利无弊"方针指引下,把长江流域规划办公室这个隶属国务院建制的、专门负责长江流域规划和三峡工程设计的机构建设成为一个专业门类齐全的水利机构。同时,还广泛搜集水文、勘测、地质和经济等资料,为攀登三峡工程做好组织、人才和资料准备。

林一山明确提出要把三峡工程列为长江流域规划的主体。兴建三峡工程,意义重大。因为它具有防洪、发电、航运等不可代替的巨大的综合效益。林一山说:"把筹建三峡工程作为一个战略部署,不仅因为它符合开发长江流域的客观规律,而且因为它是在一定时期内影响全国国民经济建设的一项关键工程。"他还忧心忡忡地告诫人们:"荆江这个危险河段,没有因为推迟三峡工程兴建时间而发生严重后果,其原因除了我们把该河段作为防洪重点,完成了一些防洪工程外,主要是在这个时期内,长江没有发生像 1860 年或 1870 年那样的特大洪水,或者近乎那样的洪水……"因此,他急切呼吁:"国家的命运不能建立在一种侥幸心理的基础上"。

林一山甚至想到:如何把荆江分洪工程作为开端,一方面解除荆江河段防洪的燃眉之急,一方面为研究三峡工程设计赢得时间;如何向中央提出建议,修建湖北蒲圻陆水试验工程,为缩短三峡工程工期摸索经验;如何结合搞好汉江丹江口水利枢纽设计,把科研设计人员锻炼造就成为既有高深理论知识,又具设计高坝大库实际经验的人才;以及如何最后会师三峡,一举拿下三峡工程的设计。

林一山不仅是这样想,而且也一步一个脚印地这样做。由于党中央的亲切关怀,又给他的"天梯"增添了两级更坚实的台阶。一是开展国际合作,聘请苏联专家帮助设计;一是先于三峡工程修建葛洲坝工程,为三峡工程做好实战准备。

1954年12月,毛泽东乘专列北上,路经武汉时,要林一山到车上汇报三峡工程的可行性。见到林一山后,毛主席说:"啊,又见到我们的长江王了!"当时林一山汇报说:"如果中央要求在较早的时间内建成,依靠我们自己的力量,在苏联专家的帮助下是可以完成的。如果不用苏联专家的帮助,我们自己也可以建成三峡工程,但需在丹江口工程建成以后,设计工作的时间就要推迟。"听了林一山的汇报,毛主席非常满意。半年后,苏联专家到达长江流域规划办公室帮助工作。林一山明白中央的意图是要加速三峡工程的建设,便密切与苏联专家合作,用了不到4年时间,即完成了三峡工程初步设计。

后来,国际国内形势发生重大变化。国际上中苏关系由摩擦发展到对抗,苏方撕毁合同,撤走专家。国内由于连续三年自然灾害,出现了严重的经济困难。林一山根据中央的精神,率领长办广大科研设计人员将工作重心转入对"围堰发电、分期开发""移民工程方针"和"水库寿命问题"等重大课题的研究,并取得了可喜成果。

水库寿命问题,是世界范围尚未解决的一个难题。林一山经过研究后发现、水库淤死的原因主要是库区流速过小,基本处于静水状态。如果创造条件使库区在必要时既可达到排沙的流速,又可充分发挥水库兴利的作用,就可达到水库长期使用的目的。于是他便带领一批高级水利专家到国内一些多泥沙河流做实地调查研究,同时也研究国外多泥沙河流的水库淤积变化规律,终于找到了解决水库寿命问题的办法。并从理论到实践上证明水库可以长期使用的。

先于三峡工程修建葛洲坝工程的问题,在中央尚未批准之前林一山曾经表示过不同意见。他认为葛洲坝工程没有做出设计,未知因素较多,会给将来修建三峡工程带来许多困难,建议先上已经做完设计的三峡工程分期开发方案。但是中央从全面考虑还是批准葛洲坝工程上马。当葛洲坝工程施工快两年时,陆续暴露出一系列重大技术问题,致使工程无法继续下去。周恩来根据毛泽东对工程的批示精神,从工程的实际情况出发做出了果断决策:第一,主体工程停工,重新修改设计;第二,改组工程领导,成立葛洲坝工程技术委员会,直接对国务院负责;第三,原来参加设计的单位一律退出,改由长江流域规划办公室负责设计;同时指定林一山为葛洲坝工程技术委员会负责人。

然而,就在这样一个关键时刻,林一山经医院检查确诊身患重病。他的眼睛视物出现了严重变形,医生确诊为右眼患有黑色素瘤,必须立即手术治疗,否则将有危及生命的可能。

林一山患眼疾的消息很快传到了国务院,惊动了周恩来。在周总理的亲切关怀下,安排林一山住进了上海华东医院,并从北京、武汉、南京调集著名眼科专家,会同上海的眼科专家一起,为林一山进行手术,手术进行得非常顺利和成功,很快林一山就能下床活动。

住院期间林一山一刻也放心不下葛洲坝工程。他甚至偷偷从医院跑出来同工作人员一起,通宵达旦地准备会议材料。他还把负责修改设计的总工程师叫到上海,交代他们如何从做好河势规划着手,研究和解决葛洲坝工程的重大技术问题。

提出并妥善解决河势规划,是林一山对葛洲坝工程的一大贡献,因为此前从来没有人注意到这一极端重要的问题。林一山凭借着他多年从事水利工作的经验,认识到在江河上做工程离不开同河流的水流与泥沙发生关系,由于受人为工程的影响,必然使河流原有的冲淤关系发生变化。特别是像葛洲坝这种大流量的低坝工程,冲淤关系处理得好与坏,常常决定着工程的成败。因此,必须运用河流辩证法的理论,研究工程所涉及河段的河床演变规律,特别是主洪的轨迹及其形态,制订出因势利导的方案,合理地解决水流与泥沙的关系,以及水流泥沙与河床,特别是同各个水工建筑物这种特殊“河床”的相互关系。

长江流域规划办公室的科研设计人员在进行河势规划的过程中发现,葛洲坝工程在初期阶段所存在的所有重大技术问题都同河势规划有关,正确地解决河势规划问题,其他重大技术问题就可迎刃而解。在党中央和国务院的正确领导下,葛洲坝工程技术委员会以决策的科学性与民主性来保证决策的正确性,及时完成了修改设计的任务,并在广大施工人员和设备制造厂家的共同努力下胜利建成了葛洲坝工程。

葛洲坝工程是世界级的著名工程,凡是到葛洲坝工程看过的人,无不称赞葛洲坝工程的伟大成就。他们说,中国人能够设计和建设葛洲坝工程,就一定能够设计和建设其他任何水利工程,包括三峡工程在内。葛洲坝工程的胜利建成,不仅在技术上同时也在思想上为建设三峡工程作了实战准备。

林一山

二、勘探规划“南水北调”

林一山不仅为三峡工程做出过自己的奉献,还为南水北调工程呕心沥血几十年。林一山研究南水北调,起始于 1953 年。他在 20 世纪 50 年代即提出了从汉江自流引水河南、河北、天津、北京的理想线路,并结合丹江口水库这个水源枢纽的建设,将引水渠首——陶岔工程建成,一经机关作出决策并建成引水渠道,来自秦岭巴山的清洁水源即可源源不断地流至京津地区。

在长期的治水实践中,对怎样最大程度发挥水资源效益问题,林一山形成了自己的一套认识。在黄河问题上,他认为黄河经我国干旱和半干旱区,其水与沙都是宝贵的资源,不应将它白白送往大海,而应围绕以发展农业为中心的活动,将黄河的水沙吃光喝光。为此,他提出一整套如何利用黄河水沙资源的构想。在长江和西南诸河问题上,他认为除了充分满足本流域除害兴利的需要外,多余的水量应通过跨流域引水的方式送到北方使用,以解决我国北方水少的问题。在“南水北调”问题上,他主张“高水高用,低水低用”。因此,他设想从东线、中线、西线三条线路向北方调水。所谓“东线”,即从江苏长江北岸一带或安徽巢湖地区选择合理位置用电力提水经京杭大运河送入山东黄河以南地区;所谓“中线”即从丹江口水库引水的引汉线路;所谓“西线”,即在怒江、澜沧江、金沙江、雅砻江、大渡河上游河源地区形成水库群,利用西高东低的有利地

南水北调工程

形,将这些河源之水汇为一体,并沿巴颜喀拉山脉南侧一定海拔修建引水渠道,在一个十分理想的地点穿过巴颜喀拉分水岭,进入黄河流域。按照林一山的规划方案,西线的引水量大约可达1 000亿立方米,获得渠道落差约2 000米,发电约4 000亿千瓦时,发电后的尾水可进入黄河的大柳树水利枢纽,用以改造广大的沙漠地区。其东可以灌溉毛乌素沙地;其北可以灌溉腾格里沙漠、乌兰布和沙漠、巴丹吉林沙漠;如在大柳树1 400米高程处引水,引水渠道可沿祁连山脚向西一直延伸到塔克拉玛干沙漠地区。改造沙漠意义重大,不仅可以再造一个近似华北大平原大小的稳产、高产农林地区,还能有效地改善生态环境,可谓一举多得。

林一山40余年的水利生涯,不仅在诸如长江流域规划、三峡工程、南水北调这些国家的重大建设项目上做出突出贡献,他还率领长办广大科技人员完成了许许多多支流规划和工程建设。已经建成的工程项目主要有平原湖泊蓄洪垦殖综合利用工程、荆江分洪工程、鸭河口水利枢纽及灌区工程、丹江口水利枢纽工程、陆水水利枢纽试验工程、清江隔河岩水利枢纽工程以及万安水利枢纽工程等。当然也还有许多规划和工程项目尚未付诸实施。林一山说,不管这些尚未实施的项目将来如何,反正他是对得起黄河、长江了。

林一山同志的治水思想非常丰富,主要体现在他的专著《林一山治水文选》《河流辩证法与葛洲坝工程》《葛洲坝工程的决策》《高峡出平湖》《中国西部南水北调工程》《河流辩证法与冲积平原河流治理》等著作中。他的治水思想对于今天的水利建设有着重要的指导与借鉴意义。

第十节 张光斗

张光斗(1912—2013),1955年当选为中国科学院首批学部委员,1994年当选为中国工程院首批院士,是中国水工结构和水电工程学科的创建人之一。在为国家水利水电事业工作的70个年头里,张光斗的言行展示了一个现代中国知识分子的形象:爱国、奉献、正直、敬业。

风华正茂的张光斗

年老的张光斗用电脑写书

2002 年之前,作为国务院三峡枢纽工程质量检查专家组副组长,他一连几年每年都要去几趟三峡工程现场。"我很想去三峡工程再看看,但可能去不了了。"在清华大学为他从事水利水电事业 70 周年而召开的座谈会上,他道出了心中的遗憾,"我年纪已经很大了,很多事情做不了了。"从抗日战争时期在四川为军工生产建设一批小型水电站,到三峡大坝全线建成,张光斗的身影伴随着当代中国水利水电事业的发展历程。

一、"我有责任为祖国建设、为人民效力"

张光斗,1912 年生于江苏省常熟县鹿苑镇的一个贫寒家庭,1934 年毕业于上海交通大学土木工程学院,同年考取清华大学水利专业留美公费生。

22 岁的张光斗到国内各水利机构和工地实习,看到各地洪涝灾害频繁,水利事业不兴,想到了自己肩上的责任。1936 年,他获美国加利福尼亚大学土木系硕士学位;1937 年,又获哈佛大学工程力学硕士学位,并得到了攻读博士学位的全额奖学金。这时,中国抗日战争全面爆发,放弃了继续深造的机会,辞谢了导师、国际力学大师威斯脱伽特教授的挽留,威斯脱伽特深感惋惜的说:"哈佛大学工学院的门是永远向你敞开的!"

回到中国的张光斗成为一名水电工程师,他在四川先后负责设计了桃花溪、下清渊硐、仙女硐等中国第一批小型水电站,为抗战大后方的兵工厂雪中送炭。

1945 年,张光斗被国民党资源委员会任命为全国水利发电工程总处总工程师。

1947 年底,当时美国联邦能源委员会来华工作的柯登总工程师即将回国,他劝张光斗举家迁往美国,可去美国合办工程顾问公司。张光斗表示:"我是中国人,是中国人民养育和培养了我,我不能离开我的祖国,我有责任为祖国建设、为人民效力。"

1948 年,国民党资源委员会要求张光斗把所有重要的技术档案和资料图纸都装箱转运台湾。在中共地下组织的安排和协助下,张光斗把 20 箱资料秘密转移保存下来。他冒着生命的危险,为新中国水电工程建设留下了宝贵的技术资料。

二、"我愿把自己全部的本事使出来,让国家用得上"

1949 年底,张光斗应清华大学工学院院长施嘉炀的邀请北上清华大学任教。

1950 年,他在北京饭店参加周恩来总理举行的新中国第一个春节招待会。周恩来握住他的手说:中国水利水电建设很重要,黄河、长江的防洪兴利任务很重,要努力工作。

1951 年,张光斗负责设计了黄河人民胜利渠首闸的布置和结构,几千年来中国人在黄河破堤取水的梦想得以实现。

1958 年,张光斗负责设计了华北地区库容量最大的密云水库,他大胆创新,采用大面积深覆盖层中的混凝土防渗墙、高土坝薄黏性土斜墙、土坝坝下廊道导流等革新技术,当时在国内均属首创。密云水库一年拦洪、两年建成。周恩来称赞它是"放在首都人民头上的一盆清水"。

自 20 世纪 50 年代以来,张光斗先后参与了官厅、三门峡、荆江分洪、丹江口、葛洲坝、二滩、小浪底、三峡等数十座大中型水利水电工程的技术咨询,他对这些工程提出的诸多建议,在中国水利界传为经典。

1963年、1982年张光斗先后两次率团参加国际大坝会议和世界工程师联合会。通过努力,中国取得了在国际大坝委员会和世界工程师联合会的成员国地位。

美国加利福尼亚大学为表彰张光斗自该校毕业后在水利事业上所获得的成就,特授予他1981年度"哈兹(haas)国际奖"。

张光斗说:"我愿把自己全部的本事使出来,让国家用得上。"

三、水利部部长的泪水夺眶而出

江河不治,水利不兴,则无以安邦。张光斗说,水利工程师对国家和人民负有更大的责任,因为水利工程在细节上1%的缺陷,可以带来100%的失败,而水利工程的失败最后导致的是灾难与灾害。所以,他把责任看成是比天还要大的事情。

1976年,唐山大地震波及密云水库,大坝保护层发生局部坍塌,身处"文化大革命"逆境、在黄河小浪底接受劳动改造的张光斗半夜被叫醒,他须火速赶回北京救急。已是64岁的他连夜上路,不顾一切地全身心投入工作,奔波在大坝工地,检查施工质量。

几十年来,无论负责哪一个工程,他一定要去工地;到了工地,一定要去施工现场。工程的关键部位,再艰难危险,他也要亲眼去看一看,亲手去摸一摸。七八十岁的老人早该安享天年了,可张光斗还在钻公里坑道,爬几百米深的竖井。

当年在葛洲坝工地,为检查二江泄水闸护坦表面过水后的情况,年近80岁的他,乘坐一只封闭的压气沉箱下到了20多米深的水底,开沉箱的工人惊叹:"我从来没见过这么大年纪的人还敢往水下钻!"

在长子不在的那几天,他把自己关进了房里,两天过后,他走出房门,拿出的是上万字的《葛洲坝工程设计审查意见书》。

时任水利部部长的钱正英接到这份意见书,泪水夺眶而出。

四、最大梦想的实现

1992年4月3日,全国人大七届五次会议表决通过了《关于兴建长江三峡工程决议》。那一年,张光斗80岁,建设三峡工程是他心中最大的梦想。

1993年5月,张光斗被国务院三峡工程建设委员会聘为《长江三峡水利枢纽初步设计报告》审查中心专家组副组长。面对汇集了10个专家组126位专家意见总字数达300万字的这份报告,他每天拿着高倍放大镜,从早到晚,逐字逐句反复推敲审核。

1994年,三峡工程开工。在此后近十年的时间里,已是耄耋之年的张光斗,每年至少跑两趟三峡工地。爬孔洞,下基坑,哪里不放心,他就往哪里去。他说:"工人师傅能去,我为什么不能去?"

2002年4月,90岁的张光斗第21次来到三峡大坝工地,顺着脚手架往大坝上缘的导流底孔登去,查看了两个底孔后,他回到了地面。"我实在是爬不动了。"他说,"要是有力气能爬,我一定再去多检查几个底孔。"

2006年5月20日,张光斗在家中收看爆破拆除三峡大坝围堰的电视直播,当礼炮般的爆破声响起之时,94岁的他激动得站起身来……

五、"做一个好的工程师,一定要先做人"

在不去大坝的日子里,张光斗迎来了清华大学水利系的成立,创建了国内的水工结构和水电工程学科,开设了水工结构专业课,编写了国内第一本《水工结构》中文教材。

他还建立了国内最早的水工结构实验室,培养了国内首批水工结构专业研究生。

他在清华园的讲台上整整站立了 50 个春秋。"一条残留的钢筋头会毁掉整条泄洪道",这个例子,张光斗从 20 世纪一直讲到今天。

坚持理论与工程技术实践相结合,是他毕生的教育理念。学生们交论文,他要先设一道槛,看有没有经过实验论证或工程实践检验,如果没有,对不起,立即退回。他告诉学生们,在水利工程上,绝不能单纯依赖计算机算出来的结果,因为水是流动而变化的,如果你已经设计了 100 座大坝,第 101 座对于你依然是一个"零"。

张光斗对学生们说得最动感情的一句话是:"做一个好的工程师,一定要先做人。正直,爱国,为人民做事。"他已是桃李满天下,许多学生已经成为中国水利水电事业的栋梁之材,其中包括 16 位两院院士、5 名国家级设计大师。

1997 年,85 岁的张光斗决定学习使用电脑,一手拿着放大镜,一手敲着键盘。1997年,写下了《科教要兴国,兴国要科教》;1998 年,写下了《加强高等教育与经济建设的结合是发展经济的关键》……在 1996 年至 2000 年,他写下的有关教育方面的书信文章就有32 篇。

1998 年,张光斗等又向中国工程院建议设立《中国可持续发展水资源战略研究》咨询项目,在国务院的支持下,历经两年的艰苦工作,这项研究提出了综合报告和专题报告,为中国可持续发展水资源提出了总体战略。

为呼吁全社会保护水资源,他虽年事已高,但依然笔耕不辍。

"我总觉得,老百姓还要过下去,子孙后代还要过下去……"说起水来,张光斗心中满是深情。这样的情感充盈着他与水相伴的人生。

1998 年 12 月 18 日,他写完关于《高等教育法》的读后感和建议,当夜即患感冒,发高烧送进医院,一住就是 17 天。

六、"我还想为人民做些工作"

张光斗的生活已离不开手杖和轮椅了,他依然每天早晨 6 点钟起床,拄着手杖在屋子里转 6 圈,然后吃早饭,开始工作。

上午,他做的第一件事就是浏览当天的报纸和信件。他一直没有停止思考,就相关问题会给有关部门打电话或者写信,提出建议。如果觉得问题特别重要,他就会搜集资料,拿出论据,写成文章投寄报刊,甚至上书中央。

他这一生,有许多建议得到了中央的采纳,包括 1992 年他和王大珩等 6 名中国科学院院士联名上书,促成了中国工程院的成立。

他为有关报刊杂志及有关部门写下的文章信件难以计数,人才外流问题、反腐败问题等,都在他的视野之内。

他说话不留情面。在参观工厂企业时,每听到主人兴致勃勃地介绍那些引进的先进

技术与生产线时,他会马上跟一句:"在消化、吸收方面,你们做了些什么?"

1996年张光斗获得何梁何利基金科技进步奖、中国工程院工程成就奖,2001年获得中国水利学会功勋奖,2002年获得中国工程科技领域最高奖——光华工程成就奖。

张光斗的心中还有许多未了的愿望。2005年8月13日,他给女儿写了一封信:"人生就是为人民服务,为后人造福。我一生为此努力,但贡献不大。中国人口众多,人均水资源只有世界人均的四分之一,而洪涝干旱灾害频发……我93岁,生活能自理,头脑清楚,无大病,是很不容易的。我还想为人民做些工作,对工程和国事写些文章……"

第五章　山东水利发展

第一节　山东古代水利发展

兴修水利,与水旱灾害作斗争,历来是我国治国安邦的一项重要措施。大禹治水的传说,人人皆知。山东古为齐鲁之邦,地处黄河下游,水旱灾害频繁,早在春秋时期,管仲为相齐桓公称霸,即"惟水事为重";《管子·度地》一书中说道:善为国者必先除其五害,……五害之属,水为大。山东省的治水活动,自有历史记载的春秋时起,迄今已有2 000多年的历史。2 000多年来,山东人民在治水活动中付出了艰辛劳动,取得了辉煌的成就。

一、山东黄河流域治理

黄河是中华民族的摇篮,黄河流域是中华文明的发祥地。黄河自河南省兰考县东坝头入山东境内,流经菏泽、聊城、泰安、德州、济南、惠民、东营7市共25个县(市、区),于垦利县注入渤海,境内河长617公里,流域面积1.83万平方公里。有金堤河、大汶河、南北沙河、玉带河、浪溪河、玉符河等支流汇入。

在漫长的治黄史上,防御黄河洪水主要依靠堤防,兼采疏导分流、滞洪等措施,西汉时黄河堤防已具相当规模并设有河堤都尉主持修筑堤防事宜。东汉王景治河,从荥河至千乘筑千里长堤,采取宽河行洪,起到了滞洪淤滩刷槽的作用。北宋时,河工技术有较大的发展,除筑堤外,还在堤上修筑路木笼、石岸等护岸工程。明代重视堤岸的修护,潘季驯提出"河防在堤,而堤在人,又堤不守,守堤无人,与无堤同矣",强调加强人防。

堤防固然重要,但遇大洪水,仍有成灾危险。对防止异常洪水,西汉后期就有人提出分疏、滞洪的主张。回顾历代治黄史,新中国成立前的2 000余年里在治黄措施上主要依靠堤防,但仅靠堤防并不能有效地解除洪水和凌汛的威胁,致黄河泛滥频繁。

历史上黄河流经山东境内者,最早始自周定王五年(公元前602年)黄河第一次大改道后。此后直至金章宗明昌五年(1194)黄河南夺淮泗前,其间长达1 700余年,为北流入渤海期,流经鲁西北地区。黄河南夺淮泗后直至清咸丰五年黄河铜瓦厢决口改道前的660年间为南流夺淮时期,流经山东西南部边沿。清咸丰五年(1855年)黄河铜瓦厢决口后改道经山东入渤海。现将1855年前历代流经山东境内的黄河治理史简要记述如下。

战国时,黄河下游河道的堤防已具相当规模。当时,黄河流经鲁西北,"齐与赵魏,以河为境,赵、魏濒山,齐地卑下,作堤去河二十五里。河水东抵齐堤,则西泛赵、魏。赵、魏

亦为堤，去河二十五里。虽非其正，水尚有所游荡，时至而去，则填淤肥美，民耕田之。或久无害，稍筑宫宅，遂成聚落，大水时至，漂没，则更起堤防以自救"(《汉书·沟洫志》)。在相传为齐国名相管仲所撰的《管子·度地》篇中，对堤防修筑有详尽的记载。

汉代黄河，与先秦比较，决溢记载增多，河道变换也比较频繁。西汉时期对黄河堤防颇为重视。西汉时设有河堤都尉、河堤谒者等治河官职，沿河各郡专职防守河堤人员，约数千人，多时达万人以上。每年都要用很大一部分经费从事筑堤治河，据《汉书·沟洫志》载"濒河十郡，治堤岁费且万万"。东汉时期，仍"诏滨河郡国置河堤员吏，如西京旧制"(《后汉书·王景传》)。当时黄河堤防的规模，史书记载很少，从《汉书·沟洫志》中仅知淇水口(今滑县西南)上下，堤身"高四五丈"，相当于 9~11 米，可见汉代黄河堤防规模已相当宏大。

西汉时，涉及山东境内者有两次著名的黄河堵口工程，后来，黄河上常用的"平堵"和"立堵"两种堵口方法，就是在其基础上发展形成的。一是瓠子堵口：元封二年(公元前109年)，汉武帝使"汲仁、郭昌发卒数万人塞瓠子决"(《史记·河渠书》)，这次堵口采取"下淇园之竹以为楗"的方法，据东汉末年如淳的解释，是"数竹塞水决之口，稍稍布插接树之，水稍弱，补令密，谓之楗。以草塞其里，乃以土填之，有石，以石为之"(《史记·河渠书》注)，这似近代的桩柴平堵法。二是东郡堵口："汉成帝建始四年(公元前29年)，大雨水十余日，河决馆陶及东郡金堤(金堤，汉时泛指黄河大堤)，泛指兖、豫，入平原、济南、千乘。凡灌四郡三十二县，杜卿荐王延世为河堤使者，延世塞以竹落，长四丈，大九围，盛以小石，两船夹载而下，三十六日堤成，改元河平"(《历代治黄史》)。王延世采用的竹石笼堵口方法，与近代的立堵法相似。

东汉时有著名的王景治河。《后汉书·王景传》载：永平十二年(69年)，"夏，遂发卒数十万，遣景与王吴修渠筑堤，自荥阳东至千乘海口千余里。景乃商度地势，凿山阜，破砥碛，直截沟涧，防遏冲要，疏决壅积，十里立一水门，令更相洄注，无复溃漏之患。景虽简省役费，然犹以百亿计。明年夏，渠成"。在《后汉书·明帝记》中载："(永平十三年)夏四月，汴渠成。……诏曰：……今既筑堤，理渠，绝水，立门，河、汴分流，复其旧迹"。这次治河，是一次综合性的治水活动，既治了汴渠，也治了黄河，这次系统的修筑黄河千里堤防，从而固定了黄河二次大徙后的新河线，使黄河决溢灾害明显减少，出现了一个相对的安流时期。

三国、两晋、南北朝时期，由于黄河流域分裂割据，战乱频繁，史书上关于治黄活动的记载很少。当时虽也没有"河堤谒者"或"都水使者"，但官职不高，有时甚至只设一人，很难有多大作为。

隋代没有治理黄河的记载。唐代治黄活动，见于史书的不过几次，涉及山东境者有两次。一次是唐玄宗开元十年(722年)六月，"博州(今聊城)黄河堤坏，湍悍洋溢，不可禁止"。唐玄宗命博州、冀州、赵州三州地方官治河，并命"按察使萧嵩总领其事"。看来此次治理规模不小，但治理情况史书却无记载。再是开元十四年(726年)济州(治卢县，今东阿县西北)治河，《新唐书·裴跃卿传》称裴任济州刺史时，"大水，河防坏"，"诸州不敢擅兴役"，而裴跃卿在未奉朝命的情况下率领群众抢护，并"躬护作役"。工程进行中，他接到调任宣州刺史的朝命，怕其走后工程完不了，没有立即宣布他调职的消息，督工愈急，直至"堤成"才离任。

五代时期,对黄河下游进行了一些治理,主要是堵塞黄河决口。特别是周世宗柴荣即位后,针对当时黄河下游"连年东溃,分为二派,汇为大泽,弥漫数百里"及"屡遣使者不能塞"的严重情况,于后周显德元年(954年)十一月,命宰相李谷亲至滑、郓、齐等州,督帅"役徒六万"(《资治通鉴》卷二九一、二九二),工期月余,堵塞了前几年冲开的多处决口。

北宋时期,由于都城开封处于黄河下游,河患与当朝者的利害关系密切,宋王朝对黄河的治理比较重视,在防洪措施、堤埽修筑技术等方面有较大发展。北宋时期,黄河下游河道有几次较大变化:一是宋仁宗景祐元年(1034年)七月,黄河于澶州横陇埽决口,河水于决口离开京东故道,另冲出一条新河,流至平原一带,由棣州、滨州以北入海,宋人称"横陇故道"。决口久不复塞,行水近14年。二是仁宗庆历八年,黄河在澶州商胡埽大决,河水改道北流,至乾宁军(今河北青县)入海,宋称"北流"。三是仁宗嘉祐五年,北流大河于大名第六埽决口,分出一道支河,名二股河。下流"一百三十里,至魏、恩、德、博之境,曰四首河",下合笃马河自无棣东入海。宋人称二股河为"东流"。

北宋一代长时期存在着"东流""北流"的治河争议,如何治理黄河成为当时朝廷的一项重要议题。特别是庆历八年商胡改道后的近40年,上至皇帝,下及群臣,很多人都参与了这一场争论,共有三次"东流""北流"之争,结果下了好大的力气,并进行过三次回河东流工程,均以失败而告终。

宋代,鉴于水患严重,开宝五年三月,太祖下诏设置专管治河官员,"自今开封等十七州府,各置河堤判官一员,以本州通判充"。淳化二年,宋太祖下诏:"长吏以下及巡河主埽使臣,经度行视河堤,勿致坏堕,违者当置于法"。关于堤防的岁修也有具体规定:"皆以正月首事,季春而毕"。神宗熙宁六年(1073年),在王安石的主持下,设立了专门疏浚河道的"疏浚黄河司",并对淤积严重的河道作过机械疏浚的尝试。

金代对黄河下游河防比较重视,据《金史·河渠志》记述,金初,下游沿河置二十五埽,"每埽设散巡河官员一员,每四埽或五埽设都巡河官员一员,分别管理所属各埽,全河总共配备埽兵一万二千人,每年埽工用薪一百一十一万三千余束,草一百八十三万七百余束"。大定年间。金世宗除了强调要"添设河防军数"外,还下令"沿河四府、十六州之长、贰皆提举河防事,四十四县之令、佐皆管勾河防事",并对"规措有方能御大患,或守护不谨以致疏于"的地方官,准于"临时奏闻,以议赏罚"。

金章宗明昌五年(1194年),河决阳武,大河南徙,主流流路涉及山东东明、曹县、定陶、成武、单县等。

元朝建立后,面对黄河河患日益严重,从不断地堵口和修筑黄河堤防,在元成宗大德年间(1297—1306年),甚至"塞河之役,无岁无之"。元代治理黄河著名且有成效者,首推至正年间的贾鲁治河。

至正四年(1344年)五月,黄河于白毛口决堤,六月又北决金堤,泛滥达七年之久,"方数千里,民被其害"。此次决口,水势北侵安山,延入会通河,鲁西南一带灾情非常严重。白茅决河后,都水监贾鲁奉命"巡行河道,考察地形,往复数千里,备得要害,为图上进二策:其一,议修筑北堤,以治横溃,则用功省;其二,议舒塞并举。挽河东行,使复故道,其功数倍"。不久,贾鲁"迁有司郎中,议未及竟"而作罢。至正九年(1349年)冬,脱脱复任丞相奉命召集群臣议治河事宜,脱脱同意贾鲁舒塞并举,挽河东行复古道的后策,下决心治

理,并不顾工部尚书的阻挠,报请元惠宗的批准,至正十一年(1351年)四月初四日,"下诏中外,命鲁以工部尚书为总治河防使,进轶二品,授以银印。发汴梁、大名十有三路民十五万人,泸州等戍十有八翼军二万人供役"(《元史·河渠志》)。开始了治理黄河工程。

明代前期的130余年间,黄河决溢频繁,河道紊乱,河患多发生在河南境内。黄河大部分多坏流入黄海,少部分时间东北流经寿张穿运河注入渤海。明代在治河策略上时重北轻南,以保漕为主。为防止黄河北决冲淹运河,多次在北岸修筑大堤,尽量使黄河南流,接济徐淮之间的运河。同时在南岸多开支河,以分黄河水势。"北岸筑堤,南岸分流"是明代治河的主要措施。

明代宗景泰四年(1453年)十月,以沙湾久不治,致运河漕运受阻,令左检都御史徐有贞治理。徐有贞至沙湾后,提出置水闸、开分水河、挑深运河的治河三策,"设渠以疏之,起张秋金堤之首,西南行延过澶渊以接河、沁,筑九堰以御河流旁出者,长各万丈,实之石二键以铁"(《明史·河渠志》)。同时,还对沙湾至临清、济宁间的河道进行了疏浚,并于东昌的龙湾、魏湾建闸,以启闭宣泄,自古河道入海。此次治河,采取了疏、塞、浚并举的措施。景泰六年(1455年)七月竣工。此后"河水北出济漕,而阿、鄄、曹、郓间田出者,百数十万顷"(《明史·河渠志》),山东河患一度稍息,漕运得以恢复。

明孝宗弘治五年(1492年),"荆隆口复决,溃黄陵冈,泛张秋戴家庙,掣漕河与汶水合二北行。"弘治六年二月,以刘大夏为副都御史,泛治张秋决河。弘治七年五月,在太监李兴、平江伯陈瑞的协助下,刘大夏经过查勘,采取了遏制北流、分水南下入淮的方案:一在张秋运河"决口西南开月河三里许,使粮运可济";"另有浚仪封皇陵岗旧河四十余里","浚孙家渡,别凿新河七十余里","浚祥符四府营淤河",使黄河水分沿涡河和归、徐故道入淮;最后于十二月堵塞张秋决口。为纪念此次工程胜利,明孝宗诏张秋镇为平安镇。

筑塞张秋决口后,为遏制北流,刘大夏又主持筑塞了皇陵岗及荆隆口等口门七处,并在河岸坎筑起了数百里的长堤,名为太行堤。从此筑起了阻挡黄河北流的屏障。

明代后期河患移至曹、单、沛县及徐州一代,治河活动比初期增加,工役接连不断,仍以"保漕"为主又加嘉庆年间出现的"护陵",使治河工作更加复杂。涉及山东黄河治理者有刘天和、潘季驯等,特别是潘季驯采取的"束水攻沙"方策对后代治黄影响很大。

明嘉靖十三年(1534年),河决河南兰阳赵皮寨(今兰考县)"河复淤庙口,命都御史刘天和治之。天和议于曹县梁靖口东岔口添筑水堤,上自河南原武,下迄曹、单,接筑长堤各一道,均有见后重堤,苟非异常之水,北岸可保无虞,从之"(《历代治黄史》)。治河工程于嘉庆十四年春动工,夏四月完工。计"浚河三万四千七百九十丈,筑长堤、缕水堤一万二千四百丈,修闸座一十有五,顺水坝八,植柳二百八十万株,役夫一十四万有奇"。

潘季驯是明末著名的治河专家,在明嘉靖四十四年至万历二十年(1565—1592年)间,曾先后四次主持治河工作,特别是后两次,取得了显著成就。他四次治河中,不辞辛劳,深入工地,对黄、淮、运河进行了大量调查研究,总结前人治河经验,提出了综合治理的原则。他根据黄河含沙量大的特点,提出了"以堤束水,以水攻沙"的治河方案。为达束水攻沙目的,他十分重视堤防作用,把堤防工程分为遥堤、缕堤、格堤、月堤四种,并特别重视筑堤质量,提出"必真土而勿杂浮沙,高厚而勿惜巨费","逐一锥探土堤"等筑堤原则,规定了许多有效的修堤措施。

　　万历十六年(1588年),潘季驯第四次治河时又大筑三省长堤,将黄河两岸的堤防全部连接加固,据《恭报三省直堤防告成疏》所述,仅在徐州、灵璧、睢宁、邳州、宿迁、桃源(今泗阳)、清河、沛县、丰县、砀山、曹县、单县等十二州县,加帮创筑的遥堤、缕堤、格堤、太行堤、土坝等工程长十三万丈。在河南荥泽、武陟等十六州县,帮筑创筑的遥、月、缕、格等堤和新旧大坝长达十四万丈,进一步巩固了黄河堤防,从而使河道基本趋于稳定,扭转了嘉靖、隆庆年间河道"忽东忽西,靡有定向"的混乱局面(《黄河水利史述要》)。

　　清代在咸丰五年以前,黄河基本维持明末的河道,黄、淮并流入黄海。经康熙、雍正、乾隆三代的修治,两岸堤坝已趋完整,虽两岸还不断决口,但都进行了堵合,直至咸丰五年前,未发生过大的改道。

　　康熙初年,黄河不断决溢。康熙十六年(1677年)二月,康熙皇帝命靳辅为河道总督,决心治理黄河。靳辅到任不久,就同其幕僚陈潢"遍阅黄、淮形势及冲决要害"(《河防述言·审势》),并沿途向有实践经验的人求教,经查勘后,他提到了"治河之道,并当审其全局,将河道运道为一体,彻首尾而合治之,而后可无弊也"(《治河方略》)的治河主张,并连续向朝廷上了八疏,提出了治理黄、淮、运的全面规划。靳辅、陈潢在治理黄河上,基本继承了潘季驯"束水攻沙"的治河思想,十分重视堤防控制,曾在黄、淮、运河两岸大力整修堤防,堵塞了大小决口,加培了高家堰堤防。到靳辅于康熙二十七年(1688年)去职时,"黄淮故道次第修复","漕运大通",黄河泛决的灾害,一度大为减轻。涉及山东段黄河治理者有:

　　康熙二十三年(1684年)大修黄河缕堤,北岸起自(单县)吴家寨,至丰县李道华楼止,约68里(《淮系年表》)。另对单县至砀山一带的黄河滩面串沟进行了筑坝截堵,以防顺堤行洪(《黄河水利史论丛》)。

　　康熙六十年(1721年)河决武陟,大溜注滑县、东明、长垣及濮州、范县、寿张,直趋张秋,由大清河入海。命副都御史牛钮前往监修。帮大坝,挑广武山黄家沟引河,筑琴家坝,堵马营口,又筑曹、单太行堤(《历代治黄史》)。

　　雍正四年(1726年),总河齐苏勒主持在曹县芝麻庄险工上流筑挑水坝;对所修埽工前后,增加鱼鳞护埽;对芝麻庄大堤后原有月堤,接筑隔堤长二百八十丈;又对曹县北岸卫家楼旧月堤后,添筑隔堤长五百四十丈。雍正六年(1728年),在单县诸望坝建埽工八十丈。为加强险工防护,添设河营曹县千总一员,驻芝麻庄;单县把总一员,驻诸望坝。

　　乾隆十七年(1752年)整修河南、直隶、山东三省太行堤河,并挑浚顺堤河。

　　乾隆二十二年(1757年),乾隆帝南巡,行视黄河下游,并至曹县孙家集及荆山桥一带巡阅河工。乾隆二十三年,下谕河南、山东黄河大堤内禁筑私堰,不与水争地,晓以利害,严行查禁(《历代治黄史》)。

　　乾隆四十六年(1781年),下谕将黄河滩区居民房舍陆续迁移堤外,"俾河身空阔,足资容纳洪水"。

　　乾隆四十八年(1783年),朝命黄河沿堤种柳,申禁近堤取土(《历代治黄史》)。

　　乾隆以后,黄河形势已日趋恶化。嘉庆、道光年间,在黄河治理上成效甚微。治河官吏,多为堵口抢险疲于奔命。河道败坏,治河无术。至道光末,黄河下游河道已达不可收拾的局面,咸丰五年(1855年),黄河终于在兰阳铜瓦厢决口改道东流。

二、山东海河流域治理

山东省海河流域,位于海河流域的东南部。东临渤海,南靠黄河及其支流金堤河,西、北以卫运河、漳卫新河与河南、河北两省为界。东西长 340 多公里,南北宽 80 多公里,总面积 29 713 平方公里。

该流域系山东省黄河以北的一片狭长地带。包括聊城、德州、济南、惠民、东营 5 个地(市)的 28 个县(市、区)。

山东海河流域的主要河道有:徒骇河、马颊河、德惠新河和鲁、豫、冀边界上的卫运河及漳卫新河。

这些河道的形成与变迁,受黄河决口泛滥影响极大。黄河历史上 26 次大改道中,有 11 次流经海河流域的漳卫、笃马、漯川、清济等河流,在黄泛冲击影响下,河道变迁频繁。有些河道或名存实亡,或实存名易。

204 年(东汉·建安九年),曹操征袁绍,为转运军粮,在浚县截淇水入白沟,接清河,经馆陶、临清、武城、德州、沧县北区。608 年(隋·大业四年),整理白沟,改名永济渠,为后来漳卫南运河奠定了基础。700 年(唐·武则天久视元年),在平原以上利用西汉黄河故道,平原以下循古笃马河,开挖一条从清丰、南乐,经莘县、冠县、夏津、平原、陵县、乐陵,至无棣入海的排水河道,称唐开马颊河,是马颊河的前身。1194 年(金章宗明昌五年)黄河决阳武(今河南原阳县),由泗、淮入海。在马颊河以南的广大区域,适应排泄沥涝的需要,上游沿漯川古道,中游黄河故道残留河段,下游沿商河一线,有唐宋时期的赤河、横陇河、六塔河与下游高唐、禹城、临邑,济阳、商河沾化等县的顺水土河广通起来,逐渐演变为从莘县经阳谷、聊城、高唐、齐河、禹城、临邑、济阳、商河、惠民、滨县至沾化入海的徒骇河。

1194 年以后,随着黄河南徙,徒骇、马颊河系形成,这一地区脱离黄河流域,成为海河流域的组成部分。

元、明、清三代定都北京,开发京杭运河以保漕运,成为国之大计。山东海河流域各河道的治理,与大运河开发密切相关。1289 年(元·至元二十六年),开挖会通河,从山东平县安山,北经东阿、阳古、聊城至临清与卫运河相接。会通河在聊城县和临清县境内分别把徒骇河、马颊河截断,使运河西段数百年不能与中下游直接相通。由于运河水源短缺,元至元年间自馆陶分漳入卫,并于 1448—1697 年三次疏浚;旧道淤塞后,有在内黄、大名分漳入卫,终致 1708 年全漳入馆陶,漳卫合流。1942 年原道淤塞,改由河北省馆陶县徐万仓全漳行卫。此外,为分水"保漕",对徒河、马颊河进行多次治理,均只治理运河东段,不治理运河西段,甚至禁令运河西段"只准报灾,不准挑河"。为汛期分泄运河涨水以保漕运,1407 年(明·永乐五年),在武城县四女寺向东,利用黄河故道和古鬲津河残留河段,经德州、吴桥、宁津、乐陵、庆云至无棣,开挖一条减水入海河道,即四女寺减河。并于 1412 年、1489 年、1705 年、1716 年、1741 年先后多次疏浚扩挖,建分水闸或分水坝,是漳卫新河的前身。

1901 年(清·光绪 27 年)废除运河漕运,卫运河成为主要承泄豫北和太行山以东来水的行洪河道。1931 年,治理徒骇河时,在聊城四河头建 4 孔穿涵,使运河西金线河(徒骇河上游段)与运河东徒骇河相通;1937 年,建成马颊河南支 3 孔穿运涵洞,使马颊河上下相通。至此,徒骇、马颊河两河方成为起自豫、鲁边界,东入渤海,以排除内涝为主的现代河系。

三、山东淮河流域治理

山东淮河流域亦称沂沭泗流域,北以泰沂山脉与大汶河、小清河、潍河流域分界,南与河南、安徽、江苏三省接壤,西靠淮河,东临黄海。行政区划包括临沂、枣庄、日照、菏泽、济宁5地(市)全部和泰安、淄博市的一部分,面积和人口均约占全省的三分之一。

沂、沭、泗河是宣泄山东南部及苏北洪水的3条主要骨干河道。古代泗河为淮河一大支流,流经山东、安徽、江苏三省,纳沂、沭、汴等河注淮河入海。沂、沭两河分别发源于鲁山和沂山南,并行南流于古邳州(今邳县)以西,以东汇入泗河。1194年(金章宗明昌五年)黄河在阳武决口,夺泗、淮入海,切断了沂沭泗的洪水出路。沿河平原洼地,形成一系列滞蓄洪水的湖泊,如南四湖、黄墩湖、骆马湖等。泗河仅余上游一段,沂沭河经常泛滥于鲁南、苏北平原。明清以来,为增辟南北大运河的漕运水源,引水济运并控制湖水下泄,加重了苏、鲁两省的洪涝灾害。历代有识之士,曾对沂沭泗河治理,提出过很好的倡议,限于历史条件,多未付诸实施。

沂河发源于山东省沂源县,有北、西两源。北源出沂源县鲁山西南三府山。西源发源于沂源、蒙阴、新泰3县(市)交界处老松山(海拔688米)北麓的大张庄河。该河为沂河北、西两源中之主源。北、西两源汇于沂源县城西南,东南流经沂水县城西折而南流,经沂南、临沂、苍山、郯城等县(市),于郯城县吴道口村入江苏境。新中国成立前临沂至李家庄两岸无堤防,李家庄以下堤防残缺,李家庄北右岸有武河分水口。在下游江苏沟上集有芦口坝分水口,向城河分水,城河会武河入运河。上述两分水口,历史上均用于分沂水济运。芦口坝(城河口)山东在整沂工程中已予封闭。沂河在江苏境分两股,东股为沂河干流,南入骆马湖;西股为老沂河,江苏省已建闸控制。山东境内沂河长287.5公里,流域面积10 772平方公里。沂河干流有田庄、跋山两座大型水库,沂河支流众多,较大者30余条,其中流域面积大于1 000平方公里者有东汶河、祊河、白马河三条。

沂河治理,资料中始见于明代。1464年(天顺八年)修筑沂河堤岸28处。1699年(清康熙三十八年)筑沂河两堤共一万六千八百余丈。1743年(乾隆八年)修邳州沂泗堤、芦口乱石坝。1747年(乾隆十二年)疏浚城柳河、墨二河,建兰山(临沂县)江风口石工及芦口碎石坝,又浚沂河、修堤岸。1765年(乾隆三十年)改窄芦口坝金门,由原宽三十丈改为五丈。上述明、清治理,主要是为引沂济运和保障运河安全、防止沂河溃决害运而进行的。

沭河俗名茅河,是山东省第二条较大山洪河道。西距沂河约20余公里,两河平行南入江苏省。沭河发源于沂水县西北沂山(海拔1 032米)南麓泰薄顶两侧,有东西二源:西源出泰薄顶西侧,南流经林场、上流庄、霹雳石村至东于沟村会东源;东源自泰薄顶东侧南流,经张马庄折西南,至于沟合西源。两源汇合后南流入沂水县沙沟水库,又东南流入莒县青峰岭水库。出库南下经莒县、莒南、临沂、临沭等县(市)到临沭县大官庄西分为两支:一支由大官庄人民胜利堰溢流南下,称老沭河,经郯城县大院子乡老庄子村南入江苏省新沂县境,汇入新沂河入海;一支东流,称新沭河,在临沭县大兴镇附近入石梁河水库,经连云港市临洪口入黄海。山东境内沭河长 273 公里,流域面积 5 747 平方公里。沭河支流有 20 余条,多分布于左侧,较大者有袁公河、浔河等。

沭河和沂河秦汉前皆为泗河支流。南北朝时期,《水经注》记载:沭河在北魏正光中(520—525 年)已在江苏沭阳县北分为两股:一股向西南于宿预县(今宿迁县)入泗水;一股向东南于朐县(今东海县)入游水。当时游水南通淮河、北可入海,南北流向无定。金代黄河夺占了泗、淮下游河道,沭河入泗口逐渐下移。1573—1620 年(明万历年间)为保障运河漕运安全,开始在黄河左岸建减坝,倾泄黄涨于沭河地区。此后沭河不但入泗之路受阻,连其本身也逐渐向东北方向退让,造成水系紊乱的格局。

沭河古代治理工程始为郯城县城东禹王台。禹王台为防洪水坝,位于郯城县沭河西岸坐弯迎溜险工段。始建年代不详,传说大禹为障沭水西侵犯沂所建。1506~1521 年(明正德年间)县令毁台取石筑城,沭无防御,频繁西犯沂河,水患不已。1688 年(清康熙二十七年)于禹王台旧址建竹络坝,雍正、乾隆年间,加固重修过八次。在河道疏浚方面,始于明洪武初年,"常疏浚沭河,北通山东,南达淮安,以便转运"。1745 年(乾隆十年)沭阳陈洪谟请于马陵山佃户岭断腰处分导沭水由赣输入海,后"勘议不便遂止。"

四、京杭运河山东段开发与治理

京杭运河全长 1 800 余公里,跨浙江、江苏、山东、河北、天津、北京等省(市),沟通海河、黄河、淮河、长江和钱塘江 5 大水系,是世界上开凿最早、路线最长的人工运河。山东运河位于其中部,因拦河闸众多又称闸河,历史上对维护和加强封建集权统治,促进南北经济及文化的交流起过举足轻重的作用。

大运河

京杭运河山东段开发始于元代。元至元年间相继开挖济州河及会通河,实现了全长 700 余里的山东运河的全线沟通。但由于元代的山东运河既窄又浅,又受黄患威胁,而且水源不足,不任重载,年运量仅为三四十万石。

明初,山东运河基本淤废。1411 年(明永乐九年)重开会通河,使山东运河重新通航。为使山东南部运河避开黄河的威胁,1567 年(隆庆元年)五月,完成长 140 里的南阳新河,1607 年(万历三十五年),全长 260 余里的泇河全工告竣。山东运河全长达 800 余里。

明代加强了对山东运河的整治和管理,改建或兴建运河上拦河闸 50 座。沿运河还建有泄水、积水等单闸,调整了分水布局,改济宁分水为南旺分水南北济运。同时,大力开发济运水源,设水柜调蓄水量,并形成了一套较完善的管理系统,使山东运河的年运量高达400万石,成为国民经济的大动脉,极大地促进了山东沿运地区经济的发展和工商业的繁荣。

清代对山东运河进行了多次较大的治理,对原有的拦河闸进行了维修和改建,并新建了一定数量的新闸。清代管理机构及制度基本沿袭明代之制,维持了明代的漕运量。1855年(咸丰五年),黄河北徙后,将山东运河截断,分为北运河和南运河,使山东运河的航运形势发生了根本变化。后因北运河临黄运口淤垫及运道淤积,无法行运,于1878年(光绪四年)开成黄河北岸陶城铺至阿城镇一段新运河。1901年(光绪二十七年)废除运河漕运。

(一)元代的开发与治理

元代建都北京,政治中心在北方,而经济重心在南方。当时长江以南的粮食及各种物资,主要靠江南运河、里运河、淮河、黄河,经过中滦至淇门间的旱路,入御河(卫运河)实行水陆联运,以及海运供给京师。由于水陆联运运程远,难度大,既费人力,又费时间,而海运风险很大,粮船也不能预期到达,对于保证京师的供给困难很大,不利于维护其统治,迫使统治者设法开辟新的运输线。

山东南部的泗水是南通江淮的古航道,元统一全国前,1257年(宪宗七年)毕辅国引汶水入洸河,至济宁,济泗水漕运。而横亘于山东中部的济水(又称大清河、盐河,今山东段黄河)是直接入渤海的大河流。如果在济宁与安山间开挖一条运河,将济、泗二水沟通起来,既可实现河海联运,又比水陆联运及海运便利得多。1275年(至元十二年)丞相伯颜南征时,命郭守敬对后来所开山东南北运河一带的地形和水系作了一次大面积的考察和地形测量。这次调查成果,为日后朝廷下决心开凿济州河和会通河提供了基本依据。1276年(至元十三年),丞相伯颜攻下南宋首都临安(今杭州)后,受江南四通八达水路的启发,向世祖建议:"今南北混一,宜穿凿河渠,令四海之水相通,远方朝贡京师者,由此致达,诚国家永久之利"(《中国水利史稿》)。受到世祖的重视,自此开凿运河工程逐步得以实施。

1281年(至元十八年)"十二月,差奥鲁赤、刘都水及精算者一人,给宣差印,往济州,定开河夫役。令大名、卫州新附军亦往助工"(《元史·河渠志》)。开始对济州河进行实地踏勘,并安排征集民夫及开工事宜。1282年(至元十九年)十二月,正式动工。1283年(至元二十年)八月,济州新开河竣工。济州河起自济州止于须城(今东平)安山(亦称安民山),全长150余里,南接泗水,北连大清河。至此,江南的粮食及物资由徐州入山东泗水运道,经济州河入大清河,沿大清河东北至利津入海,再由海道达于直沽(今天津市),实现了海与内河的联运。额定济州河年运粮30万石。

1284年(至元二十一年),马之贞与尚监察等一同视察运河,拟在汶水、泗水等与运河相关河道上建闸8座,石堰2座。当年兴建7座,其他续建,以节制水量。但济州附近地势南低北高,水南流济运易而北流难,造成济州以北运水源不足,船只常受阻浅。而利津海口淤浅,船只只能等涨潮时出入,很多船只被损坏。所以,利用大清河发展漕运只使用三年而放弃不用,其运输路线改为由济州河运抵东阿旱站,然后陆运至临清入御河(卫运河)。这段旱路有250余里长,比原来从中滦旱站陆运至淇门的旱路还长70余里。不

仅路线长,而且运输困难重重,"徙民 13 276 户,……其间地势低下,遇夏秋霖潦、牛偾辐脱,艰阻万状"(叶方恒:《山东全河备考》)。于 1287 年(至元二十四年),专行海运。

由于海运粮船多有漂没之险,又起开运河之议。1288 年(至元二十五年)十月,丞相桑哥奏称,开挖安山至临清间运河长 165 里,以避免海运之险,并对陆运 250 里与开运河二者作了经济比较。他认为,二者用费基本相当,然而开挖运河乃万世之利。寿张县尹韩仲晖、太史院令史边源亦进一步相继建言,开河的同时建闸,引汶水达于御河,以便于公私漕运。1289 年(至元二十六年)正月,派遣都漕运副使马之贞同边源勘察地形,商度施工事宜。征集沿运民夫 3 万,并派断事官忙速儿、礼部尚书张孔孙、兵部郎中李处与马之贞、边源共同主持该工程的施工。于是年正月三十日动工,六月十八日毕工。起自须城安山之西南,西北行经寿张,又北行过东昌(今聊城市),又西北行至临清,南接济州河,北接御河,全长 250 余里。所经之处基本无自然河道可利用,共用工 251.75 万个,比计划少 5 万个。竣工这天"决汶流以趋之,滔滔汩汩,倾注顺适,如复故道,舟楫连樯而下,……滨渠之民,老幼携扶喜见泛舟之役"(叶方恒:《山东全河备考》)。除开挖河身外,还修筑堤防和兴建了一系列的闸。七月,主持开河工程的张孔孙、李处巽及马之贞等,正式申奏安山渠凿成,世祖赐名为"会通河"。临清亦因之改名为会通镇。

会通河的完成,实现了会通河、济州河、泗水运道的沟通,形成了元代及以后各代山东运河的基本格局。然而,初开的会通河,河道浅窄,因赶工期,所建闸全为木制,亦不结实。1289 年(至元二十六年)七月,御河水泛滥,沿会通河入东昌一带,使运河受到严重的危害。1290 年(至元二十七年),暴雨成灾,使运河上所建木闸崩坏,梁山一带堤防冲坏,河道淤浅。根据马之贞的建议,将专门拉纤的 3 千户站夫全部投入运河的治理工作,仍由马之贞主持此工程。自此之后,每年都委派都水监官一员,佩都水分监印,率领令史、奏差、壕寨官巡视岁修情况,并且督工。同时,根据各闸损坏的程度和缓急情况为序,逐步将木闸改为石闸。

1322 年(英宗至治二年),由都水丞张仲仁主持,对临清至彭城(今徐州)长 700 里的山东运河进行了一次全面治理。疏浚了航道上的淤塞地段,对堤防作了修筑加固,在险工地段的堤防之外又加筑了长堤,以防备暴涨洪水的危害,并在运河上兴建了供人行走的小型桥梁 156 座。这是元代对山东运河主航道一次最大规模的综合治理。元末随着黄河决溢危害运道的日趋严重,其治理工作重点变为"治黄保运"。1351 年(至正十一年),贾鲁治河后,仅使山东运河通航很短时间,因黄河多次决溢冲毁运堤和淤塞运道,而朝廷忙于战争无暇顾及运河。

(二)明代的开发与治理

明初,太祖朱元璋建都应天(今南京市),航运以此为中心,运船多通过长江,运道是比较畅通的,而且政治中心与经济重心联系比较密切。"山东之粟下黄河"(《明史·河渠志》)。当时黄河走徐淮故道,山东运河只限于济宁以南的局部治理。

洪武元年,大将军徐达北征时,开挖鱼台县之塌场口,引黄河水入泗水运道,又开耐牢陂,并筑堤西接曹州(今菏泽)、郓城界通漕运,在耐牢陂口兴建永通闸,此为明治山东运河之始。洪武中又重建了辛店、枣林、师家庄、梁庄等闸。1391 年(洪武二十四年)黄河决原武黑羊山,漫入东平安山湖,元代所开会通河进一步淤塞,至 1410 年(永乐八年)的 20

年中,山东运河没有进行较大的治理。

　　成祖朱棣迁都北京,粮食仍主要由东南转运供给京师。由于山东会通河淤塞,永乐初年仍实行水陆联运,并参用海运。1406年(永乐四年),成祖命平江伯陈瑄负责漕粮转运,他采用的路线一是海运,二是水陆联运,即由江南邗沟入淮河,再入黄河西北行,水运到阳武(今河南原阳县)旱站转为陆运,陆运170里抵达卫辉(河南汲县)入卫河北上达于天津,再运抵北京。

　　1411年(永乐九年),采纳济宁州同知潘叔正建议:"会通河道四百五十余里,其淤塞者三分之一(此处会通河的含义已延伸至济州河以下),浚而通之,非唯山东之民免转输之劳,实国家无穷之利也"(《明太宗实录》)。随后朝廷委派工部尚书宋礼等勘察会通河。宋礼在勘察之后,亦极力主张恢复会通河,并建议及早动工。于是,帝命宋尚书、侍郎金纯、都督周长等主持重开会通河工程,征集军工和民夫30万人,自二月动工至六月完工,历时100天。全面疏浚元代济州河和会通河385里。局部改线,"自汶上县袁家口东徙二十里至寿张县沙湾接旧(运)河"(《方与纪要》)。开挖济宁州天井闸月河,筑安山湖围堤。重修堽城坝,使汶河水经堽城闸尽入会通河,仍在济宁分水。是年秋,宋礼采用汶上老人白英的建议,筑戴村坝,并开渠引水至南旺分水作为辅助工程。会通河开成后,又设安山、南旺、马场、昭阳四水柜。1415年(永乐十三年),在济宁、临清、德州等处皆建仓转输,设置浅夫,漕运浅船可直达通州(今北京市通县),自此海运和陆运俱废,只用河运。

　　会通河开挖工程兴办的同时,宋礼总负责治理了黄河故道,引黄河水由鱼台塌场口入会通河,经徐、吕二洪入于淮。因黄河水挟带泥沙淤积运道,1429年(宣宗宣德四年)"夏四月,工部尚书黄福,平江伯陈瑄经略漕运"(《明史·本纪》)。由陈瑄奏请疏浚了已淤浅的济宁运河,自长沟至枣林闸120里,并派遣官员巡视济宁以南的山东运河,在谢沟、湖陵、八里湾、南阳、仲家等浅处建闸,又在刁阳湖(昭阳湖)、南阳湖修筑长堤。除此之外,对许多山泉及湖塘进行了疏浚,以增加济运水量,此举是治运新特点。1433年(宣德八年),由陈瑄主持疏浚济宁耐牢陂至鱼台塌场口旧运河,工程未完,陈瑄病逝。1435年(宣德十年),对沙湾、张秋一段运河进行疏浚。同时,对济宁至东昌(今聊城)运河浅涩之处进行了疏浚,对济宁等处的泉源进行疏浚,以增加济运水量。

　　1448年(英宗正统十三年)七月黄河决溢,使沙湾一带运河淤塞和堤防溃决。冬,特命工部侍郎王永和主持治理沙湾工程,因冬天寒冷,施工困难而停工。1449年(正统十四年)三月,仍命王永和主持治理沙湾运河,对所决堤防修筑大半,未敢全部堵塞,而是在两岸决口处泓部位置分水闸,在西岸设2孔分水闸,以泄上游来水入运河,在东岸设3孔放水闸,用以分泄水到大清河入海。此后,又先后派山东、河南巡抚、御史洪英等,工部尚书石璞,工部侍郎赵荣等主持治理沙湾工程。然而,1449—1452年间,又受3次黄河决溢和1次大降雨的影响,沙湾段运河堤防随修随坏,成效不大。

　　1454年(代宗景泰五年)九月,督漕都御史王竑、漕运总兵徐恭建言,由于沙湾一段运河淤浅如故,而使"漕舟蚁聚临清上下,请亟敕都御史徐有贞筑塞沙湾决河"(《明史·河渠志》)。徐有贞认为沙湾以东大洪口适当其衡冲,水势比较大,而用土不可以立即堵塞。于十一月献上三策,即一置水闸门,一开分水河,一挑浚运河,"先疏其水,水平乃治其决,决止乃浚其淤"(《明史·河渠志》)。皇帝应允,于是由徐有贞主持大治沙湾及运河。首先疏治黄泛所经河道，从河沁交汇处的黄河东至张秋，名广济渠，分黄济运，并筑九堰防止御河旁溢；又疏浚沙湾北至临清运河长240里，南至济宁运河310里；又于东昌的龙湾、魏湾等处兴建减水闸8座，如果运河积水超过1丈，则开闸分泄，均沿古黄河河道入于海。1455年（景泰六年）五月完成运河疏浚，七月沙湾决口处筑堤竣工，至是沙湾决口达7年之久始塞。此工程"凡费木铁竹石累数万，夫五万八千有奇，工五百五十余日。自此（黄）河水北出济漕，而（东）阿、鄄、曹（州）、郓（城）间田出沮洳者，百数十万顷"（《明史·河渠志》）。自此至1488年（弘治元年），山东北部运河未遭受大的水灾。

1492年（弘治五年）七月，黄河大决金龙口，张秋运河东堤冲坏，运河断流。八月，工部侍郎陈政总理河道，役民夫15万治理运河，未见成效而陈政病逝，廷臣推荐刘大夏前往治理。

1493年（弘治六年）二月，以布政使刘大夏为右副使治张秋运河。刘大夏采用的方法是疏竣决口段黄河，减弱水势，然后堵塞决口。疏浚上流黄陵岗、孙家渡的工程刚开始不久，张秋运河东堤又决开长达百丈，漕船运行艰难，为解燃眉之急，在张秋决口西南开挖了一条长3里的越河，使运船由此河绕决口运行，待冬天水落以后，再计划塞决口。刘大夏亲自步行勘察黄河决口地段，制订治理方案。1494年（弘治七年）五月，又命太监李兴、平江伯陈锐协助刘大夏共同治张秋运河。首先对黄河决口及淤垫处疏导，使水势流畅，并使一部分黄河水南导分两路入淮水，这样使张秋的水势大大减轻。"然后，沿张秋两岸，东西筑台，立表贯索，联巨舰穴而窒之，实以土。至决口，去窒沉舰，压以大埽，且和且决，随决随筑，连昼夜不息。决既塞，缭以石堤，隐若长虹"（《明史·河渠志》）。十二月，张秋治运工程竣工，张秋改名"安平镇"。1495年（弘治八年）正月，为确保张秋运河不受黄患和畅通，刘大夏又主持堵塞黄河上金龙口、黄陵岗等7处决口，并在黄河北岸筑长堤为屏障。自此至明末长达150年中，山东北部及张秋运河无大患。

1503年（弘治十六年），山东巡检徐源建议拆毁城石坝改建为临时性的土堰，但未得到批准。实际上此时戴村坝遏汶入南旺分水完全代替了堽城坝。1509年（正德四年），因干旱运河浅涩，千余只船无法行进，于是在南旺湖设置水车，每船抽出一人激水济运，使所有船只在三日之内顺利通过山东南部运河。随即命兖州府管河通判增置水车40部，以备司漕者采用。

1526年（嘉靖五年）和1527年（嘉靖六年）黄河诀溢，黄河水漫入邵阳湖，运道严重淤积，粮船受阻。1527年（嘉靖六年）左都御史胡世宁献策："至为运道计，则当于湖东滕、沛、鱼台、邹县间独山、新安社地别造一渠，南接留城，北接沙河，不过百余里。厚筑西岸以为湖障，令水不得漫，而以一湖为河流散漫之区，乃上策也"（《明史·河渠志》）。而总河侍郎章拯认为，可令运河入邵阳湖，以湖为运道，运船可出沙河（在邹县境）板桥入原运道，随后在邵阳湖东开凿一条新河，自汪家口南过夏村达留城，全长140里。得到允许，随即征集民夫9.8万人施工，计划于六月竣工。但开工后，因旱灾和工程艰难等，怨言太大，凡议论者都请求停止开新河工程，于是只完成计划工程的一半，就于四月召盛应期回京，工程遂停工。自此以后的近38年中无人敢言改河之事。应期被召还后，由工部侍郎潘希代替。是年冬天，由潘希主持，加筑济宁、沛县间东西两堤，以抵御黄河的决溢。

1535年（嘉靖十四年）正月，因去年黄河决溢南徙，济宁以南至徐州运河淤塞，总河刘天和主持,役夫 14 万大浚鲁桥至徐州运河 200 余里,并于梁靖口、东岔河口筑压口缕水堤 3 里,接筑曹县八里湾至单县侯家林长 80 里的堤防各一道,至四月竣工。随即又修筑汶河西堤,修筑南旺湖、马场湖堤,建减水闸等。此工程金安抚按以下部郎、道、府、卫、所的所有一般官员就有 620 人参加。

1546 年(嘉靖二十五年)至 1565 年(嘉靖四十四年),黄河 4 次大决,对济宁至徐州一段运河及湖泊危害甚大。嘉靖四十四年七月,黄河决入邵阳湖,并使上下 200 余里河道全淤。督理河槽尚书亲自勘察决口情形,并访问当地老百姓,又自南阳至夏村、留城勘察,所经路线看到河水漫入为患。又循览盛应期所开新运河,遗迹尚存,但基本淤平为平地。于是朱衡乃奏请开南阳新河及留城上下运河。而总河都御史潘季驯不同意,坚持疏浚淤塞的旧运河。朱衡认为盛应期所凿新河地势高,黄河泛水漫入邵阳湖再不能向东泛滥,可保持运河的畅通,决计开浚,并自荐亲自督工。1566 年(嘉靖四十五年)二月,特命工科又给事中何起鸣前往勘察,查勘后奏言:旧河难复,断以为开新河便宜。并兼取潘季驯的建议,不全弃旧运河。皇帝又召集延臣议定按何起鸣的建议施工。朱衡乃居于夏村,昼夜督各段施工,循盛应期开河旧迹,在旧运河东 30 里开凿新运河,自鱼台南阳闸下引水经夏村抵达沛县留城接旧运河,全长 140 里。在南阳旧河口筑南阳坝截断旧河。靠独山湖一侧修筑新开河石堤 30 里,各留水口;南岸设置 2 座减水桥以减水入南阳湖。穆宗隆庆元年(1567 年)五月完成新河开挖。旧运河的上沽头、中沽头、下沽头、下沟、金沟、庙道口、湖陵、孟阳泊、八里湾、古亭 10 闸废弃,新建运河上利建、邢庄、珠海、杨庄、夏镇、满家桥、西柳庄、马家桥、留城等 9 闸。疏浚留城以下旧运河至境山南长 53 里,又专治秦沟,筑长堤 219 里,其中石堤 30 里,使黄河不北侵,漕运畅通。

南阳新河的完成,虽然使南阳至留城的航运条件得到一定的改善,但留城以下运河仍受到黄河泛滥和泥沙淤积的威胁。1569 年(隆庆三年)七月,黄河决沛县,使茶城段运河淤塞,2 000 余只船被阻滞在邳州。九月,工部及总河都御史翁大力提出运河改线避黄的建议,即在茶城运口之东的子房山另凿运口,开挖新运河过梁山至境山入地浜沟,直趋马家桥,全长 80 里,以避开秦沟、浊河之险。不久,黄河水落,经疏浚后漕道又通,开河的建议又被搁置起来。《明史·河渠志》称此建议为首开洳河之议,其实并非后来洳运河的一段,而与后来由傅希挚主持所开的"羊山新河"有一段路线大体一致。1570 年(隆庆四年)七月,沙、薛、汶、泗等河水暴涨横溢,冲决仲家浅等运堤;秋,黄河水又暴涨,使茶城段运道淤塞。十月,翁大力请开洳运河以避黄通漕,其路线是从马家桥东过微山、赤山、吕孟等湖,过葛墟岭而南经侯家湾、良城,至洳口镇,又经蛤蟆、周柳诸湖达于邳州直河口入黄河,全长 260 里。遣科臣洛遵会勘,认为:路线虽捷,但施工困难。而都御史潘季驯总理河道亦主张浚复故河道,不同意开洳河工程。不久,黄河水落,可以通船,仍挑浚茶城被淤积运河,漕船又可顺利通过。翁大力等官员因迟误漕粮而削职,这样首开洳河之议未得以实施而搁置起来。1571 年(隆庆五年)"四月,(黄)河复决邳州王家口,自双沟而下,南北决口十余,损漕船、运军千计,没粮四十万余石,而匙头湾以下八十里皆淤。于是胶、莱海运之议论纷起。会季驯奏邳河功成,帝以漕运迟,遣给事中洛遵往勘。总漕陈炌及季驯俱罢官"(《明史·河渠志》)。于是,工部尚书朱衡请以开洳河口之说,交给下属诸臣广泛讨论,又经洛遵、朱衡及总河都御史万恭等的几次勘察,认为开洳运河太难,遂即罢其议。

1572年(隆庆六年)春,修筑茶城至清河县黄河长堤550里,以"防黄保运",正河安流,运道大通。

1574年(万历二年),给事中吴文佳以茶城运河淤阻,请按照翁大力的建议开新河。1575年(万历三年)二月,总河都御史傅希挚经派遣锥手、步弓、水平、画匠在开泇河"三难"(所拟路线地势高、坚和浮石,谓之"三难")之处核堪后,又提出来泇运河以避黄险的建议,并修改了翁大力原规划的路线,强调指出:"诚能捐十年治河之费,以成泇河,则黄河无虑壅决,茶城无虑填淤,二洪无虑难险,运艘无虑漂损,洋山(即羊山)之支河可无开,境山之闸座可无建,徐、吕之洪夫可尽省,马家桥之堤工可中辍。今日不赀费,他日所省抵有余者也。臣以为开泇河便"(《明史·河渠志》)。经派官员会勘和交工部复议后,仍未得到批准,以"开泇河非数年不成,当以治河为急"为由,又搁置起来。随即傅希挚又建议开"羊山新河",得到批准。自梁山以下穿羊山出自古洪口开凿一条新的运河,与茶城旧运河交替运用,以便浚淤,保证通航。此工程于万历四年完成。

1588年(万历十六年)四月,第四次起用潘季驯为河道总理,大力兴办黄、淮、运各工程。于万历十七年(1589年)完成的治运工程有:修筑五湖堤共计202里,修闸4座,斗门10座,筑土石坝5座。1591(万历十九年),因留城一带运河难行,十一月,潘季驯建议并主持自夏村迤南起经李家口等地,仍由洪镇口入黄河。

万历二十年三月,潘季驯罢任前,"力言(黄)河不两行,支渠不当浚"(《明史·河渠志》),仍不同意开泇运河的建议。1593年(万历二十一年)五月,黄河决单县黄堌口,又加上连续降雨,使漕河泛滥,济宁以南运河溃决达200里。由工部尚书兼右副都御史总理河道舒应龙奏请并主持筑坝,遏汶水南行;开马踏湖月河口,导汶水北流;开通济闸,放开月河土坝以分杀水势。并于戴村坝坎河口下开渠泄水,两旁筑石堰,以防止洪水冲刷。为了求洪水通泄之途径,又开韩庄支渠45里,引诸湖水由彭河经韩庄抵达泇河。开韩庄支渠(又称韩庄新河)工程于1594年(万历二十二年)九月完成。此工程的完成使湖水比往年减少三尺(明代一尺合今31.1厘米),工程的目的是泄洪,不能通漕。这是历史上首次开泇河工程,成为后来泇运河的一段。

1597年(万历二十五年),黄河又决单县黄堌口南徙,徐、吕以下几乎断流,粮船受阻。于是,工部给事中杨应文,吏部给事中杨廷兰皆建议"当开泇河","工部复议允许。帝命河槽官堪报;不果"(《明史·河渠志》)。1599年(万历二十七年)秋,工部左侍郎兼右佥都御史总理河槽刘东星举办舒应龙开韩庄支渠未完成之工程,由泇通漕运;并凿侯家湾、梁城通泇口,工未完因水漫溢暂停。1600年(万历二十八年),御史佴祺又建议开泇河,由工部复议后,奏请皇帝批准,仍由刘东星主持此工程,其路线为:于微山湖口开支河,上通西柳庄,下接韩庄45里支渠,并沿袭韩庄故道,凿梁成、侯迁庄及桃万庄,下泇河、沂河至宿迁董家口入黄河。建设巨梁桥石闸,德胜、万年、万家庄各草闸。1601年(万历二十九年)八月完成工程的十分之三,刘东星因病辞职,皇帝屡下圣旨挽留,不久病逝。该工程全部完成计划用银120万两,至停工共用费7万两银。是年秋,御史高举等延臣献开泇河等策,工部尚书杨一魁亦认为"以开直河、塞黄河口、浚淤道为正策;而以泇河为旁策;胶莱为备策"。议未定,而开泇河之事又被搁置。1602年(万历三十年),工部尚书姚继可建议:"河之役宜罢",于是开泇运河工程告停。不久,总河侍郎李化龙又建议开泇河,工部给事中侯庆远也力主其说,没有结果。1603 年(万历三十一年)四月,李化龙任工部侍郎,是年冬,又议开泇运河,以避黄河之险,侯庆远也上疏,请早定大计。1604 年(万历三十二年)正月,李化龙奏开泇河疏,极力陈述开泇河的理由,"开泇河有六善,其不疑有二。泇河开而运不借(黄)河,(黄)河水有无听之,善一。以二百六十里之泇河,避三百三十里之黄河,善二。运不借(黄)河,则为我政得以熟察机宜而治之,善三。估费二十万金,开河二百六十里,视朱衡新河事半功倍,善四。开河必行召募,春荒役兴,麦熟人散,富民不扰,穷民得以养,善五。粮船过洪,必约春尽,实畏(黄)河涨,运入泇河,朝暮无妨,善六。为陵悍患,为民御灾,无疑者一。徐州向苦洪水,泇河既开,则徐民之为鱼者亦少,无疑者二"。帝认为开泇运河甚为有利,并令速鸠工为久远之计。二月,李化龙奏明皇帝,言开泇河、分黄河两工程均为急需兴办工程。于是,大开泇河,自沛县夏镇李家口引水合彭河,经韩庄湖口又合泇,泇、沂各水出邳州直河口入黄河,共长 250 余里。建韩庄、德胜、张庄、万年、丁庙、顿庄、侯迁、台庄 8 闸。于夏镇稍南的旧运河口吕公堂筑吕坝(系草土坝),用以蓄泄水仍由李家口通邵阳湖。因彭口山河沙为患,筑滚水坝拦截彭口,于对岸建三洞闸。在彭口山南新开运河的西岸建减水闸。建运河西岸韩庄湖口闸,并在此闸北修筑护闸石堤一道,又向北接筑至朱姬庄迁道堤 18 里,以障湖水。八月开河竣工,泇运河正式通漕。由泇运河北上的粮船占全部的三分之二,而由黄河经茶城段运河航运的粮船占三分之一。但此时由于导黄河和开泇运河工程并兴,泇运河工程还未全部完成,"会化龙丁艰去"(《明史·河渠志》)。十月,由总河侍郎曹时聘代为工部侍郎总理河道,继续化龙未完工程。曹时聘上疏奏颂李化龙开泇河之功绩:"舒应龙创开韩家庄以泄湖水,而路始通。刘东星大开良城、侯家庄以试行运,而路渐广。李化龙上开李家港,凿都水石,下开直河口,挑田家庄,殚力经营,行运过半,而路始开,故臣得接踵告浚"(《明史·河渠志》)。1605 年(万里三十三年)二月,曹时聘正式任工部侍郎总理河道。"五月,曹时聘奏报,'漕船溯泇无阻',颂化龙疏下所司"(武国举:《淮系年表》)。当年由泇河行运的漕船为 80 余艘。十月,曹时聘主持,集民夫 15 万人,于十一月兴工,大挑朱旺口。1606 年(万历三十四年)四月,塞决工程竣工,而使泇运河之利得以发挥。当年由泇运河的漕船高达 7 700 艘。1607 年(万历三十五年)二月,工部同意按时聘所奏"泇河善后六事",已完成全部工程计划,于是"筑山(今韩庄西北 30 里)堤,削顿庄嘴,平大泛口溜,浚猫窝浅,建巨梁闸,增王沛徐唐坝,泇河至是功浚"(陆耀:《山东运河备览》)。开泇河运河工程从开始到完竣经历了 38 年的时间。泇运河底宽 3 丈,深 1 丈 3 尺至 1 丈 6 尺不等,河面宽 8 丈,并采用泇黄互用的运营方式,即每年三月初,漕船由泇运河北上,九月初,由茶城段旧运河漕船回空入黄河南下。

1633 年(崇祯六年),泇运河南段淤阻。1635 年(崇祯八年)冬,总河周鼎主持大浚泇运河南段(今江苏境内)淤塞。崇祯九年,修泇运河工程完工,泇河复通,又浚治南旺及彭口砂碉,疏浚刘吕庄至黄林庄 160 里。这是明代最后一次较大的治理工程。

(三)清代的治理工程

清代山东运河的路线没有大的变化,只是在明代运河基础上,进行了大量的维修、疏浚及加固工程。咸丰五年(1855 年)黄河北徙后,改变了山东运河的航运形势,船只除沿运河航道穿黄行运外,南运河(黄河以南运河段)因临黄段淤垫所阻,常绕行盐河(汶河正

刘戴村坝以下北支,亦称大清河)入坡河,由江沟黄达黄河北岸的八里庙入原运河;北运河(黄河北岸至临清一段运河)至光绪初年始移八里庙运口陶城堡(又称陶城埠),并开新运河自陶城堡至阿城镇,这种形势延续到民国初年。

1650年(顺治七年)八月,黄河水溃堤沙湾运堤,运道受阻。1651年(顺治八年),秘书院学士杨方兴总督河道,用方大献的建议治黄筑堤,堵塞沙湾决口,并募夫挑运河。1659(顺治十六年),在韩庄闸上下的运河西岸,湖口闸坝迤北筑湖面石护坡长1414米。

1753年(乾隆十八年),修济宁天井闸及济宁南门草桥两段运河大石工,修嘉祥县运河东岸碎石工及寺前闸上下、金线闸以北又迤北利运闸三段碎石堤,修临湖碎石堤,并拆修韩庄闸上下湖面大石工4公里多。1757年(乾隆二十二年)正月,张师载任河道总督,以微山湖为中枢,大兴运河以北水利工程,疏浚运河航道,挑挖分洪河道,规模是比较大的。疏浚运河自石佛闸至临清,又石佛闸南至台庄,以水深八尺为度,并修理了纤道,对韩庄以下的韩庄、德胜、张庄、万年、丁庙、顿庄、侯迁、台庄等8闸月河进行了疏浚。1758年(乾隆二十三年)兴建微山湖口滚水坝,该坝在湖口闸北,长96米,坝脊比湖口闸底高了3.2米,中间砌石垛14座,上搭桥梁以便牵挽船只;重修山东运河上的寺前、在城、赵村、仲家浅、师庄、枣林、韩庄等闸;增建运河寺前闸下东岸一段,通济闸下两岸两段,济宁济安台西岸一段、南门下西岸一段,天井闸上下东岸三段,在城闸上西岸一段等石工;修建独山湖十八水口,昭阳湖运水入湖单闸6座及马家桥;修建彭口闸迤下东岸张阿上下2孔涵洞,泄坡水入运河,创建滕县境运河上彭口闸,并建彭口对岸刘昌庄双减水闸,以泄彭口山河水入运河,并筑沛、腾、薛三县运河两岸土石工90余处。

1762年(乾隆二十七年)十一月,疏浚山东德州境运河及寿张等州县河道沟渠,修理李海务闸;在珠海闸北运河西岸,建昭阳湖辛庄桥滚坝,长64米,石垛9座,用以分泄运河异常涨水入昭阳湖。1765年(乾隆三十年)春,疏浚台庄至靳口闸间运河淤浅。1783年(乾隆四十八年)三月,以李奉翰暂为署理河东河道,大办济宁以南运河工程。冬,修济宁至台庄运河土石堤岸,其中沛、滕、薛县境运河两岸土石排桩工程80余处,并修理闸坝涵洞及水口,其中有独山湖十八水口加石裹头护砌、昭阳湖12座单闸、马家三空桥、辛庄桥滚水坝、夏镇寨子上下2孔涵洞、张阿上下2孔涵洞、吴家桥和刘家口2处涵洞、马金工减水闸、朱姬庄减水闸、微山湖大石工和湖口闸坝,以及赵村、石佛、辛店、新闸、仲家浅、师庄、枣林、南阳、利运、邢庄、韩庄、德胜、丁庙、顿庄、侯迁、台庄等拦河闸。1784年(乾隆四十九年),建济宁运河东岸新店闸上下四里湾单闸各一座,以宣泄坡水入运。冬,挑浚峄县境内的韩庄上下及韩庄闸以下8闸间运河淤浅。

1796年(嘉庆元年)正月,挑挖汶上、济宁、滕县的彭口、峄县的大泛口等运河;并疏浚了蜀山、微山等湖的引水渠。1799年(嘉庆四年),大兴济宁以南运河工程,修济宁以南的赵村、石佛、辛店、新闸、仲浅、师庄、枣林、南阳、利建、邢庄、珠海、杨庄、夏镇、韩庄、丁庙、顿庄、台庄等拦河闸;修济宁至鱼台县运河两岸的闸、坝、涵洞及桥梁,其中有济宁东岸石佛闸以南水口闸洞共计7处,鱼台东岸独山湖十八水口石裹头,鱼台西岸昭阳湖单闸12座,马家、满家3孔桥2座,辛庄桥滚水坝1座,沛县东岸王家水口,邢家水口,夏镇民便闸,寨子上下2孔涵洞,滕县东岸修永闸,张阿上下2孔涵洞,滕县西岸刘昌庄双减闸,马金工减水闸,朱姬庄减水闸,滕县东岸吴家桥涵洞,刘家口涵洞,拆修韩庄湖口滚水石坝、韩庄闸上下湖面大石工,并建湖口旧闸南湖面碎石排桩工程及运河两岸土石排桩工程90余处。

1855年(咸丰五年)六月,黄河大决河南省兰阳县铜瓦厢,溃决张秋运堤,夺大清河入海,山东运道被分为两段,黄河以南至台儿庄称为山东南运河,黄河以北至临清的运河称为北运河。运河穿黄地点,南岸为十里铺(堡),北岸为张秋镇八里庙,黄河水面行运路线长12里。

1856年(咸丰六年)至1901年(光绪二十七年)间,主要围绕着临黄段运河进行了一些治理工作。

1868年、1869年、1871年(同治七年、八年、十年)三次大的黄河决溢,使南运河受害甚重,运河堤埝残缺,而北运河淤阻日趋严重。南来船只由安山镇的三里堡绕经盐河,穿黄河于北岸八里庙达张秋运河北上。1872年(同治十一年),对山东运河上的堤防缺口进行补筑,挑挖安山、三里堡、沈家口运河航道,并挑浚十里堡及张秋拦黄坝各段淤浅河道。至1875年(光绪元年),才在十里堡运口建闸防御黄水灌运,并控制船只进出黄河。自此江北漕由河运,江南漕由海运。1877年(光绪三年)十一月,因北运口八里庙黄河水北股断流,遂开挖山东陶城堡至阿城镇新运河,次年完成,是时北上船只,均自黄河南岸十里堡运口入黄,顺流25里达陶城堡运口,然后候汛入运。1894年(光绪二十年),疏浚济宁、汶上、滕、峄、茌平、阳谷、东平所属运河。1895年(光绪二十一年),挑浚陶城堡至临清200余里运河。1901年(光绪二十七年),废除运河漕运,运河水利由各省分别筹治。

第二节　山东近代水利发展

19世纪后期和20世纪初,腐朽的清王朝已无力与世界列强并肩而立,在先进的枪炮威逼之下只能任人宰割。中国人民在奋起反击侵略、追求国家独立和强盛的同时吸收和消化一切先进的理念和技术发展经济势必所然,古代传统水利到了必须改革的历史关头。

一、山东黄河流域治理

清咸丰五年(1855年),黄河在兰阳铜瓦厢决口改道东流。铜瓦厢决口时口门以下,仅左岸阳谷县陶城埠以上有一北金堤,其他均无堤防。是年冬,沿河30县居民开始筑民埝自卫。同治六年(1867年)底,张秋以下两岸民埝修筑完竣,张秋以上南岸民埝于同治十一年(1872年)才完成。两岸官堤自光绪元年(1875年)开始修筑,至光绪三年,口门以下至张秋间,两岸堤防形成,黄河才被约束在这段河道内,结束了长期漫流的局面。

张秋以上两岸堤防形成后,黄河主流沿大清河而下,河道逐渐淤高,张秋以下民埝,决溢频繁。光绪八年(1882年),山东巡抚陈士杰奏准修筑下游两岸长堤,自光绪九年(1883年)开始至光绪十年(1884年)培修完竣。南岸上起长清下至利津共长160里;连同加筑格堤、月堤总长1 080里(《再续行水金鉴》)。这是铜瓦厢改道后三十年来首次大规模修堤,耗银二百万两,估计累计完成土方约2 000万立方米。至此初步完成了山东黄河两岸的堤防工程。此后分别于光绪十四、光绪十六、光绪十七、光绪十九、光绪二十五、光绪二十六年进行过较大规模培修,加高帮宽。据《清宫档案》培堤耗银统计,自光绪元年至光

绪二十六年共耗银九百余万两。光绪二十六年后,因"时局日艰,无暇议及河防"。

民国期间,在清末分官堤、民埝的基础上,逐步进行了调整培修,并将堤防划分为官堤、民埝、遥堤等,分不同情况修守。但因修守经费甚少,堤防工程进展不大。民国二十七年(1938年)6月,国民政府为阻止日军西侵,于花园口掘堤,黄河改道南流,山东黄河堤防一度荒废。

1946年,南京国民政府决定堵复花园口,引黄河回归故道。当时故道堤防经战争破坏和风雨侵蚀,已千疮百孔,残缺不堪。1946年2月,冀鲁豫解放区黄河水利委员会成立,组织开展了修堤工作。至6月10日,西起长垣、濮阳,东至平阴、长清,上堤民工23万余,经月余培修,完成土方770万立方米。1946年5月22日,解放区山东省渤海区修治黄河工程总指挥部成立,5月25日,渤海解放区19个县组织20万人开始了大规模的复堤工程。第一期工程按1938年前大堤原状修复并普遍加高1米,于7月底完成,并堵塞了麻湾决口添修了套堤,垦利以下河口段修新堤60里,共完成了土方416.4万立方米。

1947年3月15日,花园口堵口合龙放水。山东解放区人民为防御黄河洪水,进行了第二期复堤工程。按照高出1937年洪水位1米,普遍加高补齐,共完成土方492万立方米。同年5月,冀鲁豫解放区人民30万人上阵,进行第二次大复堤,至7月23日,西起长垣大车集、东至齐河水牛赵长达600里大堤(包括金堤)普遍加高2米、培厚3米,完成土方520万立方米。

1948年,冀鲁豫解放区黄河水利委员会决定加高培厚南北两岸大堤,北岸复堤工程于3月开工,上堤民工10.7万人,在国民党军轰炸炮击破坏下,突击完成土方208万立方米。南岸复堤工程遭国民党军队严重骚扰,仅完成急需险工的修复。

渤海解放区自1948年春修至1949年止,继续进行了第三、四期复堤工程。前后共四期复堤工程,计修复两岸堤防1000余里,普遍加高培厚,垦利以下河口段接修新堤146里,共计完成土方1421.4万立方米。

二、京杭运河山东段治理

民国初年,山东运河几乎尽失其利,由于河道淤积,沿运地区洪涝灾害日趋严重,曾专设运河工程局等机构负责山东运河的规划、设计及治理工程,对治涝御灾起到一定的作用,北运河亦有一段时间通航。同时,开展解决北运河水源、运河穿黄地点、兴建戴村坝蓄水库等专题研究,并计划通过发展"黄运联运""黄清联运"及重开胶莱运河等途径,在山东形成四通八达的内河航运网络。但是,计划虽多,实施者甚少。民国期间的山东运河终未畅通,沿运地区的洪涝灾害终未解除。

1855年(清咸丰五年)黄河决河南铜瓦厢,截运河夺大清河入海,使山东运河南北通航形势发生了根本的变化。历代靠汶水接济的山东北运河陷于干涸无源地步,南运河的临黄段及其他大部分区段淤塞严重难以行运。自清末漕运停止至民国初年的20余年中,失于治理,致使运河淤积日益严重,水系紊乱,闸坝败坏,堤防决坏,蓄泄失控,沿运农田常受洪涝之灾。

山东北运河,自黄河北岸陶城堡至临清一段长135公里,闸坝圮废,无水可济,已尽失航运之利。但临清至德州以北卫运河仍可通航。

山东南运河,自黄河南岸的十里铺至台儿庄,全长 285 公里,十里铺闸到安山闸长 30 公里,受黄河泥沙淤积最重,已经如同平陆。安山闸至济宁段,全长约 80 公里,因戴村坝长久失修渗漏严重,济运水源不足,除七、八月的涨水时期还可勉强通航外,其他月份均不能通航。其中,安山闸至袁口闸一段长 30 里的河堤已被水冲塌,仅存基址,南旺、马场两湖已失水柜作用,已归当地农民为田耕种。金口坝石工如旧,但府河上游节节阻梗,堤防多坏,而入运口一段淤塞甚重,沿岸农田常受水害。济宁以南至南阳镇,全长约 50 公里,尚可通行小舟。但石佛闸以下淤垫较重,船只需绕道经运河西岸的沉粮地至南阳镇再入运河。南阳镇至台儿庄一段,由于湖泊相连,水源较充足,航运渐开。其中,徐家营坊至韩庄一段长 36 公里的河段,因受运东各河流挟泥沙汇入的影响,航线通断相间,只赖南部诸湖在水量丰沛时维持正常航运。韩庄至台儿庄一段长 40 公里的运河淤积较轻。

1914 年(民国三年),成立山东南运湖河疏浚事宜筹办处,次年对南运河航道、泗河、汶河、牛头河、小清河(汶河下游的南支流)及南运沿岸湖泊沼泽等的淤垫、堤防、闸坝状况、灾害原因进行了颇为详细的实地勘察,通告南运沿湖河的各地方官民,征集河湖情况,征求治理意见,广采治理意见,并将收到的来自东平、兖州、汶上、鱼台、峄县等各阶层 28 人的意见、摘要刊于"山东南运湖河疏浚事宜筹办处第一届报告"(简称"报告")中。根据当时的条件在台儿庄、韩庄、夏镇、徐营坊、鲁桥、济宁、南旺分水口、金口坝、戴村坝、何家坝等处设立木制水标(水尺),收集到 10 多个典型断面的水位、流量及部分气象、泥沙资料并结合勘查和测绘工作进行洪水调查以弥补水文资料的不足。1915 年(民国四年)1月开始,实测沿运的三角和水准,测绘泗、汶、牛头、城、薛等河,大泛口及南旺、马踏、蜀山、马场、独山、南阳诸湖和沿运的沉粮地、缓征地的平面图或剖面图,并测绘了闸坝桥梁的平面图和侧面图,拟定了泗河工程计划、牛头河分泄运河并涨之水略工程计划、湖边筑堤蓄水济运涸田计划及山东南运浚治规划草案(简称"草案")。"草案"较先代治运有三个鲜明特点:即:"昔之治运在以河湖喂支脉,今之湖河转以运道为尾闾;昔则以蓄泄一岁之水,求济一岁之运;今则疏浚一分之水,求涸一分之地;昔则以交通为主体,非有水利之观感也,今以水利喂范围,交通之利自连带而生也"。其规划思想为:首先分治汶、泗及南旺、邵阳、微山及泄洪涝之水,然后专治运河航道。

1924 年(民国十三年),"筹办处"改组为"运河工程局",拟定了治理泗河工程计划,至民国十六年实施了部分工程。

1930 年(民国 19 年),山东运河工程局重新恢复后,着手清理和收集已有的运河资料,于是年 12 月组织 3 个查勘队,分别查勘南运河干支流及北运河河道状况,勘测了黑风口、金口坝、泗河桥、鲁桥、戴村坝、何家坝、南旺分水口等。1931 年(民国 20 年),拟定了"疏浚山东运河工程计划",这是一次对山东南北运河的全面治理规划。由于本次治理运河的工程,涉及的范围面广,工程量大、投资甚大,鉴于国家财政支绌,沿运民生困难,故拟分五期施工,第一、二、三期工程注重运河干支流的排洪、灌溉及沟通航运,第四、五期为改进全运交通及振兴其他水利,使治理运河成为一项综合性的工程。1932—1933 年实施了治理泗河和修理戴村坝工程。

1934 年(民国 23 年)4月,山东省政府建设厅决定治理北运。在聊城县设立"临时总工程处",征调沿运 7 县民工 20 余万人参加施工,历时 3 个月,于 7 月 15 日全河土工大

体告竣,计疏浚长度 135 公里,完成土方 1 400 万立方米,用公款 280 余万元。工程竣工后,不仅收到排洪涝之效益,且一度通航。抗日战争爆发后,山东沦陷,北运河又废。

1935 年(民国 24 年)6 月,黄运联运工程处成立后,实施了一些北运河穿运涵桥、引水管及吸水站工程。

1947 年(民国 36)年 1 月,山东南运河复堤工程处成立后,即着手筹备南运河复堤工程,采用工振方式。3 月 9 日,成立第一段公务所于台儿庄,办理韩庄至台儿庄段运河复堤工程。3 月 18 日开始招夫兴工,因公粮不足,汛期多雨以及战事等,7 月初曾一度停工,至次年 1 月 5 日竣工。共征夫 13 万人,破毁堤段均已全部修复,两岸复堤长度各 31 公里,完成土方约 27 万立方米。

1947 年(民国 36 年)4 月 14 日,南运河复堤工程处成立第二段公务所于济宁,负责办理泗河堵口复堤及济宁至师庄段运河复堤工程。于 5 月 12 日正式开工,先堵填西泗河决口和培修险工。6 月 5 日后,因战事吃紧一度停工。7 月 14 日,该公务所人员撤退,工程暂停,至次年 10 月 1 日始得复工。11 月 11 日,济师段运河复堤工程开工,至次年 5 月 31 日竣工,修复堤岸长 26 公里,完成土方 23.5 万立方米。泗河及运河工程,共征用民夫 6 万多人,完成土方 30 万立方米。

民国期间,在规划和实施治理工程的同时,对解决北运河水源和运河穿黄地点的选择问题进行了较深入的研讨。其中对解决北运河水源问题,张敬承提出在运河沿岸凿井和修筑水柜(蓄水库);汪胡桢提出引清水河(今金提河)等济运;英国人摩利生,美国工程师费礼门、李伯来、卫根等提出引汶水穿黄济运;孔令瑢提出引黄和引卫(河)济运。对于运河穿黄地点的选择,费礼门、李伯来、卫根及整理运河讨论会进行了研讨,提出了各自的建议。

20 世纪前半期,水利科技工作在中国水利发展史上占有十分重要的地位,它是中国几千年延续的传统水利向现代水利不可缺少的过渡阶段,为新中国成立后水利事业的蓬勃发展做了必要的准备。

第三节　山东治淮兴淮历程与成就

一、回顾以往,数百年水旱灾害抗争史

山东省淮河流域位于山东南部及西南部,亦称沂沭泗流域,系指沂、沭、泗河上中游水系,流域面积 5.1 万平方公里,占全省总面积的 32.55%。北以泰沂山脉与大汶河、小清河、潍河流域分界,西北以黄河为界,西南与河南省、安徽省为邻,南与江苏省接壤。行政区划包括菏泽、济宁、枣庄、临沂 4 市的全部和日照、淄博、泰安 3 市的一部分。流域内自然、旅游等资源丰富,交通发达,是全国重要的能源基地和粮、棉、油、蔬菜产地。至 2018 年底,流域内总人口 3 560.38 万人,约占山东省总人口的 36%,国内生产总值(GDP) 17 861.48 亿元,共有耕地面积 3 697.46 万亩,有着非常重要的战略地位。

山东省淮河流域水系按习惯分为东部沂沭河流域,西部南四湖流域,中部邳苍地区及韩庄运河流域。由于流域内既有山区、丘陵,也有平原、洼地及湖泊,地形、地貌复杂多样,

且位于暖温带半湿润季风气候区,降雨时空分布变化较大,防汛抗旱工作开展困难较多。历史上,受气候和地形影响,水旱灾害频繁,黄河侵淮、夺淮又加剧了灾害的危害。据文献统计,元、明两代的 440 年间,发生较大水灾 97 次,清代、民国的 304 年间,发生水灾 267 次,小涝小旱更是不计其数。

新中国成立以后,党和国家把治水、兴水摆在关系国家事业发展全局的战略位置,大力开展水利建设,提升了流域水旱灾害抵御能力,但由于防洪除涝标准不高,仍发生多次流域洪水灾害。仅 1949—1997 年的 49 年中,就发生洪涝灾害 31 次,平均 1.58 年发生一次。进入 21 世纪以来,淮河流域仍是山东省水旱灾害防御工作的重中之重,流域也多次发生水旱灾害。2002 年,南四湖流域大旱,湖水干涸,生态问题严重。2003 年,南四湖流域发生接近 10 年一遇洪水,直接经济损失约 35 亿元。2008 年年底至 2009 年年初,流域内菏泽市降雨量比历年同期偏少 92%,旱情超过 50 年一遇,是 1963 年以来同期降雨量最少的年份。

淮河流域水旱灾害威胁一直长期存在,主要因为防洪标准不高,防洪除涝体系不完善,同时,流域跨行政区域多,经济发达,人口密集,水事矛盾时有发生,流域水污染、水生态、水环境也受到不同程度破坏,因此治理好淮河流域,打造功能完备、人水和谐的河湖水系,一直是全省特别是淮河流域人民的强烈愿望,也是历届各级党委、政府水利工作的重要关注点和落脚点。

二、兴利除害,淮河流域治理不停步

新中国成立以后,山东省充分认清治淮形势,果断决策、抢抓机遇,持续开展了大规模的治淮工程建设,为流域经济社会可持续发展提供了可靠的水安全保障。

(一)1947—1956 年

1947—1956 年,以"导沂整沭"为起点,初步提高沂沭河防洪标准。

20 世纪 50 年代,在党中央、政务院《关于治理淮河的决定》和毛主席"一定要把淮河修好"的伟大号召下,开创了山东治淮事业的新纪元。1949 年 4 月,在百万雄师横跨长江打响渡江战役的同时,20 万河工齐上阵的"导沭整沂"工程大战序幕悄然拉开。新沭河工程开工后,缺少开石工具和炸药成为摆在山东治淮人民面前的最大难题。为提高放炮出石率,民工们参照煤矿爆破经验,创造出行之有效的"松动大炮"爆破法,在实践中又根据不同地质条件,创造了平硐式、竖井式、针插式等多种打眼形式。没有动力机械,工地上发动群众大搞倒拉滑车、抽杠换框等技术革新,加快了施工进度。1951—1953 年,又连续进行了 6 期导沭和 3 期整沂工程,修建了拦河大坝和溢水堰工程(后称人民胜利堰)、江风口分洪闸、分沂入沭水道工程,开辟了邳苍分洪道。导沭整沂工程初步提高了沂河的防洪标准,为后期全面治理沂河、沭河、泗河和南四湖打下了基础。

(二)1957—1968 年

1957—1968 年,开展南四湖治理,进一步建立沂沭泗河防洪工程体系。

受自然地形地貌的影响,南四湖湖东河道源短流急,湖西河道峰低量大。1957 年,淮河水利委员会(简称淮委)会同江苏、山东 2 省编制了《沂沭泗流域规划报告》。汛期,南四湖流域发生严重洪涝灾害,最高湖水位达 36.48 米。当时山东省防汛指挥部曾在总结

中指出:"南四湖工程标准很低,今年暴雨到来,众河汇集,障碍太多,下泄不畅,造成了严重灾害。"深刻分析了南四湖洪涝灾害形成的原因。随后水利部技术委员会组织江苏、山东2省对《沂沭泗流域规划报告》进行重新修订。1958年,南四湖新修了湖东、湖西大堤,修筑了二级坝并建起了3座大型节制闸和船闸,修建了南四湖平原综合利用水库,扩大了韩庄运河的排洪能力,使南四湖的调蓄能力有了较大提高。1958—1959年,在以蓄为主方针的指引下,修建了跋山、岩马等大型水库和一批中型水库,但由于工程仓促上马,设计洪水标准普遍偏低,一部分水库不能安全度汛,留下防洪隐患。后经过20多年的加固培修,水库安全性有了不同程度的提高。

(三)1969—2010年

1969—2010年,布局东调南下,全面打开沂沭泗洪水出路。

1969年《东调南下工程总体规划》颁布实施,自此山东省治淮东调南下工程建设拉开序幕。根据1971年国务院制定的《沂沭泗地区防洪规划》,山东继续开展治淮工程体系建设,并按照中央治淮工作领导小组提出的东调南下工程方案,疏导沂河洪水,推动治淮建设新高潮。到1981年年底,山东初步建成沂沭泗水系防洪工程体系,其中东调工程完成了分沂入沭彭家道口分洪闸、新沭河泄洪闸、黄庄倒虹吸、分沂入沭扩大、新沭河扩大工程等骨干工程,南下工程组织建设了韩庄运河扩大、韩庄运河节制闸扩建工程。

20世纪80年代初,北方干旱严重,国家对治淮投资大幅减少,东调南下工程大部分缓建,山东治淮也进入了一个长达10多年之久的徘徊阶段。

1991年流域洪水后,党中央、国务院继续高度重视治淮工作,制定新的工程建设规划包括19项治淮骨干工程,山东历经10年艰苦卓绝的努力,累计完成总投资12.2亿元,实现了沂沭泗河洪水就近入海的科学构想,将沂沭泗流域主要河道和南四湖的防洪标准提高到20年一遇,共建成分沂入沭扩大调尾、人民胜利堰闸、南四湖湖内清障、湖东堤、湖西堤等15个单项工程。

2002年国务院办公厅转发《关于加强淮河流域2001—2010年防洪建设的若干意见》,提出"沂沭泗河洪水东调南下工程,应在一期工程基本完成的基础上,抓紧实施二期工程"。2003年,淮河发生1954年以来的最大流域性洪水,按照国务院治淮工程部署,山东开展治淮东调南下一期未完工程和续建工程建设,同时实施了大型水库除险加固工程、湖洼及支流治理工程和水土保持、小流域综合治理等其他治淮工程,历经2 000多个日夜,工程全面完工,占全省1/3国土面积的沂沭泗流域防洪工程体系进一步巩固完善。

(四)2010—2020年

2010—2020年,实施进一步治淮,着力改善提升流域民众生产生活条件。

2010年,治淮进入第60个年头,山东全面加快推进治淮建设。2011年,按照国务院要求的38项进一步治理淮河任务目标要求,山东加快实施洙赵新河徐河口以下段治理工程、淮河流域重点平原洼地南四湖片治理工程、湖东滞洪区建设工程、淮河流域重点平原洼地沿运邳苍郯新片区治理工程,进一步完善山东省淮河流域防洪除涝减灾工程体系,重塑和谐的人水关系。

其中,洙赵新河徐河口以下段治理工程已于2016年年底完成建设任务,是进一步治淮38项工程中第2个通过竣工验收的工程。工程进一步提高了整体防洪除涝标准,显著改善了沿线灌溉供水保障能力。山东省淮河流域重点平原洼地南四湖片治理工程总投资26亿元,2017年9月开工建设后,连续3年超额完成年度投资目标任务,多次荣获治淮文明工地称号,并争创成为项目法人安全生产标准化达标单位,工程质量、安全生产、水保环保、廉政建设等工作均得到高度赞誉,将于2020年全面建成并发挥效益。山东省湖东滞洪区建设工程于2019年9月开工建设,总投资6.2亿元,截至2020年上半年,累计完成总投资的49.8%。山东省淮河流域重点平原洼地沿运片邳苍郯新片区治理工程概算总投资29.1亿元,目前前期工作全部完成,项目法人已经组建,开工前准备工作就绪,将于投资计划下达后开工建设。

三、科学谋划,流域管理能力全面提升

山东省委、省政府高度重视淮河流域建设和管理,高点定位,系统布局,山东省水利厅明确目标,细化落实,各项工作举措扎实有序,高效推进。

(一)建立与时俱进的治水思路

70多年来,山东省治淮坚持解放思想,不断探索改革发展新出路,加快从传统水利向现代水利转变。治淮初期,江苏、山东2省确定了"统筹兼顾,治泗必先治沂,治沂必先治沭"的工作思路,把导沭经沙入海作为整个沂沭泗流域治理的第一步。1957年南四湖流域洪涝灾害发生后,山东治淮工作重心转向南四湖治理,并逐步总结出"以排为基础,高低分排、洪涝分治"的流域治理思路。改革开放后,伴随着流域经济社会的发展,治淮已不再只是为了防御洪水,更重要的是通过建设防洪除涝工程,统筹做好水资源的配置和保护、生态环境修复等工作。党的十八大以来,山东以加快构建具有山东特色的流域水安全保障体系、支撑流域经济社会持续发展为目标,开展了新一轮治淮建设,在进一步巩固和完善流域防洪除涝体系的基础上,使关系到民生的行蓄洪区和重点平原洼地面貌有了较大改观。近年来,在进一步治淮建设实践中,将工程建设与自然景观、人文景观相结合,实现人、水与自然、水利工程和谐关系,逐渐成为治淮工程建设的一种新理念。

(二)构建完整高效的管理体系

按照国家部署,淮委统一负责淮河流域治理开发与管理工作,在流域内依法行使水行政管理职责;山东省水利厅负责实施全省淮河流域水管理工作;山东省海河淮河小清河流域水利管理服务中心作为省水利厅直属单位,承担淮河等流域水利发展规划、水利工程建设、管理和运行的技术服务工作。治淮工作与新中国一路同行奋进,它不仅见证了山东跨越发展的历史进程,也见证了山东省海河淮河小清河流域水利管理服务中心的改革发展轨迹。新中国成立前,南四湖被山东、江苏2省8县分管,1958年治淮委员会机构撤销后,治淮工作由江苏、山东、河南、安徽4省分别进行。为统筹解决各个层面错综复杂的关系,搞好南四湖统一规划治理,1963年12月,山东省海河淮河小清河流域水利管理服务中心的前身——南四湖流域治理工程局经省政府批准成立。在此之后的57年间,先后经历了山东省治淮南四湖流域工程指挥部、山东省淮河流域工程局、山东省淮河流域水利管理局3次变迁,逐渐发展成为山东治淮工作的主力军。2019年机构改革后,山东省从流域统筹管理出发,整合原淮河流域水利管理局等4个单位的职能,组建山东省海河淮河小清河流域水利管理服务中心,为全省重点流域水利管理工作提供技术支撑,单位成立后迅

速构建起科学规范、运行高效的管理体系,为治淮事业发展提供了坚强组织保障。

(三)优化创新建设管理模式

在治淮工程实施过程中,山东省注重建设管理体制创新,将权力、责任适度下放,推行两级法人联动、三级管理模式,为建管工作增添了活力。工程建设中,严格落实水利部和淮委关于加强工程建设管理的有关规定,着力抓好制度建设、业务培训、质量安全、督导检查、协调配合等工作,全面保障了工程顺利建设。项目前期阶段协调相关单位,压茬开展前置要件办理和可研、初设报告的编制工作,为工程如期开工赢得主动。开工准备阶段,研究制定投资计划执行、进度控制、质量安全等制度,编印成册印发参建单位,为提高建设与管理质量效率提供强有力的制度保障。建设过程中根据需要组织开展建设管理、财务管理、安全生产等培训活动,明确相关标准和要求,有效提升参建人员业务能力和管理水平。组织开展质量提升行动,全力推动安全生产标准化和"双体系"建设工作,不断推动工程安全生产管理工作再上新台阶。建立常态化现场督导检查机制,平均每年开展督导检查 10 余次,派出技术专家上百人次,发现问题并跟踪整改,确保各项工作落实到位。及时跟踪工程进度,及时协调解决设计现场服务、插花段施工、设计变更、资金保障等问题,确保了工程顺利实施。创新实行"一线工作法",派出专家和技术人员派驻重大水利工程现场,成立办公室跟进督导,以一系列务实的创新举措催生了活力,激发了管理效能。

(四)建立良性的工程管理体制机制

流域内基本完成大中型水利工程管理体制改革任务,各水管单位性质得到明确,水管单位人员基本支出和维修养护经费落实率分别由 2010 年的 70% 和不足 30% 达到目前的 96% 和 81%。与此同时,小型水利工程管理体制改革不断深入,特别是小型水库管理体制改革,省级出台《深化小型水库管理体制改革示范县创建工作方案》和《关于加强山东省小型水库安全运行管理工作的意见》,通过发挥示范带动效应,不断健全完善小型水库运行管理体制机制。开展水利工程标准化管理,制定印发《全省水利工程标准化管理试点工作实施方案》,公布试点工程名录,制定标准化管理手册编制指南、标准化管理试点验收办法和大中型水库、小型水库、平原水库、堤防、水闸等 5 类工程验收标准,制发水库、平原水库、堤防、水闸工程运行管理规程,启动标准化管理工作试点,全省淮河流域正逐步建立和形成环境优美、调度有序、管理规范、运行高效的工程管理新格局。

(五)形成完善的防汛抗旱工作机制

2011 年,山东省淮河流域防汛抗旱指挥部(以下简称防指)成立后,积极发挥流域防指综合指导作用,协调流域 5 市统筹抓好防汛物资储备、人员调整、抢险演练等关键环节,组织修订完善洙赵新河、东鱼河、南四湖洪水防御方案编制和沂沭河、韩庄运河洪水防御方案,扎实做好汛期值班值守和防汛督导工作。机构改革后,山东省水利厅立足新的职责定位,从保安全的工作大局出发,加强部门沟通协作,建立定期联合会商机制,加强雨水情监测预警和信息共享,及时研判应对各类汛旱风险。建立跨市际边界闸汛期科学调度机制,制发《山东省骨干河道市际边界拦河闸汛期调度工作意见》,明确由山东省海河淮河小清河流域水利管理服务中心负责市际边界水闸统一调度,统筹上下游、左右岸利益关系,充分发挥工程调洪行洪作用。建立汛期联合值班机制,抽调精干力量组成工作专班,汛期实行 24 小时值班和领导带班制度,确保信息调度和问题处置及时高效。建立应急响应机制,印发《山东省水利厅水旱灾害防御应急响应工作规程(试行)》,组织做好水利工程防御洪水方案和超标准洪水防御预案修编,开展超标准洪水防御演练,确保工程度汛安全。

四、辉煌成就,治淮兴淮成绩斐然

按照水利部工作部署,山东治淮工作以除水害、兴水利、促发展为主要目标,经过70多年的发展和治理,治淮事业取得显著成效。

(一)初步建成防洪、除涝、灌溉三大工程体系

根据《山东省水利年鉴》等相关统计资料,1950—2019年,山东省淮河流域各类水利工程的投资当年价为1 051.38亿元,按2010年不变价为1 444.49亿元。流域内形成完善了以控制性枢纽工程、河道堤防、湖泊、水库为基础的防洪减灾体系框架,重点河道防洪标准总体上达到20年一遇,骨干工程达到50年一遇,除涝面积达到1 795.58万亩,建设防洪堤防长10 164.44公里,为保障流域内3 000多万人口、上万个规模以上企业生命财产安全、促进高质量发展,提供了有效支撑。主要工程体系包括二级坝枢纽工程、韩庄枢纽工程、大官庄枢纽工程和刘家道口枢纽工程4座大型控制性水利枢纽工程,湖西堤、湖东堤、湖内浅槽、二级坝闸下东、西股引河、京杭运河、蔺家坝闸等南四湖工程,洙赵新河、东鱼河等河道治理工程,淮河流域重点平原洼地、南四湖湖东滞洪区等蓄滞洪区及涝洼地治理工程,沂沭泗河洪水东调南下工程。已建成水库1915座,总库容75.98亿立方米,其中大型水库18座,总库容54.66亿立方米;中型水库45座,总库容10.43亿立方米;小型水库1 852座,总库容10.89亿立方米,对下游河道防洪、拦蓄径流、灌溉、供水等发挥了重要作用。截至目前,流域内大型灌区(50万亩以上)6处,有效灌溉面积457.76万亩,中型灌区(5万~50万亩)54处,有效灌溉面积647.98万亩,小型灌区(5万亩以下)684处,有效灌溉面积398.70万亩,形成水库塘坝灌区、河湖灌区和机电井灌区三类灌溉体系。

(二)已建工程发挥巨大减灾效益

2003年汛期,淮河流域发生1949年以来仅次于1954年的流域性大洪水,东调南下一期工程、大中型水库及骨干河道已基本建成并发挥了巨大的防洪减灾效能。据统计,2005年南四湖秋汛,仅济宁市防洪减灾效益就达107亿元。2006年秋冬,山东省遭遇30年一遇、局部地区百年一遇的特大干旱,治淮工程为缓解旱情发挥重要作用。2007年汛期成功抗御了泗河流域等局部地区的特大暴雨洪水。东调南下续建工程投入使用后,在应对2011年"8·26"特大暴雨、201210号台风"达维"、201410号台风"麦德姆"等重大汛情中发挥了重要作用。2018年、2019年受台风影响,山东发生严重洪涝灾害,淮河流域重点平原洼地南四湖片治理工程已建成项目经受住强降雨的检验,有效减轻了济宁等地洪涝灾害损失,为流域经济社会又好又快发展提供了坚强有力的安全保障。此外,刘家道口枢纽等控制性工程还为洪水资源化创造了条件,对促进从治理洪水向管理洪水转变,提高洪水资源化水平,加快"山东水网"构建步伐,实现长江水、黄河水、淮河水和当地水的联合调度、优化配置提供了更加完善的工程体系。

(三)治淮经济效益、生态效益凸显

山东省淮河流域水利建设产生的经济效益显著,水利在整个国民经济,尤其是在水资

源配置、防洪、除涝和农业灌溉中占有重要的地位。1949—2019 年,流域各类水利工程的经济净效益按当年现行价计算为 4 067.07 亿元,累计增产粮食 1 750.21 亿公斤,棉花 79.76 亿公斤,油料作物 68.00 亿公斤,总效益投入比为 3.72。70 年治淮历程改变了黄泛区数百年来生态环境恶化的局面,改善了沿淮重点城市发展条件,促进了鲁西南地区煤炭、电力、重化工等行业的快速发展,过去的"贫困区"如今变成了"钱袋子""米粮仓",5万平方公里的山东淮河流域改革发展乘风而起。在取得显著经济和社会效益的同时,山东治淮牢记"绿水青山就是金山银山",努力实现人与自然的和谐相处。在流域内水污染防治力度和水生态建设不断大力开展下,2020 年 1~4 月沂河水质达地表水Ⅱ类水体,南四湖水质目前常年稳定达到地表水Ⅲ类标准。强力推进城市水利、生态水利改革发展,流域内建成了数百处水库、河道生态公园和城市亲水乐园等景区。治淮工程建设也为该地区水资源的合理开发利用创造了条件,增加了水资源调蓄能力,在一定程度上缓解了该地区水资源紧张的局面。2001 年淮河中下游地区大旱,"引沂济淮"成功将沂河超过 8 亿立方米水调入洪泽湖,实现了洪水联合调度,水资源相互补充。2002 年南四湖流域大旱,为保护一度濒临干涸的南四湖湿地生态系统,及时组织引江、引黄应急补水 1.5 亿立方米,实践了生态抗旱的新理念。

(四)流域管理服务机构自身建设不断加强

在山东省水利厅的坚强领导下,山东省海河淮河小清河流域水利管理服务中心连续 18 年保持山东省级文明单位称号,2018 年、2019 年荣获全国文明单位称号,先后获得山东省水利工程建设管理先进单位及全省抗洪抢险、规划工作先进集体等荣誉称号。机构改革后,山东省海河淮河小清河流域水利管理服务整合技术、人员等优势力量,在抓好治淮重点工程建设的同时,倾力服务全省水利"强监管"工作,承担了河湖"清四乱"、小型水库暗访调研、水利工程损毁修复暗访、农村饮水安全督察等任务近 20 项,为汛期实现大水小灾、提升全省安全度汛防御能力、加强河湖生态建设做出了突出贡献。此外,中心还着眼于未来治淮和流域水利事业发展的需要,认真开展事关流域全局的重大水利课题研究。先后启动了南四湖管理问题研究、基于山东水网建设的沂沭河雨洪资源利用研究、山东省淮河流域洪水防御工程现状及对策建议等课题,多项课题荣获山东省科技进步奖、水利科学技术进步奖、软科学优秀成果奖等荣誉。积极发挥技术资源优势,创新举办"流域水论坛",邀请国内外院士专家讲授水利新技术新动向,为今后更好地做好治淮和流域水利管理服务工作奠定了良好基础。

第四节　山东现代水利改革发展现状与成就

水是万物之母、生存之本、文明之源,水利是国民经济和社会发展的重要基础设施。兴水利、除水害,事关人类生存、经济发展、社会进步,历来是治国安邦的大事。多年来,在历届山东省委、省政府的坚强领导下,广大水利工作者发扬"忠诚、干净、担当,科学、求实、创新"的新时代水利行业精神,拼搏进取,水利支撑和保障能力显著增强,为经济社会快速发展做出了重要贡献。在中央《关于加快水利改革发展的

解说山东水利

决定》的指引下,山东现代水利改革发展步入新的阶段,在现代水网规划建设及雨洪资源利用、农村饮水安全、农田水利与高效节水工程建设、最严格水资源管理、水生态文明建设、水行政综合执法、水利工程规范化管理、水利人才队伍建设等多个方面走在全国前列,得到了省委、省政府的充分肯定和社会各界的普遍认可。

一、山东现代水利改革发展现状

(一)山东基本省情水情

1.自然地理

山东省地处中国东部沿海、黄河下游,分为半岛和内陆两部分。山东半岛是我国最大的半岛,突出于黄海、渤海之间,与朝鲜半岛、日本列岛隔海相望,是拱卫京津的重要门户,海洋资源丰富;内陆部分北临京津冀城市群,西连黄河中下游地区,南接长三角地区,区位条件优越。山东省南北宽约 420 公里,东西长约 700 公里,总面积 15.79 万平方公里,约占全国的 1.6%,居全国第 19 位。

全省地势以泰鲁沂山地为中心,泰山、鲁山、沂山为最高峰构成东西向的分水岭,东部半岛大部分是起伏和缓的波状丘陵区,西部、北部是黄河冲积平原区。山地占全省陆地总面积的 15.51%,丘陵占 13.19%,平原和盆地占 62.72%,滨海地和滩涂占 5.34%,现代黄河三角洲占 3.24%。海岸线长约 3 345 公里,近海海域面积 15.95 万平方公里,沿海滩涂面积 3 223 平方公里。

2.水文气象

山东省位于北温带半湿润季风气候区,四季分明,温差变化大,雨热同期,降雨季节性强。冬季寒冷干燥,少雨雪;夏季天气炎热,雨量集中;春秋两季干旱少雨。全省平均气温为 11 ~ 14 ℃,无霜期 200 ~ 220 天,年日照时数 2 400 ~ 2 800 小时,年平均日照百分率 55% ~ 65%。

全省水文现象时空分布变化较大。降雨量从东南沿海的 850 毫米递减至西北内陆的 550 毫米,接近 80% 的降雨集中在 6—9 月,7—8 月接近 50%。降雨年际变化明显,不同年份丰枯比例高达 2.62 以上。全省多年平均陆地蒸发量为 450 ~ 600 毫米、水面蒸发量为 1 000 ~ 1 400 毫米,3—6 月蒸发量占全年的 50% 左右。全省多年平均径流深为 126.5 毫米,从东南向西北减少,鲁北平原平均仅有 45 毫米。

3.水文水资源状况

山东省河流分属黄、淮、海三大流域及半岛独流入海水系。流域面积 50 平方公里及以上河流 1 049 条,其中海河流域 211 条、黄河流域 85 条、淮河及半岛流域 753 条;全省跨省河流 79 条;流域面积 200 平方公里及以上河流 278 条。黄河横贯菏泽、济南等 9 市,在东营市垦利县入海。2000 年以来全省年均入海水量 236.2 亿立方米,其中黄河入海水量 169.4 亿立方米,占总量的 71.7%。

山东省常年水面面积 1 平方公里及以上的湖泊 8 个,最大的湖泊有南四湖和东平湖。南四湖是山东省最大的淡水湖泊和重要水源地,也是南水北调东线干线工程的调蓄枢纽。东平湖是境内第二大淡水湖泊,是接纳和处理黄河下游及大汶河大洪水和特大洪水的调蓄水库。

全省多年平均降水量 680.5 毫米,多年平均当地水资源总量为 308.1 亿立方米(地表水 205.1 亿立方米、地下水 168.9 亿立方米、地表地下重复 65.9 亿立方米)。全省多年平均当地水资源总量仅占全国水资源总量的 1.1%,人均水资源占有量仅 315 立方米,不足全国人均占有量的 1/6。全省多年平均当地水资源可利用量 192.6 亿立方米,其中地表水资源可利用量 106.9 亿立方米,地下水资源可开采量 127.1 亿立方米。全省黄河干流引水指标 65.03 亿立方米,南水北调东线一期工程山东省调水量指标 14.67 亿立方米。

4.旱涝灾害

受特殊自然地理条件影响,全省水旱连续、旱涝交错,基本上每年均有不同程度的水旱灾害发生。1949—2015 年,全省农田累计水灾面积 5 163.29 万公顷,年均受灾面积 77.06 万公顷;累计旱灾面积 13 769.22 万公顷,年均受灾面积 205.52 万公顷。在受灾态势上,水灾损失总体上呈逐年减轻态势,1998—2015 年年均受灾面积 68.15 万公顷次,较 1949—1997 年系列减少 13.58 万公顷次;旱灾损失呈增加态势,1998—2015 年年均受损面积 242.13 万公顷,较 1949—1997 年系列增加 86.35 万公顷。随着经济社会的快速发展,水旱灾害损失的影响程度愈来愈大,1998 年、2015 年全省年均水旱灾害损失分别为 50 亿元、72.1 亿元,约占同期 GDP 的 0.12%、0.17%。近年来,受自然条件和极端天气事件影响,山东省旱涝灾害更是呈现突发、频发、重发态势,全省发生了有水文记录以来最为严重的 2010—2011 年秋冬春三季连旱;自 2014 年冬季以来,青岛市、潍坊市、烟台市、威海市等多个地区因旱导致了城乡供水危机。水旱灾害依然是山东省经济社会发展的重大威胁,抗大旱、防大汛仍将是全省的一项长期任务。

5.水利工程状况

山东省共建成各类水库 6 424 座,其中大型水库 37 座、中型水库 207 座、小型水库 6 180 座,总库容219.2亿立方米,兴利库容113.5亿立方米。修建加固各类堤防

山东第一大水库——峡山水库

日照水库　　　　　　　　　　　引黄济青工程

30 118. 3 公里，累计达标堤防长度 15 795. 8 公里。建成各类水闸 5 090 座，其中大型水闸 86 座、中型水闸 570 座、小型水闸 4 434 座。共有各类泵站 9 396 座，其中规模以上泵站 3 080 座。规模以上地下水水源地 212 处。地下水取水井 919. 6 万眼，其中规模以上机电 井 82. 6 万眼，规模以下机电井 395. 9 万眼，人力井 441. 1 万眼。

二、山东现代水利改革发展成就

山东是中华文明的重要发祥地之一，具有几千年的悠久治水史。从尧"筑台而居"，到大禹"疏九河定九州"，从白英"南旺分水工程"，到潘季驯"束水攻沙"，都谱写了光辉的治水篇章。新中国成立后，历届山东省委、省政府高度重视水利工作。经过几代人的艰苦奋斗，水利事业取得了辉煌成就。特别是"十二五"时期，是山东省加快现代水利改革发展的五年，也是水利大投入、大建设、大发展的五年。在省委、省政府的坚强领导下，各级水利部门紧紧围绕经济社会发展全局，以增强水利对经济社会发展支撑保障能力为主线，积极践行新时期治水方针，不断深化水利改革，切实强化水利管理，全面推进水利基础设施建设，顺利完成了水利发展"十二五"规划重点任务目标，为全省经济社会可持续发展提供了有力支撑。

山东水利遗产

山东水利 70 年 改革发展回眸

（一）治水理念进一步提升

中央《关于加快水利改革发展的决定》把水利地位提高到前所未 有的高度，党的十八大、十九大把水利摆在生态文明建设的突出位置，全社会对治水兴水 的认识实现了新的飞跃。全省积极贯彻落实习近平同志"节水优先、空间均衡、系统治 理、两手发力"新时期治水思路，以最严格水资源管理、现代水网建设和雨洪资源利用为 重点，以水生态文明建设为统领，坚持统筹治水、依法管水、科学用水，坚持以水定城、以水 定产、以水定人、以水定地，加快推动从粗放用水向节约用水转变，从供水管理向需水管理 转变，从局部治理向系统治理转变，从注重行政推动向坚持两手发力、实施创新驱动转变， 统筹解决全省水安全问题。

（二）雨洪资源利用工程建设成效显著

按照"立足本地解决水资源供给"的思路，2014 年省政府出台了《关于加强雨洪资源 利用的意见》，通过大中型水库增容、新建山丘区水库、平原水库，实施跨流域调水工程等 多种途径，努力增加水资源有效供给。工程分两期实施，2014—2016 年实施一期工程， 2017—2025 年实施二期工程，匡算总投资 642. 87 亿元，规划新增兴利库容 35. 14 亿立方 米，新增供水能力 38. 64 亿立方米。2014 年、2015 年共安排实施雨洪资源利用项目 38 个，总投资 126. 1 亿元，工程完工后可新增供水能力近 12 亿立方米，这项工作实现了当年 决策、当年启动、当年批复、当年投资、当年全面开工建设，省委、省政府、水利部等领导给 予充分肯定。水利部的评价是："山东利用当地的雨洪资源来提升水资源利用能力和保 障能力，走了一条费省效宏的道路"。2015 年 1 月山东省在全国水利厅局长会议上就此 主题作了典型发言。

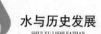
（三）水网建设加速推进

南水北调东线一期干线工程建成通水，配套工程全面开工建设；胶东调水工程实现通水，引黄济青改扩建工程加快推进，全省"T"字形水网架构基本建成。通过兼容并蓄、调引结合、治污防污，南水北调工程沿线水质发生根本转变，人居环境得到显著改善，人口、经济、社会承载和发展能力明显提升，取得了巨大的经济、社会和生态效益。加快推进区域水网构建，先后启动实施济南五库串联、日照沭水东调等一大批区域水资源调配工程建设。全省水网工程体系进一步完善，水资源保障能力得到提升。

南水北调济平干渠   米山水库

（四）抵御水旱灾害能力显著增强

强化防洪薄弱环节建设，实施了 324 条中小河道和德惠新河、洙赵新河等大型河道重点河段以及世界银行贷款淮河流域涝洼地治理，新建加固海堤 150 多公里，完成 13 座大中型、1 348 座小型病险水库、13 座病险水闸除险加固，实施了 20 处山洪灾害防治工程、56 项山洪灾害防治非工程措施。成功抵御了多次局地强降雨、台风暴潮袭击，实现了安全度汛。全力做好抗旱工作，积极调水引水抗旱，先后成功抵御 2010—2011 年、2014—2017 年等多次严重干旱，并应急调引长江水和黄河水，解除了 2014 年南四湖严重生态危机。全省防汛抗旱体系进一步完善，为维护全省社会稳定、保障人民群众生命财产安全、促进经济发展发挥了重要作用。

（五）农村水利建设加快推进

坚持"农村供水城市化、城乡供水一体化"，大力推进农村饮水安全工程建设，全面解决规划内 2 109.7 万人饮水不安全问题；省自筹资金解决规划外 92.16 万农村人口和 2 221 个贫困村 230.83 万人饮水问题。全省建成万人以上规模化集中供水工程 1 057 处，覆盖农村人口超过 50%，农村自来水供水普及率达到 95%。德州等市整建制实现城乡供水一体化，潍坊市规模化集中供水率高达 94.7%，桓台等县实现城乡供水"同源、同质、同网"。累计实施 50 处大型、36 处重点中型灌区续建配套与节水改造项目。大力推广管灌、喷灌、微灌等高效节水技术，开展多批次共计 109 个小型农田水利重点县建设，完成 7 个规模化节水灌溉增效示范县建设，建成邹平县、德州市陵城区 2 处粮食作物高效节水灌溉试验区，章丘市、栖霞市、莱芜市钢城区 3 处经济作物高效节水灌溉示范区。全省新增改善灌溉面积 1 200 万亩，新增高效节水灌溉面积 520 万亩。全省有效灌溉面积达到 7 684 万亩，"旱能浇、涝能排"高标准农田面积达到 6 785 万亩，节水灌溉工程面积达到 4 378 万亩。农村水利的发展，为改善民生、确保粮食高产稳产发挥了有力的支撑和保障作用。

(六)最严格水资源管理制度深入实施

全省基本建立起以《山东省用水总量控制管理办法》为核心的法规制度体系,以区域限批、水资源论证和取水许可审批为主要手段的"三条红线"控制体系,以水资源监测、超计划累进加价征收水资源费和水行政许可稽查为主要手段的监管体系,最严格水资源管理制度建设成效纳入了各级政府科学发展考核体系。对50个重点地下水源地水位、143个重点水功能区纳污和69座大中型水库可供水量实行黄、橙、红三个等级预警管理。全省万元国内生产总值用水量降至33.8立方米,万元工业增加值用水量降至11.4立方米,农田灌溉水有效利用系数达到0.630 4,全省重要江河湖泊水功能区水质达标率达到71.4%。山东省连续三年在全国最严格水资源管理制度考核中取得优秀等次,淄博市、德州市、滨州市、广饶县被命名为"全国节水型社会建设示范区"。

(七)水生态文明建设有序推进

强化地下水管理与保护,划定并公布了山东省地下水超采区、限采区和禁采区。编制了《山东省地下水超采区综合整治实施方案》(2015—2025年),利用亚行贷款启动了鲁中地区地下水超采区治理项目,鲁北地区地下水超采区治理纳入《全国农业环境突出问题治理总体规划(2014—2018年)》。积极推进生态水系综合整治工程,启动实施了10个中小河流治理重点县建设,开展了118条生态河道治理。加快水土流失治理,新增治理面积8 264平方公里,"生态清洁型、生态经济型、生态景观型、生态安全型"小流域建设取得显著成效。山东省在全国率先发布《水生态文明城市评价标准》,济南、青岛等6个城市纳入全国水生态文明建设试点,4个设区市19个县(市、区)启动省级水生态文明城市创建试点。大力推进水利风景区建设,累计建成国家级水利风景区86处、省级水利风景区185处,位居全国首位。

山东东营黄河三角洲自然保护区

国家级水生态文明城市——临沂市

(八)水利改革取得进展

出台了《山东省水利厅深化水利改革实施方案》,启动实施20多项重点水利改革。大力推进水行政审批制度改革,公布了省水利厅行政权力清单目录,取消、下放各类水行政审批事项12项,削减46%。积极拓宽水利投融资渠道,累计吸引银行贷款和社会资本约170.3亿元。强化水利工程建设管理,在河道治理、拦河闸坝建设等领域展开"代建制"试点,实施水利建设市场主体诚信监管和信用等级评价管理,推行申报信息网上公开,重点水利工程全部进入省、市交易平台交易。积极推进水管体制改革,国有大中型水利工程人员基本支出和维修养护经费落实率分别达到 92% 和 61%。规范化管理单位创建活动取得成效,国家级和省级水管单位达到 137 个,水利工程管理水平明显提升。出台了《山东省小型水利工程管理体制改革指导意见》《山东省小型水库管理体制改革试点县实施指导方案》,完成 3 个国家级和 12 个省级小型水库管理体制改革试点工作。出台了《小型农田水利设施运行管护指导意见》,启动实施 6 个国家级和 24 个省级农田水利设施产权制度改革和创新运行管护机制试点,齐河县被水利部确定为引进社会资本建设农田水利工程试点县。着手编制水资源资产负债表,积极探索推进水价改革和水权水市场制度建设,寿光市、滕州市被确定为区域综合水价改革试点,济宁市和东平县、兖州市、宁津县被确定为水权水市场制度建设试点,沂源等 5 个县完成了国家农业水价综合改革试点工作。大力推进"三位一体"基层水利服务体系建设,新建、恢复乡镇水利站 1 585 个,组建农村用水合作组织 2 819 个,防汛抗旱供水专业服务队 1 606 支。

(九) 水利法治建设得到加强

先后颁布实施《山东省胶东调水条例》《山东省湖泊保护条例》《山东省水土保持条例》《山东省南水北调条例》《山东省小型水库管理办法》《山东省农田水利管理办法》《山东省水文管理办法》等省级地方性水法规和省政府规章,形成了较为完备的地方水法规体系。加强水政执法队伍建设,16 个地市 137 个县(市、区)全部建立专职水政监察队伍,80% 以上的重点水利工程管理单位、乡镇水利站建立水政监察机构,水利与公安联合执法机构达 240 多个,全省基本形成以专职执法队伍为核心、延伸执法队伍为依托、水利警务机构等为补充的水利综合执法网络。深入开展水政执法规范化建设,确定了三批 64 个示范单位。建立水政执法巡查制度、水行政许可稽查制度和重大水事违法案件挂牌督办制度,巡查、稽查工作基本实现全覆盖、常态化。累计查处违法水事案件 1.4 万余起,省、市两级挂牌督办案件 40 余起,有力地维护了全省水事秩序。牢牢把握"安全第一、预防为主、综合治理"的方针,建立了"党政同责、一岗双责、齐抓共管"的安全生产责任体系,切实做到管行业必须管安全、管业务必须管安全、管生产经营必须管安全,多措并举,狠抓落实,安全生产工作水平明显提升,全省水利行业安全生产形势保持持续稳定。

(十) 水利服务社会和科技创新能力明显提升

全省基本建立以水资源综合规划、流域综合规划、防洪规划和水利中长期发展规划等为主要支撑、较为完善的水利规划体系,规划的引领和约束作用显著增强。建设项目水资源论证报告书审批、水土保持方案审批及水工程管理范围内建设项目审批等涉水管理服务的效率和水平进一步提高。大力推进水利科技创新,在水利施工技术、高效综合节水模式、跨流域调水工程技术、水生态文明建设、雨洪资源可持续管理研究等方面获得了重要突破和进展,全省水利系统共获得水利部大禹水利科学技术奖 3 项、省科技进步奖 23 项、省软科学优秀成果奖 50 项、省水利科技进步奖 243 项、省水利软科学优秀成果奖 776 项,申请国家科技发明专利 15 项。水利信息化加速推进,"金水工程"基础框架和综合应用开发平台初步形成,一期项目投入运行,二期项目全面实施;建成覆盖全省各级水行政主管部门的水利信息化网络和防汛视频会议系统。大力推进中小河流水文监测系统建设,初步形成了全省地表水常规监测、机动巡测与应急监测相结合的水文监测体系。历时三年全面完成第一次水利普查工作,为今后水利发展提供了可靠的基础资料。水利国际交流与合作不断深化,科技创新平台和人才队伍建设得到加强。

(十一)水利建设投资规模再创新高

在国家、省加大水利投入一系列政策措施支持下,特别是 2011 年中央和省委一号文件下发后,各级政府积极采取措施,不断加大财政投入力度,统筹利用水利建设基金和土地出让收益计提农田水利建设资金政策,积极拓宽水利投融资渠道,水利投资力度持续加大。2011—2015 年,全省共安排水利建设投资 1 189.0 亿元,其中中央财政 364.5 亿元,省级财政 207.6 亿元,市县配套 446.6 亿元,银行贷款和社会资金 170.3 亿元。年均下达投资 237.8 亿元。

站在新的历史起点上,山东水利人将以历史的担当和科学的精神,清醒审视山东水问题,全面贯彻落实习近平新时代中国特色社会主义思想和十九大精神,按照山东省委、省政府决策部署,不断加快水利改革发展,为实施新旧动能转换,加快美丽山东建设,全面建成小康社会、加快由大到强战略性转变提供有力的水资源支撑和保障。

第五节　"十三五"时期山东现代水利改革发展

一、"十三五"时期山东水利改革发展面临的形势

"十三五"时期是全面建成小康社会的决胜时期,是全面加快推进"四个全面"战略布局的关键五年,经济社会发展进入"速度变化、结构优化、动力转换"的新常态,对现代水利发展提出了新的更高的要求,实现全面建成小康社会目标,加快新型工业化、城镇化、信息化和农业现代化发展,实施"两区一圈一带"区域发展战略,要求加快完成水利基础设施网络体系,强化水资源管理,全面提升现代水利保障经济社会发展的能力。推进精准脱贫、精准扶贫,提高人民生活水平和生活质量,需要着力解决水利发展中的不平衡、不协调、不可持续的问题,加快推进水利公共服务均等化,切实保障和改善民生,大力推进生态文明建设,建设生态大省,要求坚持人水和谐,加快转变用水方式,着力缓解水资源水环境约束趋紧的矛盾,在推进水利绿色发展、可持续发展方面迈出新的步伐。全面深化改革,需要加快构建充满活力、富有效率、创新引领、法制保障的水利体制机制,推进水治理体系和治理能力现代化。

与经济社会发展要求和各方面需求相比,目前山东省的水安全保障能力还存在差距。全省现代水利改革发展不仅要破除水资源短缺、水灾害威胁等老问题,还要统筹解决水生态损害、水环境污染、水焦虑和水争端等新问题。

(1)水资源保障能力大幅提升,但短缺问题依然是山东省经济社会健康发展的"瓶颈"制约。主要表现在以下三个方面:一是全省水资源严重短缺,水资源保障先天不足。山东省人均水资源占有量不足全国人均的 1/6,仅为世界人均的 1/24,水资源总量不足、时空分布不均、与生产力布局不相适应、人多地少水缺、对外调水依赖大是山东省需长期面对的基本省情。二是极端气候突发、频发,水资源保障难度加大。受自然条件和极端天气事件影响,山东省旱涝灾害呈现突发频发重发态势,近 5 年来,全省就发生了有水文记录以来最为严重的 2010—2011 年秋、冬、春三季连旱;自 2014 年冬季以来,青岛市、潍坊

市、烟台市、威海市等多个地区因旱导致了城乡供水危机。三是水资源供需矛盾突出,水资源保障形势严峻。现状全省2/3的市缺水率超过10%,缺水地区分布广泛且程度严重。城乡之间、工农之间、人畜之间争水矛盾突出。资源型缺水、工程型缺水、水质型缺水和管理型缺水同时存在,区域性缺水、季节性缺水、行业性缺水多发、频发。水资源短缺问题已成为山东省经济文化强省建设,以及全面建成小康社会目标实现的主要"瓶颈"制约。

(2)节水已达国内领先水平,但节水型社会尚未真正形成。全社会节水型生产方式和消费模式尚未真正构建,部分区域产业结构和布局与水资源条件不相匹配,水资源开发利用水平已超出水资源和水环境承载能力。全省农田灌溉水有效利用系数离节水先进国家0.8左右的水平尚有很大差距,万元工业增加值用水量是节水先进国家的2倍左右,跑冒滴漏、粗放利用等水资源浪费现象仍然存在,水资源的稀缺性和不可替代性没有得到真正体现。节水管理制度尚待健全,"自律式"节水运行机制、激励机制尚不完善,有利于提高水资源使用效率和效益的水价形成机制尚未建立。全社会节水意识有待进一步提高,对节水的重要性、紧迫性和长期性认识不足,全省节水型社会尚未真正形成。

(3)防洪减灾能力大幅提升,但应对极端灾害天气事件的能力仍然不足。近年来,受自然条件和极端天气事件影响,山东省旱涝灾害呈现突发、频发重发态势,往往旱涝交替、旱涝急转,甚至汛期抗旱。2011—2013年马颊河流域、2012年德惠新河流域重大涝灾等多次灾害。严重的旱涝灾害,彰显出山东省防洪抗旱工程体系的薄弱性和应对极端天气事件的脆弱性。全省仍有8 000多公里的河段、1 000多公里的海岸无堤防保护,已治河段、已建海堤达标率分别不足55%、48%。大中型水闸病险率超过40%,塘坝普遍存在险情。平原洼地排涝能力低下。重点城市无一达到国家规定防洪标准。抗旱应急水源特别是地下水储备不足,防汛抗旱应急管理能力不强。随着山东省经济总量的不断增加,人口财富日益聚集,洪涝灾害风险日趋加大,防洪抗旱仍面临严峻挑战。

(4)民生水利建设长足进步,但"补短板、上水平"任务依然艰巨。农村供水规模化、集中化程度不高,水质处理措施不完善;工程管理薄弱,供水管道老化失修;饮水水源地缺乏保护,农业面源污染、工业废污水、农村生活垃圾及人畜粪便等依然威胁饮水水源地安全。农田水利灌排体系不健全,大型灌区续建配套与节水改造完成率不足50%;中小型灌区普遍老化失修,多数灌排泵站带病运行;全省"旱能浇、涝能排"高标准农田面积仅占耕地面积的58%,农业"靠天吃饭"局面尚未根本改观。农田水利工程建设管理体制与农业生产经营方式不协调,部分小型农田水利设施因投入不足、产权不明晰、管护经费不落实等原因仍处于"无人管、无钱管"状态,甚至失修报废,不能充分持久发挥效益。库区、湖区、滩区及蓄滞洪区有200多万人的安居和发展问题未得到解决,水利基础设施薄弱,生产生活条件落后。

(5)水环境质量持续改善,但水生态问题依然突出。水生态保护与建设肩负着实现经济转型、绿色发展、综合实力提升的重任。近年来,山东省部分地区水资源开发利用程度已远超过当地资源环境承载能力,河道断流、湿地萎缩、地下水超采、海水入侵等水生态问题频发。2015年,全省浅层地下水漏斗区共有9处,涉及济南、青岛、淄博、枣庄、东营、烟台、潍坊、济宁、泰安、德州、聊城、滨州、菏泽等13个市,总面积达1.44万平方公里;全省深层承压水超采区面积达4.34万平方公里,主要分布于鲁西北黄泛平原区,涉及济南、淄博、东营、济宁、滨州、德州、聊城、菏泽等 8 个市。海（咸）水入侵面积达 1 560 平方公里；全省水土流失面积 2.2 万平方公里，人为水土流失加剧的趋势尚未得到有效遏制，土地利用率不高、耕地面积减少、河湖库淤积、洪涝灾害加剧等隐患依然存在。水体污染状况依然存在，重点水功能区水质达标率仅 71.4%；水体污染不仅破坏了水环境，更进一步加剧了水短缺局面。

（6）现代水管理体系初步确立，但社会管理和服务能力仍待提高。水资源对转变经济发展方式的倒逼机制尚未真正形成，产业布局、园区开发、城市建设等尚未充分考虑到水资源、水环境的承载能力，水资源刚性约束作用难以有效发挥。依法保护、促进节约、规范运作的水权水市场制度尚未建立，水价改革不到位，市场在水资源配置的决定性作用尚难以有效发挥。省、市、县水事权交叉，社会资本进入水利工程建设、政府购买服务等机制不完善。水利执法专业力量不足，执法不严、力度不够等执法不到位问题依然存在。依法治水管水体制机制尚不健全，深化重点领域、关键环节的改革任重道远。

（7）水利人才队伍建设成效显著，但还不能满足水利现代化建设的需要。主要表现在：高层次专业技术人才不足，高技能、创新型、复合型人才紧缺，基层水利管理服务人才严重匮乏，人才队伍整体素质偏低，人才结构和分布不合理的问题依然存在，人才工作创新机制还不够健全，人才开发投入严重不足，水利人才开发体系建设有待进一步加强。

总体来看，当前和今后一段时期山东水利仍处于"补短板、破瓶颈、增后劲、上水平、惠民生"的发展阶段。必须牢牢把握水利发展新机遇，积极面对新挑战，深化改革，创新机制，激发活力，攻坚克难，加快现代水利建设步伐，努力解决新老水问题，着力构建安全可靠的水安全保障体系，为经济社会可持续发展提供可靠支撑和保障。

二、"十三五"时期山东水利改革发展目标

当前和今后一段时期，山东现代水利改革发展也面临诸多有利条件和难得机遇。党中央、国务院和省委、省政府作出水利改革发展一系列决策部署，研究制定了水安全战略，明确了新时期治水思路，要求加快水利工程建设，特别是党的十九大进一步提出完善水利基础设施网络、实施水资源消耗总量和强度双控行动、防范水资源风险、大规模推进农田水利建设、加强水生态保护、系统整治中小流域、连通江河湖库水系、建立健全用水权初始分配制度等任务，为今后水利改革发展指明了方向，提供了强有力的政策支持和保障。山东省横跨黄淮海三大流域的骨干水网基本建成，全社会对水利的关注度和美誉度逐步提高，公众节水、洁水意识不断增强，为加快水利改革发展营造了良好氛围。2018 年 1 月山东省颁发了《山东省水安全保障总体规划》，规划着眼于建立与经济社会发展相匹配、能应对百年一遇特大干旱的水安全保障体系，全面推进节水型社会、现代水网、防洪减灾、水生态保护、水管理改革五个方面建设，努力确保全省供水安全、防洪安全和生态安全。

到 2020 年，全省水网体系进一步完善，缺水程度明显减轻，生活、工业用水得到基本保障，设区市不发生供水风险，全省发展战略得到较好支撑；水资源节约和再生水循环利用体系逐步建立，以高耗水、高污染为代价的经济发展方式明显转变；防洪重点薄弱环节基本消除，标准内洪水基本可控；山水林田湖草得到进一步系统治理，林草植被得到保护修复，有条件的地方逐步恢复重点河流生态水量或生态水面，省控重点河流水环境功能

基本恢复,地级及以上城市建成区黑臭水体基本消除,绿水青山、秀美河湖建设格局初步形成;重点领域改革攻坚力度加大,水管理体制进一步优化。

(一) 节约用水目标

全面落实最严格的水资源管理制度。建立以供定需的水资源管理倒逼机制,平水年份年用水总量控制在 276.59 亿立方米以内。万元国内生产总值用水量、万元工业增加值用水量分别较 2015 年降低 18%、10%;农田灌溉水有效利用系数提高至 0.646。

(二) 城乡供水目标

基本建成供水保证率高、水质安全的供水保障体系。推动设区的市及经济发展强县建立双水源供水保障网络。城乡供水水源地水质基本达标,农村自来水普及率达到 95%以上,农村供水安全得到明显提升。

(三) 防洪抗旱减灾目标

健全防汛抗旱指挥调度体系。重要河道重点河段达到国家规定防洪标准,重点城镇防洪能力提升,淮河流域等重点易涝洼地达到 5 年一遇除涝标准。抗旱应急供水能力进一步增强。全省洪涝灾害和干旱灾害年均直接经济损失占同期 GDP 比重分别控制在 0.45%和 0.8%以内。

(四) 农田水利发展目标

基本完成规划内大型灌区和一批重点中型灌区续建配套与节水改造任务,继续推进农田水利项目县和田间高效节水灌溉工程建设,推进现代生态灌区建设。全省新增农田有效灌溉面积 300 万亩、高效节水灌溉面积 500 万亩。

(五) 水生态环境保护目标

重要水功能区水质达标率提高到 82.5%。加大地下水压采和回灌补源力度,浅层地下水超采量全部压减,深层承压水超采量压减 50%,全省浅层超采区面积逐步减小。新增水土流失治理面积 6 300 平方公里。

(六) 水利信息化建设目标

健全水利信息采集站网,完善覆盖主要河湖、水利工程、水源地和取用水户的监测体系;加强省、市、县三级水利业务应用系统互联互通,解决数据采集"最后一公里"问题;加强水利工程监控体系建设,实现对重点水库、堤防及险工险段的监控;提升水利管理的自动化、智能化和科学化水平,以数字水利推进现代水利发展。

(七) 水利改革管理目标

水权水价水市场改革取得重要进展,基本建立用水权初始分配制度,基本形成水利工程良性运行机制。依法治水全面强化,水利创新能力明显增强,水利工程管理水平显著提升。健全最严格水资源管理制度,积极推进水效领跑者引领行动,基本建立水生态文明制度体系。

(八) 水利人才队伍建设目标

培养和造就一支具有"忠诚、干净、担当,科学、求实、创新"的新时代水利行业精神,规模宏大、结构优化、分布合理、素质优良的水利人才队伍,包括党政人才、专业技术人才、高技能人才、基层水利管理服务人才、经营管理人才等五支队伍,为山东省水利改革发展奠定坚实的人才基础。到 2020 年,全省水利人才资源总量达到 5.35 万人,比 2015 年增长16.3%,人才资源占人力资源的比例提高到91%,基本满足水利现代化建设的需要;全省水利人才资源中,中专以上学历人员的比例提高到90.6%,大学本科以上学历人员的比例达到36.8%,且水利人才的分布、层次和类型等结构更加合理。

三、"十三五"时期山东水利改革发展成效

"十三五"时期,省委、省政府将治水兴水作为事关山东长远发展的根本大计来抓,着力破解制约经济社会高质量发展的水安全问题,水利投入力度前所未有,水安全保障水平全面提升,水利改革发展进入"快车道",尤其是水利建设迈上了一个大台阶。据初步统计,"十三五"期间全省预计完成水利投资超过2 000亿元,是"十二五"时期的1.68倍。其中,2020年可完成600亿元以上,创历史新高。

山东省水资源管理、河湖长制工作成效

经过五年持续发力,全省工程防洪抗旱减灾能力、供水保障能力明显提升,河湖生态环境显著改善,省级骨干水网体系加快形成。至目前,全省注册登记各类水库5 893座(大型水库37座、中型水库217座、小型水库5 639座),总库容达到181亿立方米;各类水闸5 197座(大型水闸139座、中型水闸794座、小型水闸4 264座),修建加固各类堤防3万余公里;省级骨干水网工程达到1 459公里,年调水能力突破20.4亿立方米;保障农村供水工程铺设主管网2万余公里、村级管网11万余公里,全省农村自来水普及率达到了97%;改造大中型灌区骨干渠道1 977公里,新增、恢复和改善灌溉面积1 047万亩,节水灌溉面积达到5 200万亩,为"十三五"时期全省粮食产量连续稳产高产1 000亿斤以上奠定了坚实基础。山东省实行最严格水资源管理制度情况是全国仅有的两个连续6年考核优秀的省份之一,获得资金奖补1.6亿元;2018年、2019年全国水土保持规划实施情况考核,山东省均获得优秀等次;河长制湖长制、中央水利投资计划执行多次受到国务院督查激励,奖励资金累计1亿元。

(一)治水兴水新格局加速形成

省委、省政府深入贯彻习近平同志"节水优先、空间均衡、系统治理、两手发力"治水思路和治水重要论述,着眼长远发展和战略全局,编制实施《山东省水安全保障总体规划》,系统谋划提出以"根治水患、防治干旱"为目标,以构建水安全保障体系为主线,以实行河长制湖长制为牵引,坚持山水林田湖草系统治理、区域流域统筹考虑、工程措施非工程措施综合施策,积极构建"全省一体、流域统筹、防洪供水生态并重"的治水兴水新格局,为破解山东省水问题明晰了顶层设计、找准了主攻方向、指明了方法路径。省委常委会会议、省政府常务会议多次专题研究水利工作,并将水资源节约集约利用、河长制湖长制工作纳入省委、省政府对各市经济社会发展综合考核指标体系。省委、省政府主要负责同志亲自主持召开全省重点水利工作视频会议、省总河长会议、河长制湖长制工作现场推进会议等重要会议,向全省发出大兴水利动员令。多位省级领导同志多次深入水利工程建设、防汛救灾和河湖管护一线实地调研督导,带动全省各级齐抓共管、合力攻坚,形成了党委政府主导、部门协作配合的治水新局面,推动了全省水利事业超常规、跨越式发展。

(二)防洪减灾工程短板加快补齐

"十三五"期间,基本完成流域面积3 000平方公里以上的小清河、徒骇河、马颊河等

10条河道重点河段防洪治理,完成流域面积200~3 000平方公里的丹河等128条中小河流治理1 336公里,实施了32座大中型水库、225座大中型水闸、2 388座小型水库除险加固。特别是2018年汛后启动实施灾后重点防洪减灾工程建设项目12 957个,按期实现防洪隐患治理任务;2019年汛后掀起新一轮重点水利工程建设热潮,2020年主汛期前按期完成1 643个重点项目的既定建设任务。经过连续实施大规模防洪隐患治理和重点水利工程建设,全省水库水闸、河道堤防防洪除涝标准大幅提升,水利工程防灾减灾体系进一步完善,基本具备了防御流域性大洪水的能力。有效防御了"摩羯""温比亚""利奇马"等台风,最大限度降低了水旱灾害损失。2020年山东省平均降雨量比历年同期偏多近三成,列新中国成立以来同期降雨量第6位,局地降雨突破极值,沂河发生1960年以来最大洪水,沭河发生有水文记录以来最大洪水。经过科学防御和有效应对,全省所有大中型水库、重要湖泊、骨干河道无一出险,无一人因洪涝灾害死亡,因洪涝灾害受灾人口、倒塌房屋、直接经济损失,与近10年同期平均值相比,分别减少77%、89%、62%,水利工程防洪减灾效益显著。

(三)供水保障能力实现大幅提升

骨干水网工程体系日趋完善。依托南水北调、胶东调水等省级骨干水网工程,延伸、优化供水网络,相继建成黄水东调工程、峡山水库胶东调蓄省级战略水源地工程、引黄济青改扩建主体工程等一批重大引调水工程,实现了长江水、黄河水、当地水的优化配置、联合调度,初步建成集供水、防洪、灌溉、生态等多功能于一体的大型调水工程体系。尤其是胶东地区,多线、多点、多水源供水格局正在形成,年新增调水能力4.52亿立方米、战略储备库容2亿立方米,基本保障了胶东四市平水年份用水需求。水资源丰枯调蓄能力明显增强。改革开放以来山东省兴建的第一座大型山丘区水库庄里水库建成蓄水,烟台老岚水库枢纽工程开工建设,官路水库、双堠水库等工程前期工作积极推进;泰安王家院水库、临沂河湾水源、济宁孟宪洼水库等57处水源工程基本完成。2020年开工建设水库、河道拦蓄等47项抗旱水源工程,建成后将新增水库蓄水能力5.85亿立方米。农村供水保障水平稳步提高。先后实施农村饮水安全巩固提升工程和农村饮水安全两年攻坚行动,累计完成投资超200亿元,完成1 043个省扶贫工作重点村饮水提升工程、4 652个无集中供水设施村通水工程、1 617个饮水型氟超标村水源置换或安装除氟设施,村级集中供水设施实现全覆盖,111万农村群众饮水氟超标问题得到彻底解决,197.9万贫困群众饮水安全得到高质量保障。实施35处大型、71处中型灌区续建配套与节水改造项目,新增、恢复和改善灌溉面积1 047万亩,新增节水能力5.31亿立方米,渠系输水效率提高20%以上。引黄灌区农业节水工程建设全面启动,沿黄9市65处引黄灌区72个项目于2020年9月底前全部开工建设。工程建成后,配合农业水价综合改革各项配套措施,山东省沿黄地区将实现高效配水到田间,基本具备农业用水计量条件。

(四)河湖生态环境持续明显改善

坚持山水林田湖草系统治理,大力实施生态保护和修复治理,促进人水和谐、绿色发展。河长制湖长制全面建立并见效。山东省于2017年年底全面实行河长制、2018年9月底全面实行湖长制,分别比国家规定时限提前了6个月和3个月。全省落实河湖长7万余人,建立各项制度1.3万余项,各级河湖长累计巡河湖529万人次。省、市、县三级联动开展清河行动、"深化清违整治、构建无违河湖"等专项行动,整治河湖违法问题8.5万余处,实现全省河流、湖库全覆盖,明显河湖违法问题基本"清零"。创新开展美丽示范河湖建设,加快推进沂河临沂段创建国家级示范河湖,2020年全省完成不少于80条省级美丽示范河湖建设任务。18个省级重要河流(段)、12个省级重要湖泊(水库)"一河(湖)一策"印发实施,14个省级河湖(段)的岸线利用管理规划编制完成,县级以上河湖管理范围划定工作全面完成。利用南水北调工程先后向南四湖、东平湖及南水北调工程调蓄水库生态补水3.74亿立方米,调引长江水、黄河水累计为小清河和济南保泉补源3.07亿立方米,重点河湖生态状况持续改善。水土流失防治持续发力。建设全国水土保持科技示范园15个、生态清洁小流域84条。预计2020年年底,新增水土流失综合治理面积将达到6 600平方公里,水土流失面积和强度实现双下降。地下水超采区综合治理持续推进。认真落实《山东省地下水超采区综合整治实施方案》,累计压采地下水5.46亿立方米,封井9 478眼,地下水超采趋势得到有效遏制。

"十四五"时期,是山东省水利建设新一轮攻坚期、水利发展方式深刻转型期。山东省将以习近平新时代中国特色社会主义思想为指导,牢固树立以人民为中心的发展理念,紧紧围绕"走在前列,全面开创"目标定位,牢牢把握黄河流域生态保护和高质量发展国家战略重大机遇,认真落实新时代治水兴水思路和"水利工程补短板、水利行业强监管"的水利改革发展总基调,全面贯彻党的十九届五中全会精神,编制和实施好《山东省水利发展"十四五"规划》,更好满足人民群众对防洪保安全、优质水资源、健康水生态、宜居水环境、先进水文化的公共服务需求,为推进新时代现代化强省建设提供更加可靠的水安全保障。

第六节　"十四五"时期山东现代水利改革发展总体布局

水是生存之本,文明之源。山东省委、省政府历来高度重视水利工作,将治水兴水作为事关山东省长远发展的根本大计来抓,着力破解制约经济社会高质量发展的水安全问题。为全面落实《山东省国民经济和社会发展第十四个五年规划和2035年远景目标纲要》有关要求,按照山东省委、省政府决策部署,在全面总结评估"十三五"水利改革发展情况,科学研判新形势,准确把握新要求,系统分析存在的主要问题的基础上,经广泛调研、多方衔接、咨询论证,2021年9月6日,山东省人民政府印发了《山东省"十四五"水利发展规划》(鲁政字〔2021〕157号),确立了"十四五"时期山东现代水利改革发展的总体布局。

一、"十四五"时期山东水利发展面临的形势

"十四五"时期,是山东省加快新旧动能转换、推动高质量发展的关键五年,新形势、新任务对全省水利发展提出了新的要求。全省水利发展面临的形势主要体现在以下三个方面。

一是党中央重大决策对水利发展作出了新部署。党的十九届五中全会审议通过了《中共中央关于制定国民经济和社会发展第十四个五年规划和二〇三五年远景目标的建议》,明确要求,实施国家水网重大工程,推进重大引调水、防洪减灾等一批强基础、增功

能、利长远的重大项目建设。2020年9月,习近平同志发出了"让黄河成为造福人民的幸福河"的伟大号召,强调要共同抓好大保护、协同推进大治理。2021年5月,习近平同志在推进南水北调后续工程高质量发展座谈会上发表重要讲话,强调要在全面加强节水、强化水资源刚性约束的前提下,统筹加强需求和供给管理,坚持系统观念、坚持遵循规律、坚持节水优先、坚持经济合理、加强生态环境保护、加快构建国家水网。党中央一系列重大决策部署,为新时代山东水利发展指明了主攻方向、战略目标和重点任务。

二是国家、省重大战略的实施为水利发展提供了新机遇。按照习近平同志重要指示,实施黄河流域生态保护和高质量发展重大国家战略,山东要发挥半岛城市群龙头作用。"十四五"时期,山东将继续实施新旧动能转换、乡村振兴、海洋强省等八大发展战略,聚力突破"九大"改革攻坚,做强做优做大"十强"现代优势产业,建设国内大循环战略节点、国内国际双循环战略枢纽,加快建设新时代现代化强省。支撑保障国家和省重大战略实施,迫切需要进一步提升水资源优化配置和水旱灾害防御能力,夯实水安全保障基础,加快建设一批水资源保护利用、防洪减灾、生态保护重点项目,这为水利发展提供了重大历史机遇。

三是水利发展不平衡、不充分问题是新时代治水的新挑战。受自然地理和气候条件影响,山东严重水患与严重干旱并存,资源性缺水与工程性缺水并存。"十四五"时期,要坚持"以水定城、以水定地、以水定人、以水定产",建设节水型社会,又要在水利方面满足人民群众对美好生活的向往,水利发展不平衡不充分问题成为山东省新时期经济社会高质量发展的关键制约因素。第一,洪水风险依然是心腹大患,全省流域面积200平方公里以上河道尚有27.1%的河长未达到规划防洪除涝标准,流域面积200平方公里以下河道缺少系统治理,部分病险水库、水闸需实施除险加固;第二,局部地区水资源供需矛盾突出,省级骨干水网尚未实现全省覆盖,水资源跨流域跨区域联合调配能力不足;第三,部分地区水资源开发利用超出当地资源环境承载能力,全省地下水压采任务尚未全面完成,水土流失面积仍有2.4万平方公里;第四,农村水利基础设施薄弱,水利基本公共服务水平偏低,水利智能化水平不高;第五,水利管理和创新发展能力需持续提高,节约用水长效管理机制尚不健全,水利工程建设与管理标准化、规范化程度较低等。以上这些制约因素和问题,都是对新时代治水的挑战。

二、"十四五"时期山东水利发展立足新发展阶段、贯彻新发展理念、构建新发展格局

"十四五"时期山东水利改革发展应准确把握"立足新发展阶段、贯彻新发展理念、构建新发展格局"核心要义,推动新阶段山东水利高质量发展,增强水利基础设施韧性,全面提升水安全保障能力、风险防控能力和应急处置能力的方向、路径、举措。

(一)立足新发展阶段

当前我国社会主要矛盾已经转化为人民日益增长的美好生活需要和不平衡不充分发展之间的矛盾,当前山东省水利发展不平衡不充分问题依然突出,与人民群众对水安全、水资源、水生态、水环境的需求相比,水利发展中的矛盾和问题集中体现在发展质量上。这就要求把发展质量问题摆在更为突出位置,全面提高水安全、水资源、水生态、水环境治

理和管理能力,着力解决好水利发展不平衡、不充分的问题,实现从"有没有"到"好不好"的发展,更好地满足人民群众对持续水安澜、优质水资源、健康水生态、宜居水环境、先进水文化等美好需求。

(二)贯彻新发展理念

为人民谋幸福、为民族谋复兴,提高水利公共产品的有效供给和服务质量,提升人民群众的获得感、幸福感、安全感,是山东水利现代化建设的出发点和落脚点,也是新发展理念的"根"和"魂"。把坚持新发展理念作为山东省"十四五"水利发展必须遵循的根本原则,将新发展理念贯彻落实到水利规划设计、水利工程建设、水利政策制定、水利投资方向、水利工作安排等各方面,提升水资源供给保障标准、保障能力、保障质量;坚持问题导向,统筹解决水资源供需矛盾、水生态环境恶化等突出问题;统筹发展与安全,树牢底线思维,增强风险意识,下好风险防控先手棋。

(三)构建新发展格局

水安全是国家安全的重要保障和组成部分,对促进人口、资源、经济、环境协调发展具有决定性作用。落实高质量发展是"十四五"时期水利改革发展思路、制定各项水利政策、抓好各项水利工作的根本要求,"十四五"时期以全面提升山东省水安全保障能力为目标,聚焦保障防洪安全、供水安全、生态安全、粮食安全,增加水利有效供给,谋划提出基础性、战略性重大水利项目,构建完善"系统完备、安全可靠,集约高效、绿色智能,循环通畅、调控有序"的现代水网,发挥水利建设投资在优化供给结构、畅通国内大循环方面的关键作用。

三、"十四五"时期山东水利发展的指导思想和目标

(一)指导思想

以习近平新时代中国特色社会主义思想为指导,坚持以人民为中心,完整准确全面贯彻创新、协调、绿色、开放、共享新发展理念,坚持以水定城、以水定地、以水定人、以水定产,积极践行"节水优先、空间均衡、系统治理、两手发力"治水思路,紧紧围绕"走在前列、全面开创"目标定位,统筹发展和安全,深入落实黄河流域生态保护和高质量发展重大国家战略,以推动水利高质量发展为主题,以构建完善山东现代水网为主线,以深化改革创新为根本动力,加强水利基础设施建设和水利行业管理,提升水资源优化配置和水旱灾害防御能力,提高水资源节约集约安全利用水平,推进水利治理体系和治理能力现代化,加快构建适应新发展阶段要求的山东特色水安全保障体系,为新时代现代化强省建设提供更加可靠的水利支撑和保障。

(二)基本原则

(1)人民至上,造福民生。牢固树立以人民为中心的发展思想,把人民对美好生活的向往作为出发点和落脚点,加快解决群众最关心最直接最现实的饮水、防洪、水生态等问题,提升水安全公共服务均等化水平,不断增强人民群众的获得感、幸福感、安全感。

(2)节水优先,空间均衡。严格落实节水优先,全面促进水资源节约集约利用,倒逼经济社会转型发展,以水定需、量水而行。提高水资源要素与其他经济社会要素的适配性,遏制水资源过度开发利用,将水资源作为最大刚性约束,促进经济社会发展布局与水

资源条件相匹配。

(3)生态保护,绿色发展。树立和践行"绿水青山就是金山银山"的理念,调整行为方式,统筹解决河湖水资源、水灾害、水环境、水生态问题,提升水环境质量,使河湖宁静、和谐、美丽,实现水清河畅、岸绿景美、河湖安澜。

(4)统筹推进,系统治理。用系统思维统筹山水林田湖草沙治理,完善政府主导、社会协同、公众参与、法治保障的水利治理体制。与国土空间规划、区域发展规划等充分衔接,兼顾上下游、左右岸、干支流,努力实现全省水利工程"一张图"、治水工作"一盘棋"。

(5)政府主导,两手发力。坚持政府在水利改革发展中的主导地位,发挥公共财政对水利发展的基础保障作用,加强政府监管和引导,构建系统完备的水治理制度体系。发挥市场在水资源配置中的决定性作用,提高水资源在社会、经济、环境中的配置效益。

(6)防控风险,保障安全。落实国家安全战略,树牢底线思维,强化风险意识,把安全发展贯穿水利发展各领域和全过程,加强水安全风险研判、防控协同、防范化解机制和能力建设,最大程度预防和减少突发水安全事件造成的损害,筑牢水安全屏障。

(三)发展目标

到 2025 年,山东现代水网进一步完善,水利基础设施空间布局更加合理,水资源刚性约束制度基本建立,水资源节约集约安全利用水平不断提高,水资源优化配置能力明显提升,水旱灾害防御能力显著增强,水利行业管理能力全面加强,体制机制改革深入推进,水利治理体系和治理能力现代化水平明显提升,初步建成与高质量发展要求相适应的山东特色水安全保障体系。

(1)节水供水方面。全省用水总量控制在 289.22 亿立方米以内,万元 GDP 用水量、万元工业增加值用水量较 2020 年分别下降 10%、5%,耕地灌溉面积不低于 7 940 万亩,农田灌溉水有效利用系数提高到 0.651;新增水库库容 12 亿立方米,新增供水能力 10 亿立方米;农村集中供水率 98%,自来水普及率 97.5%,规模化工程供水人口覆盖比例 80%,城乡供水一体化率 70%,水资源节约集约安全利用水平明显提高。县域节水型社会建成率达到 90%,城市再生水利用率达到 50%,非常规水利用量达到 15 亿立方米。

(2)防洪减灾方面。重要河湖防洪减灾体系进一步完善,重点防洪保护区、重要河段达到规划确定的防洪标准,重点城市和重点涝区防洪排涝能力明显提升,水旱灾害风险防范化解能力进一步增强。现有病险水库安全隐患全面消除,山洪灾害防御能力大幅增强,5 级及以上河湖堤防达标率达到 77%以上。

(3)水生态保护方面。深层承压水超采量全部压减,部分超采区地下水位得到回升,地下水生态环境得到改善;重点地区水土流失得到有效治理,全省水土保持率达到 85%以上;重要河湖生态流量(水量)目标基本确定、生态流量(水量)管理措施全面落实,纳入生态流量保障重要名录的河流湖泊基本生态流量(水量)达标率达到 90%以上,地表水达到或好于Ⅲ类水体比例完成国家分解任务,重点河段水生态环境明显改善。

(4)改革创新方面。水利重点领域改革全面深化,依法治水管水全面提升,水利科技创新实现突破,水利现代化发展内生动力明显增强,基本构建系统完备、科学规范、运行高效的水利治理体制机制。

到 2035 年,基本实现水资源优化配置和节约集约安全利用、水旱灾害防御体系完善、水生态水环境美丽健康、水利管理智能高效,基本实现水利治理体系和治理能力现代化,基本建成山东现代水网,基本实现人口规模、经济结构、产业布局与水资源水生态水环境承载能力相协调,基本建成与新时代现代化强省相适应的水安全保障体系。

(四)战略导向

推动全省水利高质量发展,必须准确把握"立足新发展阶段、贯彻新发展理念、构建新发展格局"核心要义。立足新发展阶段,要着力解决好水利发展不平衡不充分的问题,更好地满足人民群众对持续水安澜、优质水资源、健康水生态、宜居水环境、先进水文化等方面的美好需求。贯彻新发展理念,要坚持以人民为中心的发展思想,进一步提升水资源供给的保障标准、保障能力、保障质量;要坚持问题导向,统筹解决水资源供需矛盾突出、水生态环境恶化等突出问题;要统筹发展与安全,树牢底线思维,增强风险意识,下好风险防控先手棋。构建新发展格局,要聚焦保障防洪安全、供水安全、生态安全、粮食安全,增加水利有效供给,谋划提出一批基础性、战略性重大水利项目,构建完善"系统完备、安全可靠,集约高效、绿色智能,循环通畅、调控有序"的山东现代水网,发挥水利建设投资在优化供给结构、畅通国内大循环方面的关键作用。

四、"十四五"时期山东水利发展实施的主要任务

(一)强化水资源刚性约束,提高水资源节约集约利用水平

坚持量水而行、节水为重,从观念、意识、措施等各方面把节水摆在优先位置,深入落实国家节水行动,强化水资源刚性约束,聚焦重点领域、重点地区深度节水控水,健全节水机制,推进用水方式由粗放向节约集约转变,加快形成节水型生产生活方式和消费模式。

1.强化水资源刚性约束

研究建立水资源刚性约束制度,扭转水资源不合理开发利用方式,提高水资源利用效率,促进水资源可持续安全利用。

(1)健全水资源刚性约束指标体系。以维系河流湖泊等水生态系统的结构和功能所需基本生态用水为前提,明确重要河流主要控制断面的基本生态流量(水量)。加快推进河湖水量分配、地下水管控指标确定等工作,确定区域地表水分水指标、地下水可开采量和水位控制指标、非常规水源利用最小控制量,严控水资源开发利用强度,明确区域用水权益,保护水生态环境。以管控指标为约束,以水资源承载能力为依据,合理规划产业结构布局和用水规模,明确区域农业、工业、生活、河道外生态环境等水资源利用边界线,引导各行业合理控制用水量。

(2)建立分区差别化管理制度。根据主体功能区定位、区域水资源条件及现状开发利用程度和经济社会发展需求,细化分区标准,科学划定水资源管理分区,制定差别化的水资源管理制度,实行分区分类管理。

(3)强化水资源论证和取水许可管理。严格落实规划和建设项目水资源论证制度,进一步发挥水资源在区域发展、相关规划和项目建设布局中的刚性约束作用。完善取水许可制度,规范取水许可管理,强化取水许可事中、事后监管,依法查处未经批准擅自取水、超许可水量取水、超采地下水、无计量取用水等行为。严格水资源用途管制,在水资源紧缺和水资源过度开发利用地区,压减高耗水产业规模,发展节水型产业。运用信息化手

段提升取用水动态监管能力。对取用水户等社会主体,加强取水许可执行、用水定额落实、用水计量等情况的全面监督。

(4)完善超载区取水许可限批制度。严格流域区域取用水总量控制,在水资源超载地区,按水源类型暂停相应水源的新增取水许可。对合理的新增生活用水需求以及通过水权转让获得取用水指标的项目,经严格进行水资源论证后,方可继续审批新增取水许可。临界超载地区要建立预警机制,暂停审批高耗水项目新增取水许可。

(5)加强水资源刚性约束制度,最严格水资源管理实施的日常监督,建立激励奖惩机制。加强取用水管理执法检查,依托水资源信息管理系统,建立超用水管理监督机制,运用信息化手段提升取用水监管能力。

2.严格用水强度控制

把节水作为水资源开发、利用、保护、配置、调度的前提,严格指标管控、过程管控,推动经济社会发展与水资源水生态水环境承载能力相适应。健全覆盖主要农作物、工业产品和生活服务业的先进用水定额体系,建立用水定额标准动态修订机制。强化用水定额标准在相关规划编制、节水评价、取水许可管理、计划用水管理、节水载体创建、节水监督等方面的约束作用。健全省、市、县三级行政区用水强度管控指标体系。

3.大力推进农业节水

因水制宜,分区推进,优化调整作物种植结构,大力发展节水灌溉,提高农业节水水平和用水效益。在水资源严重短缺地区,严控农业用水总量,适度压减高耗水作物,加快发展旱作农业,建立节水型农业种植模式。大力推广低耗水、高效益作物,选育推广耐旱农作物新品种,发展节水渔业、牧业,大力推进稻渔综合种养,积极发展特色生态农业。推进大中型灌区续建配套和现代化改造,建设节水灌溉骨干工程,提高灌区节水水平。结合高标准农田建设,分区规模化推进高效节水灌溉,加大田间节水设施建设力度。推广喷灌、微灌、低压管道输水灌溉、集雨补灌、水肥一体化等技术,推广农机农艺和生物节水等非工程节水措施。健全完善量水测水设施,加强农业用水精细化管理,降低农业用水损失。

4.推进工业节水减排

(1)加大工业节水改造力度。完善供用水计量体系和在线监测系统,加强生产用水管理。大力推广高效冷却、洗涤、循环用水、废污水再生利用、高耗水生产工艺替代等节水工艺和技术,支持企业开展节水技术改造及再生水回用改造,对重点企业定期开展水平衡测试、用水审计及水效对标。对超过用水定额标准的企业分类分步限期实施节水改造,加快淘汰落后的用水工艺、技术和装备。

(2)推动高耗水行业节水。实施节水管理和改造升级,加快淘汰落后产能,通过实行差别水价、树立节水标杆等措施,推动高耗水企业加强废水深度处理和达标再利用。严格落实主体功能区规划,在生态脆弱、严重缺水和地下水超采地区,严格控制高耗水新建、改建、扩建项目,推进高耗水企业向水资源条件允许的工业园区集中。在火力发电、钢铁、纺织、造纸、石化和化工、食品和发酵等高耗水行业建成一批节水型企业。

(3)推行水循环梯级利用。加快现有企业和园区开展以节水为重点内容的水资源循环利用改造,加快节水及水循环利用设施建设,推动企业间串联用水、分质用水,一水多用和循环利用。新建企业和园区在规划布局时,应统筹考虑企业间的用水系统集成优化。

探索建立"近零排放"工业园区,创建一批节水标杆企业和节水标杆园区。

5.加强城镇节水降损

(1)全面推进节水型城市建设。提高城市节水工作系统性,将节水落实到城市规划、建设、改造和管理各环节,实现优水优用、循环循序利用。落实城市节水各项基础管理制度,推进城镇节水改造。推广海绵城市建设模式,构建城镇高效水系统。加强污水再生利用设施建设与改造,构建城镇良性水循环系统。

(2)进一步降低供水管网漏损。开展供水管网检漏,加快城镇供水管网改造,推进城镇供水管网分区计量管理,建立精细化漏损管控体系,协同推进二次供水设施改造和专业化管理。

(3)深入推进公共领域节水。强化公共用水和自建设施供水的计划管理,缺水城市园林绿化宜选用适合本地区的节水耐旱型植被,采用喷灌、微灌等节水灌溉方式,加大城市园林绿化节水灌溉设施建设改造。公共机构要开展供水管网、绿化浇灌系统等节水诊断,推广绿色建筑节水措施,在公共建筑和居民家庭全面推广使用节水器具。从严控制洗浴、洗车、高尔夫球场、人工滑雪场、洗涤、宾馆等行业用水定额,积极推广循环用水技术、设备与工艺。

6.健全节水长效机制

建立健全政府引导、市场调节、社会协同的节水工作机制,激发节水内生动力。充分发挥省节约用水工作联席会议制度作用,完善部门会商机制。完善节水监督机制,落实节水目标责任。探索建立节水激励机制,落实国家节水税收优惠政策。加快节水技术和设备研发,构建节水装备及产品的多元化供给体系,加大节水领域自主技术和装备的推广应用。鼓励和引导社会资本参与节水项目建设和运营,推广合同节水管理服务模式。加强节水宣传教育,将节水纳入国民素质教育和中小学教育内容,向全民普及节水知识;建立完善节水教育基地,增强全社会节水意识。

(二)完善供水保障体系,提升水资源优化配置能力

立足水资源空间均衡配置,积极融入国家水网,推进一批重点水源和重大引调水工程建设,加快构建山东现代水网,优化水资源配置格局。加强雨洪资源利用,强化多水源联合调度、水资源战略储备,构建完善多源互补、丰枯调剂、大中小微协调配套的供水保障体系,提高供水系统可靠性,增强特大干旱、持续干旱、突发水安全事件应对能力,全面提升供水保障能力。

1.加强重点水源工程建设

提升现有工程供水能力。推进有条件的水库实施清淤增容,实施现有引提水泵站的更新改造,加快已建、在建工程的配套设施建设,提升工程效益的整体发挥。实施岩马、王屋等大中型水库增容工程。建设一批重点水源工程,提高当地水和外调水调蓄能力。加快老岚水库工程建设,论证实施青岛官路、临沂双埝、安徽黄山、济南太平、威海长会口等大型水库,白云、魏楼等中小型水库,黄垒河、付疃河等地下水库工程,实施砖舍拦河闸等一批河道拦蓄工程。

2.推进重大引调水工程建设

坚持先节水后调水、先治污后通水、先环保后用水的原则,聚焦流域区域发展全局,实施一批重大引调水工程。按照国家部署,推动南水北调东线后续工程论证实施,优化山东境内干线工程布局,适时开展省内配套工程规划建设。论证实施胶东输水干线引黄济青上节制闸至宋庄分水闸段、宋庄分水闸至米山水库段工程。推进南四湖水资源利用北调工程前期论证,争取与南水北调后续工程南四湖至东平湖段结合实施。

3.加强区域水网互连互通

根据区域水资源条件和经济社会发展布局,统筹考虑需求与可能,以区域内自然河湖水系为基础,加强区域水网互连互通。论证实施济南市东部四库连通、威海市河库水系连通、临沂市中心城区水系连通、德州市水系连通等区域水网工程,加强与省级骨干水网的连通,构建完善省、市、县三级水网工程体系,以区外水补区内水,以丰年水补枯年水,以余区水补缺区水。研究丰水时期通过东平湖—济平干渠—小清河—胶东调水工程对沿线各市实施生态补水的可行性,有效发挥对济南新旧动能转换起步区等重要区域的水安全支撑和保障作用。

4.加强城市应急备用水源工程建设

充分挖掘现有工程应急备用能力,统筹考虑当地水源及外调水源,合理确定城市应急备用水源方案,多措并举构建城市应急备用水源体系,切实保障城市安全运行和可持续发展能力,加强城市重点水源与应急备用水源间的连通,提高城镇供水可靠性,力争遭遇特大干旱或突发水安全事件时,城市居民基本生活和必须的生产、生态用水可得到保障。

5.加大非常规水利用

加强缺水地区再生水、淡化海水、集蓄雨水、矿坑水和微咸水等非常规水多元、梯级、安全利用。加大再生水利用力度,加快推动城镇生活污水、工业废水、农业农村污水资源化利用。将发展海水淡化与综合利用产业作为解决沿海地区水供应问题的重要选项,以实现沿海工业园区和有居民海岛淡水稳定供应为重点,稳步探索市政用水补充机制,推动产业规模应用、集群培植、循环利用、高质量发展,全省海水淡化产能规模达到山东省“十四五”海洋经济发展规划要求。加强雨水利用,新建小区、城市道路、公共绿地等配套建设雨水集蓄利用设施。推动非常规水纳入水资源统一配置,逐步提高非常规水利用比例。

6.强化水资源科学调度

健全水资源调度管理制度,合理配置、科学调度当地水、黄河水、长江水等各类水资源。科学制订跨流域跨区域引调水工程年度水量调度计划,完善水量调度计划动态执行机制。加强河湖水量调度管理,制订沂河、沭河、大汶河、小清河等重点河流水量调度方案,规范流域用水秩序,合理配置流域水资源。探索建立黄河水资源弹性调度利用机制。

(三)实施防洪巩固提升,提高水旱灾害防御能力

聚焦防汛薄弱环节,加强中小河流治理,实施病险水库水闸除险加固,推进重要堤防和蓄滞洪区建设,开展山洪灾害防治和重点涝区治理,构建以河道、水库、堤防、湖泊和蓄滞洪区为架构的水旱灾害防御工程体系,提高水旱灾害防御能力。

1.加强中小河流治理

开展堤防达标建设和河道整治,对沿河城镇级别、人口等保护对象发生变化的重要河段,适度提升防洪标准。推进河湖防洪治理与水资源调配和水生态环境相结合的综合治理。

（1）继续实施流域面积 3 000 平方公里以上骨干河道防洪治理,确保重点河段达到规划确定的防洪标准。优先实施近年来防汛形势紧张、出现险情、存在安全隐患或遭洪水冲毁直接威胁人民生命财产安全的河段治理;尽快完成沿线有设区市、重要基础设施、重要产业园区等重要保护对象的重点河段治理;对涉及国家重大战略区、经济区等需提高防洪标准或新增防洪任务的河段开展提标升级,条件具备的可开展全流域系统治理。加快实施小清河防洪综合治理工程,推进徒骇河、东鱼河、北胶莱河等 14 条流域面积 3 000 平方公里以上骨干河道重点河段治理。

（2）加快流域面积 200~3 000 平方公里中小河流治理,优先实施沿河有县级及以上城市、重要城镇和人口较为集中的农村居民点、工矿区、万亩以上集中连片基本农田的重点河段治理,重点对近年来遭遇洪水冲毁、发生过较大洪涝灾害的中小河流重点河段进行治理,对防洪保护对象发生变化的中小河流开展提标建设。推进济南北大沙河、济宁洸府河、南胶莱河、青岛小沽河等中小河流治理任务。对近年来发生过洪涝灾害、迫切需要治理的流域面积 200 平方公里以下中小河流开展治理。

2.推进重要堤防建设

对近年来出现险情、堤身堤基存在安全隐患的堤防进行加固,对河势不稳定、行洪不畅的重点河段进行整治。对涉及国家重大战略区、重要经济区、重要城市群、重要防洪城市的重要河段,按照流域防洪规划和国家规程规范等要求,复核防洪能力,提高防洪标准,适时开展提标建设。根据国家部署实施沂沭泗河洪水东调南下提标工程,完善南四湖流域和沂沭河流域防洪工程体系。论证实施南四湖湖东堤郗山至韩庄段封闭工程,完善南四湖防洪封闭圈。实施黄河下游防洪工程建设,对游荡型河道重点河段进行综合整治,开展险工、控导改建加固及新续建工程建设,维持中水河槽稳定,提高主槽排洪输沙能力,确保堤防不决口。推进实施黄河河口综合治理和三角洲区域回水堤及配套建筑物建设,补齐河口防洪工程短板。推进东营等沿海地区海堤工程建设,进一步完善沿海防潮减灾体系。推进堤防险工险段治理,加强堤防标准化、规范化建设。

3.加快病险水库水闸除险加固

开展水库、水闸等工程设施隐患排查和安全鉴定,对现有病险水库、水闸实施除险加固或降等报废,消除工程安全隐患。建立常态化除险加固机制,对到达安全鉴定期限的水库、水闸按年度开展安全鉴定,对其中存在病险的及时组织实施除险加固或降等报废。完善管理设施和工程监测设施,确保水库和水闸防洪、兴利等功能正常发挥。大中型病险水库除险加固应同步完成水库雨水情测报、大坝安全监测设施建设,健全水库安全运行监测系统。加强小型水库雨水情测报、大坝安全监测设施建设和日常维修养护。

4.加快蓄滞洪区建设

加快南四湖湖东、恩县洼滞洪区建设,为蓄滞洪区安全和有效启用创造条件,确保蓄滞洪区遇流域大洪水时"分得进、蓄得住、退得出",保障流域防洪安全和蓄滞洪区群众生命财产安全。论证实施东平湖综合治理水利专项,统筹解决东平湖防洪运用和群众安全问题。

5.实施山洪灾害防治

坚持以防为主,防治结合,以山洪灾害调查评价、监测预报预警系统、群测群防体系等

非工程措施为主,非工程措施与工程措施相结合,逐步完善山洪灾害防治体系。实施列入《山东省防汛抗旱水利提升工程实施方案》的重点山洪沟防洪治理,通过加固或修建护岸、清淤疏浚、修建排洪渠等措施,畅通山洪出路,减少山洪危害。

6.提升重点涝区排涝能力

统筹协调流域防洪与区域排涝,治涝与防洪、灌溉的关系,合理安排涝区涝水出路,提高排涝能力与增强调蓄能力相结合,不断完善蓄排得当的排涝体系,提高重点涝区排涝能力。完成山东省淮河流域重点平原洼地南四湖片、沿运片邳苍郯新片区治理工程建设。

7.强化水旱灾害防御

细化完善防御洪水方案、超标洪水防御预案、水库调度运用方案(计划)、水利工程抗旱应急预案等,完善监测预报预警、水工程调度和防汛抢险技术支撑机制,做好突发水旱灾害事件预警防范。探索建立流域水工程联合调度机制,切实发挥水工程拦洪削峰、资源利用等作用。完善省、市、县三级物资储备仓库,加大水旱灾害防御物资储备。

(四)加强水生态保护修复,建设人民满意美丽幸福河湖

坚持山水林田湖草沙综合治理、系统治理、源头治理,共同推进大保护,协同推进大治理。因地制宜、分类施策,扩大优质水生态产品供给,不断改善河湖健康状况,打造人民满意的美丽幸福河湖。

1.加强水土流失综合治理

坚持预防为主、防治结合,以强化人为水土流失监管为核心,以水土流失综合治理为重点,进一步完善水土流失综合防治体系,不断提升监督管理和综合防治效能。以沂蒙山泰山国家级水土流失重点治理区、省级水土流失重点治理区以及黄泛平原风沙区等为重点,实施坡耕地治理、梯田整治、种植水土保持林、经果林、封育治理等措施,全省新增水土流失综合治理面积5 750平方公里。加强治理工程后期管护,发挥治理效益。

2.加强地下水超采综合治理

实施地下水水量、水位双控管理,严格地下水取水审批,规范地下水开发利用行为,保障非常时期用水和应急供水。按照国家部署开展地下水超采区重新划定工作,及时修订《山东省地下水超采区综合整治实施方案》。加强地下水超采区综合治理,强化"控采限量、节水压减、水源置换、修复补源"等措施,到2025年全面压减剩余地下水超采量,在平水年份基本实现地下水采补平衡。

3.加强重点河湖生态保护与修复

统筹考虑水资源、水灾害、水生态等问题,推进重点河湖水系综合整治,采取生态护岸,保持自然形态,打造生态河道。研究制定全省生态流量管控管理办法,分期分批合理确定重点河湖生态流量(水量)保障目标,重点保障河湖水体连续性及重要环境敏感保护区生态用水,将生态流量监测纳入水资源监控体系。加强河湖水量统一调度,逐步提高河湖生态用水保障程度。开展流域生活、生产、生态用水统筹调度试点,合理退减被挤占的河湖生态用水。

4.指导饮用水水源保护

加强饮用水水源地名录管理,开展饮用水水源保护区的划定及调整工作。完善饮用水水源地安全评估制度,加强水源监测;强化饮用水水源应急管理,建立健全饮用水水源地突发事件应急预案;进一步规范有饮用水供水任务的水库管理和保护范围内相关管理工作,形成水库安全运行管理良性机制,保障城乡生活供水安全。

(五)夯实农村水利基础,支撑打造乡村振兴齐鲁样板

进一步提升农业农村水利基础设施和水利基本公共服务水平,夯实粮食生产能力基础,改善农村人居环境,推动实现巩固拓展脱贫攻坚成果同乡村振兴水利保障有效衔接,支撑打造乡村振兴齐鲁样板。

1.推进大中型灌区续建配套与现代化改造

全面完成山东省引黄灌区农业节水工程,实现高效配水到田间,基本具备农业用水计量收费条件。推进大型灌区续建配套与现代化改造,中型灌区续建配套与节水改造,加强与高标准农田建设等项目衔接,打造节水高效、生态良好的现代化灌区。实施引黄涵闸改建工程,恢复和提升引水能力。论证新建刘家道口等灌区。

2.实施农村供水保障工程

继续推进集中规模化供水工程建设,对已建农村供水工程进行规范化改造,进一步提高农村供水保证率、水质达标率、自来水入户率和工程运行管理水平。持续推进城乡供水一体化建设,推动更多地区实现城乡供水"同源、同网、同质、同服务、同监管"。按照"建大、并中、减小"的原则,推进农村供水工程县级统一、专业化管理;加强山丘区小型供水规范化建设和村内管网改造。

3.推进农村水系综合整治

围绕乡村宜居宜业,立足乡村河流特点和保护治理需要,突出尊重自然、问题导向、系统治理,以县域为单元、以河流水系为脉络、以村庄为节点,水域岸线并治,集中连片规划,统筹水系连通、河道清障、清淤疏浚、岸坡整治、危桥改造、水源涵养与水土保持、河湖管护等多项措施,开展水系连通及水美乡村建设,完成寿光市、临沂市兰山区、广饶县试点县建设任务,按国家部署打造一批各具特色的县域综合治水样板,改善农村人居环境和河流生态健康状况。按照"全面排查、分类整治、分步实施"的工作思路,统筹推进小型水利工程设施综合治理。

4.加强大中型水库移民后期扶持

落实水库移民后期扶持政策,以实施乡村振兴战略为统领,做好大中型水库移民后期扶持基金直补资金发放和项目实施工作,通过美丽家园建设、产业发展、创业就业能力建设、散居移民基础设施完善等措施,加强库区和移民安置区基础设施、生产开发和生态环境建设,拓展移民增收渠道,提升移民生产生活水平,使移民人均可支配收入达到或超过当地农村居民的平均水平,实现大中型水库移民后期扶持政策中长期目标。

(六)推进数字水利建设,提高水利智慧化水平

按照"需求牵引、应用至上"的总要求,坚持全省"一盘棋、一体化"推进,加强水安全感知能力建设,加快水利数字化转型,着力构建数字化、网络化、智能化融合发展的智慧水利体系。

1.建设数字水利新型基础设施

(1)加强水利感知能力建设。完善雨量、水位、流量、水质、墒情、水土保持等监测设施,提升水情测报能力,构建布局合理、功能完善的现代化水文站网体系。加强水库大坝、

引调水、堤防等工程安全和运行监测设施建设。加强遥感、雷达、无人机、视频监控等监测手段应用,加快实现对河流湖泊、水利工程、水利治理管理活动等全流程动态感知。

(2)建设重点水利工程运行管理平台。加快已建水利工程特别是大型水库、引黄灌区、重大引调水等重点水利工程的智能化改造,为水利工程安全高效运行提供有力保障。新建重大水利工程规划建设管理同步落实智能化要求,积极推进BIM(建筑信息模型)技术在水利工程全生命周期运用,推进实体工程和数字孪生工程同步建设,提升水利工程建设运行管理智能化水平。

(3)打造全省统一的水利业务支撑平台。加强水利业务网和政务云融合,建设水利综合调度指挥平台,提升基础支撑和综合指挥能力。构建水利数据、技术、业务中台,提升水利数据服务能力。建设水利一张图,强化水利空间信息协同共享能力。建设省级水利物联网云节点,实现全省水利智能传输终端的统一接入、统一管理。

2.建设全省水利一体化业务应用平台

整合现有业务系统,以防洪调度和水资源调配为基础,加强重点流域数字化建设,构建全省水利一体化业务应用平台,形成以水灾害防御、水资源保障、水生态保护、水工程监管、水政务协同、水公共服务为主体的水利业务管理体系,提升预报、预警、预演、预案能力。依托省一体化大数据平台,实现数据资源跨层级、跨区域、跨系统、跨部门、跨业务的共享交换,以及面向社会的开放利用,促进全省水利业务融合协同,全面提升水利管理服务能力。

3.健全数字水利安全保障体系

落实水利网络安全等级保护制度,实施水利网络安全等级保护定级、备案、测评、整改,定期开展水利网络安全保护对象安全性评估。完善网络安全体系、标准规范体系和运维保障体系,形成立体化安全防护,确保数字水利建设安全稳定、可持续发展。

(七)加强水利管理,提升水利治理能力

坚持依法治水、科学管水,全面加强水利法治建设,强化涉水事务监管,加强水利科技创新和水利人才队伍建设,大力弘扬水文化,全面加强水利管理,不断提升水利治理能力。

1.加强水利法治建设

坚持"法规制度定规矩、监督执法作保障、政策研究强支撑"的水利法治建设思路,深入推进科学立法、民主立法、依法立法,推动制定修订《山东省节约用水条例》《山东省胶东调水条例》等地方性法规,依法管理行政规范性文件,健全动态清理工作机制。加强执法和执法监督,进一步完善执法体制机制,健全联合执法机制,加大执法日常巡查和现场执法力度,推进水行政执法规范化、法治化,依法化解水事矛盾纠纷和涉水行政争议。落实普法责任清单,创新普法宣传形式,重点做好"世界水日""中国水周"和"国家宪法日"等宣传活动。严格落实重大行政决策程序规定,强化合法性审查和公平竞争审查。认真落实政府法律顾问制度。

2.加强涉水事务监管

健全水利监督体系,围绕河湖管理、水资源、水土保持、水利工程等重点领域,针对监管薄弱环节,强化全过程、全要素监管,全面提升涉水事务监管水平。

(1)健全水利监督体系。健全以"双随机、一公开"监管和"互联网+监管"为基本手段、以重点监管为补充、以信用监管为基础的新型监管机制,推进线上线下一体化监管。完善省级监管体系,聚焦重点领域,指导推动省级监管体系向市、县级延伸,明晰综合监管、专业监管、专职监管、日常监管四个层次的职责定位和任务分工,加强各级水利部门监管制度建设、队伍建设、信息化建设,基本建立覆盖全行业的监督管理体系。

(2)强化河湖监管。落实全面推行河湖长制各项任务,持续加强河湖管理保护,推动河湖长制从"有名有责"到"有能有效"。坚持务实、高效、管用,在确保河湖治乱常态化推进的基础上向美丽幸福河湖建设拓展,在确保对大中型河湖有效管控的前提下向小微型河湖监管拓展,在确保河湖长和行业、部门履职到位的前提下向发动社会监督拓展。实施"一河(湖)一策"综合整治,全面细化河湖划界成果,严格落实河湖岸线利用管理规划,加强岸线节约集约利用,强化水域岸线空间管控与保护。加强河湖日常巡查管护,探索创新河湖巡查管护市场化机制。加强河湖采砂监管。

(3)强化水资源监管。加强取用水监管,深入推进取用水管理专项整治行动,全面准确摸清取水口情况,强化用水过程动态监管,切实规范取用水行为。加强水量调度监管,强化水量调度方案和年度调水计划、调度指令执行情况检查。加强地下水超采治理监管,确保任务按期完成。

(4)强化水土保持监管。探索建立水土保持部门联合监管机制,完善水土保持监管制度体系,强化生产建设项目水土保持事中事后监督管理,落实水土保持信用监管"重点关注名单"和"黑名单"制度。优化调整监测站点布局,完善相关技术标准,实现年度水土流失动态监测和人为水土流失监管全覆盖。探索建立水土保持空间管控制度,形成预防为主,防治结合、全面监督管理的有效治理体系。

(5)强化水利工程建设监管。压实项目法人、参建各方和项目主管部门责任,全面提升工程建设质量和安全管理水平。健全水利市场监管机制,引导水利建设市场良性发展。进一步做好水利建设市场信用体系建设,推进信用分级分类监管,健全质量与安全监管体系,加强质量与安全体系运行监管。

(6)强化水利工程运行监管。以水利工程标准化管理为抓手,完善水利工程运行管理制度和技术标准,落实管理责任主体,规范运行管理行为,以点多面广的中小水库、水闸、农村饮水等工程为重点,全面加强水利工程维修养护、巡查检查、安全管理等工作。建设山东省水利工程运行管理标准化信息监管平台。强化骨干水网科学调度监管,提升南水北调、胶东调水等骨干调水工程运行管理标准化、规范化、精细化水平。

3.加强水利科技创新

建立健全产、学、研协同创新机制,深化水利科技体制改革,健全完善水利科技创新体系和成果转化体系,构建更加完善的技术要素市场化配置体制机制,加速科技创新成果市场化、产业化进程。加强国家重点研发计划涉水重点专项成果的推广应用,加大高新技术在水利重点领域的应用,加强新材料新技术新工艺推广应用。加强理论基础研究、应用基础研究和高新技术研发,重点突破制约水利高质量发展的科技瓶颈。强化水利发展战略研究,加强水网建设、洪水管理、水资源配置、河流生态廊道建设等领域科研创新,为山东水利发展提供科技支撑。加快推进水利科学普及,建设与水利改革发展水平相适应的水利科普体系,提升公众节水护水意识和水科学素养。

4.加强水利人才队伍建设

坚持党管人才原则,统筹推进党政人才、专业技术人才、技能人才、基层水利人才队伍建设,强化水旱灾害防御、水利监督、河湖管理、水利工程建设与运行管理、水文与水资源管理等重点业务领域人才队伍建设,重点实施创新团队建设、高层次人才培养、青年后备人才培养、能力素质培训提升、水利人才信息化等五大工程,培养20名左右引领全省水利改革发展的专家型技术人才、5~10名获省部级荣誉称号的高技能人才。实施"高层次人才培养对象储备人员计划",将具有一定科研能力和较强学术发展潜力的优秀人才列为重点培养对象,落实培养措施,优先重点培养。实施水利人才知识更新计划,以多种方式将专业能力提升培训延伸至基层水利人才,着力扩大培训覆盖面、丰富培训内容和形式。加大水利职业院校建设力度,推进创新发展、融合发展、高质量发展。

5.大力弘扬水文化

完善水文化理论体系,注重在水工程规划设计中融入"文化"元素。加强水利文物、史料的收集整理和保护工作,加强水利遗产的科学有序开发利用,大力挖掘弘扬传承黄河、山东大运河等优秀水文化,讲好新时代黄河故事、大运河故事。加强水利风景区水生态环境保护与修复,进一步完善配套设施,提高综合服务水平,结合资源特点和地方文化特色,突出科普、文化建设,延伸拓展水利风景区发展空间,新创建一批精品水利风景区。

(八)深化水利改革创新,激发水利发展内生动力

全面推进水利改革创新,固根基、扬优势、补短板、强弱项,构建系统完备、科学规范、运行有效的水利治理体制机制,把制度优势更好地转化为治理效能。

1.深化水利"放管服"改革

落实"放权、精简、集成、共享"的总要求,按照"下放是原则,不下放是例外"的要求和"应放尽放、减无可减、放无可放"原则,进一步取消、下放水行政许可事项,充分向市县放权。动态调整水利系统权责清单和实施清单。推进工程建设项目审批制度改革,进一步简化、优化审批手续。推进水利质量检测单位资质认定、水土保持等承诺制水利审批工作,深化线性工程河道管理范围内建设项目工程建设方案审批改革。推动区域评估政策落地见效。坚持放管结合、并重,进一步加强已取消或下放审批事项的事中事后监管。简化服务流程,创新服务方式,积极推进政务服务标准化,不断提升政务服务能力和水平。

2.创新工程建设和运行管理机制

推行工程总承包和全过程咨询服务,积极探索水利工程智能建造和建筑工业化协同发展。深化水利工程招标投标制度改革,落实招标人主体责任,依法赋予招标人资格预审权和定标权,实施技术、质量、安全、价格、信用等多种因素的综合评价,防止恶意低价中标。健全材料、人工等价格涨跌风险分担机制,适时对现行山东省水利工程预算定额及概(估)算编制办法进行修编。创新水利工程建设质量与安全监督机制,提高监督成效。建立健全分级负责、分类管理、集约管理的水利工程运行管理机制,创新管护模式,积极培育维修养护市场,引入竞争机制,打造一批运行管理创新项目,逐步实现水利工程维修养护的市场化、集约化、专业化、规模化。健全工程维修养护机制,落实维修养护经费。落实公益性水利工程管理维护经费。继续实施深化小型水库管理体制改革样板县创建。

3.深化水资源价税改革

健全水资源有偿使用制度,深入推行水资源税改革,用税收杠杆调节用水需求,健全补偿成本、合理盈利、激励节水的水价动态调整机制。全面深入推进农业水价综合改革,引导成立农民用水户协会,建立合理反映农业供水成本、有利于节水和农田水利工程良性运行的农业水价形成机制。按照试点先行、全面推开的原则,加快推进区域综合水价改革。落实城镇居民用水阶梯水价和非居民用水超计划累进加价制度。

4.深化水利投融资机制改革

建立以政府投资为主、社会资本参与的投融资体制机制,多渠道、多元化筹集水利建设资金。加大各级财政资金支持力度,用足、用好地方政府专项债券,优先保障水利重点工程项目、重要改革举措、重大政策事项的实施。深化与金融机构合作,用好政策性贷款等水利融资政策;鼓励吸引社会资本以 PPP(政府和社会资本合作)等形式参与水利工程建设运营管理。

5.积极稳妥推进用水权市场化交易

推进河湖水量分配,制定地下水管控指标,明晰区域用水权、取用水户用水权。以安全用水和节约高效利用水资源为导向,培育用水权交易市场,盘活存量,严控增量,推动用水权交易,发挥市场在水资源配置中的作用,提高水资源在社会、经济、环境中的配置效益。

(九)统筹发展和安全,提升水安全风险防控能力

坚持底线思维,增强忧患意识,制定完善预案,建立健全应急处置机制,提高防控能力,妥善应对水安全极端情况,着力防范化解重大风险,最大程度预防和减少突发水安全事件及其造成的损害。

1.强化风险防范意识

提高政治站位,高度重视水安全重大风险防范工作,坚持守土有责、守土尽责,坚持预防与应急相结合、常态与非常态相结合,从最不利的情况考虑,提前做好各项准备,努力争取最好的结果,做到有备无患、应对有序、处置得当,牢牢把握主动权。加强各类风险源排查防控,建立完善水安全风险识别和监测预警体系,加强动态监控响应。

2.完善应急方案预案

针对水安全突发事件、主要风险等,依法组织制定总体和相关专项应急预案,并根据实际情况变化适时修订完善。合理确定应急预案内容,突出重点,落实责任主体,分级分类明确洪涝干旱、水污染、大面积停水、溃坝溃堤等各类水安全突发事件的应对原则、组织指挥机制、预警预报与响应程序、应急处置及保障措施等内容,提高针对性、实用性和可操作性。

3.提高应急处置能力

建立健全水安全重大风险应急工作机制,坚持快速响应、分类施策、各司其职、协同联动、稳妥处置,坚持一级抓一级、层层抓落实,着力防范化解风险,维护经济安全和社会稳定。加强对水危机的舆论引导,提高应对和救援能力,强化水危机事后处理。加强对公众的水危机教育和救援基本技能培训,组织公众参与减灾工作。

4.提升水利安全生产治理能力

持续强化水利安全生产五个体系建设。健全完善责任体系,严格落实"党政同责、一岗双责、失职追责","三个必须"安全生产责任制,督促水利生产经营单位落实主体责任,进一步推动属地、行业监管责任落实。健全完善风险分级管控体系和隐患排查治理体系,推动安全生产关口前移。健全完善预案管理体系,强化预案的制修订、备案、宣教和演练,提高应急处置能力。健全完善标准化体系,强化动态管理,健全标准化退出机制,全面提升标准化创建水平。

第六章 山东著名古近代水利工程

第一节 齐国著名水利工程

公元前 11 世纪,周朝灭商,建立了统一的西周王朝。为了巩固周朝的统治政权,周成王在周公旦的谋略下,开始推行分封制。"封功臣谋士,而师尚父(姜太公,又称姜尚、姜子牙、吕尚,还称太公望、师尚父等)为首封。封尚父于营丘,曰齐"(《史记·周本纪》)。营丘,即今山东省淄博市临淄区,为西周早期齐国的都城。齐国地处我国文明和文化的摇篮、中华民族的母亲河——黄河的下游,华北平原的东部。齐国西境有黄河、济水两条大河。齐地的地理环境,决定了古齐国的气

齐国的地理水
环境

候比较温暖,属于暖温带季风气候类型:春季短暂,冬夏较长,降水多集中于夏季,春秋干旱。又加之地处半岛,受海洋气候的影响,降雨量也比较多。所以那时齐地发源于南部山区的河流的流量都很大,不仅大如淄河,即使系水(又名渑水)、天齐渊、申池等小河湖,也有较大的水量。齐地的河流养育了齐国人民,孕育了齐国古老灿烂的文明,但也给齐国人民带来不幸和灾难。聪明智慧的齐国人民,不断总结治水经验,兴建了大批水利工程,利用滔滔河水造福人民,发展经济。

淄河

一、农田水利工程

齐国的统治者对水资源与农业生产的关系有充分的认识,对农田水利工程建设非常重视。所以,管仲等人向君主提出的六项兴业富民的措施(称为"六兴")中,就有一项是专言水利工程的。《管子·五辅》说:"遗之以利——导水潦,利陂沟,决潘渚,溃泥滞,通郁闭,慎津梁。"即疏浚积水,修通水沟,挖通回流浅滩,清除泥沙淤滞,打通河道堵塞,注意渡口桥梁。也就是要兴修水利工程,发展水利事业。《管子·立政》又说:"沟渎不遂于隘,鄣水不安其藏,国之贫也"。反之,"沟渎遂于隘,障水安其藏,国之富也。"为此,齐国中央政府设置"农工部",专司农业、水利等事务。农工部的最高长官是大司田,又称"田",主经济。下属虞师、司空、司田、乡师、工师、水官(大夫、大夫佐)等官员。其中,司空、水官等主水利,司田主农业,加强对农业和水利工作的组织领导。

齐国的农田水利学

齐国的官书,我国古代第一部手工业技术工艺典籍《考工记》,对如何依据水流的规律修筑农田灌溉工程作了专门记述。据记载,早在春秋时期,在齐国平坦的土地上,在那整齐划一的井字田块间,就已经纵横交错地修筑了一条条大大小小的灌溉渠道与排水沟道了;井田上,一耜间,有一条广五寸的小沟;田头有一条宽深各二尺的沟,叫作"遂";两井间有一条宽深各四尺的沟,叫作"沟";两成间有一条宽深各八尺的沟,叫作"洫";两同间有一条宽深各二寻的沟,叫作"浍";浍然后通向了天然的川中(《考工记·匠人》)。这些规格不等的"遂""沟""洫"和"浍",即是修建的农田灌排工程。这时,人们不仅掌握了修筑沟渠的技术方法,而且懂得采取多次改变水流方向的方法,可以增加水速,把静水输送到远地;人们不但注意水的流通、水的蓄藏,还注意及时调节水量、控制流量等。

为了灌溉农田和防洪,齐人还在低地建水库,在山区修渡槽。《管子·度地》载:"地有不生草者,必为之囊。大者为之堤,小者为之防。夹水四道,禾稼不伤。岁埤增之,树以荆棘,以固其地。杂之以柏杨,以备决水。"《管子·轻重乙》载"桓公曰:'寡人欲毋杀一士,毋顿一戟,而辟方都二,为之有道乎?'管子对曰'泾水十二空,汶、渊、洙,浩满,三之於。乃请以令使九月种麦,曰至而获,则时雨未下而利农事矣。'"此处的"囊""方都",即指水库。可见,利用水库进行农田灌溉已成为当时齐国统治者的自觉行动了。《管子·度地》又载:"夫水之性,以高走下则疾,至于漂石;而下向高,即流而不行。故高其上,领瓴之,尺有十分之三,里满四十九者,水可走也。"显然,这是渡槽的输水原理。可见,两千年前的齐人已懂得在山地修建渡槽引水灌溉农田了。

二、堤防防洪工程

齐国濒海,地势低下,常受洪水泛滥之害。齐人把水害看作是比干旱、风雾雹霜、疾病、虫灾等更严重的灾害,"五害之属,水最为大"(《管子·度地》)。为此,齐国把修筑防治水害工程提高到相当重要的地位。当时,齐国修筑的防水害工程主要是堤坝。春秋时期,齐国就在济水旁筑起了巨大的堤防工程——防门(今山东省平阴县东北);在淄水和济水之间开凿了具有一定规模的人工运河,以防济水之害。到了战国时期,大规模的堤防工程开始筑建。齐国所修筑的黄河堤防在当时颇有名气。那时,齐国和赵国、魏国是以黄河为界的,赵、魏两国在黄河西边,齐国在黄河东边,赵、魏的地势比齐国高。黄河由于长年泥沙淤积,河床比较高,淤塞现象时有发生。所以,每当雨季到来,洪峰像脱缰的野马,冲荡着黄河两岸,低矮的堤坝抵挡不住洪流的冲击,洪水滚滚奔向地势较低的齐国境地。黄河的泛滥给齐国带来了深重的灾难,大片的粮田被淹没,房屋被冲倒,老百姓的生存受到严重威胁,他们饥寒交迫,流离失所,背井离乡。面对泛滥的黄河水,齐国统治者组织了浩浩荡荡的筑堤大军,治黄河筑起了一道离河 25 里地的长堤坝,挡住了泛滥的黄河水。

《管子》和《考工记》等对于修筑堤防工程的组织领导及设计、施工、保护、管理等技术问题,都作了明确的规定。

第一,组织领导。就是国家置官司,专门负责堤防工程,组织人力、物力、财力,完成堤防工程。《管子·立政》说:"决水潦,通沟渎,修障防,安水藏,使时水虽过度,无害于五谷,岁虽有凶旱,有所秎获,司空之事也。"这里的"司空",就是负责水利工程的官吏。《管子·度地》记载,齐桓公询问管仲防备五害的办法,管仲回答说:"消除五害,要以水害为先。请设置水官,任命大夫和大夫佐各一人,统率校长、官佐和种类徒隶。然后挑选水官司的左右部下各一人,用为水工头领。派他们巡视水道、城郭、堤坝、河川、官府、官署和州中,凡应当修缮的地方就拨给士卒、徒隶修缮。"水官要负责组织治水大军准备必备的治水器材。每年秋后就开始核实人口、普查劳动力状况。经选定的各地劳工,上报"都水官"。都水官根据需要确定劳工人数。然后,都水官再通知下级水官,让他们把选定的劳工人数,会同三老、里有司、伍长等到"里"中("里"是一百家组成的一个基层单位)具体调查,最后再与被选定的劳工的父母协商确定。另外,治水修堤的工具及其他物资,也要在冬闲时准备。治水工具主要是从民间征集。规定:每十家为一个征集单位,土筐、锹、夹板、木夯为一套工具,要准备六套;土车准备一辆;防雨车篷两个。吃饭用具每人准备两套,保存在"里"内,以备损坏遗失。水官和工匠头领还要依靠三老、里有司、伍长等检查验收所准备的工具。治水工程所需要的木材,由州大夫率领,在冬闲季节派甲士轮流采伐,并堆放在水旁,以备待用。治水工程所需要的物资,都要按时保质地完成,不得耽误。

第二,堤防工程的设计与施工。《管子·度地》指出:堤防横断面的形状要"大其下,小其上",呈梯形状。即堤坝的基础要宽,上面要窄,这样就不会滑坡,而且堤防要沿河或水库的边缘而建。《考工记》也介绍了一些挖沟筑堤技术:凡挖掘沟渠,一定要顺水势,修筑堤防也要顺水势。设计合理的水沟,会借助于水流冲刷杂物而保持畅通;设计合理的堤防,会靠水中堤前沉积的淤泥而增加坚厚。凡修筑堤防,上顶的宽度与堤防的高度相等,堤两面的坡度为 1∶1.5。较高大的堤防下基须加厚,坡度还要平缓。板筑墙壁与堤防时,用绳束板;若束板太紧,致使夹板弯曲束土无力,筑土不实,就跟没用绳束板一样。关于堤防施工时间,管仲在回答齐桓公应当在什么时候动工时说:在春季三月份里,天气干燥,是水少细流的时节。此时山河干涸水少,天气渐暖,寒气渐消,万物开始活动。旧年的农事已经做完,新年的农事尚未开始,草木的幼芽已经可以食用。天气的寒热逐渐调和,昼夜的长短也开始均分。均分后,夜间一天比一天短,白天一天比一天长。这时有利于土工之事,因为堤土会日益坚实。可见,修筑堤坝的最佳时节是在春耕开始之前。就河流而言,此时干涸水少,可以从河床取土,就近筑堤,又避免因河水大而冲走筑堤泥土,易于巩固筑

堤效果;就农时、劳工而言,此时正值农闲季节,"故事已,新事未起",易于组织劳工;就气候而言,此时天气晴和,寒冷渐去,大地开始解冻,县"夜日益短,昼日益长,利以作土功之事。"

第三,堤防的保护与管理。堤防修筑好了,并不等于万事大吉,需要不断地维护。《管子·度地》指出:大堤要年年进行修补,堤上要种植荆棘灌木,以便加固堤土;还要间种柏、杨等高大树木,防止洪水冲决。这就是说,在堤坝上种植树木,既可加固堤身,防止水土流失,又能在汛期作防汛抢险的材料。这种以灌木与乔木相结合而形成的复层堤防林带,为我国发展堤岸防护林探索出了一条成功的经验,开启了我国堤岸防护林带大规模营造之先河。管仲还主张派专人负责保护堤防,划分堤防地段,各自负责堤防地段内的养护,以保持堤防不坏。这项工作要派贫困户去做,还可以帮助这些贫困户解决吃饭问题。另外,为了保证堤防工程不被损坏,防患于未然,管仲还要求经常派水官在冬天视察堤防,发现问题及时写书面报告报呈都水官。都水官一般是在春季事少的时节修治堤防,但当河堤遇到大雨发生毁坏时,就要抓紧及时补修。大雨中堤防需要覆盖的就要及时覆盖;决水时,堤防需要屯堵就组织力量及时屯堵。这就是所谓"平时有备,祸从何来?"

三、城市水利工程

春秋战国时期,各诸侯国城市开始发展。作为五霸之首的齐国建筑的城邑,不仅数量繁多,而且规模宏大。仅淄博境内存留至今的古城遗址,荦荦大者就有临淄齐国故城、安平故城、昌国故城、於陵故城、逄陵故城、莱芜故城、高阳故城等。随着城邑建筑技术的发展,城市水利工程也应运而生了,并且逐步形成了城市建筑理论。《管子·乘马》载:"凡立国都,非于大山之下,必于广川之上。高毋近旱,而水用足,下毋近水,而沟防省。因天材,就地利,故城郭不必中规矩,道路不必中准绳。"就是说,凡是建立城市的地方,若不选择在大山之下,必定选择在平原近河水之处。高处不要过于靠近干旱处,而水量又要充足够用;低处不宜过于接近河水,而沟渠排水又较方便,应该就其地形和水利条件因地制宜。所以建立城市不必遵循统一的规矩,修筑道路也不必照搬某种固定模式。它又进一步指出:"归地子利,内为之城,城外为之郭,郭外为之土阆。地高则沟之,下则堤之,命之曰金城。"即城址选好后,应建城墙,墙外再建郭,郭外还有坝。地势高则应挖渠引水和排水,地势低则应修筑堤防挡水防水。

例如,齐国国都临淄故城的布局和建筑就很好地运用了上述城市建筑的理论。临淄故城位于鲁中山地向华北平原的过渡地带,南枕群山(牛山、稷山等),北抱平原(临淄、博兴、广饶、高青、张店、桓台等结成广阔的滨海平原),东依淄河,西靠时水、系水。山川毗连,河道交错。既有山石林木之饶,又有沃土嘉木之利。地理位置适中,天然资源丰富。正合"凡立国都,非于大山之下,必于广川之上""因天材,就地利"的原则。齐故城靠淄河一边的城墙不是像一般城墙修成直线,而是沿河岸蛇行,从而不给攻城者留有攻城的余地。正合"城郭不必中规矩,道路不必中准绳"的原则。齐故城城墙有四处排水口与城内的三条排水道相通,与城外的淄河、系水相连,形成一个完整的排水网,正合"沟防省"的原则。

临淄故城在建筑伊始,即利用临河(淄河)依水(系水)之便,借助城内南高北低的自然地势,开挖、修筑了多处沟渠和排水道口,连接护城河和自然河流,形成了贯通城内外的三条排水系统、四个排水道口。其中,大城(平民、商人等居住的郭城)内有两条排水系统,三个排水道口;小城(国君、宦官等居住的宫城)内有一条排水系统,一个排水道口。大城内的两条排水系统:其一,位于大城西部,由一条南北向和东西向纵横交叉的河道组成。南北河道自小城东北角起,与小城的东墙、北墙护城壕沟相连,顺地势北流,直通大城北墙西部的排水道口,注入城外护城河,全长2 800米,宽30米左右,深3米多。在河道的北部,又向偏西北方向分出一支流,注入系水,全长1 000米左右。大城西部的这条排水系统是故城内最大的排水系统。其二,位于大城东北部,沿大城东墙注入淄河,排水渠道遗迹清晰可辩。现发掘的其中一个较大的齐故城排水道口在大城西墙北部,道口呈东西向,全部用青石垒砌构筑,总长有42米,宽7~10.5米不等,深3米左右,由进水道、过水道和出水道三部分组成。排水道口的东段为进水道,长17.3米。进水道在城墙以内,西端与过水道相连,宽7米;东端略超出城墙,与城外排水沟相通,宽10.5米。整个进水道东宽西窄呈喇叭形。进水道两壁用石块垒砌,但南壁仅砌了西段,长9.5米。这是因为水从城内东南方向而来,水对北壁的冲击较大,为防激流冲刷而加长了北边的石壁。进水道底部有石块,分上下两层,下层杂乱无序,上层用石块垒成整齐的四行,将道口分成五条小渠道,与过水道口的五条分水道孔相衔接。这样,可以防止杂物堵塞过水道,起过滤作用。过水道处在排水道口中部,东连进水道,西接出水道,长16.7米,宽7~8.2米,深2.8米。整个过水道处在城墙墙基中,其上部为故城城墙,南北两壁用石块垒成,底部和封顶都用巨石垒砌。进出水口全部用石块构筑,分上、中、下三层,每层五孔,结构基本一致,但因石块大小不一,水孔大小亦不相同。水孔一般高约50厘米,宽约40厘米。出水孔的形状、结构与进水孔大体一致。出水道在排水道口西段,东与过水道相接,形状和结构基本与进水道相同,东窄西宽呈喇叭形。出水道长8米,东端宽8.2米,西端宽9.5米,深2.8米。南北两壁用巨石垒成,底部散有乱石,整体结构坚固。小城内的一条排水系统在城西北部,自桓公台东南方向起,经桓公台东部和北部,通过西城墙下排水道口,流入系水。这条排水系统全长1 700米,宽20米,深3米,排水道口遗迹仍很明显。

临淄齐国故城

齐国故城排水道口

齐都临淄故城的建筑,集防洪、给水、排水、泄洪、排污为一体,设计巧妙,布局合理,结构严谨。特别是排水道口,既能排水以保护都城,又能防范敌人以巩固国家。因为过水道的水孔都是用巨石交错排列,水仅从石块间隙跌宕流出,而人却不能从石孔中通过。这种结构的排水道口是齐故城市井庞大,人口众多,经济发达和春秋战国时战争的产物,是世界同时代古城排水系统建筑史上的创举。这充分体现了齐人在城市水利工程建筑方面的较深造诣和聪明才智,令人赞叹不已。

四、航运工程

齐国西境有汹涌澎湃的黄河和济水,京都临淄城两旁有滔滔的淄河和系水,东、北境有辽阔无垠的渤海。齐国众多的河海,为其发展水上运输提供了便利条件,因而航运工程技术也随之产生和发展,聪明智慧的齐国人民除利用自然河海进行航运外,还人工开凿运河进行跨流域、长距离、大规模的航运。齐国为沟通其都城临淄与中原地区的水运交通,便在临淄城东北的淄水与济水之间开挖了一条"济淄运河",船只可由淄水通过济淄运河进入济水而直达中原,并与鸿沟水系连通。《史记·河渠书》中载:"于齐,则通淄济之河",即指这条运河。当时所开诸运河,不仅"皆可行舟",而且"有余则用灌浸,百姓飨其利"(《史记·河渠书》)。

总之,齐国关于水利工程建设的理论和实践,在中国水利史中占有重要的地位。正如《中国科学技术史稿》(杜石然等著)中所说:"大量的水利工程本身,就包含着人们在测量、选线、规划、施工等技术方面取得的成就和对水利知识的了解。像《管子·度地》那样对水利工程技术所作的理论概括,是在大量实践的基础上进行的,它提供了春秋战国时期水利工程技术发展的一个侧面。它指出了水流的自然规律,'夫水之性,以高走下则疾,至于漂石;而下向高,即流而不行'。它还对水流在行进中遇到阻碍时产生的一连串水文现象及引起的破坏性水力现象作了生动的细致的描述,为如何顺应水流本身的规律,以防治水害,提供了理论的说明。它还特别指出了渠道工程位置的选择与建设的重要性,要'高其上,领瓴之',就是要抬高上游水位,以便高屋建瓴让水流进干渠……这是人们在长期的修渠实践中得到的可贵的经验总结。"通过齐国的水利工程建设,可以看出,齐国统治者对水利的地位和作用有充分的认识,齐国水利专家对水利工程的规划与设计有科学的理论,齐国人民对水利工程的建设与管理有聪明的才智。这些对于今天的水利事业发展也有着重要的借鉴和实用价值。

第二节　齐国著名水胜迹

齐地历史悠久,现今不仅留存着众多灿烂文化的古遗迹,还有闪烁着齐文化光芒的名山秀水。齐地山水,久负盛名。临淄齐故城之南的牛山,巍峨雄伟,是古代齐国的游览胜地。牛山北麓的天齐渊,古已有名,是东方八神之一,水质清澈透明,汇流成溪,注入淄河。牛山脚下,淄水泱泱,北流而去,滋润了齐国大地,孕育了这一带的文明。泉流汇集的系水河,穿故城而过,两岸是齐国的文化生活区,建有稷下学宫。还有西北部的齐国大会诸侯时马踏而成的马踏湖。这些水胜迹,有着深邃的文化底蕴、丰富的文化内涵和深刻的文化意义。

一、牛山与天齐渊

牛山,位于临淄齐故城南,海拔174米,南连层峦叠嶂的鲁南山区,东、北两面俯瞰沃野千里的鲁北平原。山坡下有名泉天齐渊,淄河、女水缠绕东西。牛山北麓有辅佐齐桓公称霸的名相管仲之墓;东麓远处有姜齐桓公、景公之墓,近处为田齐威、宣、闵、襄四王冢;山的西南有汉代曾向汉武帝请缨羁南越王而致之阙下的少年英雄终军之墓。另外,还有无数高大而不知其主的冢墓,散布在牛山山麓。

牛山之名,传说起于姜太公。周武王灭商之后,姜太公被封于齐地营丘。他在来齐国的路上走了许多天。这天,他乘月色赶路,不远处有一头牛在前引路,一直把他带到淄河边的一座大山下,牛突然不见了。姜太公便将此山称为牛山。从此,牛山便成了齐国的游览胜地,久负盛名,被人们视为临淄名山之一,清代时列为"临淄八景"。临淄八景诗首篇《牛山春雨》曰:"新鸠初唤雨中声,山色烟凝倍觉清。遥忆登临挥涕者,萋萋芳草尚余情。"

传说,姜齐第25代国君齐景公非常喜欢牛山胜景,常到牛山游玩。有一次,他登山远眺,北顾富丽堂皇的都城建筑,想到自己将来一旦归天,再也享受不到这份荣华,触景生情,悲从中来,掩面大哭曰:"若何滂滂去此而死乎!"他的随从也不问所以,跟随大哭。贤相晏婴在旁讥笑曰:"使贤者常守之,则太公、桓公将常守之矣;使勇者常守之,则灵公、庄公将常守矣。数君者将常守之,则吾君安得此位而立?"于是,后人在山上立起石碑一块,题曰:景公流涕处。可惜现已不存。

田齐宣王时,牛山树木由于被砍伐渐渐稀少,风景开始没有以前优美。鲁国的"亚圣"孟子慕名来牛山观景,看后大失所望,发出"牛山之木尝美矣……斧斤伐之……人见其濯濯也,以为未尝有材焉"的感叹,故而提出"爱林护林"的警告。

明清两代,经过檀树造林,牛山又佳木葱郁,绿茵遍地。山腰和山顶上还建起多栋庙宇、庭阁楼台。那时,牛山风景秀丽,尤其在阳春三月,春风习习,淄水湍湍,泉水从山石间流泻而出,潺流跌宕,水汽蒸腾,如雨似雾,望之宛若霏霏烟雨,被人们称为"牛山春雨。"每当此时,文人骚客前来饮酒赋诗,勒石为碑;善男信女,登山求仙拜佛,祈福祷寿。每年农历3月3日和9月9日,各有6天庙会,吸引了不少邻境的青州、广饶、淄川等地客商。一时,高贾云集,游人如织,他们接踵而至,祷神、交易,热闹非凡。

牛山除自然景观外,还有牛山石刻。但因战事迭起,兵荒马乱,牛山建筑石刻屡遭劫难,残存的仅有雕龙柱、圈龙式莲花座和柱基石各一件,支石四件,其上均刻有花卉及垂钓图,不知为何年代产物。另有民国十三年石碑一方,高1.7米,宽0.63米,正面刻阳文篆书"玉精明化"四个字。

天齐渊在齐故城以南的牛山西北麓,淄河东岸,古已有名,为东方八神之一。春秋时,齐国名相管仲就曾假借"天齐渊出现龙斗"一说,为齐桓公"尊王攘夷"、称雄争霸大造舆论。

秦始皇和汉武帝都曾把天齐渊作为天主神来祭祀。因而,《史记·封禅书》中记载:"始皇东游海上,行礼祠名山大川及八神。""八神:一曰天主,祠天齐。天齐渊水,居临淄南郊山下者……"其他土神分别为地主、兵主、阴主、阳主、月主、日主、四时主,均在齐国

水与历史发展

SHUI YU LISHI FAZHAN

四境之内。有关天齐渊，《齐记》云："临淄城南有天齐泉，五泉并出，有异於常，言如天之腹脐也。"《齐乘》也载："天齐渊居临淄南郊山下，五泉并出。南郊山即牛山也，接此渊在临淄东南八里，淄水之东，女水之西，平地出泉，广可半亩。"此外，《地理风俗记》《水经注》《山东通志》和临淄地方志中，也都有记述。

天齐渊俗称"温泉"。古代齐地人把它视为天下中心，是天的肚脐部位。因齐与脐相通，司马迁便得出"齐所以为齐，以天齐也"的结论。天齐渊实际上是由群泉汇集而成，大者有5个，故明嘉靖年间《青州府志》上说"五泉并出，喷珠吐玉"。群泉因受气候变化的影响，特别是受降水量的影响，时断时续。当地人凭此观天象，只要出水，必是丰年。为此，清康熙二年时，改温泉为"瑞泉"；乾隆二年时，又改称"丰水"。康熙五十八年，曾在天齐渊旁建"管鲍祠"一座，祀管仲和鲍叔牙。

天齐渊最大的一个泉在群泉的最西边，由无数个细泉组成，婉如水潭，雾气蒸腾，阳光照射，五彩缤纷。由此往东20余米，岩石下又有一泉，泉痕如线，水漫过平石而出。向北几丈远，又见大、小两泉从石洞中涌出，相互映照，大者如荷花盛开，小者似花苞待放，情趣盎然。再向东行约百步，便见一巨大的宽阔平坦的青石上，有从岩石缝隙间流出的泉水飞泻而下，恰如瀑布争流。五泉皆出自嶙峋的岩石之间，汇流成溪，注入淄河。

背山临水、景色优美的天齐渊，素有"八神之冠"称号，自古就被称为临淄一景。明朝临淄八景诗中的《淄泉修禊》曰："温泉遥映蕊珠宫，上巳寻芳禊事同。夹岸游丝萦绣毂，隔花鸟语唤华骢。舫飞淄水明波外，客醉牛山烟雨中。遮莫兰亭集胜友，何如童冠咏春风。"天齐渊旁的纪胜石刻有多处，最早的要数明万历七年，县令黄策的摩崖石刻"温泉"；其次为毛维骈的诗碑；再次是崇祯七年，县令连元所题诗碑。清朝的杨端木与邵嗣光等人，都曾勒石纪游。古时重阳之日，天齐渊总是人山人海。官吏绅士相约饮酒赋诗，平民百姓结伴而来，祈祷泉神福庇，十分热闹。但可惜的是，到了1975年，曾为"东方八神"首尊的天齐渊，因当地的地下水位下降而干涸。今天，临淄区在此处建成了天齐渊森林公园，该公园位于淄河以东、胶济铁路以南，占地2万亩，总投资20亿元，主要建设形象展示、森林运动、乡居乐活、文化田园观光、康体养生度假、齐民要术农业科普、田齐文化7大功能分区，重点打造"两山一田一崖一乡村"，两山是指红螺山公园、蛟山公园，一田是指一亩方田农业区，一崖是指天齐渊崖壁，一乡村是指刘家终村乡村旅游，包括湿地公园、四季花谷景观大道等景点。

二、古河系水

在临淄齐故城城内，有一条历史名河叫"系水"。系水又名"渑水"，秦汉时称"溱水"，俗称"泥河子"。其源头在桓公台西南约公里处，齐国故城小城(宫城)西墙外侧。古时，其源头泉流汇聚成池，称"申池"，邻近的城门称"申门"。

有关系水和申池，文献史书中多有记载。《左传·文公十八年》(公元前609年)记载："夏，五月公(齐懿公)游于申池"。《左传·襄公十八年》(公元前555年)记载："赵武、韩起……，率诸侯之师，焚申池之竹木。《史记·鲁仲连列传》则有鲁仲连谓"田单黄金横带，骋手淄渑之间。"《史记》引《齐地记》云："齐城西门侧，系水左右有讲室，趾(址)往往存焉。"《水经注》记述："系水傍城北流，径阳门西，水次有故封处，所谓齐之稷下也"；

天齐渊

天齐渊森林公园

又记:"系水又北径临淄城西门北,而西流经梧台之宫……"。从这些记载中可以看出:春秋战国时期,系水周围为王公贵族游憩之所,文化活动已很活跃,著名于世的"稷下学宫"就在系水岸旁。

经勘探,系水的源头在小城西垣之外,靠近申门。然后,泉水流出成古系水,循城顺流北去,流经长胡同村东、过督府巷村、东西石桥村、邵家圈村。邵家圈村南发现有战国时期建筑遗址,出了瓦当等古文物,并在河中挖得刻有"稷下"二字的石碑一方,字体为正楷双钩阴刻,与明万历年间镌刻的"齐相晏平仲之墓"碑风格相似;村北有清理出土的故城排水道口,当地人称排水道口南为"三扇门口",据勘探这里是故城北部东西街的西道。正如《齐向别录》所说:"齐有稷门,齐之西门也,外有学堂,即宣王立学所也,故称为稷下之学"和《左传·昭公十年》(公元前532年)记载:"陈桓子,五月庚辰战于稷。"因此,邵家圈村一带可能就是稷下学宫的活动中心。

系水在王青村前分流为二。一支向西,称系水,经柴家疃至温家岸村西,与从南面流来的康浪河相交,再向西至梧台村西交画水,西流过桐林村汇入时水;另一支向北,称渑水,经许家屯、西姬王村,往西北入广饶县,又转入博兴县境,在柳桥汇入时水。柳桥即古之贝丘,《左传·庄公八年》载:"齐襄公即位十二年(公元前686年)冬,围猎贝丘,"即此地。系水现已干涸,它之所以名传至今,其原因就是它与齐国历史文化有着千丝万缕的联系。

三、马踏湖胜景

马踏湖位于淄博市桓台县东北部,古济水行道之中。北部濒临小清河,东北隅与博兴县接壤,南连潴龙河,东接乌河,西通孝妇河,由东、西、南三水汇流而成。南北宽8公里,东西长12公里,总面积达100平方公里。

马踏湖是一个天然湖泊,最早叫"严州坑",春秋时期称"少海"。据传,马踏湖一名的来历与齐桓公有关。《春秋·公元年》记载:"公会齐侯于平州",说的是齐桓公曾在湖区东部的会城大会六国诸侯。各诸侯国军马纷涌至此,重兵陈列,众马汇集,马踏地陷,形成湖泊,故名曰"马踏湖",又名"会城湖"。宋金时期,湖区一带出现了以时水(乌河)为界限的三个湖名,即"会城湖""鱼龙湾""庞家泊"。明嘉靖《新城县志》中载:"新邑受小清、孝妇诸水纳而弗宣,汇马踏等湖,溢而为害……"当时,官方行文通称马踏湖,后讹为"麻大湖""麻大泊"、俗名"官湖"。元代一位史学家、兵部侍郎至湖游览时,曾留下"霸风收绿锦,万顷水云秋。海气朝城市,山光晚对楼"的诗篇。后人从其诗中摘出"锦秋"二字作湖名,称"锦秋湖"。清乾隆年间,以金鸡岭为界,岭南叫锦秋湖,岭北称麻大湖。1985年,正式复名为"马踏湖"。

马踏湖有2100多条渠道纵横交织,物产丰富,景色迷人。这里曾吸引不少名人逸士栖身隐居,撰文赋诗。据历史记载,战国时齐商士鲁仲连功成身退,隐居马踏湖之滨,湖中尚有鲁仲连故居遗址和鲁仲连井。湖中的青冢,传说是面折齐宣王,劝王贵士而终身不辱的高士颜斶的栖隐故里。此外,三国时的诸葛亮、唐代的李白、宋代的苏东坡、元代的于钦都曾来湖游历;明末的王象晋、王象春,清初的王渔洋、徐东痴等也多次来湖泛舟避暑。著名大诗人李白曾在此留下咏鲁仲连《古风》一首:"齐有倜傥生,鲁连特高妙。明月出海底,一朝开光耀。却秦振英声,后世仰末照。意轻千金赠,顾向平原笑。吾亦澹荡人,拂衣可同调"。

湖中名胜首数五贤祠。五贤祠坐落在马踏湖心的青冢上。青冢又称"青丘""青凉台"。据传,青丘十分高大,形似乌龟,能随水漂浮,水再大也淹没不了。青冢又有"冰山"之称,传说周秦交替之际,鲁仲连与友泛舟马踏湖,纵酒畅饮,横论六国时政之得失,强秦之无厌。忽闻家人报秦灭齐,鲁仲连仰天长叹,决不为秦民,遂跳入马踏湖。这时,骤然北风呼叫,大雪纷飞,青丘夜起高数仞、长百步的冰山。为缅怀先贤,后人在青冢上建筑了清凉寺,寺内有清凉亭,又名清凉台,后改为"无欲亭",意指鲁仲连、颜斶、辕固三贤,并在起风镇华沟村兴建了"三贤祠",易颜斶为苏东坡。明清交替之时,新城王氏家塾迁至青丘,同时将"三贤祠"从华沟村移到青丘,易辕固之位给诸葛亮。清同治三年,重修"三贤祠",以年代排列塑像,鲁仲连居中,诸葛亮居左,苏东坡居右,辕固、颜斶各有牌位配享。民国十五年,湖乡人捐资扩建"三贤祠",建大殿三间,厦檐四柱合抱,殿内供三贤塑像和绘有三贤事迹的壁画。三贤祠于1966年毁于"文化大革命"。1984年,当地人民为开发湖区旅游,在三贤祠的废墟上,又重建"五贤祠,"颜阖、辕固也得到了正座。新建五贤祠于1987年完工,它南北长50米,东西宽40米,占地4亩。主殿内并排五位先贤塑像,正中为鲁仲连,左为苏东坡、辕固,右为诸葛亮、颜阖。

在马踏湖的名胜古迹中,除五贤祠外,较著名的还有东坡亭,又名东坡登临处;碧波红莲,原称"红莲宇",现名"骚步台",在会城泊中。此外,鲁仲连蹈海处、颜子钓鱼台、夏庄阳城、诸葛庙也都有其历史渊源和动人传说。

第三节　曲阜著名水胜迹

曲阜是中华人文始祖轩辕皇帝的诞生地,是世界十大思想家之首孔子的故里,是东方文化与儒学思想的发祥地,是中国著名的历史文化名城之一。曲阜文物古迹众多,市级以上文物保护单位达300多处。其中有些文物古迹与水密切相连,或以水为主景,或以水为背景,并且有着深邃的文化底蕴、丰富的文化内涵和深刻的文化意义,从而使得圣地更加熠熠生辉、灿烂辉煌。

曲阜简介

一、圣地与圣水

(一)圣地

曲阜位于山东省的南部,北枕泰岱,南视江淮,东接沂蒙,西连兖州。她历史悠久,文物众多,气候宜人,土地肥沃,山清水秀,人杰地灵,资源丰富,物产丰饶,交通发达,是鲁中南的一块宝地。

"曲阜"二字始见于《礼记》,据东汉史书记载:"鲁城中有阜,委曲长七八里,故名曲阜"。曲阜自古被誉为物华天宝、人杰地灵之地,被当地百姓誉为"龙脉宝地"。这里,山清水秀,环境优美,风光旖旎。"南沂西泗绕晴霞,北岱东蒙拥翠华"(乔宇《谒阙里》)道出了曲阜优越的外围大环境:曲阜南有沂河,西有泗河,北有泰山,东有蒙山。临近曲阜城的名山也很多,城东有防山、八宝山,城北有九仙山、石门山、凤凰山,城南有尼山、九龙山、峄山等。城西是广阔无垠的鲁西南大平原,土地肥沃,米、麦、豆、黍五谷丰盛,是天然的粮仓。远古时期,曲阜一带山光水色,气候宜人,禾苗青青,果树花香,是一个五谷丰登、人寿年丰的好地方。传说东海里有一条"困龙",随水流游到曲阜地带时,便被眼前的美景迷住了,说什么也不愿离去,日月久了,就渐渐地与曲阜的山水合在了一起,龙身化成尼山,龙头窝在曲阜城,两条龙须,一条伸在孔庙、孔府下面,一条伸在孔林下面。因此,曲阜在很久很久以前,就被人们视作一块"龙脉宝地",暗喻曲阜为卧龙藏虎之地。

曲阜古称"仙源",素有"少昊之墟,周鲁故都"之称。她历史悠久,源远流长,是中华民族文化发祥地之一,被誉为"古代东方文化之中心"。她的历史可以追溯到远古时期,古史上的许多传说都同她联系着。据古史记载,炎帝神农氏都陈徙曲阜;黄帝轩辕氏出生于曲阜寿丘,在穷桑登帝位,后迁都曲阜;少昊都曲阜,舜作什器于寿丘。中国远古时代的三皇五帝,就有四人在曲阜留下了活动的踪迹,其中三人在此定都。到了商代,曲阜还一度成为王都,商第二十代王盘庚迁殷后,曲阜又成了奄国的国都。到了周代,周武王封周公旦于曲阜,建立了鲁国。当时曲阜成为除周都镐京以外文化最发达的城市,是重要的政治、经济、文化中心,以"礼义之邦"著称于世。春秋时期,孔子在曲阜首开私人讲学之风,"弟子三千,贤人七十二",曲阜又成了当时的教育中心。

悠久辉煌的历史,晶莹璀璨的圣哲名士,给曲阜留下了珍贵的历史文化遗产。这里,文物浩繁,古迹众多,有我国三大古建筑群之一的孔庙;有历史悠久、影响深远的圣人之家的孔府;有中国最大的人工园林孔林;有中国第一位圣人周公的封地——鲁国故城。还有被称为"中国金字塔"的少昊陵;祭祀周公的周公庙;孔子出生地尼山,孔子删诗书的"先师学堂",孔子父母葬地"梁公林";亚圣孟子家族墓地"孟母林";祭祀复圣颜子的颜庙;宏伟壮观的九龙山汉墓群等。

曲阜对外开放以来,中外嘉宾、海内外游客纷至沓来。中国孔子基金会、孔子与儒学研究会等一批研究孔子思想和鲁文化的机构、团体先后在曲阜成立,全国或国际性的有关学术会议,相继在曲阜召开;另一方面,曲阜市人民政府也以最大努力,把旅游开发、文化交流和经济技术协作结合起来,期望在这一块宝地上创造出更新颖、更璀璨的现代文明。

孔庙

孔庙大成殿

(二) 圣水

曲阜属暖温带季风性大陆气候,四季分明,降水较为丰沛,具有多春旱、夏季多雨、秋季干旱、冬季干冷少雪的气候特点。

曲阜境内水系发达,水源丰富,河流、古泉、名井、水库众多。河流,属于淮河流域南四湖水系,有大小河流14条,总长度246公里,年平均流量18 044万立方米,年平均径流深201毫米,年实际可利用水资源总量23 087万立方米。曲阜城北的主要河流有泗河、洙水河、崲河、郭泗河,城中孔庙前有泮水、庙内有璧水,城南有沂河、雩水、蓼河、蒋沟河、智源溪、白马河等。古代的名泉,有籍可考的有30多个,形成了3处较大的泉群:一是逵泉群,泉源在曲阜城东南的小泉村(旧称"马刨村")东,由逵泉、两观泉、近逵泉、车辋泉、双泉、茶泉、柳青泉、曲沟泉等8泉组成,汇流一里,出口入沂河;二是洙泗河泉群,泉源在小泉村西,由洙泗河泉、新泉、曲水泉、咏归泉、濯缨泉、沿沂潺声泉等6泉组成,汇流入沂河;三是温泉泉群,泉源在曲阜城东南的张曲村东北,由温泉、近温泉、黑虎泉、连珠泉等4泉组成,汇流6里,至西北入沂河。名井,孔庙内有"孔宅故井",颜庙内有"陋巷井",凫村有"孟母故井",颜母庄有"扳倒井"等。水库塘坝,曲阜共有264座,总库容15 507万立方米;其中,水库62座,主要有尼山水库、河夹店水库、梨园水库、胡二东水库、白塔水库、吴村水库、韦家庄水库等。这些河流和泉井,就像条条玉带和颗颗玉珠,闪耀在曲阜这块古老而又神奇的圣脉宝地上,为曲阜优越的地理环境增添了色彩,为人们的生活创造了优越的条件,特别是这里的泉水,为人们提供了丰厚的生活资源。正是这些"圣水"孕育和滋养了古鲁文化,使得圣地熠熠生辉。

"圣人门前水倒流",是曲阜水系最显著的特点。即曲阜境内的河流大都是由东向西流。例如,境内最大的河流——泗河,发源于泗水县东部陪尾山下的泉林,由东往西流至陶洛村入曲阜市境,向西流绕孔林后,又西流至曲阜边界折南至兖州城东金口坝,沂水汇入后,南流至南四湖,东西经曲阜市境内40公里。这与我国的河流大多由西向东流,或者由北向南流,或由西北向东南流的普遍规律,截然不同。对于这一奇特现象,曲阜民间有两种传说:一说是当年大禹治水的结果;一说是东海龙王之子三太子,私自为曲阜降雨除旱,被玉皇大帝处死落在曲阜之东继续向西吐水的结果。但今天科学的解释,应该是由曲阜三面环山(北、东、南)、一面平川(西)的地形地势特点所决定的。对于曲阜水系的这一奇特现象,当地人们认为这是孔子故里的好风脉,是风水宝地的象征。因为我国自古有句俗语:"门前水倒流,富贵没有头。"这句话在曲阜十分应验。2 500多年来,孔子受到历代帝王的尊崇不断追封加谥,并先后有12位皇帝20余次来曲阜朝拜祭祀;祭祀孔子的孔庙,由最初的"庙屋三间"发展到现在的占地327.5庙,殿、阁、坛、祠、堂、庑、亭、库、斋、楼等466间;他的嫡系后裔居住的孔府,现占地240庙,有厅、堂、楼、房等共计463间,成为闻名于世的"天下第一家"。

二、尼山与尼山水库

尼山,位于曲阜城东南25公里处,海拔344米;它冈峦神秀,巍峨壮观,系孔圣人诞生地。此山原名"尼丘山",因讳孔子名"丘",故略去"丘"字,易名"尼山"。俗话说:"山不在高,有仙则名。"随着孔子社会地位的不断提高,历代王朝竞相建设尼山,后周显德年间(公元954—960年),首建尼山孔庙。宋仁宗庆历二年(公元1042年),扩建尼山孔庙,并同时建讲堂、立学舍、置祭田等。元顺帝至元二年(公元1336年),复建祠庙时,又建大成殿、大成门、观川亭,塑孔子像,置礼乐祭器,创尼山书院等。至明、清年代,又多次进行重修和扩建。经历代不断建设,形成了今天的"尼山八景"(五老峰、鲁源林、智源溪、夫子洞、观川亭、中和壑、文德林和白云洞)、"尼山三奇"(扳倒井、针刺倒长的山枣林和似笔之柏)及"尼山两怪"(吸水怪石和睡狮怪树)等景观。1977年12月23日,尼山被公布为山东省重点文物保护单位。

智源溪,为尼山八景之一。因孔子出生在尼山脚下,人们乃称尼山山涧之溪为"智源溪"。智源,智慧之源也。溪水由尼山主峰汇流而下,经孔庙门前石桥,注入山下的沂河支流夫子洞河(夫子洞,相传为孔子出生的地方)。智源溪,一年四季流水潺潺,蜿蜒不涸,在其周古村、古建筑群的辉映中,使人心旷神怡,流连忘返。明代诗人张敏赞曰:"智源水远东还鲁,颜母山高上接天,木落空林明晚照,雁衔寒雨下秋田。"

尼山的另一处重要景观——观川亭,相传这里就是当年孔子观五川感叹曰:"逝者如斯夫,不舍昼夜"的地方,于元顺帝至元二年(公元1336年)修建。该亭位于尼山孔庙棂

水与历史发展

星门东的一个小山冈上，前临悬崖，为八棱木架无斗拱、单檐灰瓦歇山顶结构，每面一间，面积 6.15 平方米，内悬隶书"观川亭"大匾。由此向南远眺，居高临下，可见五川汇流，由东向西，绕尼山脚下，浩浩荡荡而过，让人尽情领略大自然的造化之工。

新中国成立后，曲阜人民在五川汇流之处拦腰修筑了一道土石坝，建成了一座具有防洪、灌溉、供水、水产、发电和旅游等综合效益的大型水库——尼山水库。该水库系曲阜已建库容最大的水库，动工兴建于 1958 年 8 月 28 日，1960 年 9 月 5 日竣工。大坝北连尼山，南接昌平山，全长 1 805 米，高 22.2 米，坝顶宽 6 米，底宽 130 米，库容 1.253 亿立方米，占地 11.5 平方公里，整座水库碧波荡漾，一望无垠，鱼虾翔集，水鸟声声，环境优美。1986 年被曲阜市人民政府确立为曲阜市重点保护单位。

由于尼山水库位于尼山脚下，因此与尼山孔庙等古建筑连接在一起，已发展成为尼山旅游风景区。曲阜人民对尼山古迹进行了全面的整修，尼山林场进一步加强绿化，使尼山变得更加秀美。目前，尼山被开辟为"国家森林公园"。水利部门还对尼山水库进行了除险加固，沿其北岸堤防修建了公路、凉亭、花园、娱乐场、"尼山度假村"和"尼山阁"别墅等，形成了"圣水湖公园"。在这里，中外旅游者可以尽情地观光、登山、垂钓、划船、游乐和度假等。

孔子出生的山洞——夫子洞

尼山观川亭

尼山孔子塑像

尼山水库

三、四大古名井

在曲阜这片古老神奇的圣地上，诞生了"至圣"孔子、"亚圣"孟子、"复圣"颜子等圣人，还出现了孔子之母颜徵在、孟子之母仉氏等伟大女性人物，还留传有一篇篇美丽感人、脍炙人口的故事以及众多的古遗迹。因而,与他们有关的"扳倒井""孔宅故井""陋巷井""孟母井"等名扬天下,被人们视作"圣井",井内的水誉为"圣水"。

(一)孔母与"扳倒井"

在今曲阜市尼山乡颜母庄村西北二里许的智源溪旁,有一口井壁通身倾斜的水井。此井北面地势偏高,南面偏低,井南的智源溪遇有涨水时,溪水便流入井内,待井水注满,又从井内溢出,流入另一条小溪,别有几分情趣。但这井为什么会倾斜,为什么叫"扳倒井"呢?传说这与孔母生孔子有关。

孔子的父亲,姓叔梁,名纥,鲁昌平乡陬邑人(今曲阜市东南尼山乡鲁源村人),为陬邑之宰,是鲁国的一名勇猛战将。他的家乡是一个山清水秀、地灵人杰的地方,北靠尼山,南临沂河,沂河、张马河和山洪下泄之水汇流于村东向西流去,此地又多泉,旧有"七七四十九泉"之称,泉水汇入沂河西去,"此乃鲁水之源也",故今村名为"鲁源"。叔梁纥先娶施氏为妻,施氏生九女无男;后把施氏的一个丫环纳为妾,生一儿子孟皮,但是个跛子不能继位。叔梁纥自叹无嗣,晚年又求婚于颜家。颜父把三个女儿叫到跟前,问谁愿意嫁给叔梁纥,大闺女、二闺女都嫌他年纪太大摇头拒绝,而正当青春妙龄的三闺女颜徵在却看上了他。

婚后不久,颜徵在便有了身孕,夫妇二人天天去尼山祈祷苍天、山神保佑快些生子。公元前551年(鲁襄公二十一年)夏历8月27日午时,颜徵在又在尼山脚下祈祷时在坤灵洞(又名夫子洞)内生下了孔子。孔母抱着幼小的孔子兴高采烈的往家里走,走到村头时,母子俩已热得大汗淋漓,累得气喘吁吁,孔母见路旁有一口井,便想给孩子清洗一下身上的脏物。她把孩子轻轻地放在井台边儿,伸手去撩井水,但井很深,怎么也够不到水面。她手按井沿,自言自语道:"井啊,要能把你扳倒,让水流出来该多好啊!"语音刚落,就听得地下"吱吱嘎嘎"响了一阵子,而那口井竟顺着她的手势慢慢地倾斜起来,一直斜到井水涓涓地流出来,凉丝丝散发着一股清香气。孔母先捧了一捧喝了,然后给孔子洗澡。用

古扳倒井

完这井水后,孔母便朝井磕了三个头,抱着孔子进了村。而这口井却永久地倾斜了,从此,当地人们就叫它"扳倒井"。井水和尼山山涧之溪汇成了一条河,取名"智源溪"。智源,智慧之源也,意思是说孔子出生之地乃智慧之源。

(二)孔子与"孔宅故井"

在曲阜孔庙诗礼堂后的孔子故宅内有一口井,据传系孔子当年的吃水井,是孔子在世时尚存的原物之一。宋代石砌此井口,明代在高筑的井台四周修建了雕花石栏。在石栏的东南角上,有根莲花柱,用响石刻制,以掌击之,能发出悦耳的石磬之声。栏内井口北侧立有石碑一座,上刻"孔宅故井"四字。

孔宅故井虽然仅有丈余深,但水清且甘甜。孔子饮此井之水成了大圣人,所以们把它视为"圣物",井内的水誉为"圣水"。据传,孔子三岁时父亲叔梁纥就死了,母子俩在家庭中受到了其他妻妾的嫉妒,生活很艰难。20多岁的孔母颜徵在深知鲁都(今曲阜城)是鲁国的政治、经济、文化中心,典籍丰富,名师众多。为了儿子将来能有一个良好的学习环境,她携带着幼小的孔子毅然离开了夫家,独自迁至鲁都"阙里"居住。在阙里,母子俩同饮一井水,粗衣淡饭,相依为命。孔母教孔子一些周王朝中贵族们所通晓的礼仪,在母亲的教导下,孔子五六岁时就经常"陈俎豆、设礼容",即摆上一些用泥巴捏成的祭器,自己演习磕头行礼的仪式。孔子11岁时,跟鲁太师学习了"周礼"。

孔子故宅这口孕育出"圣人"的名井,在以后的历史长河中,不知引起多少帝王将相抚膺长叹,多少游人墨客感赋连篇。他们来曲阜祭孔或旅游时,都以能亲口尝到此井内的"圣水"而为幸。清乾隆皇帝在位60年,曾先后9次圣驾曲阜,有5次到孔子故宅井"饮水拜师",并吟《孔宅井赞》等诗章,赞美圣水的灵秀、甘醇,赞曰:"疏食饮水,曲肱乐之,既清且溁,汲绳到兹,我取一勺,以饮以思,呜呼宣圣,实我之师。"(引自《论语·述而》,子曰:"饭疏食饮水,曲肱而枕之,乐亦在其中矣。不义而富且贵,于我如浮云。")借饮水表达了他对孔圣人的无限崇敬和尊重之情。为此,后人在井西专门修建了一座四角黄瓦方亭,立上了乾隆饮水拜师的"孔宅井赞"石碑,今天,曲阜人民充分利用该井之水,开发了"孔宅故井饮用纯净水",畅销国内外。

孔宅故井

(三)颜子与"陋巷井"

在曲阜颜庙复圣门内的陋巷故址也有一口水井,此井周围建有一座六边形方亭。方亭建筑很特别:六边六角六柱,每边长2.9米,灰瓦鸱吻,其正顶留一露天透孔,孔的大小恰好与井口相同。亭内井北立一石碑,上刻"陋巷井"三字,系明嘉靖三十年(公元1551年)刻制。这口井为什么叫"陋巷井"呢?据传是为纪念孔子最得意的学生颜回"一箪食,一瓢饮,居陋巷……不改其乐"(《论语·雍也》)的勤奋好学精神而设立的。

颜回(公元前521—前481年),字子渊,春秋末期鲁国都城陋巷人。他家境贫寒,自幼生活清苦,用竹筒子吃饭,用瓢喝水,住在简陋的小巷子里。但他却安贫乐道,不慕富贵。他天资敏睿,勤奋好学,学识渊博,品格高尚;性格恬静,长于深思。他的老师孔子称赞他说:"有回者好学,不迁怒,不二过。""一箪食,一瓢饮,居陋巷,人不堪其忧,回也不改其乐,贤哉回也"(《论语·雍也》)。颜回一生都追随孔子学习和生活,是孔子最欣赏、最得意的学生,学到了孔子思想的真谛,成为孔门弟子七十二贤之首。颜回以"德行"著称,严格按照孔子关于"仁""礼"的要求,"敏于事而慎于言"。所以孔子又常称赞他具有君子四德,即强于行义、乐于爱谏、怵于待禄、慎于治身。他终生所向往的就是出现一个"君臣一心、上下和睦、丰衣足食、老少康健、四方咸服、天下安宁"的社会。公元前481年,颜回先孔子而病逝,葬于鲁城东防山之阳的颜林。

陋巷井,就是颜回当年的生活饮水井。他淡如水,清如水,勤奋好学,知难而进,被推崇为"安贫乐道、贫而好学"的典型。陋巷井也因此被人们视作是一口"圣井""廉井"。

陋巷井

(四)孟母与"孟母井"

在今曲阜市小雪镇凫村的孟子故宅门前有一个大池塘,占地3余亩,名"孟母池",常年有水,冬夏不涸。池西有一条南北流向的河流,名白马河。过河上拱桥西行约60米,可见路南有一口水井,名"孟母井",井直径约1米,深约6米,砖砌井壁,井口压石盖,井台旁有清光绪年间立的重修孟母井石碑一座。据传,孟母池是孟子的母亲仉氏当年经常洗

衣的地方,孟母井是她家当年的生活饮水井。

凫村孟子故宅是"亚圣"孟子(公元前372—前289年)的出生地。这里早在春秋战国时已形成村落,因孟母洗衣于白马河畔,见凫鸟落于水中,视为吉祥之兆,故取村名为凫村。公元前372年,孟母在这里生下孟子。孟子很小时父亲孟孙激就去世了。孟母是位伟大的女性,为了教育他成人,曾"三迁择邻""断机教子"。据《三迁志》记载:"慈母三迁之教:孟母其舍(凫村)近墓,孟子之少也,嬉游为墓间之事,踊跃筑埋。孟母曰:'此非吾所居处子也'。乃去舍市旁(今邹城市城西庙户营),其嬉戏为贾人炫卖之事。孟母曰:'此亦非吾所以居处子也'。复徙舍学宫之旁(今邹城市南关子思教书处),其嬉游乃设俎豆揖让进退。孟母曰:'真可以居吾子矣',逐居。及孟子长,学'六艺'后,因其教子而断机。"由于孟母教子有方,使孟子后来成为战国时期继孔子之后的又一位伟大的思想家、政治家、教育家。孟母也因此被尊为历史上有名的"贤妻良母"和教子有方的典范。

孟子故宅前这口滋养了孟母和孟子这两位伟大历史人物的孟母井,被后人视作"圣井",予以重点保护和充分开发利用。特别是当地的大姑娘、小媳妇都争相饮用此井之水,希望自己也能成为一名孟母型的贤妻良母。

四、四大古名桥

(一)泮水桥

泮水桥,位于曲阜孔庙第一道门坊"金声玉振"坊的后面,因架于流经此处的泮水之上而得名。该桥是一座单孔石拱桥,桥长7.38米,宽4.45米,桥面是二龙戏珠的浮雕石陛,两侧围以精致的桥栏,桥下的泮水从泮池蜿蜒流来呈半圆绕过。桥东西两侧各有一棵合抱粗、挺拔如盖的古柏树,柏、水、桥相互辉映,益彰成趣,当地人们又诙谐地称之为"二柏担一孔"。泮水桥是进入孔庙的第一道"门",人们要想进庙,必须先过此桥。

泮水桥看起来虽不那么显眼,但在我国的教育史上却颇具象征意义。最早要从鲁僖公(公元前659—前627年在位)在泮池修建"泮宫"(学宫,即学校)说起。鲁秋时期,鲁僖公为了兴学养士,在曲阜城内东南隅,环境优美的文献泉和泮池之间建筑了"泮宫",它是周代诸侯国中开办的最早的一所学宫。在这里,文人学士"济济多士,克广德心","思乐泮水,薄采其芹"(《诗经·鲁颂·泮水》)。以后,名诸侯国争相仿效,也在国内开凿了泮池,建起了泮宫。从此,"泮宫"就成为诸侯国大学的代名词。春秋末期,孔子在曲阜故里大兴教育事业,于孔庙内杏坛施教。规定凡是前来拜师求学者,只有从流水潺潺的泮水桥上进入孔庙的,才可正式录取为儒生。意即该生已进入孔圣人的庙堂学习,要受到圣人的教诲了,前途无量呀!自此,人们就把小孩子刚进私塾读书时,叫作"入泮"(进入泮水桥);把书生考中秀才,雅称"游泮"或"采芹",是说书生考中了秀才即可取得游泮池和采芹的地位及资格。这种入学的称法,至迟流传于明、清两代的科甲中。另外,各封建王朝还下令全国的府、州、县普建孔庙,在庙门前必有"泮池"和"泮水桥"的模拟建筑。

由于泮桥具有特殊的教育意义,历代予以重点保护和维修。但可惜的是,现今泮水桥下面的泮水随着泮池的萎缩已干涸,不再像往昔那样流水潺潺了,泮水桥成了一座旱桥。

(二)璧水桥

过孔庙圣时门,豁然洞开,是一个诺大的庭院,古柏森森,芳草萋萋,绿阴匝地。横穿

泮水桥

该庭院东西有一条河,如庙之腰带,名"玉带河";又因水壅绕如璧,又名"璧水"。水清如镜,透雕石栏夹岸,河上有三座造型古雅的拱形石桥。中桥宽 10.30 米,长 16.68 米;两翼辅桥宽 3.43 米,长 13.35 米。桥影倒投水中,"水绕如璧",故名"璧水桥"。该桥始建于明永乐十三年(公元 1415 年),明弘治十三年(公元 1500 年)在桥上添加石栏,河岸砌石墙;清康熙十六年(公元 1677 年)改石墙为石栏。石栏玲珑剔透,雕琢细腻,灵秀栩生。桥下河水如玉带、似璧玉、碧波涣涣,荷叶田田,使孔庙环境更具生气和灵性。

在璧水桥的四周各建有一座大门,由皇帝钦定命名,以表明孔子崇高的地位,表达对孔子和儒学的无限尊崇。璧水桥南为圣时门,是孔庙的第二道大门,始建于明永乐十三年。"圣时",取自《孟子·万章下》:"孟子曰:'伯夷,圣之清者也;伊尹,圣之任者也;柳下惠,圣之和者也;孔子,圣之时者也。'"意思是说,在圣人中,孔子是最合乎时代潮流、顺应时代发展的圣人。璧水桥北为弘道门,是孔庙的第三道大门,左右两侧还各建有一道小门。三门并列,与璧水桥相迎,布局巧妙,风格独特,始建于宋天禧二年(公元 1018 年)。"弘道",取自《论语·卫灵公》:"人能弘道,非道弘人。"赞颂孔子弘扬了尧、舜、禹、汤和文武周公之道。璧水桥东为"快睹门",是孔庙的一道腰门,始建于明弘治十三年。"快睹",取自韩愈《与少室李怡遗书》:"朝廷之士,引颈东望,若景星凤凰之始见也,争先睹之为快。"在这里意思是说,对孔子的思想和业绩知道得越早越痛快。璧水桥西为"仰高门",是孔庙的另一道腰门。"仰高",取自《论语·子罕》:"颜渊喟然叹曰:'仰之弥高,钻之弥坚;瞻之在前,忽焉在后……'"这是颜回赞叹老师孔子的学问,意思是说,孔子的学问高深莫测,越学越觉得无比崇高。

(三)还辕桥

在曲阜市息陬乡息陬村的西北,有一座古水桥,系两孔平板石桥,长 4 米,宽 3.4 米,高 1.73 米,名还辕桥。"还辕",取自孔子的《陬操》:"临津不济,还辕息陬"之句。传为春

璧水桥

秋末期,孔子68岁时(公元前484年),周游列国14年还辕息陬时所走过的桥。孔子周游列国为什么还辕,为什么作《陬操》呢?

公元前497年,孔子为推行"德政礼治"的政治主张,离开鲁国,带着学生们开始风尘仆仆地周游宋、陈、蔡、齐、楚、卫、晋等国。公元前484年,孔子到了卫国,也没有被卫灵公所重用,准备再西去晋国拜见赵简子(赵鞅,亦名赵孟)。当孔子师徒来到黄河岸边时,听到窦鸣犊、舜华被赵简子杀死了,于是站在黄河岸上面对着黄河感汉说:"滔滔黄河水,多么壮观呀!但我却不能渡过黄河去晋国了,这莫不是命中注定吧!"学生子贡快步走到孔子身边问道:"老师,这是为什么呢?"孔子说:"窦鸣犊、舜华是晋国有才德的大夫,赵简子未实现志愿的时候,需要他们二人的韬略、机谋,施行军政事;但当他掌握了大权之后,却杀死了他们。我曾经说过,杀幼小牲畜,麒麟就不会到这里来了;将鸟窝捣翻毁其卵,凤凰就不会再飞到这里来了;将水汲尽而去捕鱼,蛟龙就不会到这条河里来了。这是什么原因?有道德的人愤恨、忌讳伤害同类的事。不祥之邑,鸟雀不翔;不吉之地,兽类不临。禽兽都知道躲避不义之地,赵简子杀贤诛才不仁不义,我为什么还去见他呢!"(司马迁《史记·孔子世家》)说完,孔子气呼呼地命学生们回驾车返鲁,过还辕桥,回到了鲁国陬乡(今息陬)。在陬乡孔子怀着极为悲愤的心情作琴曲《陬操》,以表达对窦鸣犊、舜华的哀悼。《陬操》云:"……临津不济,还辕息陬,伤余道穷,哀彼无辜!"意思是说,来到黄河岸边也不想再渡过去了,还是驾车回到了息陬,可怜我的道路(贤人的道路)已穷尽,这无缘无故被害致死了人,多么地可悲可叹!

现今在茌平县博平(古博陵)北11里处有一座庙,名"三教堂",庙前有一块石碑,上刻"孔子回辕处"。相传,当年孔子师徒驾车来到黄河东岸边的漯河(今博平北边的徒骇河的一个渡口)时,即听说赵简子杀死了窦鸣犊和舜华,气愤不平地回辕鲁国陬乡,写了祭文。因此,后人为追念窦、舜被杀和孔子回辕,便把博平东北南镇以北的一段漯河,改称为"鸣犊河";把三教堂附近,称作"孔子回辕处";把息陬村西北的石桥,叫作"还辕桥"。在还辕桥北,还兴建了一座"春秋书院",孔子晚年在此致力于编写《春秋》,以寄托其政治主张和愿望。后人在书院大门右侧立上了"孔子作春秋处"石碑一块。

(四) 洙水桥

在孔林孔子墓前不远处,有一条自东而西流向的"洙水河",在河上高架一座古雅的拱形石桥,名曰"洙水桥"。为什么在孔圣人墓前挖一条河呢?

孔子73岁(公元前479年)时,生了一场大病,经弟子子贡、曾参等人的侍奉,病体有所好转。一天早晨,孔子拄着拐杖站在门口凝思,弟子们急忙上前挽扶道:您老人家刚刚好一点,为何站在门口,当心着凉! 孔子叹了口气说:我的天命将尽,不久将辞于人世,至今连墓地还未选定,今早弟子们早早用餐,陪我去选林地如何? 弟子们心情沉重,草草吃了早饭,备好车,带着孔子登路而去。他们从九龙山向东,到出生地尼山,又北折防山,一连数日也未选中墓地。这一天,他们行至鲁城北的泗河南岸时,孔子急忙喊道:弟子们停车! 弟子们扶他下车后,他精神百倍地说:此地南临鲁城,北依泗水,是块风水宝地,将来把我葬于此,即可瞑目而去。至于后代的兴衰,我也不必担心了。这时,善多言的子贡躬身问道:老师,此处风脉固然很好,只是南土北水,岂不是一头干一头湿吗? 如果南边再有条河,岂不成了两水润林,倍长风烟吗? 孔子听后笑道:好聪明的弟子,但你们有所不知,我死后会有人因破坏风脉而掘河的,但掘河却弥补了风脉之缺。这叫作已所不欲施于人,后其恶之而善之啊! 这一年的4月11日,孔子因病与世长辞。弟子们怀着极为悲痛的心情把他葬在了他选好的林地里。

孔子去世200多年后,秦始皇"焚书坑儒",还觉不解恨,又下令在孔子墓前挖一条河,并引水由东向西流(让水倒流),企图用此河来破坏孔林的"风水",割断孔氏家族的"圣脉",使孔家后代永远断绝。然而事与愿违,正如孔子生前所预言的那样,洙水河挖成后,不但没有破坏了圣脉,反而疏通了圣脉。从此,孔家就像这河中潺潺不息的流水,家族兴旺,香火永续,流芳千古。在我国2 000多年的封建社会里,孔子不断地受尊重,其社会地位不断地提高,他的儒学思想也日益为历代帝王所重视和效法。因此,这条流经"圣人"墓前与"圣脉"攸关的洙水,被后世誉为"灵源无穷,宜与天地共长久的圣水"。

后人在孔子墓正前方的洙水河架起了一座石桥和石坊。洙水桥,始建年代已不祥,明弘治七年(公元1494年)在桥上增以青石雕栏。此桥系一座隆起颇高的石拱桥,长6.60米,宽25.24米,桥面用灰砖和长条石铺砌,西侧围以玲珑青石雕栏,似一道彩虹横卧在洙水之上。站在桥上观览,周围景色优美:坊高如拱,桥卧似虹,古树参天,芳草萋萋,流水潺潺。据说,上、下洙水桥还有一定的说道:从南向北上桥,意味着"步步高升";到达桥顶最高处,意味着"财源旺盛";下桥,则意味着"代代有余"。洙水桥坊,立于洙水桥南,系明嘉靖二年(公元1523年)孔子第62世孙、衍圣公孔闻韶所立。清雍正十年(公元1732年)重修,1951年更换了两次间的额枋和石柱。此坊为三楹雕有云龙和辟邪的冲天式石坊,四柱均为八角形,顶立蹲兽,次间坊额镌刻"洙水桥"三个大字。但其署名很怪,北面署名"明嘉靖二年衍圣公孔闻韶立",而南面则署清雍正十年年号,同一坊额两面的署刻,竟相差200多年,这是怎么回事呢? 原来清雍正九年,陈世倌、张体仁奉旨监修孔林工程,修林的金银二人私吞了不少,怕巡按御史查问,便想出"偷梁换柱"的法子,把洙水桥坊南面的"明嘉靖二年"凿去,改成了"清雍正十年"。但其北面"明嘉靖二年"的字样却依然如旧,这也许是当时的石匠对此事不满而故意漏凿,从而留给后人一个笑料吧。另外,在洙水桥的南北两岸还立有历代浚修洙河、桥的碑记种种,其中时间最近的一块是清末改良派领袖康有为于 1922 年所旁题的《修葺洙水桥碑》,碑文记载了孔子第 77 世孙、衍圣公孔德成(孔德懋的胞弟)主持修葺洙水桥的内容。

洙水桥

孔子墓

五、观水园与论语碑苑

(一) 观水园

观水园,位于曲阜市孔庙前西南隅,古泮水边,占地 6 亩,是一处集观水启智、娱乐食宿于一体的旅游景点。

观水园,或简称"观水"。"观水"源于孔子"君子见大水必观"(《荀子·宥坐》)之语。孔子对水有着非常特殊、异常深厚的感情,他一生亲水、爱水、咏水、论水,他见水必观,观后必论,论之生情;并且对水观察的很细,琢磨的很透,品味的很深。孔子还经常借助于波涛汹涌的流水,以水为喻,对学生们进行现实而形象的思想教育。

在观水园大门正中的外墙壁上,刻绘的是一幅《孔子在川观水图》,其画面是:有一条大河在滔滔奔流,岸上孔子与学生们围聚在一起,孔子用手指着滔滔不息的流水,眼睛注视着学生,正在进行现场讲解教育。整幅画面,雕刻细腻,形态逼真,栩栩如生,蕴含了孔子生生不息、绵绵悠长的治学思想,观后使人得到启发。在园内以赏泉观水为主体,建有"八泉一台二居",融观赏性、知识性、参与性、娱乐性为一体。这里的喷泉主要有:礼泉,为纪念孔子重礼仪而建。泉水喷涌,形似雪松,在门前向游客致意;乐泉,为纪念孔子"以乐施教"而建。圣水池内的音乐彩泉高低变换有致,似天池中翩翩起舞的仙女,虚无缥缈,扑朔迷离;射泉,在弘文阁射台前,游客可以弯弓射箭五支,射中后,泉水便会喷涌而出;御泉,其寓意是表现孔子为推行政治主张,周游列国,历尽艰辛,勇往直前的精神。游客过此水关,以滴水不沾者为胜;数泉,为幸运泉,祝福游客来曲阜圣地,乘兴而来,悟道而归;欹器泉,取自《荀子·宥坐》,子曰:"吾闻宥坐之器者,虚则欹,中则正,满则覆。"即水少时,欹器立不起来,水满时即翻过来,水只有适中时,欹器方正。这是游客参与的一项活动,劝喻人们做事为人须恰到好处,不要过分,也不要不及。这些喷泉,融声、光、色、乐为一体,观之如临仙境,流连忘返,被誉为"圣城鲁都曲阜的一颗璀璨明珠"。另外,观水园还可以进行划船游览观光活动,从园内划船出发,沿泮水和护城河上下,西岸的孔庙、孔府、论语碑苑、六艺城、孔子故里园等古今建筑尽收眼底。

观水园

(二)论语碑苑

论语碑苑,位于孔庙前大成路南段北侧、小沂河之阳,是以《论语》为表现内容、书法为表现形式、碑刻为载体、山水为环境衬托的人文景点。

《论语》是儒家学派最重要的经典,最集中的反映了孔子思想,也是中国传统思想文化的代表作。在封建社会里被当成治国之圭臬,有"半部《论语》治天下"之说。孔子在创立和发展儒学思想的过程中,在许多方面是受到水的启迪的。他通过观水陶冶了情操,在流水的品格的启迪下,增强了自信心,发展了自己的学术思想。在《论语》中,就多处提到水或用水作比喻。诸如《子罕》《雍也》《述而》和《卫灵公》篇。因而,在儒学思想的创立、发展中,水发挥了极其重要的作用和产生了一定的影响,从某种意义上说,水促进了儒学的形成与发展,水在推动与孕育着人类的文明。

论语碑苑占地70余亩,有堂、楼、厅、榭、台、廊、坊等400余间,建筑面积7 000余平方米;有湖、池、溪、潭、瀑布7 200多平方米,假山5 000余平方米。苑内长廊蜿蜒,楼堂高耸,牌楼飞翼,檐牙啄空;芳草如茵,柳暗花明,湖光山色、交相辉映;碑石琳琅满目,佳作异彩纷呈,真草隶篆,各显其胜。主要建筑物碑刻、泮池、泮桥、仁山和必观亭等。仁山,位于光世堂的背面,取自《论语·雍也》:"知(智)者乐水,仁者乐山。"山石嶙峋,瀑布飞泻,山中有洞,洞中有水。仁山为苑中最高点,东俯乐湖水波涟漪,红莲映日;南眺苑外沂河蜿蜒,绿水泱泱;西瞰苑内黄瓦参差,繁花似锦;北仰孔庙、孔府金碧辉煌,桧柏森森。在苑内复廊折西处,临水高筑必观亭,亭下沂水骤宽,浩荡而西,水似德、似义、似勇、似法、似正、似志、似善化,难怪孔子"见大水必观焉"(《荀子·宥坐》)。在苑中赏游,山重水复,曲折幽回,悟道启智,乐而忘返。

六、文献泉与泮池

文献泉,位于曲阜城内东南隅的南池庄,相传为周鲁国都城内的名泉之一。旧有文献泉石碑一座,后被损坏。今仍有池塘,呈长方形,四周砌为方石,水面平于地面,历代从未见枯竭。明崇祯版《曲阜县志》载:"文献泉在县东南,西流入沂,鲁泮宫遗址,《诗》:'思乐泮水'即此。"《诗经·鲁颂》中所谓的"思乐泮水,薄采其芹""思乐泮水,薄采其藻""思乐泮水,薄采其茆"皆指此处。古之文献泉一带,甘泉吐珠,垂柳翠竹,风光旖旎,环境优

论语碑苑

美,是最适宜人们休养生息的地方。鲁僖公在此建泮宫,"其东、西、南方有水,形如半璧,以其半于辟雍,故曰泮水,而宫亦以名也"(朱熹《诗经传》)。泮宫之水源于此泉。泮宫,"济济多士,克广德心。"是历代文人学士所景仰的圣地,就连平时活动在军旅之间的士大夫,也常常集中到这里献其战功,迄今已有两千六七百年的历史。文献泉水质甘甜,清澈美口。《诗经·鲁颂·泮水》云:"翩彼飞鸮,集于泮林,食我桑葚,怀我好音。"是说这里的水质特好,就连平时叫声非常难听的鸮鸟,吃了吸收文献泉水的桑树结出的葚子,其叫声也好听多了。

在文献泉的西边低洼处,泉水汇流成一大片水域,这就是有名的泮池。据史料记载,西周时期,泮池"甘泉吐珠,明流潺潺,杨柳依依,亭榭楚楚。"分东西相连的两片水域,东片水域与文献泉相通,是一处风景优美、幽雅恬静、垂钓休闲的理想胜地。当时,鲁国国君鲁侯经常在这里饮酒享乐、休养生息,《诗经·鲁颂·泮水》云:"鲁侯戾止,在泮饮酒,既饮旨酒,永锡难老。"春秋时期,孔子也常常带领学生们,在课余闲暇之时,到这里游览休憩、吟诗唱歌,或"薄采其芹"。西汉时,鲁恭王刘馀在泮池北岸建筑了巍峨壮丽的灵光殿,在池中修筑了高高的钓鱼台,居住在这里料理政事,闲暇时垂钓取乐。明代,孔子的嫡系后裔、衍圣公们在泮池北岸又建造了豪华的别墅。清乾隆二十一年(公元1756年),孔子第70代孙、衍圣公孔昭焕为了迎驾乾隆皇帝幸鲁,将别墅又扩建为皇帝行宫;同时,在泮池上还修建石山洞、四明亭和六角水心亭等。乾隆皇帝9次幸鲁皆驻跸于此,从而也留下一些故事,至今在曲阜民间传颂不衰。

一生以风流倜傥、爱好游山玩水和作诗赋词而扬名于史的清乾隆皇帝,与圣地曲阜有着不解之缘。他在位60年,曾先后9次圣驾曲阜,是历史上驾临曲阜次数最多的一位帝王。乾隆二十一年二月,皇帝南巡过曲阜,驻跸泮池北岸的行宫。面对眼前那青的松、翠的柏、绿的柳和红的花,乾隆诗兴油然而发,随口吟道:千年古柏城头绿,过雨春花水面红。吟罢,似觉余兴未尽,忽然又想起,好像从前在一本古籍上看到过,现在的曲阜城是后建的,是从东郊的"旧城"搬迁到此地的。既然是后建的,柏树岂能"千年"?那么自己现在所驻跸的行宫,也不会是在古之泮水。想到这里,他提笔又接着吟了一首《古泮池杂咏》:十里东郊旧鲁城,新城安得泮池名?采芹献馘今符古,聊听传讹以驻旌。并下令将此诗刻成御碑立于池畔。次年(公元1757年)二月,乾隆又来曲阜,仍驻跸泮池行宫,触景怀旧,又想起了去年留下的诗句。他对眼前的泮池仍有怀疑。于是,他便去查对古籍和县志,又当面请教了衍圣公,才知道原来是自己搞错了。宋真宗时虽把曲阜城迁到十里东郊的轩辕皇帝诞生地,但到明朝正德年间,又把曲阜城迁回了古鲁城的原址。虽然一个来回搬迁,但古泮池的位置却没有变动,仍在它原来的地方。乾隆深为自己在前诗中轻率下结论的做法而后悔,于是怀着内疚和知错必改的心情,赋了一首《驻跸古泮池诗》:"此地非常地,新城即故城。馆仍今日驻,池是古时清。献功久保定,虔巩凛持盈。"写完之后,为以此告诫后人不要向他那样读书浮光掠影,粗枝大叶,妄下结论,特意又写了一篇自责自省的文章:"甚矣!读书之忌粗疏浮过,不沉潜深造,博综详考,执一为是,譬为禾者卤莽耕而卤莽获,确乎其弗可也!今之泮池,非古之泮池欤!"并下令将此文刻于前诗碑之阴,以留记永久。乾隆皇帝这种知错即改并公诸于世的谦虚气度,是值得人们永远称道的。同时,这段故事也为泮池增添了无限趣闻,使后人倍受启发和教育。

泮池在清代前、中期因为行宫禁地被封闭,直到清光绪二十四年(公元1898年),西人欲建教堂,地方人士募捐,在行宫旧址上改建为文昌祠,供奉文昌帝君,祈求科甲功名的昌盛,借以抑制西人。民国以来,曲阜县设图书室、阅报所于此,以启迪民智。1933年,明德中学在文昌祠内设古泮池小学。

古泮池

现今曲阜泮池,东片水域已干涸,西片水域尚存10余亩,仍是古泉清清,杨柳依依,行宫假山,御碑在望。在泮池的中央,还有当年鲁侯和鲁恭王垂钓时的钓鱼台;台上有"四明亭"立于池中,通过一座小石桥与北岸相连。在泮池的四周边,人们建起了精美别致的居民房和豪华热闹的商品街。

七、逵泉与香稻

曲阜城位于沂、雩、洙、泗之间,其间水源丰富,古泉济济,流水潺潺。据清康熙十九年

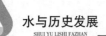

(公元1680年)《山东全河备考》载:"曲阜境内古有名泉28处,或入沂、入泗,输入运河。"在这28处古泉中,形成了三处较大的泉群:一是逵泉群,泉源在曲阜城东南小泉村(旧称"马跑村")东,由逵泉、两观泉、近逵泉、车辋泉、双泉、茶泉、柳青泉、曲沟泉等8泉组成,汇流一里,出口入沂河;二是洙泗河泉群,泉源在小泉村西,由洙泗河泉、新泉、曲水泉、咏归泉、濯缨泉、沿沂潺声泉等6泉组成,汇流入沂河;三是温泉泉群,泉源在曲阜城东南的张曲村东北,由温泉、近温泉、黑虎泉、连珠泉等4泉组成,汇流6里,至西北入沂河。另外,还有文献泉、桥上泉、通沂泉、瘿泉、青泥泉、蜈蚣泉、渥节泉、浮香泉和浴沂泉等,均汇入沂河。

在曲阜有籍可考的28处古名泉中,以逵泉历史最久和最有名。据《春秋·左传》载:"庄公三十二年,季友以公命鸩(鸩,传说中的一种有毒的鸟,其羽毛浸于酒,人饮后能被毒死。)叔牙,饮之,归及逵泉而卒。"可见,"逵泉"之名在公元前662年就已有了,旧俗称"大泉头",现俗称"洗脸盆"。明代有逵泉碑,立于逵泉池南,后倒入泉池内,于1984年捞出,送入孔庙保存。逵泉水不仅四通八达,而且清澈见底,观水中之石如伏鼋怒鼍,活泼可现,赏心悦目。据《曲阜县志》载:春秋时期,"鲁侯作宫其上,曰泉宫"。金大定年间,曾整修逵泉池。元初,在逵泉池附近建"大明禅院",西南设有"浮香亭"和"竹亭"。元至正年间,在逵泉池旁建龙神祠。明万历二十七(公元1599年)三月,通判豫章李国祥浚修逵泉;曲阜县督浚县丞李康臣立起了"逵泉"碑,右书:"本泉坐落在本县城东南忠信乡崇圣社马跑村东,自源头至下源河口长十里,入沂河,流入金口坝转入济宁州天井闸漕运道。"中书:"凡阻绝泉源者问发充军,军人犯者调边卫。"以严令保护。清乾隆年间,将龙神祠又扩建为龙王庙,并建钟楼等;同时规定每年春夏秋冬四季祭之,旱时祈祷,淫雨时也祈祷,并将逵泉视作"神泉""圣泉"。1977年,曲阜镇龙虎大队又浚修逵泉,清淤至石底,见泉水从石隙中涌出,四周砌以砖石,面积近千平方米,深6米,大旱久抽不枯。

古之逵泉是出于平地"土中",为古人难以理解,因此相传为逵泉与东海相连通,泉下有一条大青龙卧伏,故泉水甘甜清澈,永不枯竭。然而,此泉后来却突然迷失,找不到泉口。直到唐初,京都长安来员,拴马于此;马渴,用蹄刨土,将逵泉又刨出,习称"马跑泉"。新中国成立后,经水文地质工作者的勘测,确定逵泉为"裂隙岩溶性上升泉",是因为地下水遇到岩石裂隙,受到不透水层的阻挡,迫使水位抬升,于是部分地下水在有利条件下涌出地面而形成泉。

逵泉,从古到今给曲阜人们以休养生息、灌溉和漕运之利。古之逵泉一带,垂柳翠竹,小亭芳径,清泉喷涌。尤其在阳光斜射时,泉水吐银,垂柳披金,这种神秘微妙的景色古人称之为"逵泉夕柳",清初被列为"雩门十景"之首。各地志士名人、达官贵人接踵而至,或幽居、或郊游,吟诗作画、舞文弄墨,悠然自得,其乐无穷。逵泉水质甘甜爽口,沁人心脾,含有丰富的钠、钙、镁、铁等矿物质,并含有锶、锌、硒、钴、铜、钡、钼、铬、砷等10多种于人体健康十分有益的微量元素,为富锶、锌,低钠、低矿化度(小于1 g/L),碳酸钙镁型、优质饮料型矿泉水,常饮此水,有强身健体、延缓衰老之功效。用这优质泉水浇灌出的稻谷,称之为"香稻""神品",闻名遐迩的曲阜香稻就是用这泉水润育出来的。据《曲阜县志》和元代碑文记载,曲阜早在殷商时代就已开始种植香稻了。春秋战国时期,种植香稻粳糯,出自逵泉左右者为上谷。明、清时期,列为贡米;清乾隆年间,种植面积已近千亩,当时的

古逵泉

县志载:城南门外、沂河两岸水田,宜种稻,做饭气香,故称香稻。这种稻子与普通的稻子不同,它从扬花开始便散发出浓郁的清香,成熟后米粒色白、透明、略露青头,米质黏细而油韧,清香醇口,有“一家煮饭,十家飘香”之美誉。在曲阜,每当香稻谷收打完毕人们走戚访友,总是把香稻米作为上等礼品相馈赠。由于此米之贵重,所以人们常不用它来做米饭,而习惯熬成米汤以代茶品尝。

这些年来,随着改革开放的深入和科学技术的发展,曲阜人民更加注重对香稻的进一步开发。人们在对香稻品种进行科学增产试验的同时,对稻产区的土地进行整治,并在逵泉修建了引水池,扩大了浇灌面积,使香稻的单产和总产都有了大幅度的提高。仅南泉村,每年保播 200 亩,年产量 5 万公斤,供不应求。1960 年,全国农业展览馆将曲阜香稻编入《农作物稀有名贵品种》一书。1986 年、1990 年,曲阜香稻两次进京参加优特产品展览,获得农业部名优特产品证书。为此,曲阜香稻被誉为“曲阜三宝”之一。今逵泉一带,清泉喷涌,稻谷遍地,曲阜香稻已成为中外游者争相购买之佳品。

第四节　《水经注》中的山东农业灌溉工程

山东省是农业大省,农业灌溉历史悠久,先秦即已有之。

司马迁在《史记·河渠书》说,春秋战国时,各诸侯国纷纷开通运渠,其中齐国在临淄城东北,开运渠沟通淄水和济水。司马迁还说,这些运渠主要是行舟运输物资,水有余还可以灌溉农田。到了西汉,《史记·河渠书》载,自汉武帝塞黄河瓠子决口之后,“用事者争言水利”,各地农业灌溉规模更是发展到万顷,其中,山东有两处,一处是“东海引钜定”,在泰山之北,一处是“泰山下引汶水”,在泰山之南,并说小规模的引水灌溉也很多。到了北魏郦道元所著的《水经注》,在记述大汶河、潍河、沭河、泗河水道流经时,也提到了几处著名的产粮区及引河灌溉工程。

泰山以南的大汶河流域,《水经注》记有两处农业灌溉工程和汶阳、龟阴两处著名的产粮区。一处农业灌溉工程在大汶河支流瀛汶河上。与今天以牟汶河为主流不同,《水经注》以瀛汶河为主流,以牟汶河为支流。瀛汶河上游河谷是古代莱芜谷的南段,虽然

"林木致密,行人鲜有能至矣",但"有少许山田,引灌之踪尚存"。一处农业灌溉工程在大汶河干流上,"汶水又西南迳亭亭山东,黄帝所禅也,山有神庙。水上有石门,旧分水下溉处也。"这处就是《史记·河渠书》所说的"泰山下引汶水"。根据《水经注》的记述,引汶的地点在亭亭山东,亭亭山则在大汶口东北约十里处。古时,帝王首先在云亭山设坛祭地,然后登临泰山祭天,完成封禅大礼。而今,亭亭山依然矗立在泰安市岱岳区大汶口镇东大吴村之北,不过其附近的大汶河上的石门已不见踪迹。引汶河水所灌溉的农田,即是《水经注》所记的"汶阳之田"。据《左传》记载,春秋时期,"汶阳之田"属于鲁国,是鲁国卿相季友的封地,齐国发兵前来争夺,后又归鲁,齐又争夺,后世即传为"齐鲁必争汶阳田"。大汶河北侧支流漕浊河,也流经"汶阳田"。《水经注》中载,蛇水"西南流,迳汶阳之田。"漕浊河,由主流漕河和支流浊河汇合而成,即《水经注》中的蛇水。《史记·河渠书》说,引汶水灌溉的规模在万顷之上。1983 年 11 月,山东省两位水利史专家到当地考察,认为,"从云亭山(亭亭山)东古汶河引水,经云亭山北向西到汶阳一线的汶河北岸,西到边院,北到夏张,东到满庄,即汉代引汶灌区的大体范围。"此外,《水经注》还记有"龟阴之田",也是齐鲁两国相争夺的目标。"龟阴之田",即龟山之北的产粮区,原本也属鲁国。《左传》说,定公十年(公元前 500 年),齐国归还鲁国的"龟阴之田"。对于"龟阴之田"的方位,《水经注》说,"天门下溪水"即今梳洗河,又名中溪,"其水自溪而东,浚波注壑,东南流,迳龟阴之田。龟山在博县北十五里"。古代的博县,治所在今泰安市泰山区邱家店镇后旧县村。"龟阴之田"丰收时的美景,被称为"龟阴秋稼",是泰安古八景之一。"龟阴之田"具体位置,是泰安市邱家店镇桂林官庄东南坡。

潍河流域,《水经注》记有三处农业灌溉工程。一处在潍河支流渠河上。渠河源于沂山之东,流经沂水县、安丘市、诸城市,最后流入峡山水库。渠河是如何演变形成的,端倪正来自《水经注》的记载。根据《水经注》,浯水和荆水是潍水西岸的两条支流,荆水在南,浯水在北;并且在浯水上,有"古堨",可以拦截浯水,满溢出来的一部分浯水用来灌溉农田,多余的尾水则向南流,排入荆水,而浯水主流继续向东北流,汇入潍水。从中可以看出,浯水和荆水是相通的。清朝初年《读史方舆纪要》引用《三齐略记》说:"桓公堰浯水南入荆水,灌田数万顷",认为"古堨"的形成时间,是在春秋齐桓公时期。《读史方舆纪要》还说:今尚有余堰及稻田遗畛存焉。这说明,直到清初还有残留的截水坝。而对于"古堨"的方位,清末《水经注疏》认为是"在今安丘县南"。现在的渠河,上半段是《水经注》中浯水的中上游,下半段是《水经注》中荆水的中下游,中间一段是"堰浯入荆"的水道;现在渠河的支流荆河,仅是《水经注》中荆水的上游。一处在潍河支流百尺河上。百尺河位于诸城市,《水经注》称其为密水,亦称百尺水,"古人堨以溉田数十顷。"一处在潍河干流上,《水经注》载,潍河在接纳百尺河后,又东北流,有故堰截断潍河,故堰宽六十许步,于潍河东岸开长渠引水,在高密县故城(今高密市井沟镇城后刘家庄村)南十里处,蓄积成塘,塘方二十余里,能溉田一顷许。陂水散流,下注夷安泽。夷安泽今已不存。

在城漷河、沭河支流浔河、淄河支流乌河上各记有一处农业灌溉工程。今城漷河,由主流城河和支流漷河汇合而成,源于平邑县,流经邹城市、山亭区、滕州市,于微山县留庄镇沙堤村流入昭阳湖,是一条独立入湖的河流。但在《水经注》时代,城河和漷河都是泗水的支流,并不相汇。今城河即《水经注》中的南梁水,今漷河即《水经注》中的漷水。《水经注》说,在南梁水主干上,分流出一股河道,西流经古沛郡公丘(滕州市姜屯镇滕国故城附近),并说"世以此水溉我良田,遂及百稑,故有两沟之名焉"。《水经注》记述漷水时,提到春秋鲁哀公二年,鲁国打败邾国,得到了邾国的漷东田及沂西田,"漷东田"即漷河以东的农田,"沂西田"即沂河以西的农田,具体包括哪些地方,还有待考证。沭河支流浔河,《水经注》称为浔水,有"旧堨以溉田,东西二十里,南北十五里。"淄河支流乌河,《水经注》称为时水,在时水两侧"有田引水,溉迹尚存"。淄河流域的引水灌溉,由来已久。更早时,成书于战国的《周礼》中说,淄水及其支流时水是古幽州的两大灌溉水源。《史记·河渠书》中所说的"东海引钜定",其中的"钜定"即巨淀湖。而对于巨淀湖,《水经注》说,从巨淀湖流出的名为马车渎的河流,汇入了淄水。可以说,巨淀湖就是淄水流域的重要湖泊。元代《齐乘》说,清水泊就是古巨淀湖。至光绪时,《山东通志·舆图志》寿光地图上,仍标有清水泊,并注名为古巨淀湖。20世纪50年代后,清水泊逐渐消失。清水泊所在之地,20世纪70年代建成了双王城水库,双王城水库之北即清水泊农场。如今,扩建后的双王城水库,成为向胶东地区供水的调蓄水库。

《水经注》中记载的上述古堰,有的在《水经注》时就已经废坏,有的则在《水经注》以后的史籍中有所提及,如《太平御览》载潍河引河灌溉规模很大,"有稻田万顷",并且"断水造鱼梁",可谓稻鱼两获,以致"岁收亿万,世号万匹梁"。

随着历史的变迁,《水经注》中的古堰并没有幸存下来,至今尚不清楚其具体位置,有待进一步研究和发掘。

第五节　韩信坝

"韩信点兵——多多益善"是我们耳熟能详的一句歇后语,在今天诸城、高密、安丘交界的潍河两岸,坐落着一座以韩信命名的古坝遗址——韩信坝(又名韩王坝)。这是在公元前203年兴建的水坝,岁月流淌过两千多年,韩信坝早已消失在滔滔潍水中,但诸城民间仍然流传着许多关于韩信坝的美丽传说。韩信坝已经不仅是一个著名的古代水利工程,更是一张宣传齐鲁水文化的名片。

一、韩信坝得名的历史渊源及坝址探究

韩信坝名字的由来有一段悲壮的历史故事,相传因韩信在此筑坝壅潍水大破楚军而得名。据《水经注·潍水》记载:"昔韩信与楚将龙且夹潍水而阵于此。"《史记》载:"龙且与信夹潍水阵,韩信乃夜令人为万余囊,满盛沙,壅水上流,引军半渡,击龙且,佯不胜,还走。龙且果喜,遂追信渡水。信使人决壅囊,水大至,龙且军大半不得渡,即急击,杀龙且。"对于这场战役,学术界也有一些疑问,潍河是一条平均宽度约为200米的河流,并不足以阻挡龙且的军队,韩信是如何巧借"夹潍水而阵"以数万汉军战胜龙且率领的20万大军的呢?山东省文联原副主席陶钝给出了这样的解释:在潍河的两边有两大块洼地,韩信吩咐士兵们挖了两条大沟将其和潍河连通。这两条沟被韩信坝壅住的潍水引到大洼里筑起沙囊存蓄起来。移去沙囊之后,两片洼地的河水就又沿韩信沟返回河道,这样就把20万敌军截成了两半,成就了历史上以少胜多的著名战役——潍水之战。

韩信坝遗址风光

关于韩信坝的准确位置,学术界有不同的看法。《水经注》记载:"旧凿石竖柱,断潍水,广六十许步,掘东岸,激通长渠,蓄以为塘,溉田者也。"《诸城县志·山川考》载:"自巴山之北五里曰上坝,又北十七里为中坝,又五里为下坝,今皆名韩信坝。"清代著名文士李澄在《淮阴三坝记》中也有相似的表述,"上坝在东武巴山西北五里许,北去一里为中坝,迤北二十里为下坝"。结合今诸城地理分布情况,上坝位于现诸城市相州镇小古县村,中坝位于郭家屯镇后凉台村,下坝在尚家庄村。三坝都被传称为"韩信坝",但中、下坝处于平原地带,筑坝蓄水的可能性较小,而上坝位于山丘之间,两岸地势高,更适合建坝,《水经注》中的韩信坝指的应是此处。

二、韩信坝对当地经济社会、人文环境的影响

在史书记载中,韩信坝常与古潍水堰等同起来,宣统《山东通志》载:"今韩信坝即潍水西南堰,以韩信令军士囊沙而附会也",《高密县志》中"潍水堰故迹,即所传韩信坝是也",足以佐证历史上潍水堰即指韩信坝。早在汉初,诸城有个远近闻名的富庶之地,位于昌城到城阴城一带,当地民众择水而居、依河而生,在潍河两岸筑堰蓄水,用来灌溉农田,因此农业发展迅速,昌县、石泉、高密一些城市也由此兴盛起来。据史料考证,潍水堰一带历史上曾有"稻谷城",《高密县志》云:县西南五十里,潍水堰侧,土人呼堰为赵贞女坊,南有高堤,即稻城遗址。春秋称琅琊之稻。宋代《太平寰宇记》记载:故稻城在县西南潍水堰侧,汉时立堰造塘,溉稻合数千顷,县因此得名。元代于钦的《齐乘》亦云:高密西南潍水堰土人呼为赵贞女坊,南有高堤,即稻城遗迹……自汉有塘堰,引潍水以溉稻田,名其城,旁有稻田万顷,断水造鱼梁,岁收亿万,号万匹梁。可见,潍水堰对当地经济发展起到了至关重要的作用,据史书记载,直至唐代,潍水堰仍是溉田万顷造福于民的水利工程。

潍水和韩信坝滋养了一方人民,也给这片土地赋予了深厚而独特的文化韵味。从汉代开始,韩信坝一带一度被称为虎踞龙盘的风水宝地,周边的历史名人层出不穷。据民间传说,韩信攻占高密时,"望北有王气,凿沟以扼之",这就是韩信沟的由来。历史上,高密曾经多次作为都城,时间长达数百年,因此潍河一带人文十分活跃,两汉魏晋时达到鼎盛。西汉著名学者盖公,善治黄老之学,《汉书·曹参传》记载:孝惠元年,除诸侯相国法,更以参为齐丞相……闻胶西有盖公,善治黄、老言,使人厚币请之……故相齐九年,齐国安集,大称贤相。苏轼曾在密州做太守,他也对盖公十分仰慕,建造了盖公堂,并留下《盖公堂

记》传世。清代以后,韩信坝周边更是涌现出许多名士大家,如清代大学士刘统勋、著名书法家刘墉、金石学家刘喜海、著名文人王钺、兵部侍郎王念庵等。

三、近现代韩信坝的开发与利用

早在清代初期,"韩王坝月"就是远近闻名的诸城八景之一,"韩王坝月"指的是每逢天气晴朗的夜晚,皓月当空,韩信坝一带河床上星罗棋布的小水坑里,各有一轮明月闪闪发光,河水从中穿流而过,微风徐来,月影摇曳,再加上两岸水草碧青,景色十分美妙。诗作《韩王坝八咏·其四》作了这样的描述再现这一美景:"冷风号水急,寒月照沙白。有客说兴亡,渔人拾剑戟。此际意无穷,陶陶欲永夕。"可见韩王坝月的优美景色。现在初春时节,韩信坝也是高密、诸城、安丘一带人们首选的郊游踏青地点,尤其到了每年清明节前后,巴山上风景秀丽、松柏苍翠,潍河中芹藻浮动,成为高密、诸城、安丘一带一道美妙的人文景观。

韩信坝的历史厚重感和"韩王坝月"的美丽景色,为注沟镇当地现代农业发展区和李家埠村的乡村旅游业发展展现了无限潜力。当前正值发展乡村旅游的黄金时期,通过整合韩信坝等旅游资源,做好文化旅游产业的融合发展,既丰富了旅游的内涵、提升了旅游的层次,也能为当地人们带来十分可观的经济收益。"韩信坝"借力政府发展乡村旅游的诸多政策,进一步提升知名度和影响力,使其不仅成为当地有名的游览胜地,更能成为在山东省具有深厚文化积淀的旅游品牌。

第六节　金口坝

金口坝位于兖州城东,横跨于泗河之上,它由金口坝、黑风口引水闸、府河三部分组成,是济宁市古代著名的引泗济运水利枢纽工程。

早在东魏天平三年(536 年),西晋南北朝时期,高欢将娄昭曾在此筑土堰,壅水攻城,此土堰为金口坝形成之始。《水经注》记载:"古结石为门,跨于水上也。"据此推断,此坝建于汉代。联系到金口坝附近有建于汉代的尧祠,至今坝下仍可见到汉代残石,所以说坝的始建可能上溯到距今 1 700 年前的汉代。1994 年该处出土北魏守桥石人二尊,其一尊背后铭文有"起石门于泗津之下",可知此地便是诗仙、诗圣李白、杜甫"石门相会"处。到了隋文帝元年(581 年),兖州刺史薛胄在沂泗合流处筑石堰,令其西注。并开新渠,名曰丰兖渠,此渠至任城以西与桓公沟连接。这样不仅削减了泗河南去水量,而且解决了沿丰兖渠西岸的农田灌溉和通航问题,从而发挥了综合效益。"百姓赖之,号薛公丰兖渠"。

金口坝是一座集防洪、灌溉和交通三位功能于一体的建筑,设计合理,建筑坚固,充分体现了古代劳动人民的聪明智慧。它位于泗河桩号 40+580 处,坝体为条石浆砌而成,坝长 121 米,宽 8 米,高 2.3 米,河底海拔 48.5 米,过水流量 1 900～2 400 立方米每秒,防洪标准较低。坝体中间有提升式木结构五孔冲沙闸。坝两端上、下游为砌石翼墙。据考为元代所建,条石间有铸铁扣相互连接,每个铁扣重达 5 公斤左右。扣面上有阴刻楷书"金口坝"字样,坝西端翼墙顶部有精雕石质卧式水兽一对,"水兽"长 1 米,民间传说属吉祥之物,可以镇水。察其形态,上游水兽为雄,下游为雌,两目直视,栩栩如生,线条刻纹精

金口坝

细,堪称雕刻工艺之佳品。

金口坝题刻

　　金口坝所在位置是古代驿道的咽喉所在,从建成直到20世纪60年代,都是西通济宁、东通曲阜的必经之路,直到今日仍然车水马龙,川流不息。

　　黑风口引水闸位于坝上游泗河右岸,距金口坝约100米,建有三孔引水闸,其闸门高、宽各1.5米,为小府河的引水渠首建筑物。闸上建有机房三间,管理房院墙内有兖州县人民委员会石碑一块,记述了该闸整修的详细情况,小府河从本闸流出后,沿城区西去,长约10余公里,河深2~2.5米,并在沿途上建有水工建筑物。

　　开元二十六年(738年),唐玄宗东巡的时候,丰兖渠依然发挥着它的效益。此后,丰兖渠逐渐埋废。

　　元至元二十年(1283年),在开洸河补济京杭大运河水流的同时,整修了金口坝,开挖了府河,引泗河水至济宁天井闸,并会洸水共同济运,这就是历史上著名的"四水(汶、洸、泗、府)济运"工程。为消除坝上游的泥沙淤垫,新建了冲沙闸一孔,新开挖的府河基本上是沿隋代丰兖渠路线,全长 30 公里,到至元二十六(1289 年)又对金口坝进行了改建,从此变为永久性的滚水坝,成为引泗济运水利枢纽工程。与此同时还在府河上建杏林、土娄两闸进行控制。到明成化九年(1473 年),又在坝下游新建了消力池"以杀水势",确保大坝安全。此后,在明嘉靖二十三年(1544 年)、清乾隆三年(1738 年)、乾隆三十六年(1771 年)、民国十六年(1927 年)都曾对金口坝作过整修,但没大的变化,新中国成立后 1950 年和 1955 年也先后对金口坝和老府河进行过加固疏浚和整修,当时发展灌溉面积达 7 万亩,随着泗河水量的减少,现金口坝灌区已基本没有灌溉功能。1997 年兖州市政府拨专款,对金口坝进行了加固维修。

在古代,金口坝一带是十分繁华的名胜风景区。这里视野开阔,远处青山隐隐,近处沂泗交汇,坝口流水喷珠溅玉,坝下河面水静波平,过去曾是兖州八景之一,唐代大诗人李白居兖州期间,常到此处游赏宴饮,并赋诗"日落沙明天倒开,波摇石动水萦回;轻舟泛月寻溪转,疑是山阴雪后来;水作青龙盘石堤,桃花夹岸鲁门西;若教月下乘舟去,何啻风流到剡溪。"

在金口坝下,有个聚金石的传说。从前,有个做生意的南方人,那年夏天来到金口坝,在坝前的一家茶馆里落脚。一年又一年,南方人夏天来秋后走,走时怀里总是揣着个沉甸甸的布袋。茶馆老板不见他做生意,却大把花钱,觉得纳闷:再富的人坐吃山空也不行呀!

俗话说天有不测风云,人有旦夕祸福。这年秋天,南方人病倒在茶馆,老板哪能不管不问。他忙着抓药请先生,端汤送水地伺候他。南方人的病越来越重,眼看着阎王爷有请。临死前,他感激老板的恩德,临死告诉老板一个秘密:金口坝下第三座涵洞里有块聚金石,每年夏秋发大水之际常聚下金沙,随拿随有。

原来这个南方人在泗河洗澡,正巧赶上三伏天气,发大水;水漫金口坝,旋眼磨盘大,南方人被两块石头卡住了脖子,他闭上眼睛听天由命。后来实在憋不住了,吸了口气,咦!并没有被水呛着。睁眼一看,眼前是片空当,水都从身下流走了。再一看,靠着河底有块凸石,中间有片洼坑,里面盛着黄橙橙的金沙。他因祸得福,吃顺了嘴,从此以后,每年夏秋时节,都潜到坝下取金子。不料金山银山换不来命,死在茶馆里。茶馆老板按照南方人的交代,壮着胆子顺水下到金口坝桥洞,果然见到那块聚金石,他也发财了。后来,他嫌那聚金石洼坑小盛不了多少金子,便拿着锤子铁锨把那块聚金石凿了个大坑,满心指望多聚些金子多发财,谁知那块聚金石被他破了"风水",再也不聚金了。

宏伟坚固的金口石坝,横跨泗河,宛如卧波长虹。它是济宁市古代保存最好的水工程建筑物,历经千年至今仍继续发挥着调节水势、防止水患、拦蓄水资源、便利交通及水利风景区的作用,堪称游览胜地。

第七节　堽城坝

"螭首古碑趺赑屃,治水伟业成传奇;撰文书丹非等闲,高士大家总相惜。"矗立于大汶河南岸山东省宁阳县禹王庙内的《堽城堰记》碑,为明代所立,500 多年来一直向人们讲述着堽城坝的修建历史。

大汶河,绵延于齐鲁大地上的母亲河,时而慈祥,以自己的汩汩清流无私地滋润着两岸广袤的土地;时而蛮横,给两岸人民带来灾难。于是,一座座水库,一个个大坝,在大汶河上筑起,记录下两岸人民对水的渴望,对天灾的抗争。其中,值得一提的是位于山东省宁阳县伏山镇境内的堽城坝,因水患而生,历经千年,依然鲜活。

一、堽城坝的由来

"开了老闸湾,三县跟着爬;开了石梁口,三县跟着走。"这是堽城坝附近百姓口中流传了上千年的民谣。大汶河发源于泰莱山区,一路西奔,融汇东平湖、大运河,它与我国北方的大部分河流一样,也有着"铜头铁尾豆腐腰"的弊端。大汶河中部的山东宁阳段,两岸堤坝土质松软,支流纵横,每年雨季,常为水患。尤其是地处堽城坝下游的伏山镇、鹤山乡沿岸,地势低洼,沙化严重,汛期一到即泛滥成灾。

据史料记载,"金大定二十六年(1186年),决春城(今鹤山乡八大荒至徐家平一带)十余里,邑人谭洪作捍之。",这里提到的谭洪首筑堽城筑土坝,可以看作是对该段堤坝实施有效治理的第一人。

至元宪宗七年(1257年),为减缓水势,避免灾害,同时利于漕运,便于灌溉山东济宁、兖州一带广袤的田地,朝廷才开始于大汶河南部、堽城里村西北的老闸湾处,用沙土修筑临时拦河大坝,于东部修建泄洪的闸门一座,拦截汶河水入洸河(宁阳县境内的一条主要河道)。因坝为土筑,夏秋洪水季节常被冲毁,而且泥沙淤积,河床升高,河道塞流。因此,每年秋末重筑大坝成了当地百姓一项繁重的劳役,也增加了地方上的财政负担。即便如此,此时的堽城坝,却已成为当时国家的引汶济运工程而发挥作用了。

堽城坝

二、为锁水患迭次修坝

汶水水患的治理,是一场人与水的长期博弈。堽城坝修筑后,历朝历代都带着对水的敬畏,十分重视对堽城坝的维护和利用。

元至元四年(公元1267年),都水少监马之贞主持济州河引水工程时,在堽城坝建石砌大闸,用铁砂磨吻合,以利控制水势,构筑坚固。

元至元二十七年(公元1290年)又于其东作双虹悬门闸,史称汶水东闸,而原闸门称为西闸。由于西闸的坝基太高,约三分之二的汶河水经东闸导入洸河。

元延祐五年(公元1318年)改土堰(当时的堽城坝)为石堰。不过,工程是当地官府发动百姓运作的,设计简单,施工质量没有保证,五月石堰建成,六月即被洪水冲垮。等水退了后,又用乱石堆砌拦水,导致河床升高,从此,堽城坝以东常年存在水患。

元至元(元代共有两位皇帝用过至元的年号,一位是元世祖忽必烈,另一位顺帝。这里是顺帝年号)四年(公元1338年)七月,大水冲决东闸,洪水径直流入洸河,大闸几近冲垮,洸河也被泥沙淤积。

三、明运河时期的堽城坝

古人逐水而居,汶河不绝的水患,注定堽城坝的荒废不会太久。明成祖初年迁都北京,南粮北运成突出问题,朝廷决定恢复航运,重建堽城坝。

明成化十年(1474年),都水分司员外郎张盛动工修建堽城坝及闸门。新坝址选定在该段河流唯一一处河底为坚硬石质,距元朝堽城坝址以西4公里处的堽城坝村北,改土坝为石坝,坝体用大小石块间杂铺排,并用玉米、高粱的汤汁调和石灰粉灌注,次年竣工。新坝底宽25尺,面宽17尺,坝高11尺,南北长1 200尺,共砌垒石7级,每级上缩8寸。坝体共设7个过水孔,木板闸门启闭。两端各建两个逆水雁翅和顺水雁翅。坝面用方形条石铺设,石与石之间连以铁锭,条石上下均护以铁栓。在新建石闸南部开凿河道4.5公里,连接洸河旧道,航运日盛。自此,堽城坝引汶枢纽与南旺分水枢纽并为当时主要的两大水利枢纽。

汶水无常,古人对水利枢纽的设计和使用也在不断变化。堽城坝改石坝30年后的明弘治十七年(公元1504年),朝廷总结了堽城、戴村二坝及济宁天井、南旺二分水口的作用,将堽城坝引汶枢纽由主要枢纽降为辅助设施。

又90年后的明万历二十一年(公元1593年),因雨水过多,济宁一带湖水涨溢,运河堤决,因之堵筑堽城闸,以防汶水南流。至此,堽城坝完成了"引汶济运"的历史使命。

四、堽城坝犹在

"引汶济运"的使命虽已结束,但堽城坝仍在部分地发挥着稳定汶河河势的减灾作用。

清康熙五十五年(公元1716年)六月,汶河水暴涨,冲决石梁、桑家、安家等堤堰,大水殃及宁阳、滋阳(今兖州市)、济宁、汶上等县。康熙五十八年(公元1719年)二月开始对大坝进行修筑,五月水归故道。

雍正七年(公元1729年),汶河水在堽城坝东大闸附近南流量急增,大坝日益被穿凿,雍正帝特下诏书在大坝西侧再加固一道土堰,堽城坝才得以安全无忧。

自初建至往后的七百多年里,堽城坝经历了数次修整,一直伴随着水患,直至新中国成立后彻底根治汶河,变害为利,堽城坝才获得新生。自1957年起,国家在明代堽城坝旧址东西,相继修建引汶灌溉工程,对堽城坝进行加固重修,将堽城坝改建成梯形浆砌料石重力溢流坝,大坝全长405米,高2.7米,顶宽4米,1960年竣工。这次重修不仅有效缓解了洪水对堽城坝的冲击破坏,保护了这座古遗迹,更重要的是,大汶河沿岸群众从此免遭了水患之苦,也大大扩展了灌溉面积。

堽城坝引汶灌区位于宁阳县西部,北起大汶河,南至兖州市,东与月牙河水库灌区相接,西至汶上县,南北长 24 公里,东西宽 20 公里,土地面积 253 平方公里,设计灌溉面积 30.152 万亩,是泰安市唯一的大型灌区。2002 年,堽城坝灌区续建配套与节水改造工程列入国家大型灌区续建配套与节水改造规划,2002—2010 年灌区完成了四期可研、九期灌区续建配套与节水改造工程建设。2016 年,根据第四期可研报告,编制了灌区续建配套与节水改造初步设计,总投资 4 697.15 万元,并通过了上级发改、水利部门的审批。

汶水汤汤,不舍昼夜。

堽城坝,将汩汩的汶河水引入宁阳大地,引得谷麦丰足、鲜花处处,引得风调雨顺、人民富庶。

这座年近千岁的古老的水利工程,曾千疮百孔,不断改变着它的容貌和居所,但为了与水患对抗,时至今日,依然辉煌依旧,坚守着一辈辈黎民百姓赋予的神圣职责,拦水、泄洪、交通、游览,并且在新的历史条件下,继续发挥着它应有的作用。

第八节　戴村坝

戴村坝,京杭大运河的心脏和灵魂,像一条巨龙横卧在大汶河上,将滔滔碧浪汇入千里运河。她又似一把神奇的锁钥,开启着京杭大运河的生命之门。

戴村坝三坝合一,设计绝妙,砂基筑坝,构造绝佳,功能绝世,在大运河上形成了"七分朝天子、三分下江南"的分水奇观,开创了世界科学治水历史的先河。

一、不可磨灭的历史

戴村坝坐落于山东省泰安市东平县城东南 10 公里处大汶河上,与汶上南旺分水枢纽组成的南旺分水工程是京杭大运河上最重要的系统工程。

东平因水利而扬名,因运河而振兴。境内黄河、京杭大运河、大汶河相互交汇于东平湖,是山东省少有的富水县份。京杭大运河东平段史称会通河,全长约 40 公里,早在元代就是京杭大运河经济风景带上一串亮丽的珍珠,而被誉为"运河之心"的戴村坝,则更像是一颗耀眼的珍珠,镶嵌在运河之上,熠熠发光、屹立不倒。

戴村坝初建于明永乐九年(公元 1411 年)。当时,"会通河道 450 余里,淤塞 1/3",朱

戴村坝

棣正做迁都北京的准备,认为"漕运之利钝,全局所系也",决定治理京杭大运河,于是命工部尚书宋礼疏浚重开会通河。运河河工山东济宁汶上县老人白英根据自己对山东境内大运河地势和水情的了解,向宋礼力陈选择济宁会源闸分水之弊,指出南旺才是大运河的水脊,建议分水位置北移至南旺,在大汶河下游南岸选取高程高出南旺地段13米的戴村筑坝,迫使汶水南行,走高趋低,沿新开挖的小汶河直达南旺,自然分水南北。由此,历史上著名的水利工程戴村坝开始修建。

二、独具匠心的设计

三坝一体的独特设计、相辅相成的治水思想和精湛卓越的水工技艺,为戴村坝赢得了属于她的历史地位,也为研究我国水利建筑提供了珍贵的实物资料。

戴村坝全长1 599.5米,从南向北依次为主石坝、窦公堤、灰土坝,三部分各自独立,相辅相成,三位一体。主石坝又分滚水坝、乱石坝、玲珑坝三段,略成弧形,弓背向着迎水面;乱石坝最低,南边的滚水坝高出10厘米,北边的玲珑坝又比滚水坝高20厘米,随着大汶河水位的升降,三坝分级漫水,调储汶水水量。窦公堤正面相迎汶水,使水势缓速而南折,再靠近主石坝,起着保坝抗洪的双重作用。最北面的灰土坝比主石坝又高2米,当主石坝漫水超过2米,加之窦公堤吃紧,灰土坝漫水起到泄洪保坝的作用。

戴村坝的设计可谓趋近完美,而她的建造也是独具匠心。明、清时代没有水泥和钢筋,在几千个流量的大汶河主河道上建造高于河槽4米的溢流坝绝非易事。

古代建筑大师们发挥集体智慧,在南北两裹头上各修150平方米左右镇墩1座,外层用万斤方石裹边,内填三合土及碎石黏土,大坝就支撑在南、北镇墩上,形成单拱形砌石坝,表面镶砌2方左右的巨石,重逾万斤。

再看主石坝基,以梅花状排列的万年柏木桩为坝基,桩间间隙用黏土灌注,桩顶用黏土衬平,将木桩连为一体,表面用多层1~6吨的大块条石镶砌,上、下层之间以铁栓链连接,立面用铁蹎固定,顶面用铁扣相连,石间缝隙用糯米汁与拌土填筑,大坝就支撑在木桩与黏土混合料上,固若金汤,气势磅礴,雄伟壮观。有后人颂之曰:"是坝高厚坚实,涓滴不行,石工横亘,既无尾闾以泄水,又无罅隙以通沙……。"

三、屹立不倒的伟业

戴村坝巧夺天工,历经数百年,任洪水千磨万击,至今仍铁扣紧锁,岿然不动。

每到丰水季节,走近戴村坝,浪潮天际而来,飞流直下,如万丈瀑布;涛声轰鸣,似虎啸龙吟,"戴坝虎啸"已成为千里运河上的一道著名风景。

她指引着汶河水流入京杭运河,既满足了航运不溢不漫,又巧妙地将来自汶河的水分成"七分朝天子(北),三分下江南(南)"之势,解决了越岭运河段济宁以北水源不足的问题,让维系中国南北大动脉的京杭运河明清500年畅行无阻,为稳固政府统治,加快南北经济和文化发展的交流与融合,起到不可替代的作用。

通晓水文的康熙皇帝来到此地,不禁感叹:此等胆识,后人时所不及,亦不能得水平如此之准也。19世纪初,美国水利专家方维考察后十分敬佩地说:此种工作,当十四五世纪工程学胚胎时代,必视为绝大事业……今我后人见之,焉得不敬而且崇也!

戴村坝,这座历经 600 年风雨的水利工程,无论是她地形选择、水源蓄泄的科学设计,还是她筑坝截水、南北分流的治水思想,皆可谓运河的缩影,在很大程度上代表了运河的复杂程度和重要地位。历经数百年而屹立不倒的她,向世人展示了无可争论的水利哲学和灵动悠远的灿烂文明。

有人曾赞誉戴村坝为"江北都江堰",说她代表了中国古代水利建设的最高水准。是否称得上最高,自有历史来评判。不过,"运河之心"的美誉,却是与她最为相配的历史赞誉吧!

第九节　古阿井

在山东省阳谷县城东 20 公里处的阿城镇,古运河西岸,有眼古阿井,我国名贵药材——被李时珍推崇为"圣药"的阿胶,就是因用古阿井的水熬制而得名。

古阿井一直就在阳谷县的阿城镇。阿城镇历史上曾为老东阿县城,当时,老东阿县城因黄河多次泛滥改道,多次迁城,并于明洪武八年迁城到东阿镇(现在的平阴县东阿镇)。俗话说迁城不迁井,事实上井也无法迁徙。新中国成立后,以黄河为界,重新确定辖区,东阿镇属平阴县。由此可见,从宋代(公元 960 年)以前一千多年的时间里,阿胶的发明地在今阳谷县的阿城镇。后来,因各种原因,生产中心先后转移到平阴县东阿镇、东阿县铜城镇。

古阿井

历代文献,对古阿井多有记载、描述。北魏时期的郦道元在《水经注》中对东阿井的描述是"其巨如轮,深六七丈"。对此井的水质,北宋时期的沈括在《梦溪笔谈》中写道:"清而重,性趋下。"清代学者陈修园沿运河南下来到东阿,详细考察了阿井水的特点之后,写道:此清济之处,伏行地中,历千里而发于此井中,其水较其旁诸水重十之一二不等。

几千年来,地方文献记载和民间传说给古阿井增添了许多神奇的色彩。《东阿县志》称:"昔有猛虎居西山,爪刨地得泉,饮之久,化为人。"后将此泉为井。因有此神话传说,老东阿人用此井水制胶。据传,东阿迁城后,老东阿人为了用此井水熬胶,不惜用东阿县城西八里、黄河东岸的"姜沟山"换取阳谷县阿城镇的阿井,此山归阳谷县管辖,改名为"阳谷山";而此井虽在阳谷县境内,却因用之制备阿胶,又归东阿县管辖,取名"阿井"。所以,历史上有阿井不在东阿县,阳谷山不在阳谷县的事实。

关于古阿井和阿胶还有一个美丽的传说。相传,炎帝神农除教民稼穑、播种五谷外,还口尝百草,为民采药治病。一天,他翻山越岭,来到一土山下,见有一种羽状复叶开黄色花朵的阿魏草,便拔起一棵,口嚼根茎,其汁乳状,味苦,方知有通经祛疾之药性,便采集起来。正当他口干舌燥时,忽见地下有一清泉,便捧而饮之,顿感甜润可口,浑身神力倍增。经他广探其源,此泉乃南方济河一股地下潜流所注。于是他招人在此掘了一眼巨口深井。因井周围长满了阿魏草,故命名为"阿井"。渐渐地来井旁居住的人越聚越多,耕种狩猎,繁衍生息,便形成了村庄。

可是,不知过了多久,西边山林里忽然来了一个黑大汉,夜间常常来村里抢掠妇女,一时间闹得人们惶惶不可终日。有一天夜里,黑大汉又来了。在明亮的月光下,他看见阿井边有一位如花似玉的美女,便欲向前抢掠。那女子转身一闪躲过,向他莞尔一笑,说道:"休得鲁莽,你深夜进村,拉扯小女何意?"黑大汉见这美女柔情相问,忙道:"俺在林中吃住甚佳,只是夜间甚感寂寞,邀请大姐作陪玩耍。"女子道:"要俺作陪倒也可以,只是俺脚小难行,如若相背而行,便可前往。"黑大汉一听这美女情愿入林作陪,哪有不背之理。他高兴地把腰一躬,喊道:"快上来吧!"小女身轻如燕,便跨了上去。黑大汉背起美女,便飞也似地往山林跑去。可是越跑越觉得背上沉重,后来竟累得气喘吁吁,迈步艰难了。他奇怪地回头一瞧,啊!这背上的美女竟然变成一条蛟龙盘在他的背上,顿时吓得魂飞天外。原来这井泉能健体治疾,早已为龙王所知。龙王为使其体弱幼子健体长神,特令其来此井暂住。这小龙来后,闻知黑大汉常扰百姓,所以今夜扮女人诱惑、惩罚他。小龙趁黑大汉回首惊恐之机,巨口一张,一下咬住了他的咽喉。黑大汉疼痛难忍,挣脱不开,就地一滚,便现出大黑驴的原型。蛟龙怕被其压在身下,刚一松口,大黑驴嘶叫了一声,挺身立起,尥起蹶子,拼命逃去。这蛟龙哪肯放他,四爪一挺,腾空而起,巨口喷出水柱射向黑驴。黑驴在水中不辨方向路径,正闭眼叫苦,蛟龙伸出利爪,将黑驴抓起,升在半空,将其摔下地来,只听"扑通"一声,黑驴鼻口出血,再也动弹不得了。

第二天一早,村民们前来阿井取水,见不远处躺着一头口鼻出血的大黑驴,就把它抬回村里,扒下皮,把肉分给众人,用阿井水煮熟吃了。不料,凡食肉喝汤之人,皆有病者病愈,无病者强身。而唯有一孕妇,因分娩未能得食,产后而流血不止,危在旦夕。丈夫岳明见此,后悔不已,十分焦急。他见驴肉已尽,驴皮尚存,于是就割下一块,将毛刮去,从阿井提来一锅水,用大火煮之。由于火猛,又煮的时间过长,驴皮竟被煮成了糊状的稠汤,稍一冷却,又凝固成了褐色的胶块。岳明心想:既然驴肉有医病强身之奇效,这熬化的驴皮冻,虽比不上那驴肉,总也得有些效力。于是便将驴皮冻,切成碎块,让其妻子试食之。数日之后,竟同样出现了奇迹:他妻子气血回升,面色红润,数日后,竟健壮如初。事情传出,体弱患病者纷纷前来讨要,结果凡食者皆痊愈,驴皮冻很快吃光。有人就用别的驴皮加阿井水熬成胶冻吃,虽然不及大黑驴皮熬成的胶冻好,但也都很有效果。从此,人们知道用阿井之水熬驴皮之胶,是一种滋阴润燥,止血养血的良药,能治许多疾病,于是便大量收购驴皮,熬胶出卖,广医众人。因驴皮胶是用阿井水熬成,所以取名叫做"阿胶",而阿井也随

之改为"阿胶井"了。

现在,古阿井已经成为一种文化,一种象征。虽然现在人们已经用当地的地下水取代了古阿井的水熬胶,但是古阿井为地道阿胶的产生、传承和发展所做出的贡献不言而喻。

第十节　东海引巨淀

寿光是全国著名的蔬菜之乡,也是农业灌溉最早的地方之一。我国第一部纪传体通史《史记》就有引水灌溉的记录。《史记·河渠书》记载:"……东海引巨淀;泰山下引汶水:皆穿渠为溉田,各万余顷。"2 000 多年过去了,巨淀湖造福寿光人民,一直影响到现代。

巨淀湖,古称巨淀或巨淀泽,是我国历史上著名的淡水湖泊,历史悠久。大禹治水后,黄河下游地区留下了一些古湖泊,有巨鹿泽(大陆泽)、雷夏泽、大野泽等,其中就有巨淀泽。到秦汉时期,巨淀湖周围农业有了较高的发展。尤其是汉武帝塞黄河瓠子决口后,"用事者争言水利",各地农业灌溉规模发展迅速,山东灌溉面积达到万顷的有两处,一处是"泰山下引汶水",另一处就是"东海引巨淀"。民国《寿光县志》、90 版《寿光县志》及《寿光市水利志》都有"东海引巨淀溉田"的记载。

古巨淀泽位于齐国境内,古临淄城的北部,现在的寿光、广饶、桓台、博兴之间广大的区域,面积广大。巨淀湖原为大芦湖,据说,封巨氏跟随黄帝东征,打败了蚩尤氏、少昊氏,战功显赫,其后裔居住于此,"望出渤海",为了纪念封巨而改为巨地;古有巨淀县,或因水名之。古代的巨淀泽是多条河流的汇集地,接纳众多水系。主要河流有巨洋水、淄水、浊水、女水、时水等。其重要支流——巨洋水,即现在的弥河。《水经注》记载:"巨洋水出朱虚县泰山(小泰山)",途中纳熏冶泉水、洋水、康浪水等,注入巨淀,后出巨淀,纳尧水后注入大海。淄水,现为淄河,出泰山莱芜县原山,沿途纳天齐水等后注入巨淀。出泽后,入车马渎而入海。浊水,现为浊河,名为溜水,出广县为山。沿途纳长沙水等,注入巨淀。"巨淀之右,有女水注之。"

古巨淀泽地区,灌溉历史悠久,是齐国的重要水源地,是齐国重要的产粮区。巨淀湖是淄水流域的重要湖泊,通过引湖灌溉工程以及淄河及其支流进行引水灌溉。成书于战国的《周礼》记载,淄水及其支流时水(现在的乌河)是古幽州的两大灌溉水源,到《水经注》时,在时水两侧"有田引水,溉迹尚存"。齐景公"有马千驷,田于青丘"即指此。《汉书》载,征和四年,汉武帝刘彻耕于巨淀。引湖灌溉的水利工程浊河为汉代所挖,是西汉时期著名的人工河道,是"东海引巨淀"的重要渠道,是汉代大型的水利工程。浊河影响深远,在今寿光市营里镇,有东浊北、西浊北、前浊北 3 个行政村,大抵都与浊河有关。

古巨淀泽地区,人文历史悠久。2003 年在浊北村西北双王城经济园区发现的商代盐业遗址,是殷商的盐业中心。20 世纪 50 年代,山东省公安厅第四劳改大队在寿光县清水泊农场内建设时挖出了大量的汉代陶器、汉钱、刑具等,这说明寿光北部汉代就有大量的人类生产生活动动。

巨淀泽,河湖历史变化大,河道变迁复杂。汉代开挖河道引巨淀湖水灌溉。汉代的弥河与现在的流向不一致,是从寿光市洛城街道牟城村向西北流,注入巨淀湖,三国后改道从牟城东北流入。唐宋之前,因弥河又改道,经古城、王高、浊北向北冲刷出一条河道,把浊河冲断,随着历史的变迁,浊河不再东流,逐渐干涸废弃,现在还留有古河道的痕迹。元代《齐乘》说,清水泊就是古巨淀湖。至光绪时,《山东通志·舆图志》寿光地图上仍标有清水泊,并注名为古巨淀湖。民国《寿光县志》记载:"湖受重水,广狭视岁之旱涝,其中蒹葭丛生,绵亘数十里,俗名曰苦草,获利颇丰。"1923年淄河改道,跃龙河、王钦河、阳河诸水灌注总量不及淄河的三分之一。同时,在湖北岸有漏沟即塌河出现,湖水北泄,巨淀湖蓄水日渐减少。湖底因过去淄河、弥河等河水带入泥沙淤积抬高,部分湖区高于周围地面,水量大减。

　　现在的巨淀湖由淄河、跃龙河、王钦河、织女河、张僧河、阳河诸水汇集而成,属于季节性湖泊。20世纪50年代后,清水泊逐渐消失。清水泊所在之地,20世纪70年代建成了双王城水库,双王城水库之北即清水泊农场。如今,扩建后的双王城水库,湖水荡漾,碧波万顷,成为向胶东地区供水的重要调蓄水库。

巨淀湖风光

双王城水库

第十一节　山东第一蓄水池

　　在济南七十二名泉中,位于市中区十六里河镇的斗母泉海拔最高,泉水喷涌,堪称一奇。在打造名泉游览区时,距离斗母泉不远处的一个蓄水池意外地进入视野,带着尘封的往事,引起人们关注。

　　这座蓄水池位于十六里河镇涝坡村。涝坡村傍山而居,村边耸立着一座拦水大坝,一道瀑布从坝顶飞泻而出,水声隆隆。大坝内碧波荡漾,池水在山间婉延数华里。当地人把这个蓄水池称作洋湾。拨开杂草,池畔突兀的山崖石壁间露出一方石碑,苍劲峻拔的石刻大字赫然入目:"山东第一蓄水池",所注碑刻时间为"中华民国二十三年"。

一、皇帝台下有洋湾

　　蓄水池所在的地理位置,被当地人认为是一块风水宝地。蓄水池距离济南七十二名泉之一的斗母泉不远,池右上方有一块台子,叫作"皇帝台"。传说唐太宗李世民当了皇帝之后,曾去斗母泉游览,途中就在此台休息歇脚。"皇帝台"一名由此而来。到了明代,崇祯皇帝也曾在此台歇过脚,"皇帝台"更加名副其实。

但是,在蓄水池修建之前,涝坡村却并没能借着"皇帝台"的好风水年年风调雨顺。由于地质和气候的原因,涝坡村的村民面临着吃水难的问题,往往要走出十几里路,去山上或邻村挑水以供饮用,年复一年,祖祖辈辈也已经形成习惯。

蓄水池的建成,改变了这种局面。蓄水池的修建,缘于一个洋人的提议,这也是蓄水池被称为"洋湾"的原因。

山东第一蓄水池

二、洋人手中的茶水

民国二十二年(1933 年)夏末的一天,天气炎热,德国驻济南领事馆领事希古贤一行,到青铜山斗母泉一带游览,在返程途中来到涝坡村。

一群"洋大人"的到来,引起了村民的好奇。领头的希古贤是一个"中国通",1926 年12 月,德国驻青岛领事署正式建立时,希古贤就担任了首任领事,后又调任济南。

希古贤与中国结缘,早在他来到中国之前。据记载,希古贤生活在柏林时,就喜欢穿中国朋友赠送的苏织长衫。来到中国后,他时常下乡深入民间,了解中国的风土人情。对济南山水秀丽、群泉喷涌的胜景,希古贤更是心向往之,走访了不少地方,号称"山东精"。

来到涝坡村,他看到这个坐落在两座陡峭高山坡上的小村落,南靠青铜山,北依月牙山(又名笔架山),村内房舍上上下下、层层叠叠,错落有致;街中盘道,高高低低,弯弯曲曲,别有风情。一向钟情于山水的希古贤忍不住连声赞叹:好地方!

天热口燥,村民们看到纳凉的洋大人们友善,便热情地端出茶水招待。希古贤用蹩脚的中文和村民们交谈起来,发现自己手中的茶水,在村民眼中其实颇为珍贵——贵不在茶,而在于水。民国二十二年正值乱世,百姓们常常遭受兵匪滋扰的痛苦,若赶上天旱无雨,不仅庄稼颗粒无收,吃水也变得更加困难,只好背井离乡逃荒。村民的抱怨被希古贤听入耳中,顿生恻隐之心。放眼望去,山谷从村子里穿过,他忽然眼睛一亮,兴奋地大声说:"我可以向你们的政府提议,在这里为你们修建一座蓄水池!"

三、张鸿烈训令抗旱

希古贤把这个提议转达给时任山东省政府建设厅厅长的张鸿烈。

张鸿烈是早年出国留学人士,1914 年,曾赴美国伊利诺斯大学求学,回国后,又办理高等教育事业,曾担任中州大学(今河南大学前身)校长,冯友兰自称为他的学生。他被认为是清末民初中原地区开风气之先的少数几个人之一。

张鸿烈听了希古贤提出的建议后,心中颇感震动。于是欣然应允,他向韩复渠主政的山东省政府作了汇报,派水利专家赴涝坡村实地勘察,并制订了实施计划。

在当时的政界,张鸿烈的声望也很高。在任期间,他花大力气对黄河、北运河、小清河分期进行疏导清理,并加高加固堤防,任期内未发生过严重水患。民国二十三年,山东发生大旱情,张鸿烈发布训令"提倡水车灌田,藉防旱灾"。当时,涝坡村修建蓄水池也是抗旱的一项措施,工程所需资金由财政划拨,涝坡村民众也纷纷踊跃捐款……

四、毛驴驮出来的水坝

蓄水池工程自民国二十二年(1933年)十月正式开工,至第二年的古历九月竣工,历时一年。

蓄水池开工后,调集了本村及邻村数百人上山采石,所需沙子都是从三十里以外的仲宫镇用毛驴一趟一趟驮来的。一座长80米、宽13米、高10余米的拦水大坝,拦蓄水十数里,毛驴不知驮了多少趟。

该村96岁的老人裴凤乾是修建蓄水池的亲身参加者,他是当地有名的石匠。他说,蓄水池工程质量要求特别严格,所选石料也特别讲究,每块石料敲一敲不当当响的不用,不是纯青石的不用,石料不够尺寸的不用。

工程质量好,是这座蓄水池日后得以在此基础上扩建的重要原因。蓄水池建成后,渊深坝固,冬夏不涸,不仅造福了涝坡村的黎民百姓,也惠及了周边村庄的乡亲。蓄水池竣工之日,张鸿烈等有关官员亲临现场,为竣工剪彩。张鸿烈更欣然提笔,把该工程命名为"山东第一蓄水池",镌刻于石崖之上。

为了庆祝当地有了自己的水源,涝坡村的"靠山梆子"剧团还唱了三天大戏,专场演给蓄水池的修建者们观看,以表感激之情。村民们还树立了"修建蓄水池感德纪念碑"(此碑现埋于土中),记述建池始末和希古贤"一人之善怀,留为后代之利益"的功德。

五、后世之师接力

民国时建成的蓄水池,还远不及现在的规模。1957年,涝坡村村民在当地政府的大力支持下,在蓄水池上游100米处修建了第二道水坝。

1963年秋,中国经历了大范围严重的自然灾害,涝坡村蓄水池因天旱无雨,已有的两道水坝内塘都干涸了。由市政府出款,在上游几个村村民的共同帮助下,涝坡村的男女老幼齐上阵,不分昼夜地奋战,历经三年的时间,在第二道拦水坝的上游400米处,修建成第三道拦水大坝。在当时,因附近无水可以饮用,市政府专门安排了汽车,从市区拉水,供修水库用。

有了这三道拦水坝,涝坡村蓄水池总蓄水量达到2 000立方米左右,不但解决了涝坡村1 800余人的吃水困难,还浇灌了山区的大片农田,保证了农作物的年年好收成。

1982年,济南市及十六河镇政府又调来机井队,钻出了深达100余米的机井,村委会还为村民家家户户安上了自来水。

历经70余年,涝坡村蓄水池的修建,如同一场历史的接力。由于质量过硬,加之因循

节约的原则,蓄水池始终没有随着历史的变迁而废弃,而是代代延传,不仅见证了中外友谊和官恤民情,也见证了新中国发展的脚印。

今天,蓄水池的功用已发生了改变,不再提供饮用水,池水依旧丰盈,灌溉着周边的果园粮田。逢周末假日,不少城里人来池边钓鱼游玩,村委会开始考虑是否藉此开发旅游。村民高登魁在蓄水池下边的泉水井旁写下一副对联,质朴无华,却又意味深长。上联是:莫忘昔日无水苦;下联为:永记今日有水甜;横批:节约用水。

第十二节　导沭整沂工程

她是山东省第一个大型水利基本建设项目。

她是新中国治理江河湖海的第一个战役。

她是百万沂蒙人民战天斗地的光辉篇章。

她就是曾经牵动亿万人心的"导沭整沂"工程。

这一宏伟工程的建成,基本根除了沂、沭河下游洪水泛滥成灾,确保了两岸人民数十年安居乐业和社会稳定发展。

1949年春,淮海战役的硝烟还未散尽,在经济极度困难的情况下,为从根本上消除水患,改造旧山河,建设新中国,即将担负重整齐鲁山河重任的中共中央山东分局、山东省人民政府,审时度势,果断决策,组织上马了"导沭整沂"工程。

《沂、沭两河的过去和现在》真切地描述了当时发生洪灾的悲惨情景:

多少年来,居住在沂、沭两岸的农民,简直受尽了苦难。每年春天,他们和其他地区农民一样,把种子种到地下,但等不到收割,就被洪水一扫而光。远的不说,一九四九年闹水灾,光邳县一县,上水的村庄就有四百一十多个。被洪水淹毁的田地七十多万亩,淹倒的房屋一万二千多间。那时站在邳县城往外一望,到处是一片汪洋,天连水,水连天。"决了江风口(在临沭县境),水漫阚山走,冲了苍山的树,淹死了邳县的狗。"这首歌谣,就是说的当时的凄惨情景。洪水到处,真是庄稼淹没,房屋倒塌,鸡犬不留。人要跑得慢了,性命也是难保。人们没有办法,只好外出逃荒。

这段文字,真切地反映了遭受洪灾之苦的惨状,用史实告诉人们,当时开工上马这个大型工程具有多么重要的历史意义和现实必要性。

1949年2月,山东省人民政府批准了《导沭经沙入海工程全部计划初稿》,根据"苏鲁两省统筹兼顾,治泗必先治沂,治沂必先治沭"的治理原则,把导沭经沙入海作为整个沂、沭、泗流域治理的第一步。

其规划的具体内容就是:在临沭县大官庄老沭河上横截一条大坝,向东劈开马陵山,将分泄洪水改道入沙河,由赣榆县临洪河口入黄海,名新沭河。该工程可将沭河原入海线路缩短130公里。

经过一段紧锣密鼓的前期准备工作,1949年4月21日,即中国人民解放军百万雄师横跨长江天险,打响渡江战役的那天,来自沂山、沂蒙、滨海、泰山、泰西、尼山、台枣、新海连等8个地市40多个县的10余万民工,从四面八方云集在沭河岸畔,列阵于马陵山下,开始了劈马陵挽沭水牵龙入东海的壮举。

面对这样一个巨大的水利工程,沂蒙人民克服了一无先进技术,二无现代化设备的重重困难。缺少工具,人们自力更生,土法上马,抬来了打鬼子时从陇海线上扒来埋藏的铁轨,在工地上升起了红炉,在极短的时间内便打造了上万把铁锤、钢钎;劈山开石,没有炸药、雷管、导火线,地下工作者冒着生命危险,从当时还被敌人盘踞的上海、南京等地,千里迢迢地购来。

自 1949 年 12 月 1 日至 1950 年 1 月 3 日,调集民工 3 万余人,集中开挖引河段石方(马陵山切岭工程)。此段工程长 6.4 公里,最大挖深 14 米,底宽 55 米(原定为 90 米),都是石方,当时无开掘机械,全凭施工群众使用简单的开石工具,以消耗巨大体力的方式进行开挖,是导沭施工中最为艰巨的工程。

整沂工程始于 1951 年 4 月,历经 3 期施工,先后调集民工 30.6 万人次。首期工程于 1951 年 8 月 27 日结束,重点进行沂河疏浚、拆废堤筑新堤和白马河开挖与筑堤、江风口溢洪道开挖及武河口堵坝、筑城河口束水堤等。第二期整沂工程分两次施工,一次为 1952 年 4 月 5 日至 5 月 22 日,另一次为是年 6 月 18 日至 28 日,主要任务是开挖分沂入沭水道和引河及排水沟。第三期整沂工程于 1953 年春开工,同年秋结工,工程的重点是继续开挖分沂入沭水道与排水沟,以及对沂河、白马河进行裁弯、筑堤,同时完成江风口堵坝工程等。三期整沂工程共完成土石方 1 150.25 万立方米,用工日 991.15 万个,占地 1.15 万亩。

1950 年 10 月,政务院发布了《关于治理淮河的决定》,1951 年 5 月 15 日,《人民日报》发表毛泽东的题词:"一定要把淮河修好"。从此,作为治淮事业的序幕,"导沭整沂"纳入了国家治淮总规划。从时间顺序上讲,在沂蒙山区的导沭整沂工程开工以后,淮河流域才开始陆续上马了佛子岭、响水甸、南湾笃等大型水库建设项目。

1952 年发行的纪念淮河治理的邮票

20 世纪 50 年代淮河治理的老照片

毛主席的号召给施工群众很大的鼓舞,整个工地上掀起了劳动竞赛的热潮。基于当时的施工条件,工程进度缓慢。来自沂蒙山腹地平邑县的小伙子刘柱新,经过反复思考和摸索,在施工中创造了"找石隔,看石纹,掏石根,孤立石头"新的劈石法和"放排炮,打齐炮"的放炮技术。在工地推广后,十几倍、几十倍地提高了工效。1950 年冬,刘柱新被授予华东水利工程特等劳模,参加了在北京召开的全国劳模大会,受到了毛泽东、朱德、刘少奇、周恩来等党和国家领导人的亲切接见。

为了建设好导沭整沂这项宏伟工程,完成好党中央交给的任务,沂蒙人民拿出了革命战争时期支前精神,可以说是倾其所有了。1952 年冬,一场罕见的大雪突袭工地,车队不能运粮。上万名民工断炊,影响了工程进度。工地指挥部便组织了几千名民工,顶风冒雪,步行到近百里外的白塔埠、墩尚等地背米运粮。有些人的鞋子被雪水和稀泥拔掉了,滑倒了,他们便爬起来赤着脚走,到了目的地后,人人都像泥人一样,正是靠着背回来的几十万公斤小米,"导沭整沂"工程才得以顺利进行。

虽然条件极其恶劣,面临千难万险,但来自沂蒙的民工们精神情绪却十分饱满和高涨。他们最常说的是,"过去支前是打鬼子,打老蒋,为了解放全中国,现在咱参加导沭整沂吃点苦,是为了建设新中国,再苦再累咱心甘。""天下农民是一家,苏北、鲁南老百姓受水灾,咱有责任帮助他们。"

导沭整沂

自 1949 年 4 月至 1953 年 11 月,历时近 5 年,37 个县 114 万民工先后进行了十期导沭、三期整沂工程,基本解决了沂、沭河下游洪水泛滥成灾的问题。

而工程所开挖的土石方若按 1 立方米的空间横摆开来,可绕地球一周多。为完成这一壮举,以沂蒙地区为主体的施工大军付出了常人难以想象的辛劳。

苏联水利专家撒以奇斯可夫亲眼目睹这一盛况后,禁不住地翘拇指连声称赞道:"伟大的中国,伟大的人民,你们用落后的生产工具,战胜困难,做出了一流的工程,真了不起!"

这真是:

千年沂沭水难平,禹王无计任逞凶。

还看今朝红旗展,百万英雄锁蛟龙。

第七章　山东历史治水名人

第一节　管仲

　　"一代名相，霸主之辅"的管仲，不仅是春秋时期齐国伟大的政治家、思想家、军事家和改革家，还是著名的水利专家。他特别强调水利在社会发展中的重要地位和作用，提出"善为国者，必先除水旱之害。"后人把他的思想积累、集结成为《管子》一书。《管子》是齐文化的代表作。

管子与水

一、管仲其人

　　管仲（公元前723—前645年），名夷吾，字仲或敬仲，尊称管子，颍上（今安徽省颍上县）人，春秋初期伟大的政治家、思想家、军事家、改革家。管仲出身贫寒，曾做过小本生意，养过马，服过兵役。在这期间，他跑过很多地方，积累了丰富的社会经验。他曾一度侍奉齐国的公子纠，与齐桓公进行继位之争。后来齐桓公取得胜利，公子纠失败被杀，管仲沦为阶下囚。但由于管仲才能出众，受到齐国大夫鲍叔牙的让贤推荐，遂被齐桓公拜为上卿。管仲任齐国相40多年，实行了政治、经济、军事等多方面的改革。他认为：治理国家和人民必须先从经济入手，因为"仓廪实则知礼节，衣食足则知荣辱"，物质基础对于国家的稳定繁荣和社会的良好道德风尚具有决定性影响。因此，他始终致力于发展农业生产和工商业，富国、安民、强兵，齐国国力得以迅速增强。他辅佐齐桓公"九合诸侯，一匡天下"，使齐桓公的霸业达到了顶峰，齐国成为春秋五霸之首。管仲的业绩备受后人推崇，连100多年后的孔夫子都说："微管仲，吾其被左衽矣！"（《论语·宪问》）意思是说，如果没有管仲，无法想象后人要过着怎样贫穷野蛮的生活。

　　管仲还是著名的水利专家。他对水的研究很深，特别强调水利在社会发展中的重要地位和作用，始终把除水害、兴水利看作是治国安邦的根本大计。

二、管仲论水

　　管仲对水观察得很细，研究得很深，并且把水的形态、性能、功能与人的道德、品质、性格、意志等联系起来，以此修身养性，规劝帝王，治理国家，教化国民。

　　管子说："水者何也？万物之本原也，诸生之宗室也，美恶、贤不肖、愚俊之所产也。"

意思是说,水是一切生命的源泉,万物之本原,并且水质的好坏还决定着人的性格。管子还指出"水为万物之准",因为计量平准、色味标准等都以水为本;又指出水在农业、土壤、动植物中的地位和作用,管子说:"夫民之所生,衣与食也。食之所生,土与水也。"又说:"人,水也。"人体主要是由水构成的,然后发育成能视、听、言、思等功能,总的说"万物莫不以生"。管子第一个在哲学上提出了水是万物本原的朴素唯物主义观点。

管仲纪念馆

管仲墓

　　管子说:"人皆赴高,己独赴下,卑也。卑也者,道之室,王者之器也,而水以为都居。"意思是说,其他的事物都心向高处,唯独水向下流,这是谦下,就是道的主旨,也是王者必备的气质。这是对人应该具有"道"的启示。管子说:"夫水淖弱以清,而好洒人之恶,仁也。"意思是说,水虽柔弱,但很清净,能洗掉人的污秽,这是"仁"的一面。这是对人应该具有"仁"的启示。管子说:"唯无不流,至平为止,义也。"意思是说,水始终有规律地、曲曲折折地向低洼处流去,直到流平为止,像"义"。管子说:"量之不可使概,至满而止,正也。"意思是说,水盛满了,也用不着合概去刮平,就像公正无私的人。

　　管子还细心观察了各诸侯国河流的形态和特点,发现各地的水的特性影响了当地居民的性格、品质,掌握这一规律对于统治人民、治理国家非常有用。管子说:"夫齐之水道躁而复,故其民贪粗而好勇。"意思是说,齐地水道回复,故令人贪;以其躁速,故令人粗勇。又说,楚之水淖弱而清,故其民轻果而贼。越地的水混浊而浸漫,故其民愚,不讲卫生多疾病。秦地的水甘而涩,泥淤沉滞,所以这个地区的民众贪戾,诬而好事。晋地的水好枯旱,水味惨涩,水色无光,沉淀物又多,所以这里的民众"谄谀葆诈,巧佞而好利"。燕地的水萃集而柔弱沉滞,所以这里的民众愚惷,憨厚又崇尚贞洁。宋地的水轻急而清净,所以这里的民众闲易而崇尚正直。因此,管子结论说,古代圣人之所以能教化世人,这个原因就在于水。水纯一了,人心就能正;水洁净,民心则能一致,其欲望就没有玷污。民心易一,其行为就不会出轨,没有邪端。所以,圣人治理天下后,就没有多少内乱纠纷,这运转的中枢就在于水。

　　管仲的水论,蕴含着丰富的内容和深邃的哲理。从某种意义上讲,管仲是从水那里得到启发,掌握了治国之法、统民之术。一方面教育国人要很好的从水的各种形态、性能、功能中受到启迪,进行道德修养,做一个道德高人,仁义的人,善于教化别人的人;另一方面,作为治国安邦的君王圣人,也要掌握水的规律,才能化世,使国家安定繁荣,人民安居乐业。

三、善为国者必先除水旱之害

管仲在政治上提出"以人为本"的人本主义思想,在经济上主张富国强民。他认为,要想富国强民,必须把除水害、兴水利作为治国安邦的头等大事来抓。有一次,管仲与齐桓公一起探讨治国方略,管仲进言道:"善为国者,必先除其五害;水一害也,旱一害也,风雾雹霜一害也,厉(疫病)一害也,虫一害也,此谓五害。五害之属,水最为大。五害已除,人乃可治。"就是说,水和旱都是对经济发展和社会稳定造成严重影响的自然灾害,特别是水灾危害最大;治理国家必须采取措施消除水、旱等自然灾害,才能确保农业丰收,百姓安居乐业,天下安定,国家繁荣昌盛。在我国历史上,管仲第一次提出了治水是治国安邦的根本大计。

管仲认为"除五害,以水为始。""水有……经水(干流)……枝水(支流)……谷水(季节河)……川水(人工河)……渊水(湖泊)",要根据不同水源的特点,因势利导,因地制宜,采取相应的工程措施,除害兴利,使其为灌溉、供水、航运等服务。治理水害必须防患于未然,统筹规划,综合治理。应设置水官,选拔对水利工程技术比较熟悉的人员担任。冬季要经常巡视河渠堤坝,发现需要维修的及时向官府报告,经批准后组织实施。在不妨碍农时的情况下,发动百姓兴修水利,并经常检查维护。汛期堤坝如有毁坏,要把责任落实到人,抓紧修治,官府组织人力支持。遇有大雨,要对堤坝加以适当遮盖,在迎水冲刷的危险堤段应派人据守防护。"终岁以毋败为固,此谓备之常时,祸从何来?"只要整年都保持牢固不坏,随时防备,祸患就无从产生。

关于农业灌溉,管仲认为,"夫水之性,以高走下。"引水灌田要顺应水往低处流的自然特性,采取相应的工程措施。要引水灌溉高处的农田,就必须先在上游修建堰坝等壅水建筑物,为渠道引水创造先决条件。还必须合理地选择渠道的坡降,坡降大了,水流速度过快,会冲毁渠道,甚至剥蚀石块;坡降小了,水流速度过慢,又会造成渠道的淤积。当渠道穿越难以避开的道路、河流或流谷时,还需要修建多种形式的交叉建筑物,如倒虹吸、跌水等。这样,水就可以"迁其道而远之,以势行之",沿着渠道顺着地形地势向远处的农田流去。管仲还对渠道中的水跃和环流两种破坏性水力现象作了比较科学的论述,初步认识到水跃现象是由于渠道纵剖面上的局部突然升降造成的,并指出,水跃能够破坏水利工程,甚至导致"水妄行"的事故发生。在2 000多年前,管仲能够对渠道工程中有关水力学问题作出如此明晰的说明,是难能可贵的。

对于水利工程施工组织,管仲主张,施工民工要从老百姓中抽调,秋末就要按人数、土地多少组织施工队伍。不要平均摊派,要区别男女大小,依劳力状况分工。丧失劳动能力的可免其劳动;有病不能干活的,可算病假;不能出全工的,可出半工;被征派治河的,可代替服兵役,并造册上报官府。到了冬天,民工要备好筐、锹、板、夯、车等筑堤用具。工具数量要合理搭配,以利组织劳力,提高工效。同时要留有必要的储备,以便替换被损坏的工具。工具还要经过水官司和地方官吏共同检查,防止虚报或滥竽充数。除备好施工工具外,还要备好柴草和埽料等,以作夏秋防汛之用。为了严格督促,还要建立相应的奖惩制度。这样,才能调动各方力量,齐心全力地投入到治水中去,并做到常备不懈,万无一失。

针对齐国所在地的气候特点,管仲提出组织农田水利建设的黄金季节应是每年的春

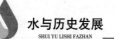
季。因为"春三月,天地干燥,水纠裂之时也。"这个季节土料含水量比较适宜,容易夯实,施工质量有保证。并且这时"山川涸落",正处于枯水时期,可以把河床滩地上的土取来筑堤,既起到疏浚河床的作用,又可以节省堤外的土源,以备夏秋防汛抢险时有足够的土料。再者,从农事来说,这期间"故事已,新事未起",是农闲季节,且昼长夜短,气候适中,要充分利用这个大好季节大搞水利建设,修筑堤防。2 000多年前,管仲所提到的这些原则,直到今天还被人们沿用着。

春秋时期,城市水利也得到发展。管仲对城市水利作过专门研究,有着精辟独到的见解。他认为:"凡立国都,非于大山之下,必于广川之上。高毋近旱,而水足用;下毋近水,而沟防省。因天材,就地利,故城郭不必中规矩,道路不必中准绳。"就是说,凡是建立城市的地方,若不选择在大山之下,必定选择在平原临近河水之处。高处不要过于靠近干旱处,而水量又要充足够用;低处不宜过于接近河水,而沟渠排水又较方便,应该就其地形和水利条件因地制宜。所以建立城市不必遵循统一的规矩,修筑道路不必照搬某种固定的模式。他还进一步指出:"归地子利,内为之城,城外为之郭,郭外为之土阆。地高则沟之,下坝堤之,命之曰金城。"即城址选好后,应建城墙,墙外再建郭,郭外还有坝。地势高则应挖渠引水和排水,地势低则应修筑堤防挡水防水。例如,齐国国都临淄故城在建筑时即充分运用了管仲的理论,临淄故城的防洪、排水、给水、泄洪、排污等系统网的布局,可堪称当时城市水利建筑一绝,独一无二。

四、《管子》

管仲的理论和思想对后世影响很大。后来一些崇奉管仲的学者,搜集他的文论,记述他的言行,并以他的思想为基础,阐发自己的主张,经过不断丰富和发展,最后积累集结成《管子》一书。该书原有86篇,亡佚10篇,现仅存76篇,内容丰富,思想深邃,涉及经济、政治、军事、社会、哲学、科技、文学艺术等诸多方面。其主要内容包括三部分:一是《管子》的原书,如《牧民》《形势》《权修》《立政》《乘马》《五辅》《君臣上》《君臣下》等篇;二是稷下先生的作品,即齐国的旧档案,如《心术》上下、《内业》《白心》《枢言》等篇;三是秦汉时代的作品,即汉代开献书之令时由齐地汇献的作品,如《明法》《轻重》等篇。《管子》中大部分的思想资料源于管仲学派。《管子》成为齐文化的代表作。

《管子》中有关水利内容的论述比较多,主要集中在这样几篇:《水地》篇论述水的重要性,水的物理性质,水对土壤、植物、动物、矿物的作用;还叙述水的育人功能及各地水质与居民性格的关系等。例如:"是以水者,万物之准也,诸生之淡也,违非得失之质也。是以无不满,无不居也。集于天地,而藏于万物。产于金石,集于诸生,故曰:水神。集于草木,根得其度,华得其数,实得其量。鸟兽得之,形体肥大,羽毛丰茂,文理明著。万物莫不尽其几,反其常者,水之内度适也。"《度地》篇论述治国先除五害,水源的五种类型,明渠水流的渠系设计;描述了有压管流、水跃、环流等水力学现象;还论及水行政机构,施工组织和工具配备,施工季节,滞洪区的设置,堤坝的填筑、维修、管理等。《地员》篇论述地下水埋深、地下水质和相应的地表土情况,以及在这种地表土上适宜种植的植物和农作物;还论及水的自然水色、水味等。《乘马》篇论述城市水利理论等。《八观》和《轻重早》篇论述齐国河海渔、盐业的生产和发展等。

齐桓公四十一年(公元前 645 年),管仲病逝,葬于山东省临淄(今淄博市临淄区齐陵街道办事处北山西村)牛山北麓。2004 年建成并对外开放了管仲纪念馆,该馆以管仲墓为依托,以《管子》思想为基础,以管仲的生平为脉络,通过多种艺术手段,全面展现了博大精深的管仲思想。

第二节　倪宽

我国水利管理规章,从春秋时期"无曲防"的条约算起,约有 2 500 年历史,最早形成制度的记载是西汉时倪宽、召信臣的"定水令""作均水约束"。

倪宽(? —前 103 年),西汉千乘(今山东广饶县乐安街道倪家村)人。他幼时聪明好学,但家中贫穷,上不起学。他就在当时的郡国学校伙房帮助做饭,以此求得学习的机会。他还时常被人家雇用做短工,每当下地干活的时候,他总是把经书挂在锄把上,休息时就认真诵读,细心研究。这就是至今为人们传颂的"带经而锄,休息辄读诵"的故事。由于倪宽勤学好问,得到了西汉著名学者、《尚书》《欧阳学》的开创者欧阳生的身传亲授。后来又受业于孔子后裔、西汉经学博士孔安国。所以倪宽在经学,特别是《尚书》研究方面有了很深的造诣,被当时的郡国选诣为博士。

倪宽初入仕,当时杜陵(今陕西省西安市东南)人张汤为廷尉。张汤很器重倪宽的才气,让他在自己手下担任"奏谳掾",从事起草奏章文书等工作。汉武帝元狩三年(前 120 年)张汤做了御史大夫,推荐倪宽为侍御史,掌握纠察举荐官吏之权。汉武帝召见倪宽,让他讲论"经学"。倪宽引经据典,把《尚书》中的《尧典》《瞬典》讲得非常精辟、透彻。汉武帝大悦,提升他为中大夫,专管朝廷议论之事。

汉武帝元鼎四年(前 113 年)倪宽迁升为"左内史"之职。倪宽在任期间,以儒家道德教化民众,采取措施奖励农业、缓刑罚,重新清理狱讼,选用仁厚之士,体察民情,做事讲究实事求是,不务虚名,因此深得关中地区民众拥戴。关中地区,秦时修建了郑国渠,两岸农民深得灌溉之利,土地肥沃,田赋是第一等的,是汉朝赋税的重要来源之一。倪宽了解到,郑国渠上游南岸高卯之田仍然十年九旱。汉朝初年,这里"百亩之收,不过百石",仍有一部分人民衣食不足。倪宽首倡开凿六辅渠,得到汉武帝的同意后,倪宽征发民工,在郑国渠上修筑了六条渠道,史称"六辅渠",使两岸高卯之地得到灌溉,原来的郑国渠发挥了更大的效益。为了做到避免纠纷、合理用水、上下游兼顾,他又"定水令,以广溉田",制定和颁布了《水令》,让人民按水令用水,上下相安,很快使关中地区出现农业丰收、经济繁荣的局面。倪宽关心民间疾苦,收租税时,对一些丰歉不同的地区和农户进行适当调整,对一些贫弱户和因故不能及时缴纳的可以延缓和减免,因而赋税征收速度较慢。后来,因军务用粮紧急,有令发至左内史,赋税纳公粮。于是,大家户赶牛套车,小户担挑背负,交粮路上人车连绵不绝。结果,赋税任务不但没有落后,反而成为完成最快最好的。汉武帝愈加赞赏倪宽的才能,于元封元年(前 110 年)封他为御史大夫,后来又令他与司马迁等人共同制定"太初历"。

倪宽做御史大夫在位八年,于太初二年(前 103 年)病逝,归葬原籍广饶县。他的著作有《倪宽》九篇、《倪宽赋》二篇、《封禅颂》等,可惜均已遗失。

倪宽塑像

倪宽墓

第三节　王景

　　王景,字仲通,原籍琅琊郡不其县(今山东青岛即墨区西南)人。青年时好学,擅长天文、数学,多技能,尤其长于水利技术。汉明帝永平时与王吴共修浚仪渠(汴渠在今开封的一段),创用"堰流法",获得成功。

　　王莽始建国三年(公元11年),黄河在魏郡决口形成第二次大改道后,王莽认为,河水东去,从此元城(今河北大名东)的祖坟可以不再受黄河之害。因此,他弃而不治,放任自流,导致黄河"侵毁济水"。东汉初年,河南郡境的黄河发生剧烈变化,由于河道大幅度向南摆动,造成黄河、济水、汴渠各支派乱流的局面,航道淤塞,漕运中止,田园庐舍皆被吞没。其中,兖州(今河南北部、山东西部、河北东南部)、豫州(今河南东部、南部,安徽西北部)受害尤重。后来,黄河以南淹没的范围竟达数十县之多。

　　汉明帝刘庄执政之后,情况更加恶化。"汴渠东侵,日月弥广,而水门故处,皆在河中",就是说,汴渠遭到破坏后,又继续向东弥漫,连原来的引水水门都沦入黄河中间去了。"兖、豫之人,多被水患"。但仍有人持不同意见,认为河水入汴,东南流,对幽州(今河北北部、辽宁南部和朝鲜半岛)、冀州(今河北中南部、山东西部及河南北部)有利。加强左堤就会伤害右堤,左、右堤都加强,下游就要发生险情,不如任水自流,百姓迁居高处,既可避免灾害,又可免却修防费用。由于治理意见不统一,致使黄河第二次改道后,水患连绵60年得不到平息。

　　汉永平十二年(公元69年)的一天,汉明帝偶然听说王景在水利方面很有研究,随即派人把王景召来。王景禀奏道:"河为汴害之源,汴为河害之表,河、汴分流,则运道无患,河、汴兼治,则得益无穷。"明帝听后甚是高兴,遂赐他《山海经》《史记·河渠书》和《禹贡图》,命他主持治河事宜。当年四月,王景和王吴等人率领数十万兵民,开始了大规模的治水工程。据史料记载,这次治水工程的主要内容是:"筑堤,理渠,绝水,立门,河、汴分流,复其旧迹"。

　　其一,"筑堤",即修筑"自荥阳(今河南荥阳东北)东至千乘(今山东高青东北)海口千余里"的黄河大堤及汴渠的堤防。王景认为,黄河泛滥加剧的原因,是由于下游河道常年泥沙淤积而形成地上悬河,河水高出堤外平地,洪水一来,便造成堤决漫溢。于是,王景

"别有新道",选择了一条比较合理的引水入海的路线,并在两岸新筑和培修了大堤。这条新的入海路线比原河道缩短了距离,河床比降加大了很多,因而河水流速和输沙能力相应提高,河床淤积速度大大减缓。特别是这条新河线,改变了地上悬河的状况,使黄河主流低于地平面,从而减少了溃决的可能性。这次修筑大堤,固定了黄河第二次大改道后的新河床,是东汉以后黄河能够得到长期安流的主要措施之一。

王景塑像

王景治河

其二,"理渠",即治理汴渠。汴渠,联系黄河与淮河两大水系,是汉代,特别是东汉以后中原与东南地区漕运的骨干水道。经过认真反复"商度地势"后,王景为汴渠规划了条"河、汴分流,复其旧迹"的新渠线。即从渠首开始,河、汴并行前进,然后主流行北济河故道,至长寿津转入黄河故道(又称王莽河道),以下又与黄河相分并行,直至千乘附近注入大海。在济河故道另分一部分水"复其旧迹",即行原汴渠,专供漕运之用。为了实现这个规划,王景等人开展了"凿山阜,破砥绩,直截沟涧,防遏冲要,疏决壅积"和"绝水,立门"等大量的工作。取水口位置是个关键问题,如果位置选择不当,要么黄河北迁取不来水,要么黄河南徙,渠口被淹,河、汴混流,汴渠淤塞。王景根据这个客观情况,吸取历史上的教训,采取了"十里立一水门,令更相洞注"的办法,就是在汴渠引黄段的百里范围内,约隔10里开凿一个引水口,实行多水口引水,并在每个水口修起水门(闸门),人工控制水量,交替引河水入汴。渠水小了,多开几个水门;渠水大了,关上几个水门,从而解决了在多泥沙、善迁徙河流上的引水问题。这是王景在水利技术上的又一大创造。当时,荥阳以下黄河还有许多支流,如濮水、济水、汴水和蒗汤河等。王景将这些支流互相沟通,在黄河引水口与各支流相通处,同样设立水门。这样洪水来了,支流就起分流、分沙作用,以削减洪峰。分洪后,黄河主流虽然减少了挟沙能力,但支流却分走了大量泥沙,从总体上看,还是减缓了河床的淤积速度。这是促使黄河长期安流的另一重要措施。"凿山阜,破砥绩,直截沟涧,防遏冲要,疏决壅积",即清除上游段中的险滩暗礁,堵塞汴渠附近被黄河洪水冲成的纵横沟涧,加强堤防险工段的防护和疏浚淤积不畅的渠段等,从而使渠水畅通,漕运便利。

这次治理黄河工程极为浩大,耗资"以百亿计",历时一年多。工程完成后,黄河下游大约保持了 800 年之久没有发生大的水患。治河的成功,水利灌溉事业的发展,为农业生产的发展奠定了基础。西汉时期,仅山东的水稻种植量就很大。据记载,琅琊郡的稻城县(今高密西南)"蓄潍水溉田……旁有稻田万顷,断水造鱼梁,岁收亿万,号万匹梁"。

王景由于治理黄河有功,后来就被任命为"河堤谒者"。王景治河成效卓著,从东汉末年王景这次治河到唐代末年的 800 年中,黄河决溢仅有 40 个年份,且都不大,主流一直处于稳定状态。后来,河患又逐渐多了起来,直至宋仁宗庆历八年(1048 年)发生第三次大改道。因此,王景治河的办法和经验一直为历代治河者所推崇和效法。

第四节　马之贞

马之贞(约 1250 年—1310 年),字和之,元代与郭守敬齐名的著名水利专家。其祖籍一般认为为汶上(今山东汶上县)。马之贞青年时期熟读历代水利著作,立下以国计民生为念的抱负。他的好友商瑭是当朝名臣商挺的儿子,利用能够见到丞相伯颜的机会,多次向伯颜举荐马之贞,称他熟知水利,家中有许多这方面的书籍。伯颜在接见马之贞后,为其掌握丰富的水利知识所折服,很快加以重用。

元世祖至元十二年(1275 年),皇帝忽必烈询问大臣从江淮运粮抵达大都,需要行走的河道之事。当时国家漕运利用隋唐大运河的故道,从江淮水运入黄河后,西行至河南中滦镇(今河南封丘县)卸船,再陆运至淇门(今河南淇县)入御河(隋唐永济渠),北上运至大都。这条漕运路线,不仅河道迂回绕远,中途漕粮需反复装卸,十分不便,且陆运行走艰难,效率不高。马之贞上言说,自宋金以来,山东境内汶、泗河道是相通的,郭都水(郭守敬)通过查看,认为从这里走漕运是行得通的。至元十三年(1276 年),丞相伯颜向世祖建议今南北统一,应该开挖河渠,使全国各河流相通,使远方朝贡京师的物产,能够经水路到达大都,这也是国家长远的利益所在。忽必烈经过考虑,采纳了他的建议。

马之贞塑像

至元十七年(1280 年),世祖任命马之贞为汶、泗都漕运副使,与尚监察等官员筹划在山东境内开挖运河,拟在汶水、泗水等河道上建闸 8 座,石堰 2 座,以节制水量。至元二十五年(1288 年),时任丞相桑哥也建言开会通河,从安山(今山东梁山县小安山)至临清(今山东临清市)之间开挖运河,以避开海运漕粮的风险。此后寿张(今山东梁山县寿张集镇)县尹韩仲晖、太史院令史边源又相继建言,称在山东境内开河置闸,引汶水达于御河,非常便利漕运。世祖予以批准,令马之贞与边源等视察地势,商量开河的工程规划,又委任断事官忙速儿、礼部尚书张孔孙、兵部尚书李处巽等负责具体事宜。至元二十六年(1289 年),在朝廷支持下,马之贞负责开挖山东运河,南从须城的安山镇之南,北到临清御河,全长 250 余里。在河段中间建闸 31 处,根据河道的高低、河段的远近,以蓄积、放泄河水。工程从当年正月三十日开始,至六月十八日完工,历时共 4 个多月,进展十分迅速。为节制河水的流向,在河段中间建堰闸进行调节,并修筑堤坝以防河中激浪,整个工程共用工 2 510 748 人。运河开凿完成后,于当月放汶水注入,只见水流滔滔,如复故道,河中舟楫往来如梭,极大便利了南北船舶的往来。马之贞负责的开河工程,规模浩大,号称"开魏博之渠,通江淮之运,古所未有",世祖得到捷报后极为高兴,下诏赐名为会通河。

会通河虽然施工时间短,但因工程量大,也存在不少质量问题。至元二十七年(1290 年),马之贞上奏称大雨导致河岸崩塌,又加上河道因泥沙逐渐淤浅,需要疏浚维护。朝廷命他征调 3 000 运输站户,来实施疏浚工程,并采伐木石等进行施工。会通河主要是引汶水济运河。为弥补航运水量的不足,马之贞建造了沙堰,用梢料和土沙筑堰。这种沙堰,水大时允许被冲毁,洪水过后也容易修复。他曾对别人说:汶水,是齐鲁地区的大川,河底为沙,河道宽阔,如果修建石堰,须要高出水面五尺,才能放水行运。如果沙涨淤平,就如同没有石堰一样。河底填高,必然溢出为害。况且河流上游宽广,石材也不够使用,纵使竭力完工,大水来时也容易冲垮。但后来有人不听马之贞的意见,在部分地区建造石堰,不但增加民众负担,大水来时导致闸坏岸崩,其后果不幸被马之贞所言中。

对引水济运的闸坝工程,马之贞主持的也很多,最重要当属兖州闸和堽城闸,因为这两闸都属会通河水源的咽喉之处。他上奏说:新开的会通河与济州河相接,中间有汶、泗两水贯通,然而会通、济州两河并非自然之河,应当在兖州立闸堰,约束泗水西流;堽城立闸堰,分汶水入河,南会于济州河。同时建六闸调节水势,通过船闸的开闭来调度往来航船,南通淮、泗两水,北通会通河,直达通州。这一建议不久被朝廷采纳。

会通河完工后,马之贞又先后担任都水少监、都水大监等,都是负责全国水利的重要官职。会通河完成 20 年后,因年代过久、大雨冲刷、河岸变迁等原因,存在淤塞的情况,马之贞又主持了会通河疏塞工程。此外,他还亲自勘察、施工了鱼台(今山东鱼台县)孟阳的薄石闸,并总结多年治河经验,认为:"如果河水不聚集过多,就不能通行大船;不蓄积面太广,就不足以供下游补水之用。在工程上,最重要的是立堰以积水,立闸以通舟。堰贵在长度,闸贵在结实,涨水时使水能够漫流其上,就能保障河水通航的使用了。"这一具有减水闸作用的设想,在建造薄石闸中得到实施。马之贞根据河道地形的高下、河槽的宽窄,来测量河水的浅深,绘制图纸报朝廷批准。成宗大德八年(1304 年)正月,薄石闸开始动工,五月完成,共用工 176 990 人、中统钞 103 350 缗、粮 1 247 石。薄石闸的建成,使会通河航运更加便利,落成之日,两岸鼓声四起,数十百艘船舶往来穿梭,船内饮食谈笑的声

音在岸上都能听见。后来马之贞在会通河上又设计建造了济州（今山东济宁市区）会源闸，竣工时民众特建祠堂于闸旁，命名"都水少监马之贞祠"，以示对其功劳的怀念。此外，马之贞还关心会通河沿岸的教育，曾筹资重建了汶上县圣泽书院，为当地培养人才。

武宗至大年间，马之贞因病去世，葬于汶上县城南 3 里处，沿河民众感念其功劳，又在墓旁立石碑以纪念。马之贞将毕生心血倾注在运河开凿与维护上，成功地解决了会通河的水源补给及水量分配问题，为元代运河漕运和商贸业发展做出了重大贡献。英宗至治元年（1321 年），都水丞张仲仁改建会源闸，设立"河伯君祠"，在祠内为马之贞塑像加以奉祀。

第五节　宋礼

在京杭运河的建设和开发中，有一个人厥功至伟。他疏浚会通河，筑建戴村坝，开挖小汶河，建南旺运河分水枢纽等工程，确保漕运畅通。他就是明代杰出的水利专家、运河治理的重要人物——宋礼。

一、宋礼的生平

宋礼，字大本，河南省永宁县（今洛宁县）人。生于元代至正十八年（1358 年），卒于明永乐二十年（1422 年）。自幼聪颖悟知，好学有志，精于河渠水利之学。明洪武年间先后为进士、山西按察金事等职。朱棣称帝后，先后任礼部右侍郎、工部尚书等。因治运有功，多次受到皇帝表彰。据《明史·运漕证序》载："元开会通河，其功未竣，宋康惠踵而行之，开河建闸，南北以通，厥功茂哉。"永乐二十年（1422 年），宋礼二次奉命到四川采购木材，积劳成疾病故，卒年 64 岁。

二、宋礼的治水实践

元代会通河开通后，京杭运河实现真正意义上的南北贯通。但由于地势等原因，为解决会通河水源不足等问题，元代建设堽城坝，通过引汶水入洸河，洸水流至济宁会源闸（又称天井闸）分流南北济运。由于济宁地势比南旺约低 7 米，洸水入运后，水量小时很难达到运河"水脊"南旺段运道，水源问题没有得到根本解决。元朝末年，会通河被黄河决口泛滥的泥沙所淤积，运河中断。明初建都南京，南北大运河没有受到重视。洪武二十四年，黄河决口于河南原武县黑阳山。自济宁至临清四百五十里淤塞，水运不通。明成祖永乐皇帝迁都北京后，为实现南粮北运的需要，决定改造大运河，保证漕运畅通。

永乐九年，皇帝采纳济宁州同知潘叔正建议，重开会通河，命工部尚书宋礼、刑部侍郎金纯、都督周长等督其工役。

宋礼等人奉旨治理漕河，他"广寻博访""测地而度高卑"，通过实地勘测，精心策划，制定了治水方略和措施。

一是制定治水方略。宋礼深入民间，查看沿运水系、地形，访问群众。在汶上县城东北白家店村，遇见乡官白英。白英虽居乡里，但为人刚正不阿，见宋礼"布衣微服"，深入民间寻求治运良策，便把他多年积累的治水通航的想法告诉了宋礼。宋礼采纳白英的建议,制定了"借水行舟,引汶济运,挖诸山泉,修水柜"等治水策略。

二是疏通会通河。永乐九年,根据济宁州同知潘叔正的建议,工部尚书宋礼等奉命征调民工165 000多人,重点疏通山东丘陵地带的会通河段(从临清到须城安山),疏浚会通河。

三是建设引汶济运工程。主要有三项,即筑戴村坝、开挖小汶河和建设南旺枢纽工程。戴村地形两岸夹山,坝基稳定,距南旺较近,直线距离只有38公里,是分汶济运最好的制高点。戴村坝初建时为土坝,"坝长横亘五里十三步,遏汶全流"。又在戴村坝上游大汶河南岸开引河一道,名称小汶河,长90里,纵贯汶上县至南旺入运河,作为引汶水渠。同时在戴村坝上游大汶河北岸坎河口(大汶河支流),筑一道滚水坝(沙坝),当大汶河水量小时,可拦汶水不傍泄,当水量大时起到溢洪的作用,破沙坝泄入大清河,以确保戴村坝、小汶河及运河的安全。坎河是引泉入汶的河道,也是汶水涨溢的溢洪道。"汇诸泉之水,尽出汶上,至南旺,中分之为二道,南流接徐、沛者十之四,北流达临清者十之六。"经民工9年的辛勤劳动,终于完成了这项举世闻名的水利工程。

同时开展闸坝建设。"自分水北至临清,地降九十尺,置闸十有七,而达于卫;南至沽头,地降百十有六尺,置闸二十有一,而达于淮。"

四是建设辅助工程。宋礼完成了南旺分水工程以后,又考虑到北河水小,于是在张秋西南开汊河一道,上达汴梁(河南开封)于金龙口建坝,分黄河之水于张秋以济北运。又命金纯在汴梁之北,从金龙口开黄河故道,筑堤导河,从而到达鱼台(山东鱼台县)塌场口,以增加南运的水量,确保会通河水量充足。

通过疏浚会通河,建设南旺镇枢纽和戴村坝等工程,修缮埕城坝,利用天然地形,扩大南旺、安山、昭阳、马场等处的天然湖泊,修建成"水柜",设置"斗门"调蓄水量,引泉入河,使之河河相通,渠渠相连,湖湖相依,连成巨大水系,做到水系连网,使会通河得到了可靠的充足水源,基本解决了会通河畅通和水量问题。

宋礼塑像

三、宋礼治河的历史功绩

宋礼治理运河,"经营五载,永乐十三年告竣"(《宋礼庙碑记》)。通过系统治理,明代彻底解决了运河问题,保证了漕运畅通。从此,沟通南北的大运河畅行无阻,漕运能力大大提高,每年从东南运粮米几百万石(最高达到 500 万石),接济京师,以致海运遂罢。大运河真正成为南北交通运输的大动脉,对我国南北经济、文化的交流和内河航运事业的发展起了重要的促进作用。

为表彰宋礼的功绩,明洪熙元年(1425 年)二月,皇帝遣礼部员外郎杨粜谕,祭祀故工部尚书之灵。为纪念宋礼治水有功,正德六年(1511 年)祭祀,七年于汶上南旺会通河上敕建祠,建庙宇于南旺分水龙王庙之左,宋礼被尊为河神。在汶上、南旺建祠和庙并塑神像,供后人每年祭祀。万历元年(1573 年),被封为"开河元勋太子太保",谥号"康惠公"。命嫡长孙一人送监读书,嫡次孙四人赴南旺守祠,专管奉祀,拨给附近湖地 10 顷,永远管业,免派门丁差役,以示优恤。崇祯十五年(1642 年),又赠给祭田二百八十顷。清代康熙、乾隆两朝皇帝对宋礼进行追封,对其后代特别抚恤,清雍正时,敕封为"宁漕公",光绪五年(1879 年)朝廷追念治河名臣宋礼的题词:"宋尚书圣德神功不居禹下",敕封显应大王。

第六节　白英

筑坝截汶泗,拦溪浚百泉。诸湖储水柜,众闸调河川。

七分朝天子,三分下江南。长河船舟竞,两岸秀桑田。

毛主席曾为几人赋诗题词?白英就是其中一位。这首《五律·白英治水》,就是毛主席为纪念他所赞誉的"农民水利家"白英所做的一首诗,生动再现了白英治理京杭大运河、设计修建戴村坝的伟大治水功勋。

白英(1363—1419 年),字节之,山东汶上颜珠村人,明初著名农民水利家。白英自幼聪慧好学,早年以耕田为业,后作为京杭大运河上的一位"老人"(10 余名运河民夫的领班),十分熟悉山东境内大运河及其附近的地势和水情,治水、行船经验相当丰富。

京杭大运河为历代漕运要道,明洪武年间,黄河在河南省原阳决口,滔滔河水漫过曹州流入梁山一带,淤积 400 余里,使原来的"八百里水泊"就此从梁山四周消失,同时,也切断了明朝南北水路运输大动脉的大运河。南北漕运的瘫痪,使朝廷百官和黎民百姓叫苦不迭,无不为之忧虑。

这时,工部尚书宋礼率领山东济南、兖州、青州、东昌等四个府的近 20 万民工,对会通河(京杭大运河山东东平段)水系进行了大规模治理。但因会通河水源不足,此番治理并没有从根本上解决漕运的关键要害问题。宋礼受挫后,开始了布衣微服出访。一日,他到了汶上城北,巧遇白英。那时,白英对大运河治理已整整考思索了十年之久,并且已对运河进行了十分细致的勘察。白英见宋礼秉性刚直,又如此真心实意地向自己请教,便决定帮助宋礼治河。

白英根据自己十多年掌握的地形水势,提出会通河水源不足的原因主要是以前选择

白英塑像

的分水点不合理,建议把位于会通河道最高点的南旺镇作为分水点,改建元代的堽城坝,阻止汶水南支流入洸水;同时在东平县的戴村修筑拦水坝(戴村坝),阻止汶水北支入海,把大汶河的全部水量和它沿线的泉水溪流引到南旺注入会通河。同时,在南旺汶水入运处筑砌一道三百米长的石护坡,在迎汶处修建一个鱼嘴形的分水水脊,形成汶水"七分朝天子,三分下江南"之势。

南旺分水枢纽

南旺水利枢纽遗址

　　为保证充足的水源,白英利用天然地形,扩大会通河沿岸的南旺、安山等处的几个天然湖泊,修建成"水柜",并且设置"斗门",以便蓄滞和调节水量,又于运东地区挖掘三百余泉,将泉水引入水柜,涝时蓄洪,旱时济运。同时,为便利航运,白英针对地形高差大、河道坡度陡的特点,在南旺南北共建水闸38座,通过启闭各闸,节节控制,分段延缓水势,以利船只顺利地越过南旺分水脊,经临清直达京师。

　　由宋礼为知己和后盾,作为总工程师的白英,进行了8年艰苦卓绝的劳动,完成了伟大的大运河南旺枢纽工程。从此,沟通南北的京杭大运河500年畅行无阻,漕运能力大大提高,每年从东南运粮米几百万石(最高达到500万石)接济京师。大运河真正成为南北交通运输的大动脉,对我国南北经济、文化的交流和内河航运事业的发展起了重要的促进作用。

　　明永乐十七年(公元1419年),南旺水利枢纽工程告竣,宋礼带着布衣白英进京复

命。走到德州桑园驿，因八年治理而过度操劳的白英，竟呕血而死，时年56岁。悲伤的宋礼谨遵知音遗愿，即刻返回汶上，将白英葬于彩山之阳。

白英死后，明清历代为他建庙立祠，广颂业绩。明永乐皇帝追封他为"功漕神"，清乾隆皇帝勋他封为"永济神"，光绪皇帝勋封他为"白大王"。至今，山东省汶上县南旺镇仍保存着占地56 000多平方米的古建筑群——分水龙王庙。而由白英设计监造的南旺枢纽工程，更是被后人赞誉为"北方的都江堰"。

据史书记载，白英"博学有守，不求闻达，以耕稼为业"，为人正直，不慕名利，当地老百姓称他为"隐隐君子"。相传白英治理运河期间，带领官兵沿运河而行，突然止步，指地跺脚，平地喷出一口泉水，很快涨满了运河，使航船顺利通过，解除了人们的疾苦。此虽系民间传说，但足以看出白英虽为一介布衣，却才华横溢，虽功勋在世，却不求闻达。

白英，这位治理大运河的传奇人物，如果没有他的出现，可能就没有集中反映大运河最高科技水平的汶上县南旺南北分水工程，而闻名于世的京杭大运河，南北畅通数百年也许还是个未知数。时间虽然没有给白英生前享受赞誉的机会，但是，他的名字和他科学、严谨的治水思想会随着历史长河的涓涓流淌而永远被世人所记住。

第七节　刘东星

京杭大运河是中国古代伟大的水利工程，也是世界上开凿最早、流程最长、规模最大的人工航道。京杭大运河的开通，是中国历代劳动人民和工程技术人员改造自然的智慧结晶，也是中国灿烂古代文化的又一象征。明代刘东星就是开发京杭大运河枣庄段的"三大功臣"（舒应龙、刘东星、李化龙）之一。刘东星主持开发泇运河，病死在治河任所。谥庄靖，入祀枣庄"三公祠"。

据《明史》记载：刘东星（1538—1601年），字子明，号晋川，山西沁水县人，隆庆二年（1568年）进士，曾任庶吉士，兵科给事中。在大学士高拱掌管吏部时，以"非时考察"将他降到蒲城县（今陕西蒲城县）做县丞，继而又调往卢氏县（今河南卢氏县）任知县。后任湖广（今湖北武汉市武昌区）左布政使。万历二十年（1592年）又提升为右佥都御史。在被派往河北保定府巡视时，正值朝鲜遭受倭寇侵扰，求救于朝廷，朝廷发兵至天津港，而天津、静海、沧州、河间等地正遭受水灾，形势十分紧张。刘东星认为攘外必先安内，于是当即奏请朝廷批准，沿运运粮十万石，平价卖给灾民，受灾百姓得以度过难关。数万灾民感念刘东星赈灾有方，皇上召见了刘东星，对其褒奖有加，并封他为左副都御史，兼任吏部右侍郎。但刘东星却以父亲年迈多病需人照料为由，提出辞官的请求。在他即将离任返乡之际，从家乡传来了父亲病故的噩耗。他急忙将治河之事委托给好友胡瓒代理，自己匆匆返乡料理父亲的丧事，其后，他本欲在家守制（丁忧），怎奈皇上夺情不允，刘东星只好匆匆返回任所。

胡瓒主持在泗水河上修建金口坝，以蓄积泗水河之水；又在汶上造船，在宁阳修桥，使老百姓不为过河而担忧。黄堌口决口，胡瓒很是担心。这时恰好刘东星奉命前来治理运河水运航道。胡瓒与刘东星一起反复研究治河对策，最后决定：黄堌口决口不堵，使决口之水流入运河，以利漕运，原先的漕运水道，南北长700里，以此细小的水流，不能运行万千有余的船只,由于运河流量增大,漕运船只赶上了延误的期限。刘东星疏通元代末年水利专家贾鲁所开挖的黄河故道,又逐个治理了汶河、泗水流域内的几百处泉河。重点治理了峄滕境内的南梁河、沸河、薛河、蟠龙河、承水河及涛沟河等。为了制订实施方案,他不畏辛劳,爬山涉水,深入鲁南(特别是抱犊崮)山区,勘察这些泉河的来龙去脉,并著成《泉河史》十五卷进献。

刘东星塑像　　　　　　　　　　史料上记载的"三公祠"

万历二十六年(1598年),黄河决口,单县的黄堌口段水路阻塞南徙,徐州以下运道几乎断流,航运中断。刘东星被任命为工部左侍郎兼右佥都御史,全权负责治理水运航道。最初,尚书潘季驯曾提议凿开黄河上流,循河南商丘、虞城东下,经丁家道口,出徐州小浮桥入贾鲁所疏通的黄河故道。因为治河费用过多,一直未被朝廷批准。刘东星上任后主持开凿河道,从曲里铺至三仙台,直达小浮桥。又疏通漕渠,从徐州经邳州至宿迁,历时整整5个月。完工后经费只用了10万,皇上下诏书表彰他的政绩,并提拔他为工部尚书,兼右副都御史。第二年(1599年)刘东星又在邵伯(今江苏江都市北部)、界首(今安徽界首市)两湖之间开通渠道。第三年(1600年),刘东星又奉命开挖山东滕县与峄县之间的泇河,循舒应龙开凿的韩庄故道,凿良城、侯迁、台儿庄至万庄河道,使之南通淮海,为漕运提供便利条件。

总督翁大立曾最先提议开通峄县泇河,后来尚书朱衡、都御史傅希挚也都提议过,朝廷也曾多次派员前往视察,但终究没有作出决定。治河大臣舒应龙曾经挖凿韩庄运河,但又因故半途终止。

刘东星全面负责开挖峄县泇河,最初计划用钱120万,当工程完成十分之三时,仅用钱7万。数年间,专用力于分黄导淮及接引黄流出小浮桥济运,然开挑未久即淤塞。刘东星建议完成韩庄运河未竟之工,挑浚开广,并凿侯家湾、梁城通泇口,使可通舟。万历二十八年(1600年)又奏请完成前工,不论浅狭难易一律修浚。并建巨梁桥一石闸,德胜、万年、万家庄各一草闸,漕船由溯行者十分之三。刘东星在开挖界首西湖和峄县泇河引漕工程中,积劳成疾,染重病在身,于是请求离职休息。但是,皇上屡次下旨慰问并挽留,最终,他积劳成疾,病死在治理河道的官任上。

据《明史》记载:(万历)二十九年(1601年)秋,工科给事中张问达疏论之。会开,归

大水,河涨商丘,决萧家口,全河尽南注。河身变为平沙,商贾舟胶沙上。南岸蒙墙寺忽徙置北岸,商(今河南商丘市)、虞(今河南虞城县)多被淹没,河势尽趋东南,而黄堌断流。河南巡抚曾如春以闻,曰:"此河徙,非决也。"问达复言:"萧家口在黄堌上流,未有商舟不能行于萧家口而能行于黄堌以东者,运艘大可虑。"帝从其言,方命东星勘议,而东星卒也。问达复言:"运道之坏,一因黄堌口之决,不早杜塞;更因并力洳河,以致赵家圈淤塞断流,河身日高,河水日浅,而萧家口遂决,全河奔溃入淮,势及陵寝。东星已逝,宜急补河臣,早定长策。"大学士沈一贯、给事中桂有根皆趣简河臣。

万历三十二年(1604年),李化龙任河总后,继续舒、刘两前任未竟工程,完成由夏镇李家口至邳州直河口的洳运全程。其后,河总曹时聘又对洳运河道复加拓展,建坝修堤,置邮设兵,此项拖延近30年的浩大工程,最终得以完成。洳运河开河当年即见效果,万历三十二年(1604年)粮船过洳运者已达三分之二,而借黄河旧道仅三分之一。万历三十三年(1605年)过洳运的粮船已达7 700余艘。从此粮船避开了徐州至邳州一段的黄河运道,大大缓解了因黄河泛滥而造成的对漕运的危害。李化龙按照刘东星生前开挖峄县洳河的计划,与李三才共同完成了开河任务,长期便利了水路运粮供应京城。

刘东星官至吏部右侍郎、工部尚书、漕运总督,撰有《史阁款语》《晋川集》等著作。在400年后的今天,"刘东星"这个名字还常常被研究运河文化和明代思想史的学者们提起。刘东星平时简朴节约,为官30年,始终敝衣疏食。病逝后多年,直至天启初年(1621),朝廷才追加刘东星"庄靖"称号。人们最感兴趣的除他治理运河的政绩以及他敝衣疏食的节俭外,还有他与明代思想家、文学家李贽之间淡之若水、历久弥香的友谊。李贽作为明代晚期思想启蒙运动的旗帜,其超越于时代的学说,很难被当时有正统思想的人认可,故备受非议和迫害。而充满文化良知和开明思想的刘东星,却竭尽所能地对李贽给予庇护和资助。万历十九年(1591年)五月,李贽与挚友袁宏道同游湖北武昌黄鹄矶(在今湖北武汉市蛇山西北)黄鹤楼时,遭到道学家们的围攻和驱逐,他们指责李贽是"左道惑众",对李贽进行人身攻击与迫害。时任湖广左布政使的刘东星,只慕李贽之名而未曾相见相识,却主动到洪山寺拜访李贽,并把他邀请到自己的公署,加以保护,李贽对此十分感激。刘东星与李贽和袁宏道的相识即在此时。可见他们的交往,都是建立在认识一致、意气相投基础之上的。

万历二十四年(1596年)秋,李贽应时任吏部右侍郎刘东星之邀,离开麻城(今湖北麻城市),到山西上党(今山西长治市)沁水县(今属山西晋城市)坪上村刘东星的家中客居将近一年。山西省沁水县端氏镇坪上村是刘东星的故乡,坪上村的城堡也是刘东星所筑。

刘东星一生在立法平枭、解救灾民、开河围湖、修筑桥梁等重大工程中,为国为民做了不少好事。他治理黄河三百多华里,名震朝野,劳苦功高,以至于积劳成疾病逝于任上,深受群众爱戴,成为青史留名的治运功臣。他虽身居要职,却勤俭廉洁,实为官员之楷模。

第八节　李化龙

李化龙,字于田,号霖寰。河南省长垣县北满村老李庄人。明嘉靖三十三年(1554年)生,历任嵩县知县,南京工部主事,河南提学,山东提学副使,四川总督、巡抚,工部右侍郎、总理河道,兵部尚书等职,名列"长垣七尚书"之首。他为官利及于民,曾平叛弥患,总理河道,治国安邦,文有著述,武多军功,被誉为"文治武功"的爱国名臣。

李化龙

李化龙塑像

李化龙自幼好学,聪明过人,人称"神童"。19 岁中举人。明万历二年(1574 年)中甲戌科三甲第八十二名进士。八月,授河南嵩县知县。他上任后,带领百姓兴修水利,奖励生产,任职 6 年,嵩县大治。

万历二十七年(1599 年),西南地区播州(今贵州遵义)土司杨应龙造反,祸国殃民,中外震动。三月二十八日,李化龙奉旨以原官兵部右侍郎、都察院右佥都御史总督四川、湖广、贵州军务,兼理粮饷,星驰到任,调兵进剿。李化龙指挥八路兵马,血战 114 天,经历大小战斗 100 余次,用兵 20 余万。平定了"传二十九代,历经七百二十四年"的西南边境祸乱,制服了时叛时降、挑动民族矛盾的反叛土司。当地人民为纪念平叛的胜利,于播州修建了"化龙出师桥"。

平叛中,李化龙接到父亲病故的噩耗。他却以国事为重,始终坚持在阵地上。平叛胜利后,文武官员们纷纷要求为化龙父举行奠礼,化龙不许,并发出文告,严行禁止,所属州县均不得举行。其镇道大吏仍具礼行奠,化龙只受祭文及香烛纸马,余皆不受。

李化龙积劳成疾,后来又发疟疾,朝廷终于答应了他退返故里的请求。万历二十九年(1601 年)三月二十八日,他交回尚方宝剑,回家为父亲守丧。

两年后,居家守丧的李化龙,被皇帝钦定为工部右侍郎代总理河道,主持疏浚鲁南运河事。

枣庄段运河,史称泇运河,因西临韩庄湖口,故又称韩庄运河。呈东西走向,为南北走向的京杭大运河最大的一段弯道,全长 42.5 公里。自济宁市微山县韩庄镇的微山湖口始,向东流经台儿庄区,至江苏省邳州市的黄道桥止。上游 3.5 公里在济宁市境内,中游 37 公里在台儿庄区境内,下游 2 公里在江苏省邳州市境内。

"明中叶,黄河屡次决口泛滥,冲淤徐、沛运道,漕船阻滞"。明隆庆三年(1569 年)七

月,黄河大堤决口,洪水泛滥,沛县荼城淤塞,在邳州的 2 000 余艘漕船无法启行。两年后,黄河再次决口于邳州,损坏粮船数千艘,淹没漕粮 40 万石,运粮士卒死亡数以千计。

万历三十一年(1603 年)夏,黄河在沛县等地再次决口。"灌昭阳,入夏镇,横冲运道,平地一望巨浸,居民田庐荡然无一存焉,老人皆谓百年所无也"。众官员苦无良策。

值此危难之际,在家守制的李化龙被工部举荐为工部右侍郎代总理河道,就近署理河道疏浚事务。他上任伊始就徒步实地勘察河道和水情,遂慨然上疏,详述治河之策。其疏曰:

"今之称治河难者,谓河由宿迁入运,则徐、邳涸而无以载舟,是以无水难也;河由丰、沛入运,则漕堤坏而无以维纤,是以有水难也。泇河开,而运不借河,有水无水第任之耳。疏论决排,皆无庸矣,善一。又以二百六十里之泇河,避三百三十里之黄河,二洪自险,镇口自淤,不相关也,善二。运借河则河为政,河为政则河反以困我;运不借河则我为政,我为政则我反以熟察机宜而治之。其利害较然睹矣,善三。粮艘过洪,每为河涨所阻。运入泇而安流无患,过洪之禁可驰,参罚之累可免,善四。"

李化龙上书"四善之策"深受万历皇帝的赞赏。他从四个方面论证了"黄河与运河分立""避黄保运"以及下大气力修通泇河的重要性。朝廷准奏,于万历二十二年(1604 年)动工疏浚运河。李化龙在施工现场,反复勘察测算,最后议定:泇河由王市取直,奔纪家集河深处。这样可以省掉开凿郗山及周、柳诸湖百里之险,缩短工期,节省开支,也有利于河床的加深、加宽,以供将来大船通航。接着,他动工"修砌王市之石坝,平治大泛口之湍流,挑浚彭家口之浅河",并先后于旧河口筑石坝,建彭口坝,设三洞闸,修郗山减水闸。根据地形"标高",沿河道修建了韩庄、德胜、张庄、万年、丁庙、顿庄、侯迁、台儿庄,共 8 座斗门式船闸。这些水利设施,对调节水势、保证航道畅通发挥了重要作用,达到了"涸水期可保水,洪泛期可泄水"的要求。这在当时也是一项重大科技成果,有的船闸一直沿用到现在。

整修后的河道,自夏镇、李家口(李家港)引水,途中汇合彭、承与东西泇河之水,至邳州直河口,全长 130 公里,完全与黄河分流,"尽避黄河之险"。

其间,有巨商想抢道速行,愿以千金为酬,李化龙正色却之。工程结束后,工部具奏章为李化龙请功,他执意谢绝,并上奏朝廷,"挂冠"归隐。

泇河开凿成功,"运道由此大通,粮艘经由泇者达三分之二",至万历三十三年(1605年),通过泇河的运粮船达 7 700 多艘。京杭大运河从此畅通无阻。人们感怀李化龙的功绩,曾在运河边建起"三公祠",树李化龙等塑像。

清朝人靳辅评价开凿泇河工程为明代治运最大成就。当代著名史学家范文澜也曾说过:"开泇济漕,南北航通,南粮北运,年数千万石,缓和了华北因连年荒灾死人无数的困境"。同时,也发展了造船工业和航运事业,有利于战备,安定边民,具有重要价值。

万历三十九年(1611 年)八月,特加封李化龙柱国光禄大夫少傅兼太保。当年十二月卒于任上,终年 57 岁。死后追赠少师,加赠太师,朝议谥襄毅,后称襄毅公。

明崇祯元年(1628 年),奉旨为李化龙建专祠于长垣县城东街,春秋享祀。祠前有牌坊曰:"文治武功",坊后有对联:"春秋血食诗书帅,钟鼎名流社稷臣"。正殿内有神龛一座,龛两侧有楹联曰:"掀天揭地功业,长江大河文章"。李化龙塑像端坐其中,令人肃然起敬。

《中州杰出人物百家》一书中对其评语为"不论担任什么职务,都以国事为重,鞠躬尽瘁,又严以律己,不受贿赂,注意民间疾苦,并为我国统一多民族国家的巩固,为发展当时经济文化做出了积极的贡献,他的这种爱国主义精神是可贵的"。

第九节　孔尚任

孔尚任(公元 1648—1718 年),字聘之,又字季重,号东塘,别号岸堂,自称云亭山人。山东曲阜人,孔子六十四代孙,清初诗人、戏曲作家,《桃花扇》的著者。孔尚任于公元 1686 年 7 月至公元 1690 年 2 月在江苏淮扬治河,并且在治水工地上进行了《桃花扇》部分二稿的创作。因此,有关孔尚任淮扬治水及创作《桃花扇》的故事里,蕴含着丰富的水文化内涵和深邃的水文化底蕴。

一、孔尚任淮扬治水

孔尚任幼年承家学,青年考中秀才,后因屡试不中,便隐居于曲阜城北 25 公里的石门山中,致力于"礼乐兵农"之学。公元 1684 年(康熙二十三年)康熙皇帝南巡回京过曲阜祭孔,他被衍圣公孔毓圻推荐至御前做皇帝的引驾官(导游),又令御前讲《论语》,深得皇帝的常识,当即被封为大学士。次年奉召进京,被破格任命为"国子监博士"。公元 1699 年(康熙三十八年),官至户部广东清吏司员外郎时免职。

孔尚任塑像

公元 1686 年(康熙二十五年),淮河决口,宝应、高邮、扬州、泰州等地洪水泛滥、田畴淹没、房倒屋塌、百姓游离、民心浮动。7 月,康熙帝任命工部侍郎孙在丰前往淮扬,疏浚下河海口,"拯救七邑灾民",并令国子临博士孔尚任为其属佐。

孔尚任此去淮扬治河,信心很大,决心要全力以赴,探索源流,救民于水患。他到达工地后,立即组织勘察地形,拟定工程计划,开始施工。从 8 月来到扬州河署,到年底这短短的 4 个月里,他"往来大河、长淮、秦邮、邗沟之中者数十次,海岸湖心,住如家舍。"有时,

疲劳至极,便和衣而卧。春节前期,由于"雪雨满关河",积雪拥门,河工暂停,他为难以施工而忧虑。春节过后,残雪稍融,他又"匆匆鼓棹又东之",去督视河工。

公元1687年(康熙二十六年)3月9日,因督视河工,孔尚任住到泰州宫氏北园。稍事安顿,他就赶赴泰州东部70公里的西团村(今大丰西团),督修河道和海口工程。西团,东濒大海,遍地草荡,荒寂旷邈。他在那里吃住十几天,仆仆风尘,率领属吏"给食程工,坐立泥涂中,饮咸水,餐腥馔,不胜劳且苦。"而且,"已劳而慰人之劳,已苦而询人之苦",详细考察了当地人民煮盐捕鱼的艰苦过程。他这种身体力行,与人民大众同甘共苦的行为,深受当地人民的拥戴;他所督修的海口工程,解决了当地捕鱼煮盐艰难的问题,极大地促进了西团农业的发展。

公元1687年5月,孔尚任奉命移居昭阳拱楫台北楼。从5月至10月,他往来于昭阳、扬州之间,视察冈汀新河,在朦胧(今高作永兴集)淤口督视河工。11月,他奉命移住扬州天宁寺待漏馆。公元1688年(康熙二十七年)初春,康熙帝圣驾扬州巡视河工,将孔尚任等召至龙舟之上,赐予酒席果饼,以彰治水有功。

后来,孔尚任见到一些治水官员与地方官府大僚们,整日的花天酒地,寻欢作乐,穷奢极侈,无心再问及河事,他痛心的站出来大加指责,但无济于事。不久,又因河道、漕运两总督意见分歧,互相倾轧,孙在丰牵连免职,河工停顿下来。此后,多数人撤回,而孔尚任仍受命继续留守治河工地。公元1690年(康熙二十九年)2月,跋涉在治淮第一线三年多的孔尚任受命回京还朝。

二、水文化的一枝奇葩——《桃花扇》

著名剧作家孔尚任的成名作《桃花扇》,是脍炙人口的剧作,中国古代十大名剧之一。然而,这一名剧的搜集素材、熟悉地理环境、考证史实真伪及部分二稿的创作,却是他在淮扬治河工地上进行的。因此,从某种意义上说,《桃花扇》是水文化中的一枝奇葩。

(一)《桃花扇》创作欲望的复苏

青年时期的孔尚任,与其族兄、回乡闲居的明末遗老孔尚则(方训)关系密切,孔尚则常把亲耳听杨龙友书童所谈的南京、秦淮歌妓李香君面血溅扇后,被杨龙友当场点染成桃花的轶闻讲给他听,孔尚任有感于此,便想创作一部《桃花扇》传奇。虽勾画了剧本的轮廓,但由于"恐闻见未广,有乖信史"(孔尚任《桃花扇本末》),缺乏素材、史料与生活基础等原因,创作难以继续,只好搁笔作罢。

公元1686年(康熙二十五年)秋,淮扬大水成灾,当时任国子监博士的孔尚任,受皇帝的派遣,随工部侍郎孙在丰,前往淮扬一带办理黄河海口的治河工程。他淮扬治水三年多,多住扬州,屡次来往于扬州、南京等地。此处正是南明王朝兴亡的历史舞台,正是《桃花扇》轶事发生的中心地带,是明末江淮百姓抗清的主要战场,许多具有反清复明情绪的明末遗老及熟知桃花扇轶事的内情人物,多聚居于此;此地的江山胜迹,故老轶闻,风土人情,桃花扇的种种传闻等,解决了他当年创作《桃花扇》"闻见未广"的困扰,唤起了他创作《桃花扇》的欲望,从此,又开始了《桃花扇》的创作。

(二)搜集素材与考证史实真伪

为了搜集与考证《桃花扇》的资料,孔尚任借在治河工地去各地督工、巡视及留守工地时各地处理公务的便利条件,有意识的结识了一大批熟知桃花扇轶事与南明王朝兴亡内幕的明末遗老,通过与他们友好交往、书信往来、诗文酬答、亲自互访、促膝交谈等,掌握了《桃花扇》丰富而又翔实的第一手资料,考证了一些传闻的真伪,同时也促进了他创作思想境界的提高。

为了进一步辩证和考查桃花扇传闻史实的真伪,熟悉地理和风土人情,孔尚任还有意识地游历、考察了南京、扬州一带的地理环境、名胜古迹、风土人情,以及与《桃花扇》相关的遗址旧迹。他登上扬州横花岭,拜谒了《桃花扇》剧中歌颂的明末抗清良将史可法的衣冠冢,又特意凭吊了明孝陵、明太祖故宫,登燕子矶,游秦淮河,访问了李香君的身世细节,寻访了当年李香君与侯方域定情、居住过的媚香楼遗迹等。就这样,孔尚任确考了《桃花扇》的"朝政得失,文人聚散"(孔尚任《桃花扇凡例》);辨别了事件、人物、时间、地点及故事的真伪,获取了桃花扇事件翔实的第一手资料。

(三)《桃花扇》二稿的创作与某些折子的试演

《桃花扇》三易其稿而成。如果说初稿是在石门上创作的,那么,二稿便是在淮扬治河工地上创作的。在治河工地上,孔尚任每迁居一地,都随身携带《桃花扇》的稿本,时常写作到深夜。

在淮扬治河期间,孔尚任还曾组织过《桃花扇》某些折子的试演。公元1687年(康熙二十六年),孔尚任因河务寓居海陵时,在《元夕前一日集予署中踏月观剧》中写到:"箫管吹开月信明,灯桥踏遍漏三更。今宵又见桃花扇,引起扬州杜牧情"(孔尚任《湖海集》卷二)。这里"又见"的《桃花扇》,是初稿的某几折。扬州是唐代诗人杜牧最为赞赏的地方,诗中的"杜牧情"是指《桃花扇》试演时在朋友中引起的盛衰兴亡之感。因扬州是史司法坚持抗清的地方,也是清兵南下进行疯狂大屠杀的地方,这种今昔对比是很容易触发人们的这种感情的。

孔尚任墓

曲阜石门山"桃花扇"题刻

孔尚任在三年多的淮扬治河中,取得了淮扬治水的丰硕业绩,也孕育了"桃花"蓓蕾的发育生成,为回京后《桃花扇》千锤百炼的三稿创作,打下了坚实的基础。正是:淮扬治河三年多,取得治水好业绩,育得"桃花"分外香,治水"植桃"双收获。

公元1718年(康熙五十七年)这位享有盛誉的一代戏曲家,在曲阜石门家中与世长辞了,享年七十岁,埋葬在了孔林东北部。

第十节　张曜

黄河文明的历史也是一部治理黄河水害的历史,结合黄河分洪工程考虑兴利。新中国成立后,引黄灌区发展又经历了试灌、停灌、复灌、大发展几个阶段,现已经成为区域经济社会发展的命脉工程。

有效利用黄河水沙资源的想法,古已有之,在黄河下游却不是容易的事。把它付诸行动的,首推清朝末年张大官人——山东巡抚张曜。

张曜(1832—1891年),字朗斋,号亮臣,祖籍浙江上虞。早年在河南固始兴办团练,曾参与镇压捻军和太平天国,历任知县、知府、道员、布政使、提督等职。陕甘平定后,率部于哈密屯田垦荒,岁获军粮数万石,为清军收复新疆之战做准备。1884年,率部入关,警备直隶北部。

清光绪年间,黄河连年泛滥,百姓苦不堪言。1886年,河南布政使张曜接任山东巡抚。他把治理黄河当作首要任务,深入百姓调查研究,认为"治河如治病,泛滥冲决,此河之病也,淤滩沙嘴,横亘河流,此又致病之由也"。根据这一判断,他提出了

张曜

"疏"与"分"相结合的治河主张。一方面疏通泄流河道,增强泄洪能力;另一方面分流洪水,减轻泄洪压力。

黄河山东段两岸河道窄、泥沙淤积、堤坝不够坚固,他带领民众疏通河道、高筑堤坝,现在我们看到的从泺口到济南的大道两旁栽种着许多杨柳,都是张曜修筑黄河大堤时号召种植的,人们亲切地称之为"张公柳";针对当时黄河从牡蛎口入海不够通顺,张曜按照黄河流势,带领人们将黄河改由韩家墩入海,使河口通畅无阻;对于河床淤积坝,他又带领人们乘平头圆船,到河中开挖清理,并曾采用过铺小铁轨带铁车的运土方法。河道通畅了,水流就会平稳,水患自然就会减少。

为减轻河道行洪压力,张曜曾派人在齐河赵庄、刘家庙和东阿陶城铺各建减水闸坝一座,以防异涨。当时张村、殷河、大寨、西纸坊、高家套先后漫决,张曜令人审时度势,随时分泄。1891年,他带领百姓在今桑梓店镇油坊赵附近黄河大堤督修3孔石闸,并沿南北方向开挖河道至徒骇河,用于分流黄河水,并考虑到用于农业灌溉。由于人们对黄河的极度恐惧,工程建成后,没有来得及使用就被废弃了。这可能是山东省将黄河水用于兴利的最早设想。

1891年6月,张曜在黄河大堤指挥防汛时,突发疾病,不治身亡。出殡之日,济南百姓倾城相送。朝廷追赠张曜太子太保,入祀贤良祠,并准于在立功省份建立专祠,年年供奉,岁岁祭祀。于是就有了大明湖边的张公祠。

张曜死后,传说变身为"黄河大王",帮助人们继续治黄。在黄河两岸,人们亲切地称

张公祠

张曜为"张大官人",刘鹗所著《老残游记》中的庄功宝正是以张曜为人物原型,刻画了其一生为民、治理黄河的功绩。

1956年,在党中央"根治黄河水害,开发黄河水利"的指导思想下,山东省决定探索引黄灌溉的路子,经过两年试验,1958年,背河淤改洼地种植的水稻产量历史性地达到200公斤。直接颠覆了千百年来黄河为害的传统看法。

但是,由于人们对旱、涝、碱的自然规律认识不足,工程不配套,重灌轻排,急于引水,1961年大涝之年,只引不排和排水不畅的引黄灌溉活动加重了涝灾,扩大了土地的盐碱化,全市盐碱面积由新中国成立初期的128万亩,猛增到1962年的326万亩,给全市的农业生产造成了严重的危害。1962年3月,国务院副总理谭震林在范县召开了由水利部、黄河水利委员会、有关省地负责同志参加的现场会议,认为"三年引黄造成一灌、二垮、三淤、四涝、五碱化的结果",决定"今后十年二十年不要再希望引黄"。4月9日,山东省水利厅召开平原地区排涝改碱会议,确定德州除济阳县的沟阳灌区保留外,其他灌区全部停止引用黄河水,废渠还耕。

1965年,天气干旱严重,山东省委向水电部报送了《关于恢复和发展引黄灌溉的报告》。1966年3月,该报告获得批复,时任山东省委副书记的穆林宣布恢复引黄。6月,齐河韩刘、济阳葛店小型引黄闸建成放水。1968年,德州大旱,冬春连续147天无雨雪,河干井枯,连群众吃水都发生了困难,市政府决定扩大引黄灌区的规模。1970年10月,经山东省政府和黄河水利委员会批准,结合黄河北展修建将李家岸分洪闸改为分洪灌溉闸,兼作灌溉功能,分洪流量800立方米每秒,灌溉流量100立方米每秒,闸后新建南北向36公里总干渠一条,其他建筑物若干,李家岸灌区初步成形,设计灌溉面积132万亩。次年6月7日灌区正式提闸引水。

在灌区多年的运用实践中,灌溉工程不断配套,灌溉范围不断扩大。1974年6月,李家岸灌区总干渠大堤由棉李泄水闸接长到王书干沟引水闸,接长10.5公里。1985年冬,又将总干渠接长到牛角店泄水闸,接长0.9公里。1989年冬通过接长北四分干,将地下

输水总干渠由德惠新河延长到马颊河及以北的宁津新河。至此,通过地上总干渠、地下总干渠,借助德惠新河、马颊河,灌区供水范围扩大到齐河东部,临邑全部,陵县、宁津东部,乐陵、庆云全部共 43 个乡(镇)、4 个街道办事处,设计灌溉面积扩大到 321.5 万亩,基本达到现有规模。

1999 年以后尤其是近几年来,随着水利部大型灌区续建配套与节水改造项目的实施,李家岸灌区发展进入快车道。截至目前,新建、改建各类水工建筑物 369 座,治理各级渠道 138 公里,新建、改建管理道路 53.4 公里。在实现工程功能性的基础上,新建工程更加注重了工程的景观功能和文化氛围,如牛角店节制闸的"鼎"形设计等。项目的实施,不仅扩大了灌区灌溉面积,工程运行安全也得到了有效保障,干支渠输水效率和水利用系数得到了大幅度提高。2015 年实施的三分干引水复线项目,在总干渠东风闸开口,通过王书干渠、三分干渠,穿德惠新河继续向北供水,彻底解决了临邑北部高亢地区,乐陵、庆云两县的供水问题。

引黄供水为德州市经济社会发展提供了重要的水源保障。截至 2017 年年底,李家岸灌区累计引水 261 亿立方米,年均引水 5.7 亿立方米。不仅为德州粮食生产实现十三连增打下了基础,而且通过为灌区内平原水库供水,使德州 2015 年在全国首先整建制实现城乡供水一体化,灌区下游的庆云县 11.7 万人告别了世世代代饮用苦咸水、高氟水的历史,喝上了优质甘甜的黄河水。2010 年冬,德州市遭遇百年不遇的特大干旱,灌区组织了一次大规模冬季带冰引水工作,历时 55 天,累计引水 1.37 亿立方米。中央电视台新闻联播节目以"大旱之年无大旱"为题,对李家岸灌区冬季引水工作进行了典型报道。2017 年实施的引黄济沧项目,携带着山东人民的深情厚意,当年为河北沧州送去黄河水 1.1 亿立方米,受到了河北人民的广泛赞誉。

参 考 文 献

[1] 李宗新,闫彦.中华水文化文集[M].北京:中国水利水电出版社,2012.

[2] 中国水利文学艺术协会.中华水文化概论[M].郑州:黄河水利出版社,2008.

[3] 靳怀春.中华文化与水[M].武汉:长江出版社,2005.

[4] 张德.校园文化与人才培养[M].北京:清华大学出版社,2003.

[5] 赵中建.学校文化[M].上海:华东师范大学出版社,2004.

[6] 王义加,傅梅烂.流淌的传承——高校水文化教育体系构建略论[J].经济研究导刊,2011(15): 292-293.

[7] 张建平.论水利院校学生水文化素质的培育[J].新课程研究,2010(2):159-161.

[8] 刘星原.浅议水文化分类结构大纲[J].湖北水利水电,2005(1):77.

[9] 刘宁.文化视野中的水资源利用与保护[J].决策探索(下半月),2010(3):79-80.

[10] 张炎,岳五九,金绍兵.加强水文化研究创新思想政治工作途径[J].安徽水利水电职业技术学院学报,2006(3):1-4.

[11] 孟亚明,于开宁.浅谈水文化内涵研究方法和意义[J].江南大学学报(人文社会科学版),2008,7(4):63-66.

[12] 夏跃平.新建本科院校的定位与校园文化建设——以嘉兴学院为例[J].中国高教研究,2007(4): 61-62.

[13] 刘志刚,齐丹.建设新时期校园文化的思考[J].长春理工大学学报,2005(3):79-81,84.

[14] 金绍平,张焱.水利院校要重视水文化教育与研究[J].安徽水利水电职业技术学院学报,2007(2): 90-93.

[15] 汪小布.水文化教育在辅导员队伍建设中的思考与尝试[J].杨凌职业技术学院学报,2008(1): 74-76.

[16] 常敬宇.水文化漫谈[J].汉字文化,2011(3):91-92.

[17] 曹国圣.城市水文化内涵建设的三个维度[J].社科纵横,2007(11):65-66,71.

[18] 王培君,尉天骄.传统水观念与节水型社会建设[J].河海大学学报(哲学社会科学),2011,13(2): 41-44,91-92.

[19] 王培君.关于中华传统水文化的几点认识[C]//首届中国水文化论坛组委会.首届中国水文化论坛优秀论文集.北京:中国水利水电出版社,2009.

[20] 李荣男.水文化的演变及现实意义[C]//首届中国水文化论坛组委会.首届中国水文化论坛优秀论文集.北京:中国水利水电出版社,2009.

[21] 周小华.水文化如何指导现代水利事业的发展[C]//首届中国水文化论坛组委会.首届中国水文化论坛优秀论文集.北京:中国水利水电出版社,2009.

[22] 杜平原.试论水文化与民族精神和时代精神[C]//首届中国水文化论坛组委会.首届中国水文化论坛优秀论文集.北京:中国水利水电出版社,2009.

[23] 古兰.生态美学视域下的水文化建设[D].成都:四川师范大学,2010.

[24] 白玉慧,周长勇.中国古代名家论水[M].北京:新华出版社,2008.

[25] 隋家明,于纪玉,刘继永,等.山东水情知识读本[M].郑州:黄河水利出版社,2012.

[26] 周长勇,曹广占,杨永振.构建以水文化为特征的高职校园文化体系[J].水利天地,2012(2):14-17.

[27] 周长勇,曹广占,杨永振.水与生命[J].水利天地,2012(8):28-31.

[28] 周长勇,魏瑞霞.加强生态水利建设 促进人水和谐发展[J].水利天地,2013(5):21-24.

[29] 杜守建,周长勇.水利工程技术管理[M].郑州:黄河水利出版社,2013.

[30] 杜守建,汪文萍,侯新.水利工程管理[M].2 版.郑州:黄河水利出版社,2016.

[31] 杜守建,周长勇.农村水利建设管理[M].南京:河海大学出版社,2016.

[32] 杨永振,肖汉,周长勇.水利工程专业导论[M].北京:中国水利水电出版社,2017.

[33] 杜守建,周长勇.王景治理黄河[N].大众日报,2018-07-05(4)版.

[34] 郭振宇,王飞寒.中国水利概论[M].3 版.郑州:黄河水利出版社,2019.

[35] 鄂竟平.工程补短板 行业强监管 奋力开创新时代水利事业新局面[EB/OL].[2019-01-28]http://www.mwr.gov.cn.

[36] 杜守建,周长勇.水利工程技术管理[M].北京:中国水利水电出版社,2020.

[37] 周长勇.基于"水文化"的高职水利类专业文化建设探索与实践[J].中国水利教育与人才,2021(2):23-26.